普通高等教育智能建筑规划教材

电　气　安　全

第 2 版

主　编　杨　岳
参　编　马占敖

机　械　工　业　出　版　社

本书主要讨论电力用户范围内面向非电气专业人员的电气安全问题，重点在于工程技术措施。全书共分六章，第一章介绍与电气安全相关的基础知识，第二章介绍低压配电系统，第三~六章分别介绍电击防护、建筑物防雷、过电压及低压系统电涌保护和电气环境安全问题。附录中所收录的数据可供学生了解实例和完成作业，也可部分满足课程设计与毕业设计的需要。

本书特别注意了理论体系与工程体系的协调，既可用作大学本科电气和安全工程专业的专业课教材或教学参考书，也可用作注册电气工程师（供配电专业）考试复习的参考资料，还可供建筑电气设计、安装和物业管理等工程技术人员参考。

图书在版编目（CIP）数据

电气安全/杨岳主编．—2版．—北京：机械工业出版社，2010.7（2017.1重印）

普通高等教育智能建筑规划教材

ISBN 978-7-111-30799-0

Ⅰ.①电… Ⅱ.①杨… Ⅲ.①电气设备－安全技术－高等学校－教材 Ⅳ.①TM08

中国版本图书馆CIP数据核字（2010）第097787号

机械工业出版社（北京市百万庄大街22号　邮政编码100037）
策划编辑：贡克勤　责任编辑：贡克勤
版式设计：霍永明　责任校对：张　媛
封面设计：张　静　责任印制：常天培
北京机工印刷厂印刷（三河市南杨庄国丰装订厂装订）
2017年1月第2版第5次印刷
184mm×260mm·16.25印张·398千字
标准书号：ISBN 978-7-111-30799-0
定价：29.00元

凡购本书，如有缺页、倒页、脱页，由本社发行部调换

电话服务	网络服务
服务咨询热线：010-88379833	机 工 官 网：www.cmpbook.com
读者购书热线：010-88379649	机 工 官 博：weibo.com/cmp1952
	教育服务网：www.cmpedu.com
封面无防伪标均为盗版	金 书 网：www.golden-book.com

智能建筑规划教材编委会

主　任　吴启迪

副主任　徐德淦　温伯银　陈瑞藻

委　员　程大章　张公忠　王元恺

　　　　　龙惟定　王　忱　张振昭

序

20 世纪，电子技术、计算机网络技术、自动控制技术和系统工程技术获得了空前的高速发展，并渗透到各个领域，深刻地影响着人类的生产方式和生活方式，给人类带来了前所未有的方便和利益。建筑领域也未能例外，智能化建筑便是在这一背景下走进人们的生活。智能化建筑充分应用各种电子技术、计算机网络技术、自动控制技术、系统工程技术，并加以研发和整合成智能装备，为人们提供安全、便捷、舒适的工作条件和生活环境，并日益成为主导现代建筑的主流。近年来，人们不难发现，凡是按现代化、信息化运作的机构与行业，如政府、金融、商业、医疗、文教、体育、交通枢纽、法院、工厂等，他们所建造的新建筑物，都已具有不同程度的智能化。

智能化建筑市场的拓展为建筑电气工程的发展提供了宽广的天地。特别是建筑电气工程中的弱电系统，更是借助电子技术、计算机网络技术、自动控制技术和系统工程技术在智能建筑中的综合利用，使其获得了日新月异的发展。智能化建筑也为其设备制造、工程设计、工程施工、物业管理等行业创造了巨大的市场，促进了社会对智能建筑技术专业人才需求的急速增加。令人高兴的是众多院校顺应时代发展的要求，调整教学计划、更新课程内容，致力于培养建筑电气与智能建筑应用方向的人才，以适应国民经济高速发展需要。这正是这套建筑电气与智能建筑系列教材的出版背景。

我欣喜地发现，参加这套建筑电气与智能建筑系列教材编撰工作的有近 20 个姐妹学校，不论是主编者或是主审者，均是这个领域有突出成就的专家。因此，我深信这套系列教材将会反映各姐妹学校在为国民经济服务方面的最新研究成果。系列教材的出版还说明一个问题，时代需要协作精神，时代需要集体智慧。我借此机会感谢所有作者，是你们的辛劳为读者提供了一套好的教材。

吴启迪

写于同济园

2002 年 9 月 28 日

第2版前言

本书于2003年出版,满足了当时电气工程专业(尤其是建筑电气专业方向)对电气安全教材的迫切需求,也被一些院校的安全工程专业选用。近年来,通过收集分析使用本书的教师的意见,结合作者在本校电气和安全专业的使用体会、以及电气安全技术的最新进展,并对照工程界对注册电气工程师(供配电专业)的专业知识要求,作者对原书进行修订。修订总体思路如下:

(1)降低起点。原书以修完“供配电系统”或类似课程为起点,现改为以修完“电工学”为起点。

(2)明确难度层次。以“节”、“段”为单位区分难度层次,便于教师取舍。

(3)强干弱枝。大量删除枝节性和罗列性内容,强化知识结构主干,突出重点。

(4)推陈出新。主要在低压系统电涌保护部分更新陈旧的内容,另外在特低电压、建筑物防雷、环境技术及接地等内容中贯彻最新的IEC技术体系精神。

(5)方便使用。注重知识的前后顺序、层级衔接和逻辑清晰,以便于阅读;提供一些常用的工程数据,以方便完成作业和课程设计。

(6)加强习题。大幅度增加习题的数量和类型,注重习题与知识点的对应。

修订从内容和结构两方面入手,具体调整如下:

内容方面,增加了“低压配电系统”一章以降低起点;在电气环境安全一章增加了“爆炸和火灾危险性场所的电气安全简介”一节以适应安全工程专业的需要;增加了接地技术原理性内容的介绍;删除了输电线路防雷和中、高压系统内部过电压防护内容;对原书中的罗列性内容,以说明技术原理为限进行了大幅度删减;新增了附录部分,列出了二十多个附表提供常用数据。

结构方面,将原书第一章调整为电气安全基础技术,将绝缘、接地、环境三项技术作为电气安全的支撑性基础技术在本章介绍,强化了接地部分的内容;将原书第一章“电气设备电击防护方式分类”、“外壳与外壳防护”调整到第三章,结合电击防护进行介绍;第三章增加“电击防护工程设计计算”一节,将原分布于各节之中的难点内容集中到一节中统一介绍,既结构清晰,又方便不同教学层次的取舍;将原书建筑物防雷部分明确按外部防雷和内部防雷分别介绍。

第2版保留并强化了原书在知识体系构成上的两条主线:一条是各种电气安全问题与基础理论之间的关系;另一条是各种电气安全问题在工程体系中的位置关系。二者从纵、横两个方向构建了电气安全工程的知识结构,使具有案例式教学特征的本门课程不再只是一个个零散案例的堆积,而是一个有机的整体。因此建议在使用本书时,除第六章可以作讲座式介绍以外,其他各章虽然可以在内容上有所取舍,但基本原理和工程体系这两条主线不能被截断,否则很难让学生建立起完整的知识体系,在关联性很强的电气安全工作中,只晓方法和局部、不明道理和全局所形成的防护体系通常会顾此失彼。至于这样做所涉及的难度问题,其实所需理论并不深奥,都是最基本的电路或电磁场理论,难点在于将这些理论运用到分析解决电气安全问题上，而这实际上是大多数专业课程所共同面对的难点之一。克服这一难点，既可提高本门课程的教学质量，又能培养学生应用所学知识解决实际问题的能力，可谓一举两得。

本次修订由杨岳负责总体构思和安排，第四章第一、四、六节的修订工作由马占敖和杨岳共同完成，其余部分由杨岳完成。由于作者水平有限，虽经修订，书中不足和错误之处仍在所难免，恳请读者和专家指正。

作 者

2010 年 5 月

第1版前言

在我们周围存在着各种各样的能量,这些能量大部分以其自然的形态存在,小部分被我们有控制地使用。能量是我们赖以生存的不可或缺的一种物质形式,但能量也能对我们的生存环境造成破坏。电能是能量的一种存在形式,它既存在于雷电、静电等自然现象中,也存在于我们人为制造的电力系统或电子信息系统中。电气危害总是缘于电能的非期望分配,电气安全则正是要研究这些非期望分配产生的原因、途径、量值大小及特性参数等问题,并提出有效的防护方法。

因此,电气安全问题并不像人们通常所认为的那样,是一个只要小心谨慎就能避免的问题,恰恰相反,电气安全是一个基础性和综合性极强的技术领域。电气安全的工程目标是,只要没有产生机械破坏,都不会有电气安全事故的发生。当然,从现实的角度看这一目标是不可能完全达到的,但以更高的概率接近这一目标应成为我们努力的方向。

针对我国电气化水平迅猛提高和电气安全水平(尤其是非电气专业场所的电气安全水平)相对落后的现状,本书主要论述与供配电系统和建筑物相关的人身安全、设备(主要指用电设备)安全和环境安全等三部分内容。具体来说,包括电击防护、雷电防护、过电压防护、电气火灾预防、静电防护和电磁兼容等内容。本书不包括火灾及爆炸危险性场所的电气安全问题,也不包括电力生产及劳动保护方面的安全措施。本书的目的是希望学生通过学习,能了解供配电系统及建筑物内电气危害产生的途径与种类,掌握分析电气危害的基本理论,掌握电击防护、过电压防护和雷电防护的工程方法,建立电气环境安全的概念,为今后的学习和工作打下良好的基础。

本书是电气工程与自动化类专业建筑电气技术系列教材之一,由智能建筑规划教材编委会组织编写。本书主要供电气工程专业的本科学生使用,也可供相关专业的学生和工程技术人员参考。考虑到高校教学改革的进程,有相当一部分非电力类专业的学生也使用本书,因此作者在叙述上力求通俗易懂,尤其是对问题的引入花费了不少笔墨,并在前后内容的衔接处作适当重复,目的是便于不同专业的学生阅读和自学。本书的起点是学生已修完电类专业基础课,一般还应修完"供配电系统"(又称"工业与民用供电")或类似的课程。

鉴于安全问题的严肃性、严谨性及可能由此产生的法律后果,本书作者特别声明:本书可作为工程技术人员的参考资料,但不能作为工程设计、安装施工及工程验收等的技术依据,作者不承担因引用本书观点或数据而产生的任何后果的责任。

本书共分五章,第一、二、四、五章由杨岳编写,第三章由马占敖编写,全书由杨岳主编,北方交通大学张小青教授主审。张小青教授对本书的内容提出了宝贵的意见,在此深表感谢。

本书在编写过程中还得到了重庆大学电气工程学院领导和同事们的大力支持,重庆大学谢永茂教授、原重庆建筑大学建筑设计研究院电气总工陈家国、重庆市建筑设计研究院电气总工邓申军,以及解放军后勤工程学院赵宏伟副教授、重庆工商大学杨琳副教授、重庆大学周齐国、龙莉莉、魏明、冯黄碧副教授等也对本书提出了宝贵意见,另外,杨本强讲师也为本书做了不少具体工作,在此一并表示感谢。

由于近年来我国电工标准正处在与国际标准接轨的过程中，不论是在看待电气安全问题的基本观点上，还是在对电气危害采取的工程防护措施上，都发生了重大的变化，一些旧的措施已作废，新的方法正陆续出台，一些通用安全措施（如电气隔离等）还没有完整的标准或规范，而有些规范尚不配套（如特低电压标准已有 GB3805.1—1993，但其他方面与特低电压相关的规范仍多与 GB3805—1983 配套），与国际标准接轨的力度也正从“等效采用”转为“等同采用”等，使电气安全问题中与标准或规范有关的很多技术问题处在频繁的变化之中，作者因时间、信息渠道等诸多因素的限制，收集的资料难免挂一漏万，加之水平有限，书中疏漏甚至错误之处在所难免，恳请读者和专家批评指正。

作　者

2002 年 10 月

目　　录

第一章　电气安全基础

第一节　电气安全问题立论

一、电气安全问题的背景

1. 社会背景

从古至今，人类一直在努力地认识和改造自然，并取得了辉煌的成就。但辉煌的光芒掩盖不了另一个事实，那就是与文明发展如影随形的人类对其自身及周围环境的危害。以近代工业革命为发端，伴随着科学技术的迅速发展，各种危害较之以往显著加剧，其涉及面之广已几乎涵盖每一个技术领域，程度之严重已足以威胁人类自身的生存，这已有悖于人类认识和改造自然的初衷。作为一个庞大的工程体系，电气工程的情况不可能例外。电气工程是现代社会的支撑性技术体系之一，它几乎无处不在、无所不需，因此其产生的危害涉及面广、程度严重且影响深刻。在危害面前，社会自然会产生防范的要求，这就形成了电气安全问题的第一个现实背景。

2. 自然背景

除了人为地利用电磁能量以外，自然界本身也存在着各种电磁过程，如雷电、静电、宇宙电磁辐射等，这些自然现象也时刻影响着正常的人类活动。社会的科学技术发展水平越高，这些自然界电磁过程可能造成的危害越大，如何应对这些危害，也是必须研究的课题，这构成了电气安全问题的另一个现实背景。

3. 技术发展规律性背景

按照一般规律，一个学科在其发展初期，总是以研究事物的原理并利用这些原理为人类谋取利益为主攻方向，而当与这个学科领域相关的工程技术高度发展并建立起庞大的工程体系之后，由于负面效应的显现，如何抑制其危害又会成为研究的重点之一。这一规律在汽车、石化、冶炼、矿产、电子信息等行业无一不得到验证。作为一个高度发展且规模庞大的技术领域，电气工程也不应例外。因此，研究电气安全问题符合技术发展的客观规律。

4. 学科背景

作为一种物理现象，“电”被人们利用的途径主要有两条：一条是被用作为能源；另一条是被用作为消息的载体。因此，电气安全问题是包括电力、通信、计算机、自动控制等在内的诸多技术领域所共同面临的问题，这使它具有了广泛性和基础性的特征；同时，电气安全又涉及到材料选用、设备制造、设计施工及运行维护等诸多环节，这又使它具有了系统性和综合性的特征；再者，电气安全问题通常发生在我们预期以外的电磁过程中，这表明它具有突发性和随机性的特征。综合以上特征可知，从问题本身的基础性，到研究问题所涉及的学科跨度及理论深度，电气安全问题具有丰富的学术内涵和广阔的应用范围，这表明电气安全问题具有坚实的学科背景。

二、电气安全问题的工程现状

在发达国家，社会对电气安全问题极为重视，尤其是对涉及用户人身安全和公共环境安全的问题，更是予以了严格的规范。在我国，过去由于观念和体制上的原因，电气安全问题多侧重于电网本身的安全和电力生产过程的劳动保护，对一般民用场所的电气安全和电气环境安全问题较为忽视，以致电击伤害和电气火灾等恶性事故的发生率长期居高不下，单位用电量的各种事故率比发达国家高出数倍乃至数十倍。最近二十多年来，我国在学习国际先进技术、等效采用国际先进标准等方面作了大量工作，在电气安全的工程实践上有了很大的进展，但与发达国家相比，差距仍然较大，这主要体现在以下几个方面：

1）认识不足。社会（甚至包括很大一部分电气工程专业人员）普遍对电气安全问题的技术性特征认识不足，很多人认为这只是一个管理和科普教育的问题，甚至认为是一个只要小心谨慎就能避免的问题。

2）技术标准落后，体系不清晰，标准间的配合不严密，有些甚至相互矛盾。即使部分等效甚至等同采用了IEC标准，也还存在消化不良、现有工程体系支撑欠缺以及工程实践严重滞后等问题。

3）从业人员相关知识不够系统、完善，一些错误的概念、术语、方法等还在被广泛地使用，如火线、零线、接零保护等。

4）工程项目中，错、漏安全技术措施的现象非常普遍。如住宅卫生间的局部等电位联结极少实施，剩余电流保护因误动作而被大量取消等。

以上问题中，认识不足和知识体系不完善是根本原因，要解决这些问题，必须从专业人员的专业教育入手，只有专业人员具备正确的认识和知识，才可能在全社会提高电气安全水平。

由于经济的持续快速发展，我国城、乡居民家庭和公共场所的电气化程度迅速提高，如何在这种情况下实现较高的安全用电水平，是一个十分紧迫的问题。因此，将电气安全问题作为电气工程一个重要的专业方向进行研究，修正长期以来在电气安全问题上的认识偏差，以科学的态度去探索，用工程的手段去应对，是一项十分有意义的重要的工作。

三、本课程研究的范围和重点

首先，明确本书讨论的是电气安全的工程技术性问题，而非管理措施。

其次，本书所针对的对象不包括电力生产专业场所，重点讨论面向非电气专业场所和非电气专业人员的电气安全问题。

第三，在本书所讨论的问题中，除雷电防护以外，均是将电气系统作为加害者而非受害者来讨论的。也就是说，重点不在于电气系统本身的安全，而在于电气系统对周围环境造成的危害。

基于以上认识，本书将对电击防护、雷电防护、过电压与电涌保护以及电气环境安全等问题进行论述。由于这些问题大多与低压配电系统有关，因此书中专列一章对低压配电系统进行介绍，供不熟悉低压配电系统的读者参考。

电气安全是电气类本科专业课程中综合性和实践性较强的课程之一，具有案例式教学的特征。作为课程，一个又一个的电气安全问题应该被综合成一个有机的整体，而非一大堆毫无关联的问题的堆砌。要做到这一点，应该从两个方面入手：一是从技术原理上深刻认识，找到众多电气安全问题的共同理论基础，形成纵向的知识结构；二是明晰有关各种电气安全问题的工程体系，找到每一具体的电气安全问题在工程体系中的位置，形成横向的知识结构。为此，既需要我们积极应用在电路、电磁场、电机学等专业基础课程中所学知识来解决实际问题，又需要我们勤于查阅工程标准、设计规范等技术资料以了解工程体系。诚若此，则不仅能学好这门课程，还可以巩固基础知识，更将锻炼我们分析解决问题的能力，为今后独立工作打下良好基础。

第二节　电 气 危 害

一、电气危害的分类

电气危害是电气安全首先要研究的问题。从产生电气危害的源头来分类，可将电气危害分为自然因素产生和人为因素产生两大类，自然因素产生的危害有如雷击、静电等，人为因素产生的危害主要是各种电气系统和设备产生的诸如电击、电弧、电气火灾等。从电气危害发生的特征来分类，可将电气危害划分为电气事故和电磁污染两大类。电气事故具有偶然性与突发性的特征，而电磁污染具有必然性和持续性的特征。表 1-1 列出了电气危害的主要种类。

表 1-1　电气危害的种类及原因

类型			原因及举例说明
电气事故	故障型	电击	1. 绝缘损坏，造成非导电部分带电 2. 爬电距离或电气间隙被导电物短接，造成非带电部分带电 3. 机械性原因，如线路断落，带电部件滑出等 4. 雷击 5. 各种因素造成的系统中性点电位升高，使 PE 或 PEN 线带高电位
		电气火灾和电气引爆	1. 过电流产生高温引燃 2. 非正常电火花、电弧引燃、引爆 3. 雷电引燃、引爆
		设备损坏	1. 过载或缺相运行 2. 电解和电蚀作用 3. 静电或雷击 4. 过电压或电涌
	非故障型	电击	直接事故：误入带电区、人为超越安全屏障、携带过长金属工具等；间接事故：因触碰感应电或低压电等非致命带电体引起的惊吓、坠落或摔倒等
		电气火灾	高温：溶液、溶渣的滴落、流淌、积聚使附近的物体燃烧、爆炸
		设备损坏和质量事故	1. 长期电蚀作用使设备、线路受损 2. 工业静电引起的吸附作用、影响产品质量
电磁污染	电磁骚扰		工作产生的电磁场对别的设备或系统产生的干扰等
	职业病		强电磁场对人体器官的损伤（如微波），或使人体某一部分功能失调等

从表 1-1 中可知，大多数电气事故是在故障时发生的，具有不确定性；而在非故障时发生的电气事故，多是由于违反操作规程或电气知识不够造成的。电磁污染类的电气危害，基

本上都是在正常工作情况下产生的。

二、电气危害的主要加害源简介

1. 供配电系统

供配电系统产生的电气危害有两个方面：一方面是系统对自身的危害，如短路、过电压、绝缘老化等；另一方面是系统对用电设备、环境和人员的危害，如电击、电气火灾、电压异常升高造成用电设备损坏等，其中尤以电击和电气火灾危害最为严重。

电击是最严重的电气危害之一，它可直接导致人员死亡、伤残，或因电击产生的坠落等二次事故致人员伤亡，因此，对电击伤害的研究是电气安全问题最为重要的组成部分之一。过去我国由于民用电气化水平不高，对电击问题的研究多集中在工业或电气专业场所，但随着经济的发展，民用用电量在迅速上升，虽然还不及发达国家水平，但我国一般民用场所的电击事故率已远远超过发达国家水平。可以预计，随着经济的进一步发展，我国人均用电量和民用用电量占总用电量的比例均会向发达国家趋近，若单位用电量的电击伤亡率不大幅下降，则电击伤亡事故会成倍乃至数十倍地增加，这对于全社会来说都是一个灾难性的预期。因此，针对非电气专业场所和人员的电击防护技术性措施应被放到突出的位置，过去那种主要通过管理措施来进行电击防护的观念，不适合应用在在非专业场所。

电气火灾是我国最近二十多年来迅速发展的一种电气灾害，我国电气火灾在火灾总数中所占的比例在30%左右波动，数倍乃至十倍于发达国家水平，绝大多数电气火灾发生在非专业场所，所造成的损失极为巨大。电气火灾的发生多与供配电系统的过载运行或电气设备质量不合格、施工安装不规范等有关。

2. 雷电与静电

雷电是一种大气放电现象，可使人、畜遭受电击，使建（构）筑物受到损坏，使电力系统、通信系统、电子设备等遭到破坏，还可能引发火灾与爆炸。我国曾有因雷击引发大型油库特大火灾的案例，也有雷击引发的火灾烧毁文物保护古建筑的记录，近年来因建筑物中IT设备大量增加，雷击损坏IT设备和系统的事件时有发生。雷击产生危害的根本原因在于雷电所蕴涵的巨大能量，因此控制雷电能量的泄放，是预防雷电危害的关键。由于人类的重要活动场所几乎都集中在建（构）筑物中，建（构）筑物的防雷也就成了雷电防护的重点。

在有些场所，静电产生的危害也不能忽视。静电可以是人为产生的，但造成危害的静电多是自然产生的。静电危害主要在于静电产生的强电场强度和高电压，它是电气火灾的原因之一，对电子设备的危害也很大。

三、电气危害的特点

1. 非直观

由于电既看不见、听不到，又嗅不着，其本身不具备为人们感观所直观识别的特征，因此其潜在危险不易被查觉，这就给事故的产生创造了有利条件。

2. 途径广

比如电击伤害，大的方面可分为直接电击与间接电击，再细分下去，有设备漏电产生的电击，也有带电体接触到电气装置以外的导体（如水管等）而发生的电击，还有可能因接地体传导高电位而发生电击等。再比如雷电危害，可能因电闪产生的机械能破坏建筑物，也可能因电闪的热能引发火灾，还可能因雷电流下泄产生的电磁感应过电压损坏设备或产生火花引爆，或者接地体散流场产生跨步电压造成电击伤害等。由于供配电系统所处环境复杂，电气危害产生和传递的途径也极为多样，使得对电气危害的防护十分困难和复杂，需要周密、细致和全面的考虑。

3. 能量范围广且谱密度分布多样

能量大者如雷电，雷电流量值可达数百千安培，且高频和直流成分大；小的如电击电流，以工频电流为主，电流仅为毫安级。对于大能量的危害，合理控制能量的泄放是主要防护手段，因此泄放能量的能力大小是保护设施的重要指标；而对小能量的危害，能否灵敏地感知是防护的关键，因此保护设施的灵敏性又成了重要的技术指标。

4. 作用时间长短不一

短者如雷电过程，持续时间仅为微秒级；长者如导线间的间歇性电弧短路，通常要持续数分钟至数小时才会引发火灾；而电气设备的轻度过载，持续时间可达若干年，使绝缘结构的寿命缩短，最终才因绝缘损坏而产生漏电、短路或火灾。对不同持续时间的电气危害，其保护设施的响应速度和方式也应有所不同。

5. 关联性

不同危害之间、危害与防护措施之间、不同防护措施相互之间常常互有牵扯，不能完全割离，这就是关联性。如绝缘损坏导致短路，而短路又可能引发绝缘介质燃烧，导致电气火灾；又如建筑物外部防雷装置可极大地减小雷击产生的破坏，但雷电流在防雷装置中通过时又可能产生反击、感应过电压、跨步电压电击等新的危害；再如剩余电流保护与电涌保护之间配合不当时，可能产生相互消减对方防护效果的现象。因此，电气危害的防护需要统筹兼顾。

四、电气危害的规律

不同类型的电气危害，各具自身的规律性。比如电击事故的规律为：① 季节性，夏季居多；② 低压触电居多；③ 移动式和手握式设备居多；④ 农村触电事故居多；⑤ 特殊场所如施工现场、矿山巷道、狭窄场所等居多等。但总体来说，各类电气危害都具有以下共同的规律。

第一，电气危害总是伴随着能量的非期望分配。不管是供配电系统的电气危害，还是自然界产生的电气危害，危害发生时，总是有非期望的电磁能量出现在非期望的场所或部位。如电击发生时，本应传送给用电负荷的能量有一小部分传送至了人体；绝缘介质的高温，通常是导体中的损耗超过了预期值，等等。这一规律提示我们，在研究防护措施时，应时刻关注能量的分配问题。

第二，电气危害的发生总是伴随有物理参量或特性的变化，这些参量可以是运行参量，也可以是本构参量。如雷击发生时接闪器处的电场强度剧升，电击发生时可能会有剩余电流产生，等等。找出电气危害发生时特定参量与正常运行时的明显差异，是发现电气危害发生的主要途径。

第三节　绝缘技术基础

绝缘指用电介质对带电导体进行封闭和隔离、使电能在设定的通道中传输的技术措施，它既是电击防护的基本措施（如相导体对外壳的绝缘），又是保证电气设备正常工作的基本条件（如相导体间通过绝缘体防止短路等）。本节从绝缘材料和绝缘结构两个层面简介与电气安全相关的绝缘问题。

一、绝缘材料

1. 绝缘材料的电气性能

绝缘材料又称电介质，是一类导电能力很小的材料的总称。工程应用中的绝缘材料电阻率一般不低于 $10^7\Omega \cdot m$。绝缘材料按物态分为气体绝缘、液体绝缘和固体绝缘。气体绝缘材料常见的有空气、氢、六氟化硫等，液体绝缘材料常见的有变压器油、电容器油、氯化联苯、合成十二烷基苯等，固体绝缘材料种类繁多，常见的有树脂、纸、云母、橡胶、塑料、陶瓷等。

导体的电气性能是大家都比较熟悉的，它对电气设备的性能有着重要的影响。实际上，绝缘材料的电气性能同样也对电气设备的性能有着重要的影响，而且在关系到设备的寿命、故障率等方面问题时，绝缘材料具有更重要的影响力。形象地说，如果导电材料的电气性能反映了导体“通过”电流的能力的话，绝缘材料的性能则表征了绝缘体“阻挡”电流的能力。绝缘材料的电气性能比较复杂，反映其电气性能的参数也比较多，本节仅选择最常用的几个参数进行介绍。

（1）绝缘电阻率　绝缘电阻率是绝缘材料的主要电气参数之一，理论上它等于单位长度、单位截面积的绝缘材料上所加的直流电压与流过它的稳态直流电流之比。绝缘电阻率与所加电压大小有关，同时又与温度等因素密切相关。如一般温度每下降 10°C，绝缘电阻率增大约 1.5～2 倍。

（2）介质损耗　介质损耗是指在外加电压作用下绝缘介质中损耗的有功功率。在交流电压作用下，除泄漏电流引起的损耗外，还有绝缘介质中极化过程随着电压极性的改变而重新向相反方向发展所造成的附加损耗。

图 1-1a 是绝缘介质的等效电路，图中三个并联支路的物理意义为：R_i 支路表示绝缘介质中能自由移动的载流子在电压作用下产生电流的效应；C_0 支路表示加在绝缘介质两端的电极与绝缘介质共同构成的电容效应，也称无损极化电容效应；R_a 与 C_a 串联支路表示介质在外加电场作用下发生有损极化过程的效应。所谓无损极化，是指无极性分子在电场作用下发生了正负电荷中心分离，但这种分离是弹性的，一旦外电场消失，分子正负电荷中心又会重合，因此这种极化不消耗能量；所谓有损极化，主要是指偶极子在外电场作用下发生一致性取向，这种极化是非弹性的，即外电场消失后不会自行恢复，因此有能量消耗，另外，不同介质间的夹层极化也属于有损极化。在外加直流电压作用下，过渡过程（C_0 和 C_a 充电）完毕后，只有 R_i 有电流通过，这个电流就是泄漏电流，R_i 即绝缘电阻；但在外加交流电压作用下，情况有所不同，分析如下：

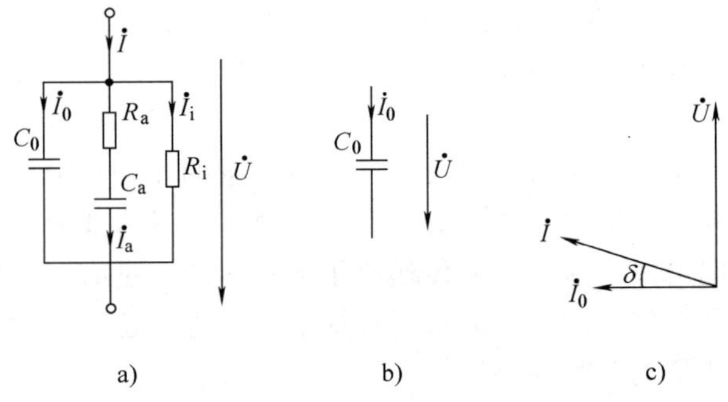

图 1-1　绝缘介质等效电路及相量图

a）实际绝缘介质　b）理想绝缘介质　c）相量图

理想绝缘介质在电极外加电压作用下应只显现电容效应，如图 1-1b 所示，此时流过绝缘介质的电流应超前电压$\dot{U}$ 90°，如图 1-1c 中$\dot{I}_0$所示。但实际的绝缘介质总有损耗，使得实际流过绝缘介质的电流$\dot{I}$ 不可能超前$\dot{U}$ 90°，而是比 90°小一个角度 δ。从图 1-1c 可知，δ 角越大，$\dot{I}$ 在$\dot{U}$ 上的投影（即绝缘介质中电流的有功分量）越大，绝缘介质的有功损耗也就越大，因此称 δ 为介质损耗角。

为求出损耗的大小，将图 1-1a 中的等效电路简化为如图 1-2a 所示，此时的相量图如图 1-2b 所示，有功功率损耗 ΔP 为

$$\begin{aligned}\Delta P &= UI_{\mathrm{R}} = UI\sin\delta = U\frac{I_{\mathrm{C}}}{\cos\delta}\sin\delta = UI_{\mathrm{C}}\tan\delta \\ &= U\frac{U}{1/(\omega C_{\mathrm{P}})}\tan\delta = \omega C_{\mathrm{P}}U^2\tan\delta\end{aligned} \tag{1-1}$$

由式（1-1）可知，绝缘介质的损耗与角频率 ω、电压 U、等效电容 C_{P} 和介损角 δ 有关，对于给定的绝缘介质试品和试验条件，C_{P}、U 和 ω 都是确定的，介质损耗 ΔP 的大小与介质损耗角的正切 $\tan\delta$ 成正比，$\tan\delta$ 因此成为绝缘测试中的一个重要参数，称为介质损耗因数，简称介损因数。

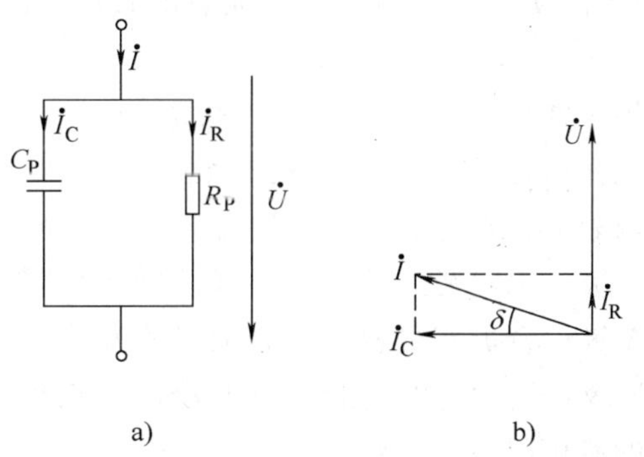

图 1-2　绝缘介质简化等效电路及相量图

实验证明，在规定的试验条件下，介损因数与绝缘介质试品的形状、尺寸等无关，而只与试品材料相关，因此该参数与绝缘电阻率一样，是一个绝缘材料的本构电气参数。

（3）介电强度　介电强度又称介质强度或耐压强度，是指绝缘介质在电场作用下不被击穿所能承受的最大场强，它与绝缘介质的物态（气体、液体还是固体）、环境温度、大气压强、湿度等诸多因素有关，还与试验电压及作用方式有关。一般给出直流电压作用下的介电强度，如标准空气的介电强度为 3kV/mm。

绝缘介质在电场作用下发生的介质电流剧增、绝缘性能丧失的现象，称为介质击穿。介质击穿的情况有两种：一种是外加电压高于绝缘介质的承受能力，使状况良好的介质发生击穿；另一种是因绝缘介质性状劣化或损坏，在允许电压作用下发生击穿。前者只要设计选择合理一般均可避免（系统运行中偶然因素如雷击过电压等造成的击穿例外），而后者是不确定性事件，常常是发生电气事故的直接原因。

气体、液体和固体绝缘介质，其击穿的机理和击穿后的性状有所差异，详细的介绍可参见高电压方面的书籍，此处要强调的是介质击穿后的恢复问题。气体介质击穿后，若外加过电压消失，其绝缘性能在很大程度上可以得到恢复，恢复所需的时间很短；液体介质击穿后，若外加过电压消失，其绝缘性能在一定程度上可以得到恢复；固体介质一旦击穿，其绝缘性能便不可恢复。

2. 绝缘材料的耐热分级

绝缘材料的耐热性能与绝缘介质的很多电气性能密切相关。在保证寿命的前提下，根据

绝缘材料所允许的最高长期工作温度，可将它们分成若干等级，称为绝缘材料的耐热等级。电工标准将绝缘材料的耐热等级分为7级，见表1-2。

表1-2 绝缘材料的耐热等级

耐热等级	Y	A	E	B	F	H	C
长期允许使用的最高温度/℃	90	105	120	130	155	180	>180

某一等级绝缘材料的工作温度若超过表中规定的温度值，则介质的老化将加快，寿命缩短。例如A级绝缘介质的长期允许工作温度上限为105℃，若实际工作温度超过上限值8℃（即长期工作在113℃），则绝缘介质的寿命会缩短约一半，这就是通常所说的绝缘热老化8℃定则。实际上并不是各级绝缘都满足8℃定则，如B级绝缘为10℃，而H级绝缘为12℃等。

绝缘老化是绝缘介质破坏的重要内因之一，因此合理地确定绝缘材料的耐热等级，避免因绝缘介质提前老化造成的绝缘破坏，对预防电气事故的发生具有重要意义。

与表1-2所列耐热等级相对应的常用绝缘材料举例如下：

Y级：未浸渍过的棉纱、丝及纸等材料或其组合物。

A级：合成有机薄膜、合成有机瓷漆等材料或其组合物。

B级：用适合的树脂粘合或浸渍、涂覆后的云母、玻璃纤维、石棉以及其他无机材料，合适的有机材料或其组合物。

F级和H级：材料与B级的相类似，只是使用的树脂有所不同，如H级使用硅有机树脂等。

二、绝缘结构

1. 绝缘结构的概念

将由一种或若干种绝缘材料按一定方式构成的绝缘体称为绝缘结构。

注意区分绝缘结构与绝缘材料的不同。绝缘结构是由一种或若干种绝缘材料制作的绝缘体，用于电气元件或设备上。

2. 绝缘结构按保护功能分类

绝缘结构按功能可分为工作绝缘和保护绝缘两类。就保护作用而言，又可按其保护功能分为4种形式，分别为基本绝缘、附加绝缘、双重绝缘和加强绝缘。

（1）基本绝缘　带电部件上对触电起基本保护作用的绝缘称为基本绝缘，若这种绝缘结构的主要功能不是防触电而是防止带电部件间的短路，则又称为工作绝缘。

（2）附加绝缘　附加绝缘又叫辅助绝缘或保护绝缘，它是为了在基本绝缘一旦损坏的情况下防止触电而在基本绝缘之外附加的一种独立绝缘。

（3）双重绝缘　双重绝缘是一种组合型式的绝缘结构，即由基本绝缘和附加绝缘共同组成的绝缘结构。

（4）加强绝缘　加强绝缘相当于双重绝缘保护程度的单独绝缘结构。“单独绝缘结构”不一定是一个单一体，它可以由几层组成，但层间必须结合紧密，形成一个整体，各层无法再拆分为基本绝缘和附加绝缘各自进行单独的试验。

双重绝缘和加强绝缘的结构示意图如图 1-3 所示，图 a、b、c、d 为双重绝缘，图 1-3e、f 为加强绝缘。

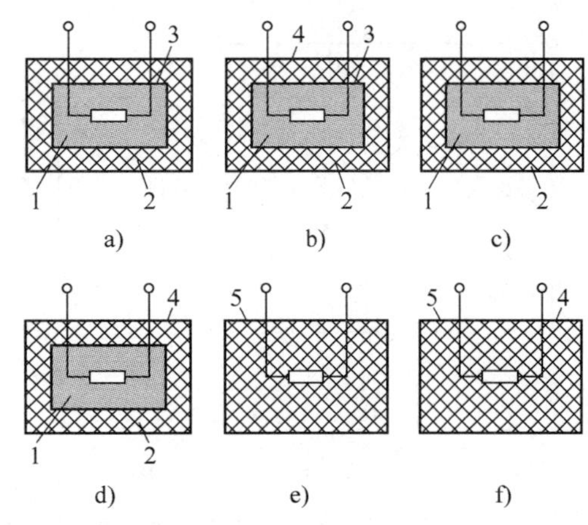

图 1-3　双重绝缘和加强绝缘

1—基本（工作）绝缘　2—附加（保护）绝缘　3—不可能触及的金属体　4—可触及的金属体　5—加强绝缘

三、绝缘检测

如前所述，绝缘结构破坏是造成电气事故的主要原因。绝缘结构破坏有些是因偶然因素造成的，有些则是设计不合理、制造缺陷、使用不当或寿命终了造成的。绝缘检测的目的是通过试验发现可能造成绝缘破坏的隐患，一般为非破坏性试验。

1. 绝缘电阻测试

绝缘电阻是绝缘结构的电气参数，而绝缘电阻率是绝缘材料的电气参数，两者虽有一定关系，但含义不同，不能混淆。

测试电气设备的绝缘电阻是在电气设备的绝缘介质上施加直流电压，测量绝缘介质中流过的电流及其变化，并以此为依据判断绝缘性能的好坏。测量绝缘电阻的经典专用设备为绝缘电阻表（习称兆欧表，或摇表）。

（1）绝缘电阻表原理　绝缘电阻表原理接线图如图 1-4a 所示。G 为手摇直流发电机（常用交流发电机通过半导体整流代替），作为测试用电源，其电压通常为 500～2500V，每 500V 一挡可调。由于手摇发电机容量很小，负载特性（即输出电压随输出电流大小而变化的关系）下降很快，若直接将测试电压加在受试件上读取电流值，然后用 U/I 计算出绝缘电阻，一则需要计算才能得出结果，甚为不便；二则 U 的大小直接受 I 的影响，并不是测试挡上的标称值（如 500V），若要准确计算，还需测出实际的电压值，在使用上更为不便。因此在绝缘电阻表中采用了一种叫做“流比计”的测量机构，它能直接将电压、电流之比的运算结果在刻度上显示出来，如图 1-4b 所示。流比计有两个相互垂直而绕向相反并固定在一起的线圈——电压线圈 w_V 和电流线圈 w_A，处在同一个永磁场中。当 E、L 端子接入受试品 R_x 时，两个线圈支路便通过电阻并联在直流发电机两极上。摇动手柄 S 达匀速（一般为 120r/min），在电压 U 作用下电流 I_V、I_A 分别流过线圈 w_V 和 w_A，于是在线圈磁场与永磁场相互作用下将产生两个方向相反的转矩同时作用在线圈上，两个转矩分别为

$$M_A = K_A f_A(\alpha) I_A$$

$$M_V = K_V f_V(\alpha) I_V$$

式中　M_A、M_V——电流和电压线圈上的电磁转矩；

K_A、K_V——比例系数；

I_A、I_V——通过电流和电压线圈的电流；

$f_A(\alpha)$、$f_V(\alpha)$——电流、电压线圈电磁转矩与线圈偏转角度的函数关系；

α——线圈（指针）偏转角度。

当 $M_A \neq M_V$ 时，因转矩不平衡，线圈便带动指针转动，使 α 发生变化，直到 $M_A = M_V$ 为

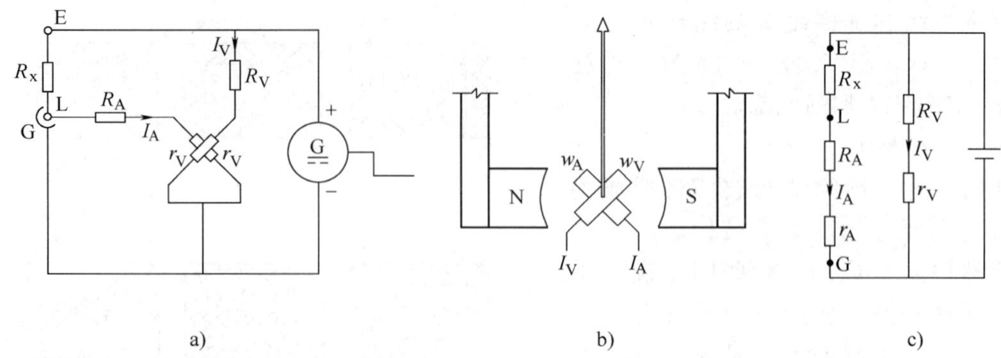

图 1-4　绝缘电阻表原理

G—手摇直流发电机　w_A、w_V—电流和电压线圈　R_A、R_V—电流和电压支路电阻　r_A、r_V—电流和电压线圈电阻　E、L—测试接线端子　S—屏蔽端子　R_x—被测试的绝缘电阻

止，此时

$$K_A f_A(\alpha) I_A = K_V f_V(\alpha) I_V$$

即

$$\frac{I_A}{I_V} = \frac{K_V}{K_A}\frac{f_V(\alpha)}{f_A(\alpha)} = Kf(\alpha) \tag{1-2}$$

式中，$K = \frac{K_V}{K_A}$；$f(\alpha) = \frac{f_V(\alpha)}{f_A(\alpha)}$。

由式（1-2）可知，线圈（指针）偏转角度 α 取决于电流线圈与电压线圈中电流的比值。由图 1-4c 的等效电路可知以下关系：

$$\frac{I_A}{I_V} = \frac{R_V + r_V}{R_A + r_A + R_x}$$

因 R_V、r_V、R_A、r_A 均为确定值，故 I_A/I_V 仅为 R_x 的函数，将该函数关系写成

$$\frac{I_A}{I_V} = g(R_x) \tag{1-3}$$

综合式（1-2）和式（1-3）可知

$$Kf(\alpha) = g(R_x)$$

故

$$\alpha = f^{-1}\left[\frac{1}{K}g(R_x)\right] = h(R_x)$$

即偏转角度是被测绝缘电阻 R_x 的函数，而与电源电压没有直接关系，这样一来消除了电源电压对测量精度的影响，二来可将这种函数关系反映在表计的刻度盘上，直接读出绝缘电阻阻值。

（2）测试内容　绝缘电阻表可测试绝缘介质的绝缘电阻和吸收比。试验发现，在进行绝缘电阻测试时，在测试开始后的很长一段时间内，绝缘电阻值一直是变化着的，开始很小，随着测试时间的延续逐渐变大，数分钟乃至更长时间后才趋于稳定，其变化过程如图 1-5 所示，图中曲线 1 和 2 分别是同一绝缘结构在绝缘状况良好和绝缘性能已劣化的情况下测出的曲线。现根据绝缘介质等效电路图 1-1a 和对其中各支路物理意义的解释，对图 1-5 中曲线的变化过程和两条曲线的

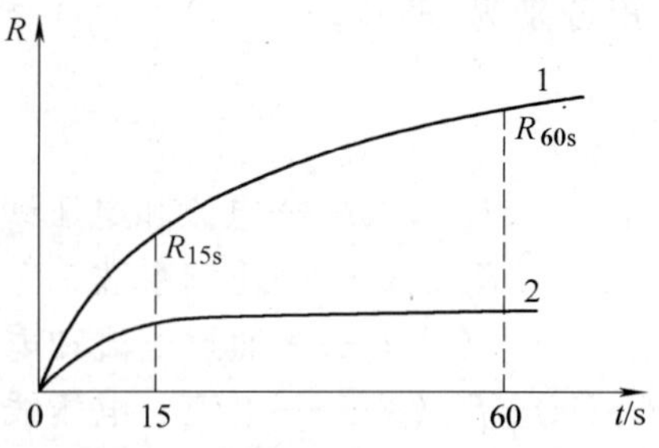

图 1-5　绝缘电阻及吸收化测试

1—绝缘性能良好　2—绝缘性能劣化

差异作一定性解释。

图 1-6 表示了绝缘介质加上直流电压后电流的变化过程。图中 i_0 为图 1-1a 中 C_0 支路的充电电流，由于 C_0 支路表明的是绝缘介质无损极化的电容效应，基本为纯容性，时间常数趋近于 0，故 i_0 衰减很快，在 $10^{-12} \sim 10^{-13}$s 内衰减完毕；i_i 为图 1-1a 中 R_i 支路上的电流，由于该支路为纯阻性，故其大小恒定，但电流的大小与绝缘好坏相关，绝缘良好时电流小，反之电流大；而 i_a 为图 1-1a 中 R_a 与 C_a 串联支路的电流，该支路表明了介质的有损极化情况，R_a 越大，表明有损极化越不严重，此时时间常数大，i_a 衰减缓慢，而当有损极化严重时，R_a 相对较小，时间常数也小，衰减相对变快。因此，绝缘介质中总的电流 i 是一条衰减的曲线，其衰减的速率与有损极化的大小关系最为密切，而其稳态值只与绝缘电阻有关，衰减得快或稳态电流大，都是绝缘性能不良好的标志。根据 $r = u/i$，不难通过图 1-6 中曲线 i 推导出图 1-5 中的电阻曲线，曲线 1 对应于 i 衰减慢的情况，曲线 2 对应于 i 衰减快的情况。

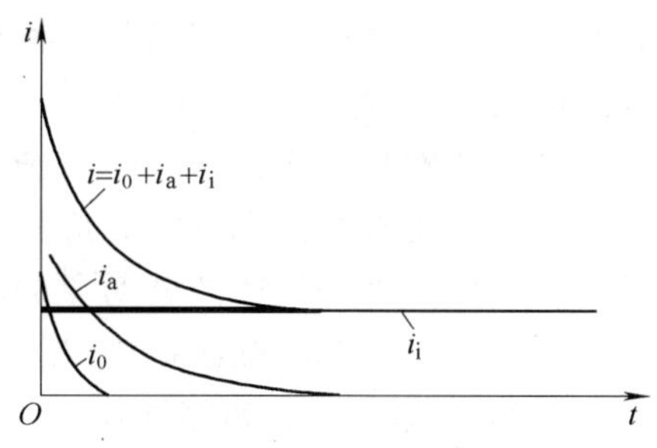

图 1-6 吸收电流曲线

i_0—电容电流 i_a—吸收电流 i_i—泄漏电流

由以上分析可知，不只有稳态绝缘电阻 R_i 才能反映绝缘性能，绝缘电阻值的变化过程也能从有损极化损耗的角度反映绝缘性能，因此常用一个叫“吸收比”的参数来综合表示这两者所反映出的绝缘性能。吸收比 K 定义为

$$K = \frac{R_{60s}}{R_{15s}} \tag{1-4}$$

式中 R_{60s}——加压后 60s 时的绝缘电阻值；

R_{15s}——加压后 15s 时的绝缘电阻值。

一般来说，K 值大表明吸收现象衰减缓慢，绝缘介质干燥、性能良好，通常 $K \geqslant 1.3$ 就认为绝缘性能良好；而若 K 接近于 1，说明吸收现象明显，此时吸收电流衰减快，且泄漏电流所占比例大，意味着绝缘介质可能受潮或有缺陷。对于大型电机或长电缆等，由于吸收过程本身就很长，通常采用 10min 与 1min 的电阻值之比作为吸收比。

（3）测试目的与测试结果判别　绝缘电阻的测试结果判别有两种方法：限值判别法和比较判别法。

所谓限值判别，是指相关标准给出了各种电气或电子设备绝缘电阻的最低值，如果测试结果低于最低值，则可判定产品绝缘强度不合格，不能使用。这些最低值举例见表 1-3。

表 1-3 几种电器的绝缘电阻最小限值

产品名称	绝缘电阻/MΩ				
	热态	冷态		潮态	
空调风扇用单相电机	3			2	
电气暗装面板，接线盒				5	
电灯灯头		50		2	
低压电源控制设备				1	
管形荧光灯镇流器		20			
民用机场灯具		≤42V 10	>42V 100	≤42V 1	>42V 2

所谓比较判别，是指将本次测试结果与出厂测试、交接测试或历年常规测试记录作比较，对大修前后作比较，与同类设备相互比较，甚至同一设备的各相间相互比较，来判断绝缘介质的绝缘状况。

必须强调的是，不论采用哪一种判别方法，都应该计入试验环境条件如温度、湿度等产生的影响。采用限值判别法时，应将测试结果换算到规定的环境条件下判别；而采用比较法判别时，则应将参与比较的各对象的测试数据换算到同一环境条件下进行判别。

2. 介质损耗因数 $\tan\delta$ 的测试

介质损耗因数 $\tan\delta$ 的测量在电气设备制造、绝缘材料鉴定和电气设备绝缘试验等方面都有广泛的应用。测量 $\tan\delta$ 一般采用交流高压电桥，对于大电容试品如电力电容器和长电缆等，亦可采用低功率因数瓦特表进行测量。本书只介绍交流高压电桥的测试方法，对其他方法有兴趣者可参考有关绝缘测试的专门书籍。

（1）交流介损电桥的工作原理与测试方法

图 1-7 为介损电桥（又称西林电桥）的原理接线图，它由 4 个臂和一个桥组成：臂 1 为被试品的等值 C_x、r_x，臂 2 为无损空气电容 C_N（常用 50pF 或 100pF），臂 3 为可变电阻 R_3，臂 4 由无感固定电阻 R_4 和可变电容 C_4 组成。外加交流电压 u 一般为几千伏到十千伏。图中被测试品处于高压侧，两极不接地，这种接线方式称为正接线。为确保人身安全，在 A、B 两端都有放电器 F，避免在操作不当时 A、B 两点上出现高电位的危险，桥支路 P 为检流计。

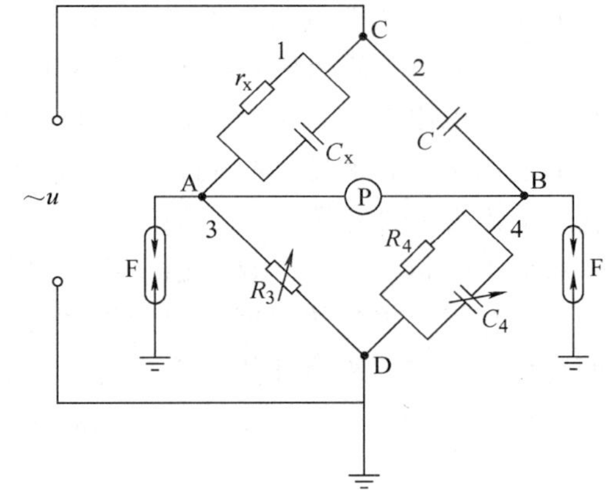

图 1-7　介损电桥正接线原理图

调节 R_3、C_4，使检流计中电流为零，电桥达到平衡。根据电桥平衡条件，应有

$$Z_1 Z_4 = Z_2 Z_3 \tag{1-5}$$

式中　Z_i——臂 i（$i=1$、2、3、4）的阻抗，且有

$$Z_1 = \frac{r_x}{1 + \mathrm{j}\omega C_x r_x};\ Z_2 = \frac{1}{\mathrm{j}\omega C_N}$$

$$Z_3 = R_3;\ Z_4 = \frac{R_4}{1 + \mathrm{j}\omega C_4 R_4}$$

将其代入式（1-5），并令其实部和虚部分别相等，则有

$$r_x = \frac{R_3\ (1 + \omega^2 R_4^2 C_4^2)}{\omega^2 R_4^2 C_4 C_N}$$

$$C_x = \frac{R_4 C_N}{R_3\ (1 + \omega^2 R_4^2 C_4^2)}$$

于是

$$\tan\delta = \frac{I_{r_x}}{I_{c_x}} = \frac{1}{\omega C_x r_x} = \omega R_4 C_4 \tag{1-6}$$

在电桥中，R_4 的数值常采用 $10000\Omega/\pi = 3184\Omega$，这样 $\tan\delta = \omega R_4 C_4 = 2\pi \times 50 \times 10000 C_4/\pi = C_4 \times 10^6$，即 $\tan\delta$ 在数值上等于 C_4 的微法数。在电桥的分度盘上 C_4 的数值就直接以 $\tan\delta \times$

100%来表示，读数极为方便。

当测试一极接地的试品时，应采用反接线，如图1-8所示。此时被测试品接在地端，调节元件R_3、C_4处在高压端，因此电桥本身（图中点画线框内部分）的全部元件对机壳和手柄必须有足够高的绝缘强度才能保证人身安全。若电桥本身不具备这种绝缘强度，一定不要采用反接线方式。

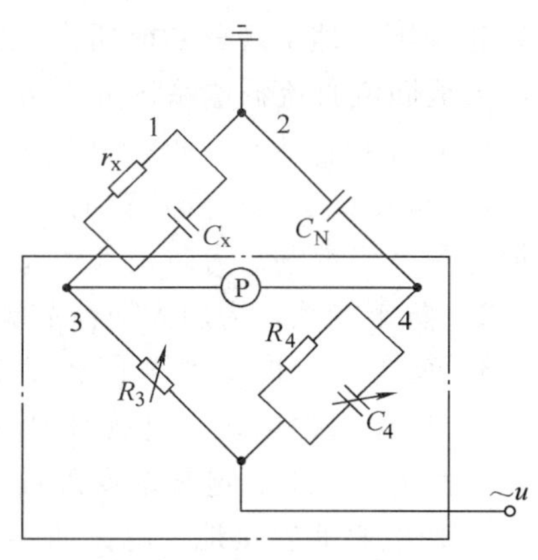

图1-8　介损电桥反接线原理图

（2）测试目的与结果判别　$\tan\delta$测量值是判断绝缘情况的一个较灵敏的方法，尤其是对受潮、老化等分布性缺陷更为有效，对小体积设备比较灵敏。它不仅是判断绝缘介质当前状况好坏的一个指标，还是评价不同绝缘介质绝缘性能优劣的一个重要参数。

作为监测绝缘工作状态的一个指标，$\tan\delta$并无一个绝对值作为好、坏判别的标准，而需要采用比较法进行判别。

一般来说，绝缘电阻对贯穿性受潮、脏污及绝缘介质中有导电通道等缺陷反应灵敏，而$\tan\delta$是从能量损耗的角度透视绝缘性能的，因此对绝缘介质普遍劣化和大面积受潮等缺陷反应灵敏，对局部的绝缘缺陷，因介质损耗变化并不明显，$\tan\delta$不易反映出来。综合运用两种方法，配合科学的结果判别，可发现大多数的绝缘缺陷，对中、低压系统的电气设备尤其如此。

第四节　接地技术基础

从学科属性来看，接地是一门边缘学科，它主要是建立在电学理论基础之上的。但从工程实践角度来看，接地是一种被广泛应用的主流技术，在很多情况下甚至是不可或缺的。接地技术的重要性和实用性不容质疑，但它不是一门精密的科学，因为大地的地质结构非常复杂，地球深处的情况还是科学奥秘，或许还存在各种我们不知道的电磁现象，并且各地面附着物地下部分间的相互影响难以预估，因此，接地技术看似简单，实则非常深奥。我们在电气安全问题中探讨接地技术，更看重实践性。本节介绍接地技术的一般概念，对于接地技术所赖以施行的基础——工程接地装置，则在第四章中进行介绍。

一、电气“地”与电气“接地”

电气上的“地”，是指可用来作为参考电位且电容无穷大的物体。能作为参考电位，是指该物体在任何扰动下，其自身电位的变化都可忽略不计，可看成是建立电位的基准；电容无穷大，是指该物体能提供或接受任意多的电荷，能承受任意多的电能。

一般将大地作为电气上的“地”，工程上取为零电位。电子信息系统中也将参考电位点称为“地”，但不一定与大地相连。

“接地”是指将电气系统或装置上导体的某些部分与“地”进行电气连接的技术措施。

二、接地的分类

1. 按功能分类

根据接地所起的作用，一般将接地分为以下三大类。

（1）功能性接地　功能性接地是指用于保证设备（系统）正常运行，或保证设备（系统）正确可靠地实现其功能所设置的接地，一般又称为工作接地。如电力系统中性点接地，单极大地回流直流输电系统的正极接地等，也包括电子信息系统逻辑接地、信号接地等。

（2）保护性接地　保护性接地是指以人身和设备安全为目的的接地，主要有：

1）保护接地。电气装置的外露导电部分、配电装置的构架和线路杆塔等，由于绝缘结构损坏有可能带电，为防止其危及人身和设备安全而设置的接地。

2）防雷接地。为向大地泄放雷电能量而设置的接地。

3）防静电接地。将静电导入大地以减小其危害的接地。如加油管道的接地等。

4）阴极保护接地。使被保护金属表面成为化学原电池的阴极，以防止该表面被腐蚀所设置的接地。如对长电缆金属外皮的保护，大地回流直流输电系统接地极的保护等。

（3）电磁兼容接地　电磁兼容接地是为降低电磁骚扰水平，或提高抗扰度所设置的接地。

2. *按接地装置利用方式分类*

按接地装置的利用方式，接地可分为分别接地和共同接地。

分别接地指若干需要接地的对象分别有各自的接地装置，且这些接地装置是相互独立的，其间没有人为的电气连接。

共同接地指若干个需要接地的对象利用同一个接地装置接地。

分别接地的好处是各个地之间互不干扰，但不同接地装置之间可能出现电位差，这个电位差可能通过某些途径作用在设备或人体上，形成危险电压。如电子信息设备的电源线和信号线都有地极，若电源地与信号地之间出现电位差，这个电位差就作用在电子设备上，可能损坏设备中的电子元器件。

共同接地的好处是各种地之间不会出现电位差，但各个系统间可能通过电气地形成相互干扰，且某一系统在接地装置上形成的危险电位可能传递到其他系统中，对人身和设备安全造成危害。

三、接地装置原理构成及接地电阻

接地装置一般由接地体和接地线构成，如图 1-9 所示。接地体与大地土壤（或岩石等）紧密接触，电流可通过接地体流入大地。接地电阻 R_E 是指接地点（o 点）处接地引出线电位 U_{oE}（以无穷远处大地为参考电位点 E）与流入接地体的电流 I_o 之比，即

$$R_E = \frac{U_{oE}}{I_o} \tag{1-7}$$

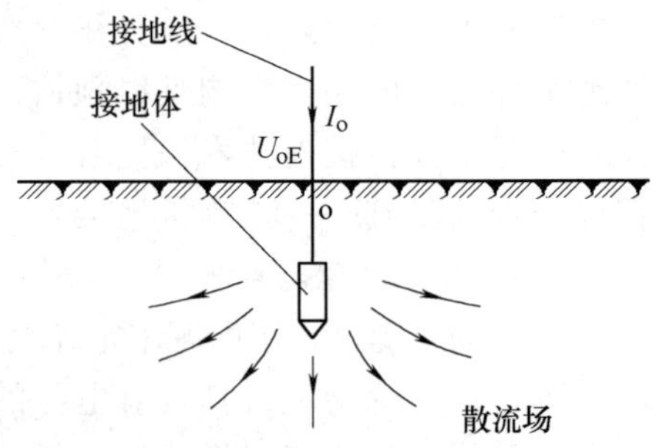

图 1-9　接地装置的原理构成

由于通过接地体的电流可能是直流电流，也可能是交流电流或雷电冲击电流，因此接地电阻随电流的情况也有所不同，后两者实际上应该是阻抗的概念，只是工程上仍习惯于将其称为电阻。在这些接地电阻中，交流工频接地电阻和雷电冲击接地电阻是最为常用的，分别简称为工频接地电阻和冲击接地电阻。

工频接地电阻 R_a 是指 50Hz 工频电流通过接地体时产生的工频电压与工频电流有效值之比，冲击接地电阻 R_{sh} 是指雷电流通过接地体时所产生的冲击电压幅值与雷电流幅值之比。

对于单根接地极构成的接地体，两者的关系为

$$R_{sh} = \alpha R_a \tag{1-8}$$

式中　α——冲击系数，一般由实验确定。

大多数情况下 $\alpha<1$，即冲击接地电阻小于工频接地电阻，这是因为在冲击电压作用下，土壤中的空气隙发生击穿放电，从而降低了电阻率。但当接地体电感成分较大时，由于冲击电压作用下的感抗远大于工频感抗，有可能 $\alpha>1$。

四、地电位与地面（地中）电位分布

如图 1-10 所示，接地体周围土壤本身有一定的电阻率，当有电流通过接地体流入大地时，在接地体周围形成的散流场会在土壤中产生电位梯度，整个大地并不是一个等位体。在接地点 o 附近，电位梯度（即单位距离的电压降）很陡，地中非同一等位面上各点的电位是不相同的，但在距接地点很远的地方，散流场的电流密度已趋近于零，电位梯度已近似为一水平线，也就是说这些地方的电位已不再受接地点处电流大小的影响，可作为参考电位。因此我们将这些远离接地点的大地电位看成参考零电位，称之为“地电位”，位置标记符号为“E”。地电位点 E 实际上不是一个点，而是指远离接地点的整个大地区域。

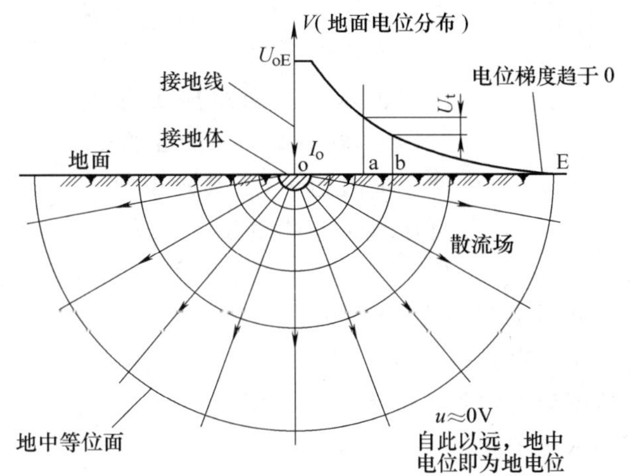

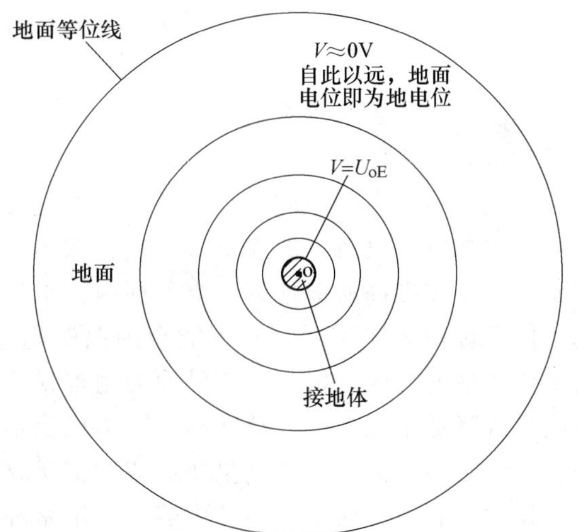

图 1-10　地电位与地面（中）电位

V——地面电位

今后在分析与接地有关的问题时，应清晰区分接地点（如图 1-10 中的 o 点）与地电位点，凡标注为“E”者，均指地电位点。在等效电路图中，符号“⊥”表示的是地电位点，而非接地点。

因此，我们所说的“地电位”，是指远离接地点处的大地参考零电位。而在接地点附近，当有电流流入大地时，地中各点的实际电位不能称作为地电位，为避免混淆，我们将其称为“地中某一点电位”，或“地面某一点电位”。

以地面为例，图 1-10 中地面 a、b 两点位于不同的接地电流散流场等位面上，因此这两点间会有一个电位差 U_t。后面我们将碰到的跨步电压问题，其产生原理就基于此。

再用电路的观点来认识地电位、地中某一点电位概念和接地电阻的形成，如图 1-11 所示。对一个半球形接地体，将其周围的土壤看成是无数个很薄的同心半球壳组成，第 i 个半

球壳的电阻为

$$R_i = \rho \frac{\delta}{2\pi r_i^2}$$

式中 $2\pi r_i^2$——第 i 个半球壳的面积；

δ——球壳的厚度；

r_i——球壳的半径，也是球壳距接地点的距离。离接地点越远，半球壳面积越大，电阻值越小，接地电流在其上产生的压降也越小。当距离足够远时，半球壳面积趋于无穷大，球壳电阻趋于0，接地电流不再在球壳上产生压降，这里的电位就可以认为是基准电位，也就是“地电位”。但在接地点附近，地中电位和地面电位是随位置变化的。

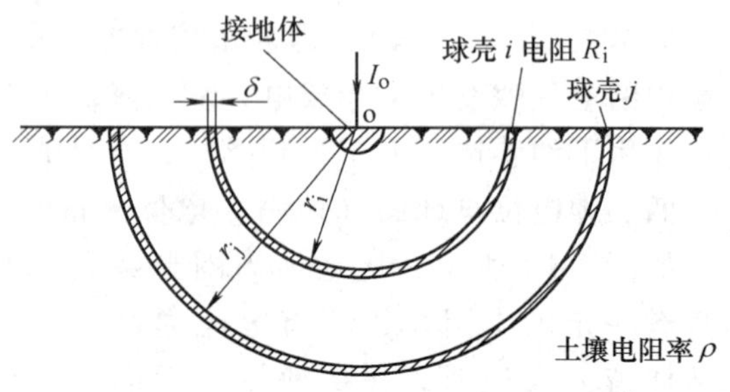

图 1-11 从接地电阻构成角度理解地电位

从图 1-11 中还可看出，半球形接地体的接地电阻可以看成是所有半球壳电阻的串联，这其中，离接地点越近的半球壳，其电阻值占总接地电阻值的比重越大。工程上，当接地电阻达不到规定量值以下时，采用的处理方法之一就是在接地体周围换上高电导率的土壤，其原理盖源于此。

第五节 环境技术基础

一、环境技术与电气安全的关系

电气设备总是工作于某一特定的环境中，这里的环境指其广义含义，即场所中的一切事物和属性，包括物和人。不同的环境情况对电气设备的正常工作、可靠性、使用寿命等有不同的影响。比如电气设备一般靠空气散热，散热量的大小是按正常大气压下的空气密度计算的，但若设备工作在高海拔地区，空气稀薄，空气密度降低，其散热能力就会下降，若此时设备仍工作于标称额定工况，则可能会因温度超过允许值而使使用寿命缩短，甚至发生故障。再比如有些地方因气候与环境的原因很容易使物品发霉，电气设备发霉时，微生物可能会损坏绝缘或降低绝缘性能，从而出现闪络或稳定的短路故障。因此，研究环境情况与电气设备各种性能之间的关系就特别重要。我们把研究电气设备性能与环境状况之间关系的技术叫做环境技术，它包括两个方面的内容：一个是环境条件；另一个是环境试验。

二、环境条件

在 IEC 标准中，环境条件是所谓外部影响因素的一个部分，外部因素按代号分类，代号一般由两个字母表示，第一个字母表示大类，第二个字母表示小类，在我国标准中也有按产品在贮存、运输、安装、使用过程中可能遇到的各种条件和情况划分的应用环境条件，以及按环境参数的影响程度划分的严酷程度等级，现以 IEC 标准中的外部影响因素为基准，综合说明如下。

外部因素按代号第一个字母，A 表示环境（我国的环境条件主要是指这一类别），B 表示使用情况，C 表示建筑物结构，等等；第二个字母，A 表示温度，B 表示湿度，C 表示高度，D 表示水，等等。两个字母组合可表征不同的外部因素，其中使用条件与建筑结构基本上不属于我国所规定的环境条件的范围，但它们也是电气安全的重要组成部分，故一并予以介绍。

1. 环境 A

（1）环境温度 AA　即设备安装场所的温度，应计及安装在同一场所其他设备所产生的影响，但不考虑设备运行时的热影响。根据温度的不同范围分为 6 级：AA1（-60～+5°C），AA2（-40～+5°C），AA3（-25～+5°C），AA4（-5～+40°C），AA5（+5～+40°C），AA6（+5～+60°C）。其中，AA4 与 AA5 属于正常环境，但 AA4 在某些特殊情况下可能需要预防措施；AA1、AA2、AA3、AA6 需要特殊设计的设备或适当的布置，或某些辅助预防措施。

我国对环境温度分级为-80°C、-65°C、-55°C、-40°C、-25°C、-5°C、+15°C、+20°C、+25°C、+30°C、+40°C、+55°C、+60°C、+70°C、+85°C、+100°C、+125°C、+155°C、+200°C。

（2）空气湿度 AB　我国按相对湿度分级为 10%、50%、75% 和 95%。

（3）海拔 AC　AC1 为海拔八个级别不超过 2000m，属于正常环境；AC2 为海拔超过 2000m，为高原环境。

（4）水 AD　可分为 AD1～AD8 八个级别，相对应的电气设备外壳防护等级（见第二章）也不同，见表 1-4 所示。

表 1-4　AD 的划分及相对应的 IP 等级

AD 划分	含　义	要求的外壳防护等级
AD1	可忽略的。器壁一般不出现水迹，即使短时出现水迹，但只要通风良好，很快就会干燥	IPX0
AD2	水滴。不时有水气凝结成水滴或不时有蒸汽出现，水滴可能垂直滴落	IPX1
AD3	水花。由于水花飘扬，在器壁或地面上形成一层薄薄的水膜。水花飘落的角度与垂直线间可能达 60	IPX3
AD4	溅水。电气设备可能从各个方向遭受水溅，例如户外照明设备和建筑工地设备等。我国按水速分级为 1m/s，3m/s，10m/s 三种	IPX4
AD5	喷水。电气设备可能从各个方向遭受水喷，例如广场、车辆冲洗间等经常用水冲洗的场所。我国按水速分级为 1m/s、3m/s、10m/s、30m/s 四种	IPX5
AD6	水浪。电气设备可能遭受水浪冲击，例如码头，海滩，堤岸等处	IPX6
AD7	浸水。电气设备可能间歇地、部分地或整个地浸在水中	IPX7
AD8	潜水。电气设备长期浸泡在水中且所承受的压力超过 10kPa，例如在游泳池等场所	IPX8

（5）外来固体物 AE　可分为 AE1～AE4 四个级别，见表 1-5。

表 1-5 AE 的划分及相对应的 IP 等级

AE 划分	含 义	设备外壳防护等级
AE1	可忽略的。尘埃或外来固体物的性质和数量都可以忽略的	IP0X
AE2	小物体，外形尺寸不小于 2.5mm，例如工具等小物体	IP3X
AE3	很小的物体，外形尺寸不小于 1mm，例如电线	IP4X
AE4	尘埃，在单位时间内沉积在单位面积上达到一定数量的尘埃	IP5X 或 IP6X

（6）腐蚀性或污染性物质 AF

AF1：可忽略的。腐蚀性或污染性物质的性质或数量可以忽略。

AF2：空气的。一是指空气中存在值得注意的腐蚀性或污染性物质，如海边等；二是产生导电粉末特别严重的场所。

AF3：间歇或偶然的。如试验室、燃油锅炉房、汽车库等场所。

AF4：长期的。例如化工厂长期遭受大量化学物质的腐蚀或污染。

（7）冲击 AG

AG1：轻微。如家庭或类似环境。

AG2：中等。如一般工业环境，可采用标准设备或加强保护。

AG3：强烈。如剧烈振动的工业环境，设备必须加强保护。

我国是根据典型频谱对冲击进行分类，分为Ⅰ、Ⅱ、Ⅲ类。第Ⅰ类又分为 6 级，第Ⅱ类分为 2 级，第Ⅲ类分为 4 级。

（8）振动 AH

AH1：轻微。如家庭及类似环境，振动可以忽略。

AH2：中等。如一般工业环境，可采用标准设备。

AH3：强烈。如剧烈振动的工业环境，必须采用特殊设计的设备或特殊布置。

（9）其他机械应力 AJ　如自由跌落、滚动、稳态加速等。

（10）植物或霉菌 AK

AK1：无害的。生长植物或霉菌为无害的。

AK2：有害的。应采取措施，如用特殊材料或有保护涂层的外护物，从场所的布置上排除植物生长等。

（11）其他　如动物 AL；电磁、静电或电离 AM；日光辐射 AN；地震影响 AP；雷击 AQ；风 AR 等。我国还有雨和砂的分级等。

2. 使用情况 B

IEC 标准中使用情况以字母 B 表示，我国的环境条件规定中没有对这一外部因素的完整规定，这一类别不是着眼于设备本身的安全，而是着眼于电气设备对使用者及周围环境的危害。

（1）人的能力 BA

BA1：正常人，即未经训练的人。

BA2：儿童。例如幼儿园的儿童，电气设备应置于难以接近之处，设备中温度大于 80℃（幼儿园内为 60℃）的表面应不易被触及，或采用防护等级大于 IP2X 的设备。

BA3：有缺陷的人，指体弱或弱智的人。如老年人和病人，应按缺陷性质采取措施。

BA4：经过训练的人。如电气操作场所的操作人员及维修人员，因经过训练，能避免电气危险，可以在电气操作场所工作。

BA5：熟练人员。具有电气知识或成熟经验，能防止电气危险，如电气工程师和技术员可在关闭的电气场所中工作。

（2）人体电阻 BE　在不同环境中人体电阻值可能有较大的差异，其分级待定。

（3）人与地电位接触 BC

BC1：不接触。

BC2：不频繁接触。

BC3：频繁接触。

BC4：长期接触，且无法隔离

（4）紧急疏散条件 BD　根据人员聚集密度与疏散难度分为 BD1 ~ BD4 四个级别。

（5）所加工或贮存物料的性质 BE　根据有无火灾、爆炸、污染危险，分为 BE1 ~ BE4 四类。

3. 建筑结构 C

1）建筑材料 CA 分为 CA1 不燃的与 CA2 可燃的两种。

2）建筑物设计 CB 分为 CB1 ~ CB4 四种，主要考虑火灾蔓延、建筑物位移、伸缩等因素对电气设备使用的影响。

三、环境试验

环境试验是将产品暴露在自然的或人工的环境条件下经受其作用，以评价产品在实际使用、运输和贮存环境条件下的性能。

环境试验分为自然暴露试验、现场试验和人工模拟试验三种，以人工模拟试验使用最多，但人工模拟试验是建立在前两种试验基础之上的。

人工模拟试验的结果与实际环境影响结果之间总是有差异的，这个差异的大小决定了人工模拟试验的可信度。环境试验的一项重要课题，就是要找出产生这种差异的原因并尽力缩小这种差异。自然暴露试验和现场试验耗费较大，耗时也多，且不一定能随时进行（如夏季不能进行寒冷条件下的试验等），试验的重复性和规律性也较差，其优点是结果真实，而人工模拟试验的优缺点与前两者正好相反。因此，若能减少它们在结果上的差异，也就是提高了人工模拟试验结果的可信度，人工模拟试验的优点也就有了可靠的基础。

国际上工程界一直在酝酿制订“实际环境条件与试验条件之间的转换导则”，因其工作量十分庞大，又具有很高的技术难度和复杂性，因此还未能形成结论性的成果。

常用的环境试验有湿热试验、外壳防护试验、腐蚀试验、振动试验、耐冲击试验、着火危险试验等，其中着火危险试验尤其值得关注，因为它涉及到环境安全问题，是各国重点研究的课题。

第六节　电气产品的安全认证

一、电气产品安全认证的基本概念

1.“认证”与认证制度

认证（Certification）一般指由权威机构根据当事人提供的资料和其他信息，对某一事物、行为或活动的本质或特征，经确认属实后给予的证明。按我国行政法规规定，认证是指由认证机构证明产品、服务、管理体系符合相关技术规范的合格性评定活动。由此可知，认证涉及三个方面：被认证的对象、认证机构和认证依据。

认证制度是指为实施认证活动而建立的一套规则、程序和管理制度，一般以法律或行政法规的形式固定下来。电气产品安全认证，其结果就是用认证证书或认证标志来证明某产品或服务符合特定的安全技术规范。在很多国家和地区，电气产品安全认证都实施强制性认证制度，即规定范围内的电气产品必须通过所要求的安全认证，否则不得生产销售。强制认证的原因是这些类产品涉及人身、财产和环境等重大安全问题，必须有强制性的保障措施。

按实施认证的主体，认证可分为企业自我认证、用户方认证和第三方认证等三种，其中第三方认证由于具有独立、客观、公正等优点，成为被最广泛接受的一种认证方式，我们本节中所讨论的就是这种认证。

2. 电气产品安全的范畴

电气产品的安全性，指按照设计用途安装和使用产品时，产品不应对使用者、牲畜或财产的安全构成危害。现在研究比较热门的关于电气产品在生产、运输、存贮、使用、报废等整个生命周期中的广义安全性问题，不属于我们讨论的范畴。

关于电气产品安全性的一般性问题，在我国由国家标准 GB19517《国家电气设备安全技术规范》给予了明确规定，该标准覆盖交流 50 ~ 1500V、直流 75 ~ 1500V 的各类电气设备。

3. 电气产品安全认证在电气安全工程体系中的地位与作用

恰如我们前面在电气安全问题的学科背景中所述，电气安全问题具有系统性和综合性特征，涉及到材料选用、设备制造、设计施工及运行维护等诸多环节，电气产品安全认证是对材料选用和设备制造这两个环节安全性是否合格的一种确认。

安全认证尽管涉及诸多方面的技术问题，但本质上它不是一种技术行为，而是一种管理行为，从这一意义上讲，它与我们前面介绍的绝缘技术、接地技术、环境技术等不是同一类型的问题，但它们都是电气安全的基础性问题。如果说绝缘、接地、环境技术等是电气安全领域的技术基础，则电气产品的强制性安全认证就是电气安全工程物质基础的保障。

二、常见认证简介

1. 中国 3C 认证

3C 认证是由中国认证认可监督管理委员会（以下简称认监委）统一负责的强制性安全认证，其英文名称为 China Compulsory Certification，3C 即该英文名称的缩写。列入 3C 强制认证的电气产品按其认证实施规则有 22 类，对应有 24 套实施规则文件，这些产品包括电线电缆、低压电器、开关插座等家用电具、照明设备、电动工具及各类家电设备等。

3C 认证的认证机构由中国认监委指定，认证所需的检测工作由检测机构施行，检测机构与认证机构互不从属。检测机构的检测工作必须由认证机构的签约实验室完成，而签约实验室又必须是认监委认定的实验室。现负责电气产品 3C 认证的主要认证机构为中国质量认证中心（CQC）和中国电磁兼容认证中心（CEMC）。

2. 美国 UL 认证

美国的 UL（Underwriters Laboritories）是一个独立的民间技术组织，它并不具备政府背景，因而其本身并没有强制性认证的属性。但由于UL认证的行业和市场认可度极高，受到很多政府部门和行业组织的信赖，它们接受UL认证的结果，因而使UL认证在很多情况下间接具有了法定效力。

UL是一个公司形式的认证机构，在全球多个地区有自己的实验室，其检测大多都是在自己的实验室完成的。作为认证机构，UL还被其他一些认证机构授权从事它们的认证工作，如在欧洲，UL可以颁发GS标志，在日本可以开展PSE认证等。

3. 欧盟CE认证

CE认证并非由一个专门的认证机构完成，该认证只是一个合格性确认，指产品符合LVD的技术要求。LVD（Low-Voltage Directive，低电压指令）是关于欧盟对电气产品安全性要求的技术文件，由欧洲电工技术委员会（CENELEC）起草制定，该委员会成员国涵盖了欧盟的大多数国家。因此，使用CE标志不需要任何人授权，但前提是符合欧盟关于CE标志的使用规定，对是否符合该规定有争议时则由所谓的"公告机构"确认。

公告机构是欧盟成员国内部指定的专家和团体，LVD合格性评价并不需要公告机构介入，但公告机构的合格性报告可成为更有力的佐证，或对合格性发生争议时的证据之一。

思考与练习题

1-1 供配电系统和建筑物中常见的电气危害有哪些？

1-2 电气危害有哪些普遍性的规律？这些规律对电气安全工程实践有什么启发意义？

1-3 A、B两根绝缘导线，除绝缘材料外其他方面完全相同，绝缘材料的不同在于A导线采用的是Y级绝缘材料，而B导线采用的则是H级绝缘材料。查导线载流量表发现B导线的长期允许载流量大于A导线，请你对这一现象作出解释。

1-4 甲、乙两台同型号电机，分别进行绝缘电阻测试，测试结果为：甲电机15s、60s测试电阻值分别为15.1MΩ和17.3MΩ，乙电机则分别为13.1MΩ和17.2MΩ，试判断这两台电机哪一台的绝缘性能更好。

1-5 甲、乙两种绝缘材料，介损因数$\tan\delta$分别为8和121，试问当它们工作在同样电压下时，哪一种绝缘介质中的发热更重？

1-6 如图1-12所示半球形接地体，其接地电阻计算公式为$R=\int_{r_0}^{\infty}\frac{\rho}{2\pi r^2}\mathrm{d}r$，式中$\rho$为土壤电阻率，$r_0$为半球形接地体的半径。设$\rho=314\Omega\cdot\mathrm{m}$，$r_0=0.25\mathrm{m}$，若接地电流$I=30\mathrm{A}$，试完成如下计算：

（1）试计算距接地点o点10m和50m处的地面电位（以无穷远大地为零电位）。

（2）若要地面电位低至1.2V，则需距接地点o点多远距离？

（3）距接地点o点10m和10.8m处的地面电位差是多少？

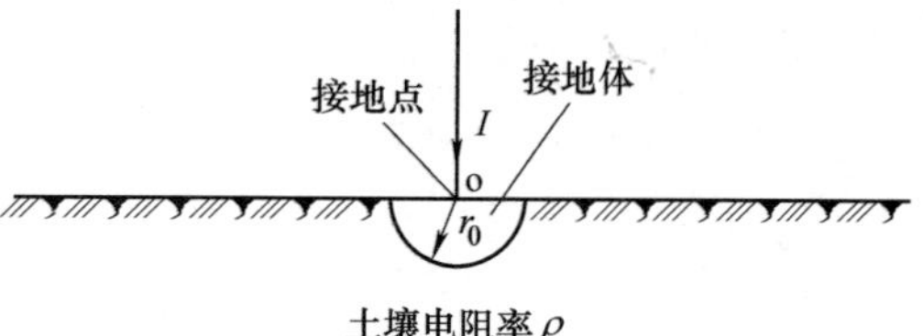

图1-12 题1-6图

1-7 如图1-13所示，将工频交流电源通过两个接地体接地，忽略电源内阻抗和线路阻抗，试计算接地电流和电源两端（N、W点）的对地电压，以无穷远大地为参考电位：

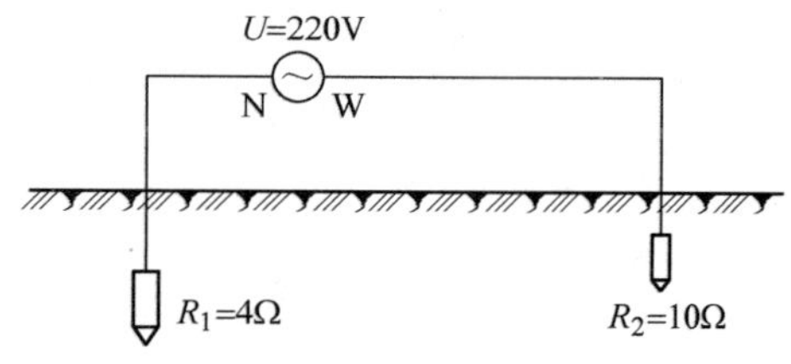

图1-13 题1-7图

1-8 IEC的"外部条件"由哪几部分构成？它与我国的"环境条件"有什么不同？

1-9 请列举三种你所知道的电气产品安全认证。

1-10　试判断以下说法的正确性。

（1）通过强制性安全认证的电气产品，在正常使用条件下，可不考虑其发生故障的可能性。

（2）大地并非处处都是良导体，因此在考虑接地点附近局部的问题时，不能将其当作金属那样的导体来看待。

（3）固体、液体和气体绝缘被击穿后都是可以自行恢复的。

（4）电气危害总是因故障而产生的。

（5）电气危害总缘于电能的非期望分配，但电能的非期望分配并不一定都产生电气危害。

第二章　低压配电系统

1000V 以下的配电系统称为低压配电系统。在我国，低压配电系统绝大多数为 220/380V 系统，在一些工矿企业等处有少量的 380/660V 系统。低压配电系统是电力系统的最末端，一般处于非电气专业场所，面向非电气专业人员，且分布广泛，环境状况复杂多样，这种工程背景使低压配电系统的安全问题显得特别突出，因此低压配电系统很多问题的出发点与中、高压系统有所不同，技术措施上有自己的特点。本章所介绍的低压配电系统，是电气安全研究的主要对象之一，它在电击防护和电气火灾预防中是以加害者的角色出现的，在电涌保护中又是以被保护对象的角色出现的。

第一节　城市电网与低压配电系统

一、城市电网简介

城市电网是为城市送电和配电的各级电网的总称，它服务于一座城市的市区及所属（部分）郊区，简称城网。城市是最重要的电力负荷中心，电力系统生产的电能大部分消耗在城市中，因此城网既是电力系统的重要组成部分，又比农村电网、电气化铁路电网等更具典型性。此处对城网进行简介，主要是为我们后面将要介绍的低压配电系统充实背景。

1. 城市电网的供电设施

所谓设施是指一系列供配电装置的组合，连同为这些装置服务的建（构）筑屋所共同构成的具有特定功能的整体。城市供电企业管理的供电设施和电力用户内部的供电设施从技术上看均属于城网的组成部分，但由于电力用户内部设施与供电企业的设施相同，因此这里只介绍城市供电企业的设施。

（1）城市变电所　城市变电所是指城市中起变换电压等级、并起集中和分配电能作用的供电设施，按其一次电压可分为 500kV、330kV、220kV、110kV、66kV、35kV 等 6 类。城市变电所是联系城网中各级电压电网的中间环节，既可向下级变电所供电，又可直接向电力用户供电。下面将要提到的城市电源变电所、枢纽变电所、区域变电所等，都属于城市变电所。

（2）开关站　开关站是指城网中起接受和分配电能作用的的配电设施，没有变换电压等级的作用，又称为开闭所，电压等级主要为 10kV 和 35kV，也有少数 110kV 和 220kV 的开关站。由于城市负荷密度很大，要求每座变电所有很多出线回路，而受城市用地紧张的制约，变电所一般不可能有足够的出线仓位，城市道路也很少有足够的线路通道。为解决这一问题，可采取分级配电的技术措施，即在负荷较密集的地点设置若干开关站，变电所只负责将电能馈送至开关站，再由开关站配出多个回路满足用户要求。这样就将集中于变电所的出线回路数需求分散到了若干开关站处，并可增强配电网的灵活性。

10kV 开关站常用的有一进线五出线、两进线十出线等规格。

（3）公用变配电所　公用变配电所是指向低压电力用户供电的变配电所，电压等级一般为 10/0.38kV。这里“公用”一词的含义，是指由供电企业建设、管理并决定使用对象，以区别于一些电力用户自己的“专用”变配电所。

2. 城市电网的供电电源

向城市电网提供电能的设施统称为城市供电电源。城市供电电源可分为两类：一类是市域内的城市发电厂；另一类是城市电源变电所，它接受从市域外电力系统输送来的电能。城市供电电源设施一般位于市域外围，数量多少与城市规模大小有关。

3. 城市电网的结构与电压层次

城市电网由送电网（220kV 及以上）、高压配电网（35～110kV）、中压配电网（10kV、试验中的 20kV）和低压配电网（0.38kV）等各级电压电网构成，图 2-1 就是简化的城市电网的结构模型。

（1）送电网及枢纽变电所　城网中电压等级最高的电网称为主网架或骨干网架，也就是送电网，一般要求形成双环结构，主网架上的城市变电所称为枢纽变电所。图 2-1 所示城网送电电压为 220kV，由一个电源变电所和一个城市发电厂作为供电电源。图 2-2 为某特大城市主网架（送电网）示意图，该城市主网架正处于从 220kV 向 500kV 过渡的初期，图中 220kV 和 500kV 变电所均为枢纽变电所，还有一个 220kV 开关站，网络中部分双环路尚未形成。

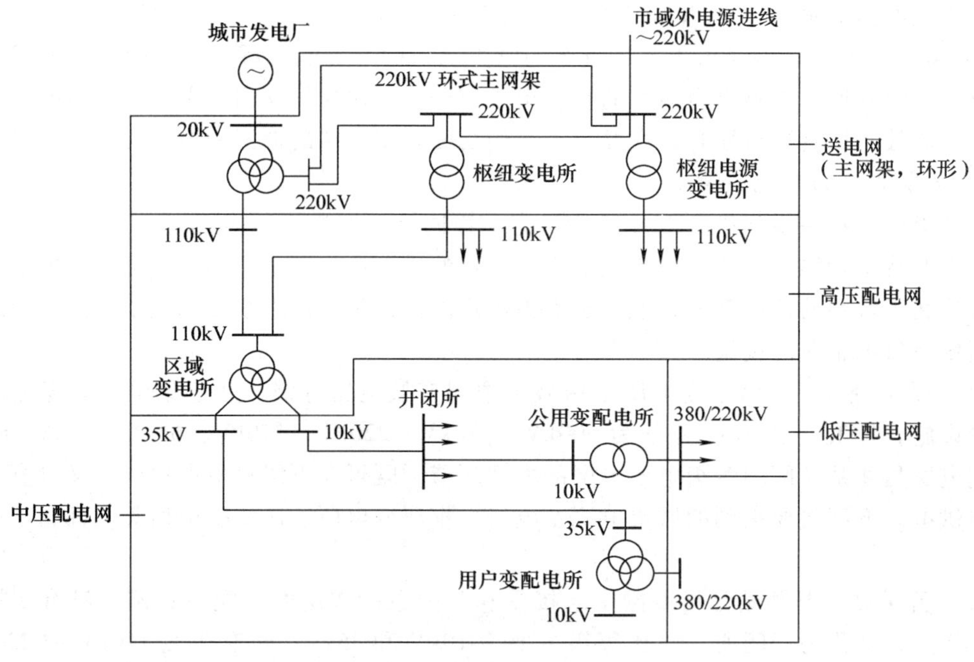

图 2-1　简化的城市电网结构模型

（2）高压配电网及区域变电所　枢纽变电所一般不直接向市区内的电力用户供电，但有可能向临近的郊区高压电力用户供电。在市区内，根据负荷密度和供电半径，可设置若干区域变电所。区域变电所的电源一般引自主网架上的枢纽变电所，也可引自城市发电厂。区域变电所电压等级一般为 110kV，但在采用 500kV 送电电压的城网中，也有 220kV 的区域变电所，这时 220kV 已降格为高压配电电压。区域变电所的二次电压一般为 10kV 或 35kV，尤以 10kV 居多。高压配电网就是指枢纽变电所与区域变电所之间的电力网络。

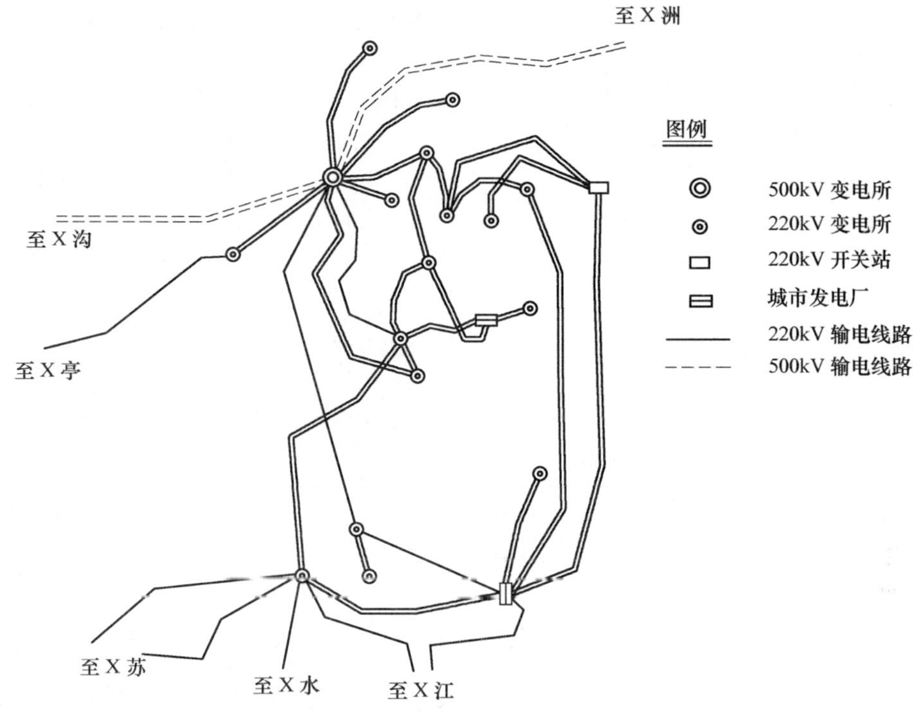

图 2-2　某城市电网主网架（送电网）示意图

（3）中压配电网　区域变电所可直接或通过开闭所间接向 10kV 及 35kV 电力用户供电，也可向 10kV 公用变配电所供电，由公用变配电所将电压降为 0.38kV 后再向低压电力用户供电。中压配电网就是指区域变电所与公用变配电所或中压电力用户之间的电力网络。

（4）低压配电网　低压配电网是指城网最末端的 220/380V 电网。

二、供配电系统概念

供配电系统是电力系统的重要组成部分。从技术的角度看，供配电系统是指电力系统中以使用电能为主要任务的那一部分电力网络，它处于电力系统的末端，一般只单向接受电力系统的电能，不参与电力系统的潮流调度。城网中从区域变电所到用电设备之间的电力网络都可称为供配电系统。从工程实际的角度看，供配电系统就是指电力用户电网。工程上还有更简单的划分方式，一般将 110kV 变电站以下电网称为供配电系统。

三、低压配电系统

低压配电系统处于供配电系统的最末端，其电源侧一般为 10/0.38kV 或 35/0.38kV 变配电所，该变配电所按产权属性分类，可分为公用变配电所（供电企业拥有产权）和专用变配电所（电力用户拥有产权）两类。

低压配电系统的简化结构模型如图 2-3a 所示，从配电变压器低压绕组开始至配电线路末端的整个电网，统称低压配电系统。本书中因涉及安全问题，一般不以图 2-3a 所示的单线图表示低压配电系统，而是以图 2-3b 所示的多线图表示低压配电系统。在以后的分析中，配电变压器二次绕组，就代表低压系统的电源，该电源具有电压源属性。

标称电压 10/0.38kV 变配电所中，变压器的额定电压比一般为 10/0.4kV，变压器二次额定电压指空载电压，此处比标称电压高约 5%。变压器带上负载后，因变压器自身短路阻

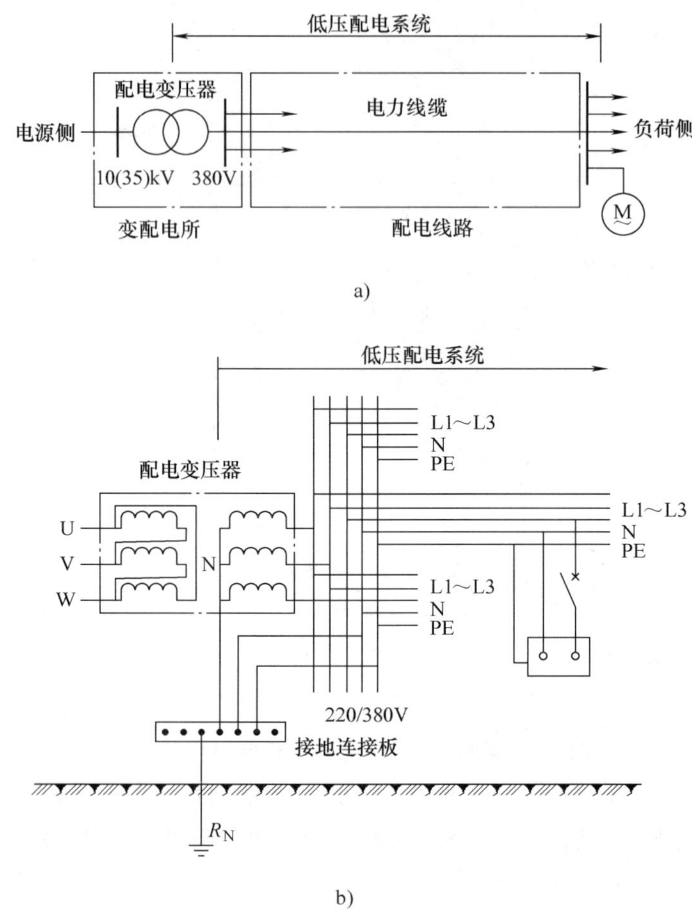

图 2-3 低压配电系统简化结构模型

抗压降，输出端子电压趋近于 0.38kV。

第二节 低压系统按接地形式和带电导体形式分类

低压配电系统的形式，主要从供电连续性和电击防护等方面考虑，尤以电击防护为考虑的重点。在向国际标准接轨的过程中，我国电气工程界对低压配电系统从表述到认识都发生了很大的变化，但长期形成的一些错误观念和不规范表述往往使概念不能被准确地掌握，从而影响对系统形式和分析计算的正确理解，因此，本节的介绍就从规范化的术语开始。

一、术语解释

(1) 装置（设备）外露导电部分　平时不带电压，但故障情况下可能带电压的电气装置的容易触及的金属外壳，有时简称设备外壳，又称装置（设备）外露可导电部分。

并不是所有的电气设备都有外露导电部分，如塑壳电视机等家用电器就没有外露导电部分。

(2) 装置外导电部分　给定场所中不属于电气装置组成部分的导体，又称装置外可导电部分或装置外界可导电部分。如场所中的金属管道等就属于装置外导电部分。

(3) 等电位联结　等电位联结是指使各装置外露导电部分之间或与装置外导电部分之

间电位基本相等的电气连接。

(4) 系统中性点　发电机、变压器、电动机和电器的绕组，以及串联电路中与外部各接线端之间的电压绝对值相等的一点，这一点就称为中性点。

在正常情况下，系统中性点一般在电路接线的中间节点处，比如星形接线的星接节点，但在故障时，系统中性点有时会从电路接线的中间节点处移走，这种情况称为中性点位移。

(5) 中性线(N线)　与电源的中性点连接，并能起传输电能作用的导线。

(6) 保护线(PE线)　为防止触电危害而用来与下列任一部位作电气连接的导线：

1) 装置外露导电部分。

2) 装置外导电部分。

3) 总接地线或总等电位联结端子。

4) 接地极。

5) 电源接地点或人工中性点。

在正常情况下，PE线上是没有电流的，它不承担传输电能的任务，但在故障情况下，它可能有电流通过。

(7) 保护中性线(PEN线)　保护中性线指兼具有PE线和N线功能的导线。

(8) 手握式设备　手握式设备是指正常使用时要用手握住的移动式设备。

(9) 移动式设备　移动式设备是指工作时移动的设备，或在接有电源时能容易地从一处移至另一处的设备。

(10) 固定式设备　固定式设备是指牢固地安装在支座（支架）上的设备，或用其他方式固定在一定位置上的设备。

二、低压系统按接地形式分类

低压系统的接地形式用字母表示，有IT、TT、TN三种接地形式。

第一个字母表示电源与大地的电气关系：

T——电源的一点（通常是中性点）直接接地；

I——电源与地无电气联系，或电源一点经高阻抗接地。

第二个字母表示电气设备的外露导电部分与大地的电气关系：

T——设备外露导电部分直接接地，该接地与电源接地无任何电气联系；

N——设备外露导电部分直接与电源接地电气连接。

以上字母T、I、N分别是拉丁文Terre（大地）、Isolation（隔离）和Neutre（中性）的第一个字母。

这三种接地形式适用于任何相数、任何电源连接方式的系统。为便于理解，以下以三相电源星形联结、且电源若有接地一定是中性点接地为例，介绍这三种接地形式。

1. IT系统

IT系统是电源不接地、用电设备外露导电部分直接接地的系统，如图2-4所示，图中连接设备外露导电部分

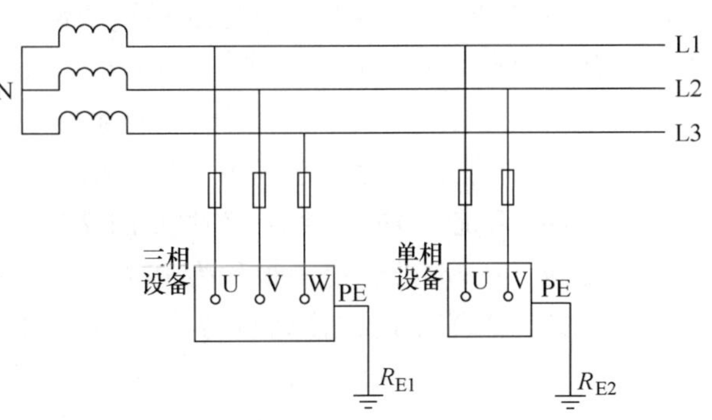

图2-4　IT系统接线

和接地体的导线，就是 PE 线。

IT 系统常用于对供电连续性要求较高、或对电击防护要求较高的场所，前者如矿山的巷道供电，后者如医院手术室的配电等。

2. TT 系统

TT 系统是电源直接接地、用电设备外露导电部分也直接接地的系统，且这两个接地必须是相互独立的，它们之间没有人为的电气连接，如图 2-5 所示。按接地分类，电源接地即功能性接地，设备外露导电部分的接地就是保护接地。设备接地可以是每一设备都有各自独立的接地装置，也可以若干设备共用一个接地装置，图 2-5 中单相设备和单相插座就是共用一个接地装置。

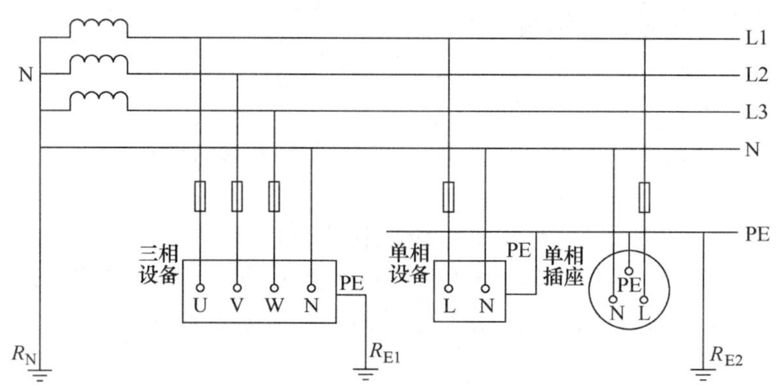

图 2-5　TT 系统接线

TT 系统在有些国家应用十分广泛，在我国则主要用于城市公共配电网和农网，现在也有一些大城市在住宅配电系统中采用 TT 系统。在辅以剩余电流保护的基础上，TT 系统有很多优点，是一种值得推广的接地形式，在农网改造中 TT 系统的使用比较普遍。

3. TN 系统

TN 系统即电源直接接地、设备外露导电部分与电源地直接电气连接的系统，它有三种类型，分述如下：

（1）TN-S 系统　TN-S 系统接线如图 2-6 所示，图中相线 L1 ~ L3、中性线 N 与 TT 系统相同，与 TT 系统不同的是用电设备外露导电部分通过 PE 线连接到电源接地点，与电源共用接地装置，而不是连接到自己专用的接地体。在这种系统中，中性线（N 线）和保护线（PE 线）是分开的（S——拉丁文 Separe）。TN-S 系统中 N 线与 PE 线在电源接地点分开后，不能再有任何电气连接，这一条件一旦破坏，TN-S 系统便不再成立。

TN-S 系统是我国应用最为广泛的一种系统。在自带变配电所的建筑物中几乎无一例外地采用了 TN-S 系统，在建筑小区中，也有很多采用了 TN-S 系统。

（2）TN-C 系统　TN-C 系统接线如图 2-7 所示。它将 PE 线和 N 线的功能结合起来（C——拉丁文 Combine），由一根称为 PEN 线（保护中性线）的导体同时承担两者的功能。在用电设备处，PEN 线既连接到设备中性点（如果有的话），又连接到设备的外露导电部分。

TN-C 系统曾在我国广泛应用，但由于它在技术上所固有的种种弊端，现在已经很少采用，尤其是在民用配电系统中已基本上不允许采用 TN-C 系统。

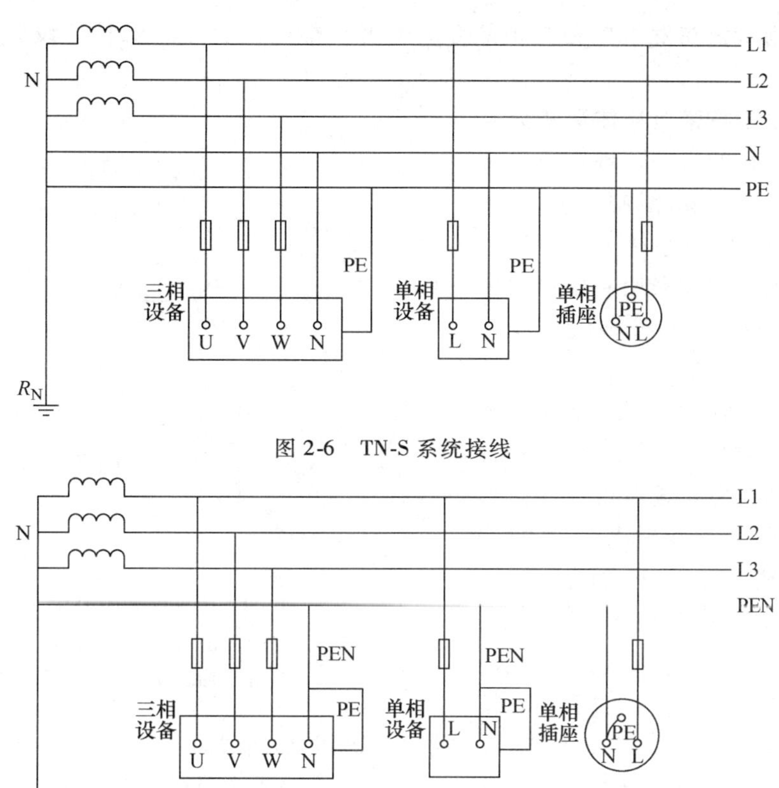

图 2-6　TN-S 系统接线

图 2-7　TN-C 系统接线

（3）TN-C-S 系统　TN-C-S 系统是 TN-C 和 TN-S 系统的组合形式，如图 2-8 所示。TN-C-S 系统中，从电源出来的那一段采用 TN-C 系统，到用电设备附近某一点处，再将 PEN 线分成单独的 N 线和 PE 线，从这一点开始，系统相当于 TN-S 系统。

TN-C-S 系统也是应用比较多的一种系统。工厂的低压配电系统、城市公共低压电网、住宅小区的低压配电系统等常采用。在采用 TN-C-S 系统时，一般都要同时采用重复接地这一技术措施，即在系统由 TN-C 变成 TN-S 处，将 PEN 线再次接地，以提高系统的安全性能，如图 2-8 中虚线所示，但重复接地并不是 TN-C-S 系统成立的必要条件。

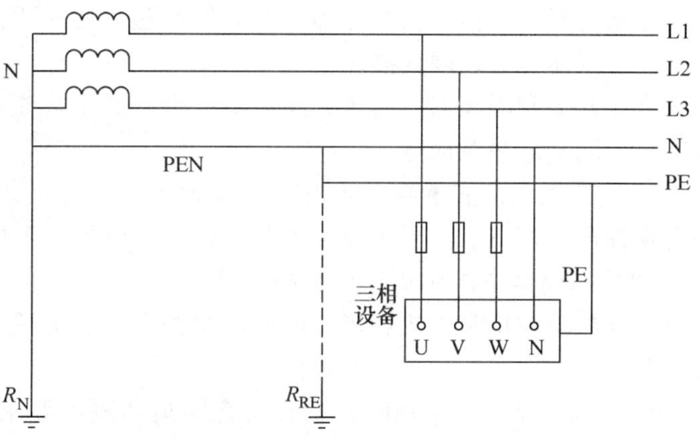

图 2-8　TN-C-S 系统的接线

以上介绍的低压配电系统接地形式，都是单电源的情况，当电源不止一个时，对系统的构成应特别仔细。如一台变压器和一台发电机并列运行、或两台变压器高峰负荷时并列运行、低谷负荷时单台轮换运行等，这时对电源接地一般应采用共同接地，即保证只有一个电源接地点，否则系统在发生单相接地故障时情况可能会很复杂，保护的设置也会变得很复杂。

三、低压系统按带电导体形式分类

由于传统习惯的影响，现在还经常将TN-S系统称为三相五线制系统，TN-C系统称为三相四线制系统……但这种称谓是不正确的，比如采用共用接地体的TT系统也可能是三相五根线（见图2-5中的共同接地部分）。

实际上，按IEC标准，所谓“×相×线”系统的提法，是另外一种含义，它是指低压配电系统按带电导体形式的分类。所谓“×相”是指电源的相数，而“×线”是指正常工作时通过电流的导体（称为带电导体）根数，包括相线和中性线，但不包括PE线。图2-9是系统带电导体形式的示例。按照这一定义，我们所说的TN-S和TN-C系统，实际上都是“三相四线制”或“单相二线制”系统。因此，系统按带电导体形式分类，与系统按接地形式分类，是两种不同性质的分类方法，不能混为一谈。

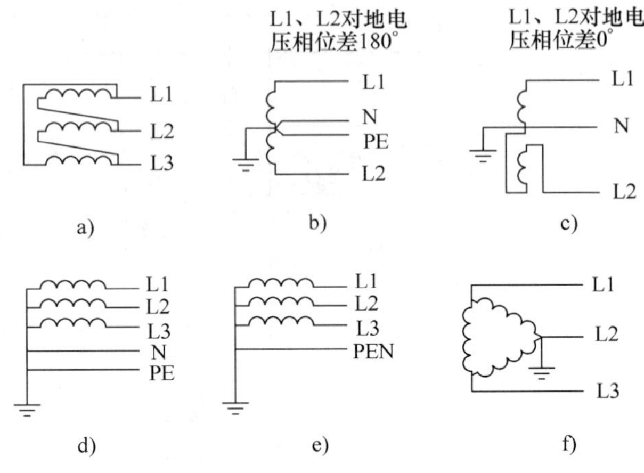

图2-9　系统带电导体的形式

a)、f) 三相三线制　b) 两相三线制

c) 单相三线制　d)、e) 三相四线制

第三节　常用低压配电电器

低压配电电器按功能可分为开关电器、保护电器、测量电器、电瓷、母线等类别。本节介绍主要的开关电器和保护电器，并介绍一些常见的开关保护电器组合。

一、低压开关、隔离器

低压开关和隔离器均属于开关电器类别。低压系统对开关电器名称的定义与中、高压系统有所不同，应注意区分。

（1）开关　指能承载、通断正常（含规定的过负荷）电流，并能在规定时间内承受短路电流冲击、但不能开断短路电流的机械开关电器。低压开关相当于中压系统的负荷开关。

（2）隔离器　指在断开状态符合规定隔离功能要求、能通断空载（含电流可忽略情况）电路、且能承载正常电流和规定时间内短路电流的机械开关电器。低压隔离器相当于中压系统的隔离开关。

（3）隔离开关　指在断开状态符合隔离器隔离要求的开关。低压隔离开关相当于中压系统有隔离功能的负荷开关。

以上各类开关电器的功能与图形符号见表2-1。

二、熔断器

熔断器属于过电流保护电器。

1. 熔断器的工作原理

熔断器由熔体和熔断器座组成，核心部件是熔体。熔体开断的物理过程如图 2-10 所示，可分为以下几个过程。

表 2-1　开关、隔离器功能与图形符号

类型	功能		
	接通、承载、分断正常电流；承载规定时间内的短路电流；可接通短路电流	隔离功能。断开距离、泄漏电流符合要求，有断开位置指示，可加锁	同时具有左侧两种功能
开关、隔离电器	开关	隔离器	隔离开关

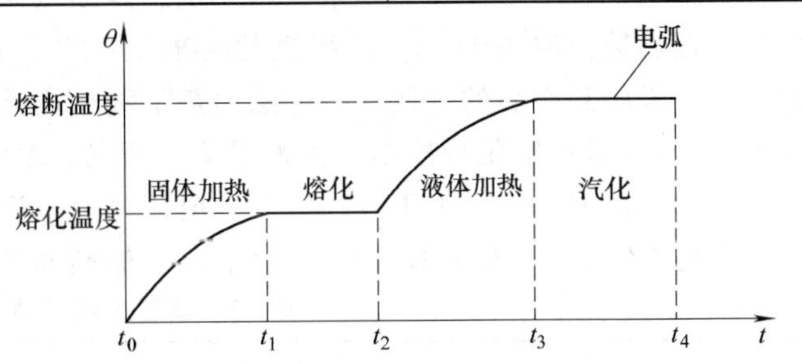

图 2-10　熔体开断的物理过程

（1）固态温升过程　这一阶段，电流在熔体电阻上产生的损耗使熔体温度上升，直至熔体熔化温度，熔体开始熔化，即图中的 $t_0 \sim t_1$ 阶段。

（2）熔化过程　这一阶段电流发热全部用于熔化熔体，温度不再上升，即图中的 $t_1 \sim t_2$ 阶段。

（3）液态温升过程　熔体完全熔化后，电流发热使熔融的熔体材料温度上升，直至气化温度，液态熔体开始变为金属蒸气，使熔体出现断口，产生电弧，即图中的 $t_2 \sim t_3$ 阶段。

（4）燃弧过程　指自电弧产生至电弧熄灭的过程，即图中的 $t_3 \sim t_4$ 阶段。

从保护的角度看，一旦熔体“熔化”，便不可能逆转到原来状态，但要到达“熔断”，保护才得以生效。因此从保护可靠性的角度看，不该动作的熔体只要发生熔化，就称为误动；应该动作的熔体只有完全熔断，才算没有拒动。

2. 熔断器的保护特性和主要参数

从过电流通过熔体开始，至熔体气化起弧为止，这段时间称为熔断器的弧前时间，即图 2-10 中的 $t_0 \sim t_3$ 时间段；自电弧出现始，至电弧熄灭为止，这段时间段称为燃弧时间，即图 2-10 中 $t_3 \sim t_4$ 时间段。

（1）安-秒特性　熔体的过电流保护特性可以用安-秒特性来表示，安-秒特性是熔断器熔化时间-电流特性、弧前时间-电流特性和熔断时间-电流特性的总称，图 2-11 示出了第一种和最后一种，分述如下。

1）熔化时间-电流特性。指熔体自通过电流起、至熔体刚开始熔化止所需时间与电流量值大小的关系，是一个反时限特性，即电流越大，所需时间越短。由于熔断器特性具有分散性，该特性是一个时间-电流带，一般应用最多的是最小熔化时间-电流特性，即在某一电流作用下可能出现的最小熔化时间。在考察熔断器是否误动时，最小熔化特性是最不利条件。

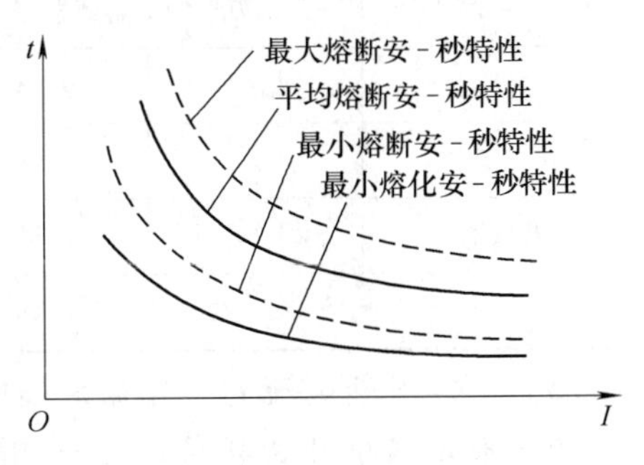

图 2-11　熔断器的安-秒特性

2）弧前时间-电流特性。指熔体自通过电流起、至熔体刚开始汽化起弧止所需时间与电流量值大小的关系，也是一个反时限特性。

3）熔断时间-电流特性。指熔体自通过电流起、至熔体熔断且电弧熄灭止所需时间与电流量值大小的关系，它仍然是一个反时限特性。由于产品的分散性，图中用实线表示平均值，虚线表示正、负偏差极限，偏差一般可以控制在 ±20% 以内，有很多产品现已可控制在 ±10% 以内。一般应用最多的是最大熔断时间-电流特性，在考察熔断器是否拒动时，它是最不利条件。

（2）I^2t 特性　对于电流很大、熔体熔断时间极短的情况，在校验上、下级熔断器的选择性时，会用到熔断器的 I^2t 特性。I^2t 特性的提出是基于绝热过程的假定，即熔体在极短时间内熔断时，可不考虑散热因素，熔体是否熔断或熔化完全取决于发热量大小，而对给定的熔体，发热量只取决于 I^2t。选择性的要求是：当下级熔断器熔断时，上级熔断器应尚未开始熔化。考虑到产品的分散性，应给出最不利于配合的参数，即最小熔化 I^2t 特性和最大熔断 I^2t 特性。最小熔化特性用于核查误动的情况，最大熔断特性则用于核查拒动的情况。I^2t 特性一般用数据给出，由于时间极短、电流又大，熔化与起弧几乎是同一时刻出现的，因此最小熔化 I^2t 特性又称为弧前 I^2t 特性。某型熔断器的 I^2t 特性如表 2-2 所示。

表 2-2　某型熔断器的 I^2t 特性

额定电压/V	额定电流/A	弧前 I^2t 最小值/A^2s	熔断 I^2t 最大值/A^2s
380	20	500	1000
380	25	1000	3000
380	32	1800	5000
380	63	9000	27000

（3）熔体额定电流 I_r　指熔体允许长期通过的最大电流。

（4）约定时间的约定熔断/不熔断电流 I_f/I_{nf}　为控制熔断器保护特性的分散性，产品标准对分散性程度给予了限定，即所谓的约定时间内的约定熔断/不熔断电流，示例如表 2-3、表 2-4 所示。如刀形触头的 5A 熔体产品，按标准必须在通过电流不大于 1.5 ×5A 情况下，保证在 1h 内不动作；而在通过电流不小于 1.9 ×5A 情况下，保证在 1h 内动作，致于到底是在 1h 内的什么时刻动作，则不能确定。同样，当通过电流在（1.5 ~ 1.9） ×5A 之间情况下，熔体是否会在 1h 内动作，则是不确定的。

表 2-3　16A 以下 gG（全范围通用型）熔体约定时间内的约定熔断/不熔断电流

熔体额定电流 I_r/A	刀形触头熔断器		螺栓连接熔断器		偏置触刀熔断器	
	I_{nf}/A	I_f/A	I_{nf}/A	I_f/A	I_{nf}/A	I_f/A
4 ~ 16（不含）	$1.5I_r$	$1.9I_r$	$1.25I_r$	$1.6I_r$	$1.25I_r$	$1.6I_r$
4 及以下	$1.5I_r$	$2.1I_r$	$1.25I_r$	$1.6I_r$	$1.25I_r$	$2.1I_r$
约定时间均为 1h，约定不熔断电流 I_{nf}，约定熔断电流 I_f						

（5）额定开断电流 I_{cr}　指熔断器能够开断的最大短路电流有效值。

（6）额定最小开断电流 $I_{cr \cdot min}$　指熔断器能够开断的最小短路电流有效值。与断路器不同，熔断器除了有最大开断能力限制外，还有最小开断能力限制，也就是说故障电流太小也不能使熔断器可靠开断，这主要是因为若故障电流不够大，其产生的热量就不足以蒸发足够多的熔融液态熔体金属使熔体可靠断开。对于后备限流熔断器，额定最小开断电流一般为额定电流的 4 ~6 倍。

表 2-4　16A 及以上 gG 和 gM（全范围保护电动机型）熔体约定时间内的约定熔断/不熔断电流

熔体额定电流 I_r/A	约定时间/h	约定电流/A	
	1	I_{nf}	I_f
$16 \leqslant I_r \leqslant 63$	2	$1.25I_r$	$1.6I_r$
$63 < I_r \leqslant 160$	3		
$160 < I_r \leqslant 400$	4		

约定不熔断电流 I_{nf}，约定熔断电流 I_f

（7）保护配合系数　熔断器的保护配合主要指上、下级之间的选择性配合，用于过负荷保护时也涉及与被保护元件特性的配合，此处只讨论前者。当熔断时间大于 0.1s 时，用时间-电流曲线进行配合校验是最准确的一种方法，要求上级熔断器的最小熔化时间曲线应始终在下级熔断器的最大熔断时间曲线之上，但这种方法实际应用起来不方便。大多数熔断器会给出一个叫“保护配合比”的参数，只要上、下级熔体额定电流之比大于保护配合比，就能保证选择性动作，保护配合比的典型值如 1.6 倍、2.0 倍等。对快速熔断的限流式熔断器，熔断时间小于 0.01s 时，可用前面介绍的 I^2t 特性校验选择性。

3. 熔断器类型简介

1）按应用场所分类。低压系统很多都处于非电气专业场所，面向非电气专业人员，故熔断器按其结构，分为专职人员使用的熔断器和非熟练人员使用的熔断器两类，前者主要用于工业场所，后者用于家用及类似场所。

2）按分断范围分类。按熔体最小分断能力，熔体可分为“g”型和“a”型两类。“g”熔体有全范围分断能力，即能分断自熔化电流至额定分断电流之间的全部电流；“a”熔体仅有部分范围分断能力，其额定最小分断电流大于熔化电流，一般以额定最小分断电流为熔体额定电流的倍数来表示，典型值为 4 ~6 倍。

3）按保护对象分类。按使用类别，熔体可分为“G”类（一般用途，用于配电线路保护）、“M”类（保护电动机用）和“Tr”类（保护变压器用）三类。

分断范围与使用类别可以有不同的组合，如“gG”、“aM”、“gTr”等。

4. 开关、隔离器与熔断器组合电器

常见的有 6 种基本形式，见表 2-5。

三、低压断路器

低压断路器是一种集开关和保护功能为一体的开关保护电器。作为开关电器，它是一台断路器，可开合正常负荷电流并能开断短路电流；作为保护电器，它有过电流保护和低电压保护等功能。与中压系统相比较，它相当于将继电保护、断路器、断路器操动机构等部分的功能组合在一起，实现对线路和设备的投、切控制与故障保护。

1. 低压断路器的工作原理与保护特性

低压断路器由断路器壳架和装于壳架内的脱扣器组成，壳架除了外壳和连接端子以外，还包括触头与灭弧系统。图 2-12 是低压断路器的原理结构。图中断路器的触头 1 是靠锁扣 3

保持闭合状态的，只要锁扣向上运动（称为失扣），触头就会分断。使锁扣失扣的机构称为脱扣器。图中分励脱扣器 4 主要用于远动分闸，失压脱扣器 5 用于低电压保护，过电流脱扣器 6、7 用于过负荷和（或）短路保护。过电流脱扣器又可分为瞬时脱扣器、短延时脱扣器（本图中未示出）和长延时脱扣器等。

表 2-5　开关、隔离电器及熔断器组合电器功能与图形符号

类型		功能		
		接通、承载、分断正常电流；承载规定时间内的短路电流；接通、分断短路电流	隔离功能，断开距离、泄漏电流符合要求，有断开位置指示，可加锁；分断短路电流功能	同时具有左侧两种功能
熔断器组合电器	熔断器串联	开关熔断器组	隔离器熔断器组	隔离开关熔断器组
	熔断体动作触头	熔断器式开关	熔断器式隔离器	熔断器式隔离开关

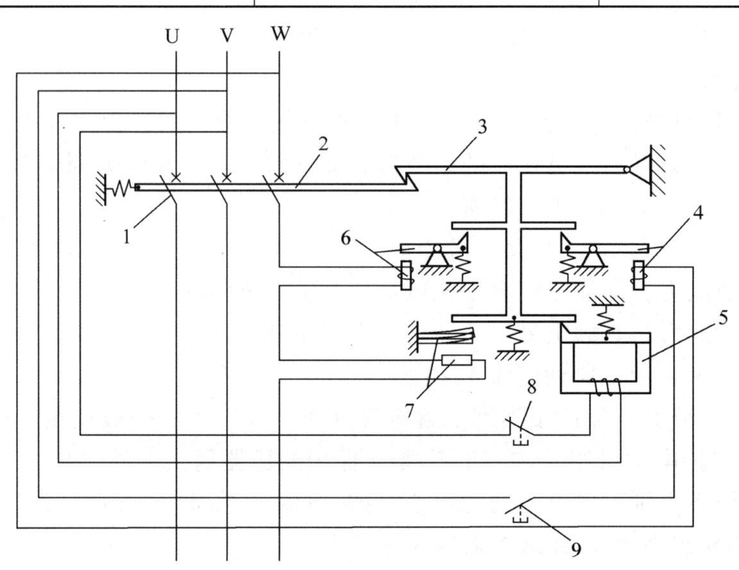

图 2-12　低压断路器的原理结构

1—主触头　2—跳钩　3—锁扣　4—分励脱扣器　5—失压脱扣器　6—过电流瞬时脱扣器　7—过电流长延时脱扣器　8—失压脱扣器试验按钮　9—分励脱扣器按钮

典型的低压断路器过电流脱扣器保护特性如图 2-13 所示。从图 2-12 中可以看出，各种过电流脱扣器的动作与断路器跳闸动作之间是逻辑“或”的关系，因此动作时间短的脱扣器其保护特性优先实现，但动作时间短的脱扣器动作电流一般较大，因此形成了图 2-13 中的两段（无短延时脱扣器）和三段（有短延时脱扣器）过电流保护特性。

低压断路器结构归纳如下：

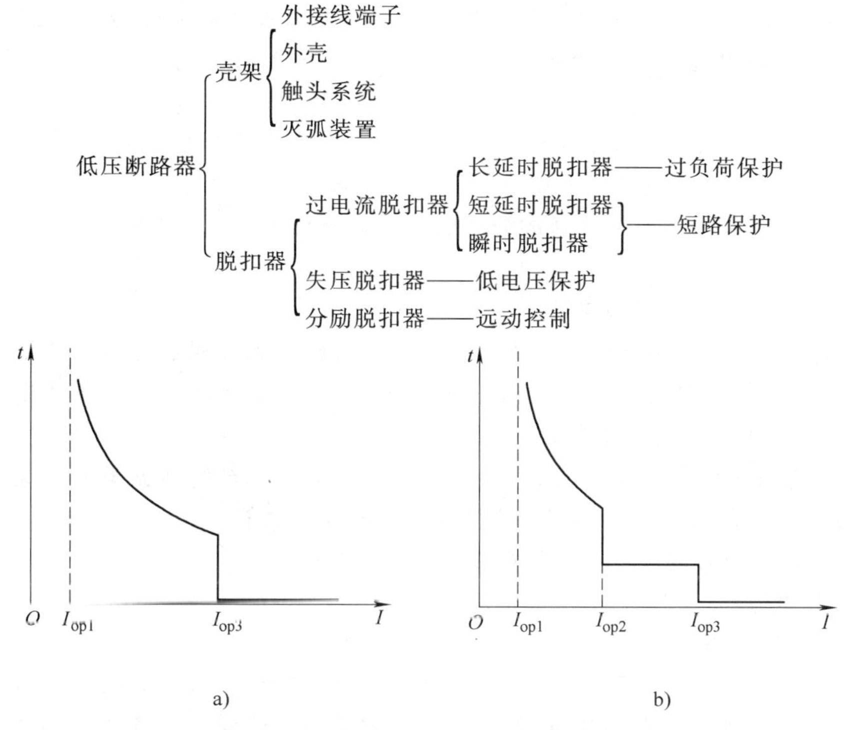

图 2-13　低压断路器过电流脱扣器保护特性

a）非选择型两段式　b）选择型三段式

2. 低压断路器的类型

按不同的标准，低压断路器可分为不同的类型，常用的有以下几种分类：

1）按断路器开断能力，可分为非限流型和限流型。非限流型为电流过零灭弧，开断能力较低；限流型在电流尚未达到最大值时断流，开断能力较高。

2）按保护特性，可分为选择型与非选择型。选择型断路器有长延时、短延时和瞬时脱扣器，非选择型只有长延时和瞬时脱扣器。

3）按是否适合隔离，分为有隔离功能的断路器和不适合隔离的断路器。有隔离功能的断路器指断路器在断开位置时，具有符合隔离安全要求的隔离距离，并应提供一种或几种方法显示主触头的位置，如独立的机械式指示器、操动器位置指示、动触头可视等。

4）按控制与保护对象，可分为配电用断路器、保护电动机用断路器、终端断路器等。

3. 低压断路器的主要参数

（1）常规参数　低压断路器多数常规参数与中压断路器相同，注意以下几个特别之处。

1）壳架等级电流 I_{rQ}。指低压断路器壳架部分的额定电流，包括接线端子、主触头系统、连接导体等，产品样本中常标记为 I_{nm}。

2）过电流脱扣器额定电流 I_{rR}（或记作 I_{rT}）。指装于壳架内的过电流脱扣器（Releaser 或 Trip）的额定电流，产品样本中常称为断路器额定电流，标记为 I_n。一个断路器壳架内虽然只能装设一只过电流脱扣器，但脱扣器规格可以有若干种选择，只是脱扣器额定电流 I_{rR} 最大不能超过壳架等级电流 I_{rQ}。

3）额定短路分断能力 I_{cn}。它包含额定运行短路分断电流 I_{cs} 和极限短路分断电流 I_{cu}。

I_{cs}指按 o-t-co-t'-co 试验操作顺序分断后，断路器能继续承载并通断额定电流；而 I_{cu}则指虽保证分断，但分断后断路器应维修或报废。当 I_{cu}小于 6kA 时，I_{cs}与 I_{cu}相等，只标注 I_{cn}即可。

以上所谓的试验操作顺序中，o 指分闸操作；co 指断路器合闸后无任何延时立即分闸；t、t'指无电流时间，即从断路器断开电路到下一次闭合之间的时间间隔。这种试验主要是为了确定断路器在短时间内多次开合后的分断能力，该分断能力通常比首次断开电路的分断能力低。

（2）过电流脱扣器保护特性参数

1）过电流脱扣器动作电流整定范围。长延时、短延时和瞬时脱扣器动作电流分别记作 I_{op1}、I_{op2}、I_{op3}，其整定范围都与脱扣器额定电流 I_{rR}有关，有的为 I_{rR}的某个固定倍数，有的则是在 I_{rR}的给定范围内可调，视产品不同而定。

2）长延时脱扣器约定时间内的约定脱扣/不脱扣电流。与熔断器类似，这也是产品标准对产品特性分散性程度的一种约束，我国现行标准规定如下：

约定时间：$I_{rR} \leqslant 63A$ 时，1h；$I_{rR} > 63A$ 时，2h

约定不脱扣电流：$1.05I_{rR}$

约定脱扣电流：$1.30I_{rR}$

以上数据表明，如果将长延时过电流动作值 I_{op1}整定为 $I_{op1} = 1.0\ I_{rR}$，当通过电流小于 $1.05I_{rR}$时，脱扣器必须保证在 1h（或 2h，视脱扣器而定电流而定）之内不脱扣；当通过电流大于 $1.30I_{rR}$时，脱扣器必须保证在 1h（或 2h）之内脱扣；但当通过电流在 $1.05I_{rR}$与 $1.30I_{rR}$之间时，脱扣器是否在 1h（或 2h）之内动作则是不确定的。

（3）参数示例　以 DWX15-630 限流型断路器为例，该断路器为非选择型，无短延时脱扣器。壳架等级电流 $I_{rQ} = 630A$，脱扣器额定电流 I_{rR}可选择 315A、400A、630A，额定运行短路分断电流 I_{cs}为 50kA，极限短路分断电流 I_{cu}为 100kA，长延时脱扣器动作电流 I_{op1}整定范围为（0.64 ~ 1.0）I_{rR}，瞬时脱扣器动作电流 I_{op3}整定值固定为 10 I_{rR}（配电用）和 12 I_{rR}（保护电动机用）。

第四节　低压系统短路电流计算

与中、高压系统一样，短路电流对低压系统来说也是一项重要的参数，尤其是单相短路电流和接地故障电流，其重要性更甚于高压系统，因为它不仅涉及到系统自身的安全，还涉及人身安全和环境安全，关乎公共安全问题。因此，掌握低压系统短路电流计算的工程方法，是电气安全工程的基本要求之一。

一、低压系统短路电流计算的特点

低压系统和中、高压系统短路电流计算在原理上并无差异，但在具体的工程计算方法上因对象的差别而有所不同。归纳起来，低压系统短路电流计算有以下一些特点：

1）低压系统一般只有一个电压等级，标幺值法的优点没有发挥的条件，采用有名值法计算更为直接方便。

2）低压系统线缆阻抗中电阻所占比重较大，因此应采用短路阻抗进行计算，不能像中、高压系统那样忽略电阻成分。

3）因短路阻抗数值较小，应计入包括母线在内的各种元件的阻抗值，但导线连接点接触电阻、开关触头接触电阻、短路点电弧阻抗等可忽略不计。

4）电阻计算要考虑温度的影响。计算系统首端（电源端）三相短路电流的目的，一般是为了校验设备的短路动、热稳定性和断路器开断能力，短路电流越大，条件越偏于严格，因此以保守的态度取20℃时的电阻值进行计算。而计算末端单相短路电流的目的，一般是为了校验保护的灵敏度，短路电流越小，条件越偏于严格，以保守的态度估算，必须考虑短路产生的高温对电阻值的影响，一般以20℃时电阻值的1.5倍进行短路电流计算。

5）变压器一次侧系统阻抗可只以电抗计入，或按电阻等于电抗的10%估算，这时电抗等于系统阻抗的99.5%。

6）计算220/380V系统的短路电流时，三相短路时计算电压取平均电压，即230/400V，单相短路时取标称电压，即220/380V。

二、三相与两相短路电流计算

三相短路电流的计算公式为

$$I_k = \frac{U_{av}}{\sqrt{3}\,|z_k|} = \frac{U_{av}}{\sqrt{3}\sqrt{r_k^2 + x_k^2}} \tag{2-1}$$

式中　I_k——三相稳态短路电流有效值（kA）；

U_{av}——电源平均线电压（V）；

z_k——短路回路阻抗（mΩ）；

r_k——短路回路电阻（mΩ）；

x_k——短路回路电抗（mΩ）。

短路阻抗由4部分构成：变压器高压侧系统阻抗、变压器短路阻抗、低压侧母线阻抗和线路阻抗。电阻和电抗应分别相加计算。

两相短路电流 $I_k^{(2)}$ 计算公式为

$$I_k^{(2)} = \frac{\sqrt{3}}{2}I_k \approx 0.87I_k \tag{2-2}$$

对电源接地的系统，还有可能发生两相短路接地故障，对这种故障电流的计算，此处不予讨论。

三、单相短路电流计算

低压系统单相短路包括相线与中性线短路、TN-C系统中的相线与PEN线短路以及TN-S系统中的相线与PE线短路。以下以TN-S系统中相线与PE线间短路为例，介绍短路电流计算的相保阻抗法。若是相线与中性线短路，则相应采用相中阻抗法。

1. 相保（中）阻抗

用对称分量法推导出低压系统单相短路电流的计算公式如下：

$$I_k^{(1)} = \frac{U_N/\sqrt{3}}{\left|\frac{Z_k^+ + Z_k^- + Z_k^0}{3}\right|} = \frac{U_\varphi}{\sqrt{\left(\frac{R_k^+ + R_k^- + R_k^0}{3}\right)^2 + \left(\frac{X_k^+ + X_k^- + X_k^0}{3}\right)^2}} \tag{2-3}$$

式中　Z_k^+、Z_k^-、Z_k^0——短路回路的正、负、零序阻抗（mΩ）；

R_k^+、R_k^-、R_k^0——短路回路的正、负、零序电阻（mΩ）；

X_k^+、X_k^-、X_k^0——短路回路的正、负、零序电抗（mΩ）；

U_N——系统标称线电压（V）；

U_φ——系统标称相电压（V）；

$I_k^{(1)}$——单相短路电流（kA）。

（1）相保（中）阻抗概念　以相线与保护线的短路为例分析。

从公式 $I_k^{(1)}=\dfrac{U_N/\sqrt{3}}{\left|\dfrac{Z_k^+ + Z_k^- + Z_k^0}{3}\right|}$ 入手，正、负序电流因三相平衡，只在相导体上流通，因此正、负序阻抗只包含相导体阻抗；零序电流除在相导体上流通外，因其三相电流大小相等、相位相同，还会以 3 倍量值在保护线上通过，因此零序阻抗为相导体零序阻抗加上 3 倍保护导体零序阻抗；又因为正序和负序阻抗相等，因此有

$$\frac{Z_k^+ + Z_k^- + Z_k^0}{3}=\frac{Z_{\varphi k}^+ + Z_{\varphi k}^- + (Z_{\varphi k}^0 + 3Z_{PEk}^0)}{3}=\frac{2Z_{\varphi k}^+ + Z_{\varphi k}^0}{3}+Z_{PEk}^0$$

令

$$\frac{2Z_{\varphi k}^+ + Z_{\varphi k}^0}{3}=Z_\varphi$$

$$Z_{PEk}^0=Z_{PE}$$

又令

$$Z_{\varphi P}=Z_\varphi+Z_{PE}$$

则单相短路电流计算公式简化为

$$I_k^{(1)}=\frac{U_N/\sqrt{3}}{|Z_{\varphi P}|}=\frac{U_\varphi}{|Z_{\varphi P}|}$$

式中　$Z_{\varphi k}^+$、$Z_{\varphi k}^-$、$Z_{\varphi k}^0$——相导体的正、负、零序阻抗（mΩ）；

Z_{PEk}^0——保护导体的零序阻抗（mΩ）；

Z_φ——相导体计算阻抗（mΩ），它的量值只与短路回路中的相导体有关；

Z_{PE}——保护导体计算阻抗（mΩ），它的量值只与短路回路中的保护导体有关；

$Z_{\varphi P}$——短路回路的相保阻抗（mΩ）。

以上推导的思路为：将短路回路看成是相导体和保护导体两部分串联组成，分别计算每部分的短路计算阻抗，然后相加得到总的短路回路计算阻抗，即相保阻抗。若为相线与中性线短路，则短路回路计算阻抗为相中阻抗，记作 $Z_{\varphi N}$。

（2）短路回路各环节的相保阻抗　通常情况下，计算低压系统单相短路时，短路回路由 4 个环节构成，每个环节都有自身的相保阻抗，总的相保阻抗为各环节相保阻抗之和。下面就分别计算这 4 个环节的相保阻抗。

1）高压侧系统（S）的相保阻抗。通过高压侧短路容量和本节第一段中的特点“5)”，可计算出高压侧系统正序阻抗 R_S 和 X_S。对于最常用的 Dyn11 和 Yyn0 配电变压器，高压侧线电流中不可能有零序电流，故不计入高压侧零序阻抗；又因为高压侧本无 PE 线，相保阻抗就等于相计算阻抗，即

$$\left.\begin{aligned} R_{\varphi P\cdot S} &= \frac{R_S + R_S + 0}{3} = \frac{2R_S}{3} \\ X_{\varphi P\cdot S} &= \frac{X_S + X_S + 0}{3} = \frac{2X_S}{3} \end{aligned}\right\} \tag{2-4}$$

式中　$R_{\varphi P\cdot S}$、$X_{\varphi P\cdot S}$——折合到低压侧的变压器高压侧系统的相保电阻、电抗（mΩ）；

R_S、X_S——折合到低压侧的变压器高压侧电网的系统正序电阻、电抗（mΩ）。

2）变压器（T）的相保阻抗。忽略变压器中性点接地母排上中性点与 PE 线连接点间的那一段母线阻抗，变压器相保阻抗也只有相阻抗，因此有

$$\left.\begin{aligned} R_{\varphi P\cdot T} &= \frac{R^{+}_{k\cdot T} + R^{-}_{k\cdot T} + R^{0}_{k\cdot T}}{3} = \frac{2R_{k\cdot T} + R^{0}_{k\cdot T}}{3} \\ X_{\varphi P\cdot T} &= \frac{X^{+}_{k\cdot T} + X^{-}_{k\cdot T} + X^{0}_{k\cdot T}}{3} = \frac{2X_{k\cdot T} + X^{0}_{k\cdot T}}{3} \end{aligned}\right\} \tag{2-5}$$

式中　$R_{\varphi P\cdot T}$、$X_{\varphi P\cdot T}$——变压器的相保电阻、电抗（mΩ）；

$R_{k\cdot T}$、$X_{k\cdot T}$——变压器的短路电阻、电抗（mΩ）；

$R^{+}_{k\cdot T}$、$X^{+}_{k\cdot T}$——变压器正序序短路电阻、电抗（mΩ）；

$R^{+}_{k\cdot T}$、$X^{-}_{k\cdot T}$——变压器负序短路电阻、电抗（mΩ）；

$R^{0}_{k\cdot T}$、$X^{0}_{k\cdot T}$——变压器零序短路电阻、电抗（mΩ），与变压器连接组有关，查变压器产品样本或本书附录可得，对于 Dyn11 变压器，取其等于短路电阻和短路电抗，对 Yyn0 变压器，一般为短路阻抗的若干倍。

3）母线（B）的相保阻抗。计算公式为

$$\left.\begin{aligned} R_{\varphi P\cdot B} &= \frac{2R^{+}_{L\cdot B} + R^{0}_{L\cdot B}}{3} + R^{0}_{PE\cdot B} \\ X_{\varphi P\cdot B} &= \frac{2X^{+}_{L\cdot B} + X^{0}_{L\cdot B}}{3} + X^{0}_{PE\cdot B} \end{aligned}\right\} \tag{2-6}$$

式中　$R_{\varphi P\cdot B}$、$X_{\varphi P\cdot B}$——母线的相保电阻、电抗（mΩ）；

$R^{+}_{L\cdot B}$、$X^{+}_{L\cdot B}$——母线相导体正序电阻、电抗（mΩ）；

$R^{0}_{L\cdot B}$、$X^{0}_{L\cdot B}$——母线相导体零序电阻、电抗（mΩ）；

$R^{0}_{PE\cdot B}$、$X^{0}_{PE\cdot B}$——母线保护导体零序电阻、电抗（mΩ）。

附录中附表 22 直接给出了常见类型规格母线单位长度的 $R_{\varphi P}$ 和 $X_{\varphi P}$，可直接引用，只是要特别注意给出 $R_{\varphi P}$ 的温度，若为 20℃，应乘以 1.5 进行修正。

4）线路（WL）的相保阻抗。与母线相同，计算公式为

$$\left.\begin{aligned} R_{\varphi P\cdot WL} &= \frac{2R^{+}_{L\cdot WL} + R^{0}_{L\cdot WL}}{3} + R^{0}_{PE\cdot WL} \\ X_{\varphi P\cdot WL} &= \frac{2X^{+}_{L\cdot WL} + X^{0}_{L\cdot WL}}{3} + X^{0}_{PE\cdot WL} \end{aligned}\right\} \tag{2-7}$$

式中　$R_{\varphi P\cdot WL}$、$X_{\varphi P\cdot WL}$——线路的相保电阻、电抗（mΩ）；

$R^{+}_{L\cdot WL}$、$X^{+}_{L\cdot WL}$——线路相导体正序电阻、电抗（mΩ）；

$R^{0}_{L\cdot WL}$、$X^{0}_{L\cdot WL}$——线路相导体零序电阻、电抗（mΩ）；

$R^{0}_{PE\cdot WL}$、$X^{0}_{PE\cdot WL}$——线路保护导体零序电阻、电抗（mΩ）。

附录中附表 23 直接给出了常见类型规格线路单位长度的 $R_{\varphi P}$ 和 $X_{\varphi P}$，可直接引用，只是要特别注意给出 $R_{\varphi P}$ 的温度，若为 20℃，同样应乘以 1.5 进行修正。

2. 用相保阻抗计算单相短路电流

根据以上分析，式（2-3）可写成如下形式：

$$I_k^{(1)} = \frac{U_N/\sqrt{3}}{|Z_{\varphi P}|} = \frac{U_\varphi}{|Z_{\varphi P\cdot S} + Z_{\varphi P\cdot T} + Z_{\varphi P\cdot B} + Z_{\varphi P\cdot WL}|}$$

$$= \frac{U_\varphi}{\sqrt{(R_{\varphi P\cdot S} + R_{\varphi P\cdot T} + R_{\varphi P\cdot B} + R_{\varphi P\cdot WL})^2 + (X_{\varphi P\cdot S} + X_{\varphi P\cdot T} + X_{\varphi P\cdot B} + X_{\varphi P\cdot WL})^2}} \tag{2-8}$$

式中　$Z_{\varphi P}$——短路回路总相保阻抗（mΩ）；

$R_{\varphi P\cdot S}$、$R_{\varphi P\cdot T}$、$R_{\varphi P\cdot B}$、$R_{\varphi P\cdot WL}$——高压侧系统、变压器、低压母线、低压线路的相保电阻（mΩ）；

$X_{\varphi P\cdot S}$、$X_{\varphi P\cdot T}$、$X_{\varphi P\cdot B}$、$X_{\varphi P\cdot WL}$——高压侧系统、变压器、低压母线、低压线路的相保电抗（mΩ）；

U_N——系统标称线电压（V），取 380V；

U_φ——系统标称相电压（V），取 220V；

$I_k^{(1)}$——单相短路电流（kA）。

式（2-8）就是工程上常用的计算低压系统单相短路电流的公式。有时在分析较长线路末端单相短路时，因为线路零序阻抗很大，常忽略高压侧系统和母线相保阻抗，只计入变压器和线路的相保阻抗。

四、计算示例

例 2-1　某 TN-C 低压系统如图 2-14 所示，求 k1 点的三相和单相短路电流。

解　（1）计算（或查取）短路回路各部分阻抗。

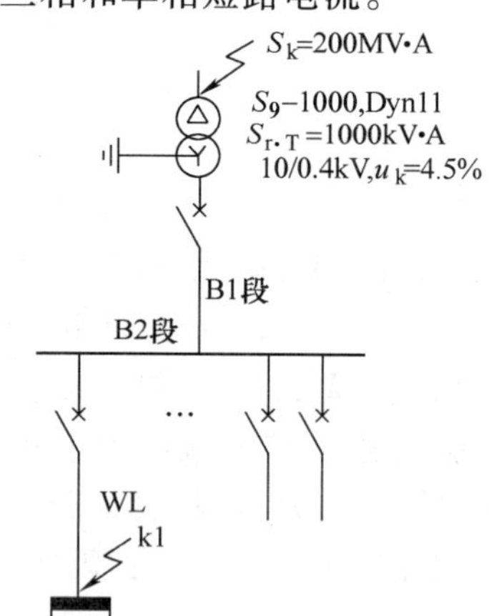

图 2-14　例 2-1 图

B1 段母线：LMY—3（125×10）+80×10，长 5m；B2 段母线：LMY—3（80×8）+50×5，长 7m；WL 段线路：VLV—3×120+70，长 60m；

1）高压侧系统阻抗。

$$|Z_S| \approx \frac{U_{r2\cdot T}^2}{S_k} = \frac{0.4^2}{200} \times 10^3 m\Omega = 0.8 m\Omega$$

根据本节第一段第 5）条，有：

$$R_S = 0.1|Z_S| = (0.1 \times 0.8) m\Omega = 0.08 m\Omega,$$

$$X_S = 0.995|Z_S| = (0.995 \times 0.8) m\Omega = 0.796 m\Omega$$

根据式（2-4），有

$$R_{\varphi P\cdot S} = \frac{2}{3}R_S = \left(\frac{2}{3} \times 0.8\right) m\Omega = 0.05 m\Omega,$$

$$X_{\varphi P\cdot S} = \frac{2}{3}X_S = \left(\frac{2}{3} \times 0.796\right) m\Omega = 0.53 m\Omega$$

2）变压器阻抗。因为连接组为 Dyn11，变压器零序阻抗与正、负序阻抗相等，都等于短路阻抗。

$$|Z_{k\cdot T}| = \frac{u_k\% U_{r2\cdot T}^2}{100 S_{r\cdot T}} \times 10^6 = \left(\frac{4.5}{100} \times \frac{0.4^2}{1000} \times 10^6\right) m\Omega = 7.20 m\Omega$$

分别求变压器的电阻和电抗，有

$$R_{k\cdot T}=\frac{\Delta P_k U_{r2\cdot T}^2}{S_{r\cdot T}^2}\times 10^6=\left(\frac{10.3\times 0.4^2}{1000^2}\times 10^6\right)\text{m}\Omega=1.65\text{m}\Omega$$

$$X_{k\cdot T}=\sqrt{|Z_{k\cdot T}|^2-R_{k\cdot T}^2}=\sqrt{7.20^2-1.65^2}\text{m}\Omega=7.00\text{m}\Omega$$

$$R_{\varphi P\cdot T}=\frac{R_{k\cdot T}+R_{k\cdot T}+R_{k\cdot T}}{3}=1.65\text{m}\Omega,\ X_{\varphi P\cdot T}=\frac{X_{k\cdot T}+X_{k\cdot T}+X_{k\cdot T}}{3}=7.00\text{m}\Omega$$

3）B1 段母线阻抗。根据其规格，查附录中母线数据，其单位长度阻抗为

正序：电阻 0.028mΩ/m，电抗 0.170mΩ/m；相保：电阻 0.078mΩ/m，电抗 0.369mΩ/m。表中电阻数据为 20℃值，计算相保阻抗时应乘以系数 1.5。据此计算出其阻抗：

$$R_{B1}=0.14\text{m}\Omega,\ X_{B1}=0.85\text{m}\Omega,\ R_{\varphi P\cdot B1}=0.59\text{m}\Omega,\ X_{\varphi P\cdot B1}=1.85\text{m}\Omega$$

4）B2 段母线阻抗。根据其规格，查附录中母线数据，其单位长度阻抗为：

正序：电阻 0.050mΩ/m，电抗 0.170mΩ/m；相保：电阻 0.169mΩ/m，电抗 0.394mΩ/m。表中电阻数据为 20℃值，计算相保阻抗时应乘以系数 1.5。据此计算出其阻抗：

$$R_{B2}=0.35\text{m}\Omega,\ X_{B2}=1.19\text{m}\Omega,\ R_{\varphi P\cdot B2}=1.77\text{m}\Omega,\ X_{\varphi P\cdot B2}=2.76\text{m}\Omega$$

5）线路 WL 阻抗。根据其规格，查附录中电缆数据，其单位长度阻抗为：

正序：电阻 0.240mΩ/m，电抗 0.076mΩ/m；相保：电阻 0.977mΩ/m，电抗 0.161mΩ/m。表中相保电阻数据已在 20℃值基础上乘以了系数 1.5。据此计算出其阻抗：

$$R_{WL}=14.40\text{m}\Omega,\ X_{WL}=4.56\text{m}\Omega,\ R_{\varphi P\cdot WL}=58.62\text{m}\Omega,\ X_{\varphi P\cdot WL}=9.66\text{m}\Omega$$

（2）计算三相短路电流　短路回路总阻抗为

$$R_k=R_S+R_{k\cdot T}+R_{B1}+R_{B2}+R_{WL}=16.62\text{m}\Omega$$

$$X_k=X_S+X_{k\cdot T}+X_{B1}+X_{B2}+X_{WL}=14.40\text{m}\Omega$$

k1 点三相短路电流为

$$I_{k1}^{(3)}=\frac{U_{av}}{\sqrt{3}\sqrt{R_k^2+X_k^2}}=\frac{400}{\sqrt{3}\sqrt{16.62^2+14.40^2}}\text{kA}=10.50\text{kA}$$

（3）计算单相短路电流　短路回路总相保阻抗为

$$R_{\varphi P}=R_{\varphi P\cdot S}+R_{\varphi P\cdot T}+R_{\varphi P\cdot B1}+R_{\varphi P\cdot B2}+R_{\varphi P\cdot WL}=62.68\text{m}\Omega$$

$$X_{\varphi P}=X_{\varphi P\cdot S}+X_{\varphi P\cdot T}+X_{\varphi P\cdot B1}+X_{\varphi P\cdot B2}+X_{\varphi P\cdot WL}=21.80\text{m}\Omega$$

k1 点单相短路电流为

$$I_{k1}^{(1)}=\frac{U_\varphi}{\sqrt{R_{\varphi P}^2+X_{\varphi P}^2}}=\frac{220}{\sqrt{62.68^2+21.80^2}}\text{kA}=3.32\text{kA}$$

第五节　低压配电线路的过电流保护

一、过电流及保护原则

1. 过电流简介

超过线路允许载流量的电流都叫过电流。过电流有两种情况：一种是过负荷，主要是线

路所带负载过多，或电动机类设备所带机械负荷过重造成的；另一种是短路，是因绝缘损坏而造成的不同电位导体之间接触电阻可忽略的金属性连接。过负荷电流相对较小，一般不超过线路允许载流量的很少几倍，短路电流则可能高达线路允许载流量的十几至几十倍，大容量变压器低压侧的小截面线路首端短路时，短路电流甚至可高达线路允许载流量的几百倍。因此，对短路和过负荷的保护，在响应时间和方式上会有所差异。

过负荷有两种不同的后果。对于轻度过负荷（如过载10%），长时间作用下，其后果是绝缘寿命缩短，以及接头、端子等氧化加快，但并不会立刻产生故障；对于严重过负荷（如过载100%或更高），会在短时间内使绝缘软化，介损增大，耐压降低，从而导致短路，引发火灾或其他灾害。就10%～20%的轻度过负荷而言，工程上还未找到有效的保护办法，因此本节所介绍的过负荷保护，主要针对的是严重过负荷情况。

2. 过电流保护

线路及电气设备都有一定的承受过电流能力，其特点为过电流倍数越小，所能承受的时间越长，图2-15示出了线路过电流承受特性与保护装置保护特性之间的关系。过电流保护的原则是：保护装置应先于被保护元件被过电流效应损坏而动作。

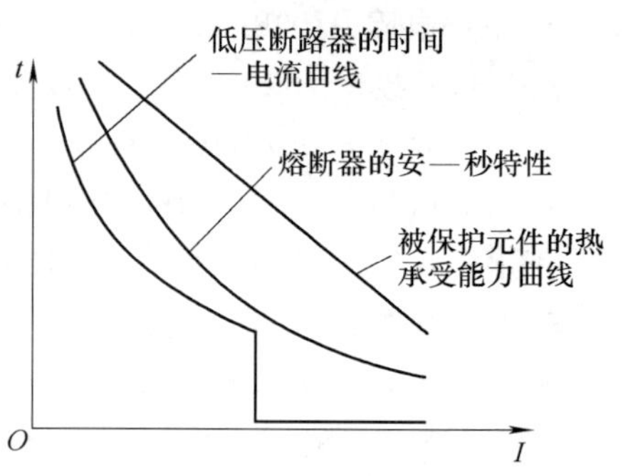

图2-15　过电流保护电器与被保护元件的特性配合

低压系统过电流保护的目的，不仅要保证系统本身不受损坏，还应保证不能因系统故障而危及环境安全，在两者不能兼顾的情况下，应优先考虑后者。这也是低压系统不同于中、高压系统之处。

二、低压配电线路的短路保护

1. 短路保护的基本要求

对于低压线路的短路保护，除满足关于保护的可靠性、快速性、选择性和灵敏性要求外，还应满足以下两个基本条件。

1）短路保护电器的开断电流应不小于其安装处的最大预期短路电流，但当上级保护电器能有效开断该电流、且本级保护电器和被保护线路在短路电流被上级保护电器切断前不致因短路电流作用而损坏，则本级保护电器开断电流可以小于最大预期短路电流。

2）应保证被保护线路的短路热稳定性，即在导体温度上升到允许限值前切断电源，按以下公式计算：

$$t_{\mathrm{k}} \leqslant \frac{C^2 S^2}{I_{\mathrm{k}}^2} \tag{2-9}$$

式中　C——热稳定系数（$\mathrm{A}\cdot\sqrt{\mathrm{s}}\cdot\mathrm{mm}^{-2}$），其值见表2-6；

t_{k}——短路电流持续时间（s），等于保护动作时间加断路器全分闸时间；

S——线缆导体截面积（mm^2）；

I_{k}——短路电流有效值（A）。

当$t \leqslant 0.1\mathrm{s}$时，可根据厂家给出的最大允许$I^2t$进行热稳定校验，即

$$C^2 S^2 \geqslant I^2 t \tag{2-10}$$

表 2-6　导体或电缆的热稳定系数

导体种类和材料	热稳定系数 $C/A \cdot \sqrt{s} \cdot mm^{-2}$	导体种类和材料	热稳定系数 $C/A \cdot \sqrt{s} \cdot mm^{-2}$
铝母线及导线、硬铝及铝锰合金	87	6kV 铝芯油浸纸绝缘电缆及 10kV 铝芯不滴流电缆	90
硬铜母线及导线	171	6kV 铜芯油浸纸绝缘电缆及 10kV 铝芯不滴流电缆	150
钢母线（不与电器直接连接）	70	铝芯交联聚乙烯绝缘电缆	94
钢母线（与电器直接连接）	63	铜芯交联聚乙烯绝缘电缆	143
10kV 铝芯油浸纸绝缘电缆	95	铝芯聚氯乙烯绝缘电缆	76
10kV 铜芯油浸纸绝缘电缆	165	铜芯聚氯乙烯绝缘电缆	115

2. 由低压断路器实施的短路保护

低压断路器靠瞬时和（或）短延时脱扣器实施短路保护。因低压系统处于电力系统最末端，其保护整定直接受用电设备的影响，且对于最末一级配电线路，不存在选择性问题，故保护动作值整定方法如下。

（1）瞬时过电流脱扣器动作电流整定

1）按躲过配电线路的尖峰电流整定。其目的是防止正常工作时误动作。

对动力类线路为

$$I_{op3} \geqslant K_{rel3}[I'_{st \cdot M1} + I_{C(n-1)}] \tag{2-11}$$

对照明类线路为

$$I_{op3} \geqslant K_{rel3} I_C \tag{2-12}$$

式中　I_{op3}——低压断路器瞬时脱扣器动作值（A）；

K_{rel3}——低压断路器瞬时脱扣器保护可靠系数，动力类线路取 1.2，照明类线路取决于光源特性，具体见表 2-7；

$I'_{st \cdot M1}$——线路上起动电流最大一台电动机的全起动电流（A），包括周期分量与非周期分量，其值可取最大堵转电流的 2 倍；

$I_{C(n-1)}$——除起动电流最大一台电动机以外的线路计算电流（A）；

I_C——照明线路的计算电流（A）；

表 2-7　不同光源的照明线路保护电器选择计算系数

保护电器类型	计算系数	白炽灯、卤钨灯	荧光灯	高压钠灯、金卤灯	荧光高压汞灯
RL7、NT 熔断器①	K_m	1.0	1.0	1.2	1.1～1.5
RL6 熔断器①	K_m	1.0	1.0	1.5	1.3～1.7
低压断路器长延时过电流脱扣器	K_{rel1}	1.0	1.0	1.0	1.1
低压断路器瞬时过电流脱扣器	K_{rel3}	10～12	4～7	4～7	4～7

① 熔断体额定电流小于 63A。

低压动力类线路上的电动机一般不会全部同时起动，因此正常情况下最大可能的尖峰电流是：在其他设备正常工作的情况下，起动电流最大的一台电动机开始起动。式（2-11）表明在这种情况下，低压断路器瞬时脱扣器也不能动作。

低压照明类线路在接通时，白炽灯类负荷冷态电阻较小，接通瞬间有较大的冲击电流；气体放电光源及配用镇流器也会在接通瞬间产生较大的冲击电流。因为瞬时脱扣器为无延时动作，因此必须躲过这个冲击电流。

2）按躲过下一级线路首端最大短路电流整定。这是为了满足选择性要求所作的整定，与中压系统的电流速断保护相同，对最末一级配电线路无须作此整定。

低压断路器瞬时脱扣器的动作值取值为以上两者中较大者。

（2）短延时过电流脱扣器动作电流与延时时间整定　短延时脱扣器主要是为了保证选择性而设置，最末一级线路不会使用短延时脱扣器，因此其动作值整定不涉及末级照明线路。

1）动作电流按躲过短时间尖峰电流整定，即

$$I_{op2} \geqslant K_{rel2}[I_{st\cdot M1} + I_{C(n-1)}] \tag{2-13}$$

式中　I_{op2}——低压断路器短延时脱扣器动作值（A）；

K_{rel2}——低压断路器短延时脱扣器保护可靠系数，取1.2；

$I_{st\cdot M1}$——线路上起动电流最大一台电动机的起动电流（A），只包括周期分量；

$I_{C(n-1)}$——除起动电流最大一台电动机以外的线路计算电流（A）。

式（2-11）与式（2-13）的区别在于对电动机起动电流取值不同，前者取起动全电流的最大值，后者只取周期分量值，这是因为前者为瞬时脱扣器，电流哪怕只有瞬间超过脱扣器动作值，就会导致断路器跳闸；而后者为短延时脱扣器，一般到脱扣器延时末端时，起动电流非周期分量已经衰减完毕，故不必考虑。

2）动作时间比下一级保护高出一个时限，该时限一般为0.2s。若下级保护电器为熔断器，则下级保护动作时间应取为最大熔断时间。

（3）灵敏系数校验　瞬时和短延时脱扣器的灵敏系数要求不小于1.3。在同时配置了瞬时和短延时过电流脱扣器的情况下，可不校验瞬时脱扣器的灵敏系数。

3. 由熔断器实施的短路保护

（1）动作电流整定　熔断器的保护整定就是确定熔体的额定电流。

1）按躲过配电线路的尖峰电流整定

对动力类线路，熔体额定电流为

$$I_{r\cdot FU} \geqslant K_r(I_{r\cdot M1} + I_{C(n-1)}) \tag{2-14}$$

对照明类线路，熔体额定电流为

$$I_{r\cdot FU} \geqslant K_m I_C \tag{2-15}$$

式中　$I_{r\cdot FU}$——熔断体额定电流（A）；

K_r——动力配电线路熔断体选择计算系数，取决于起动电流最大一台电机的额定电流与线路计算电流的比值，见表2-8；

$I_{r\cdot M1}$——线路上起动电流最大一台电动机的额定电流（A）；

$I_{C(n-1)}$——除起动电流最大一台电动机以外的线路计算电流（A），只包括周期分量；

K_m——照明线路熔断体选择计算系数，取决于电光源类型和熔断体特性，取值见表2-7；

I_C——线路的计算电流（A）。

2）按选择性整定。上、下级熔体的额定电流之比不应小于熔体的过电流选择比（与中压熔断器的保护配合比相同），过电流选择比因熔体类型而异，典型值为1.6∶1。

（2）灵敏性校验　用熔断器作短路保护时，灵敏性是否满足要求主要取决于熔体的熔

断时间。若熔体的最大熔断时间小于式（2-9）所要求的时间，线路热稳定性得以满足，则认为保护有足够的灵敏性。

表 2-8 K_r 值

$I_{r \cdot M1}/I_C$	≤0.25	0.25～0.40	0.40～0.60	0.60～0.80
K_r	1.0	1.0～1.1	1.1～1.2	1.2～1.3

三、低压配电线路的过负荷保护

1. 过负荷保护的基本要求

低压线路的过负荷保护应满足以下两条基本要求：

1）保护电器应在过负荷电流引起的导体温升对绝缘、接头、端子或导体周围物质造成损害之前分断电路。

2）对突然断电比过负荷造成的损失更大的线路，过负荷保护只动作于信号。

过负荷保护的难点在于上述“1)”中所述的造成损害的时间的确定，这个时间不是一个固定值，而是过负荷程度的函数，见图 2-15 中“被保护元件的热承受能力曲线”。保护电器的保护特性一般并不平行于这条曲线，因此要检验是否能在全过负荷范围内有效保护，需要将整条曲线画出来进行比较，应用起来甚为不便。工程上的做法是：以大量试验为基础确定产品标准，再通过标准之间的配合，以参数的形式进行保护有效性的判断。据此，对过负荷保护动作特性按以下条件进行整定和判断：

$$I_{op} \geqslant I_C \tag{2-16}$$

$$I_2 \leqslant 1.45 I_{con} \tag{2-17}$$

式中 I_{op}——保护电器过负荷保护动作值（A）；

I_C——被保护线路计算电流（A）；

I_2——保护电器在约定时间内的约定动作电流（A）；

I_{con}——被保护线路的允许载流量（A）。

式（2-16）的意义很明确，即保证线路正常工作时保护电器不误动作；式（2-17）即保证保护电器先于线路被损坏而动作。系数 1.45 和参数 I_2 都是通过试验及标准之间的配合得出的，I_2 与 I_{op} 有一定的关系，如何确定 I_2 是确定过负荷保护是否有效的关键。下面讨论 I_2 的取值问题。

2. 低压断路器实施的过负荷保护

低压断路器由长延时过电流脱扣器实施过负荷保护，I_2 即低压断路器在约定时间内的约定脱扣电流，见本章第三节中低压断路器参数介绍。根据低压断路器的产品标准，I_2 与长延时脱扣器动作电流 I_{op1} 的关系为 $I_2 = 1.3I_{op1}$，式（2-17）于是可写成 $1.3I_{op1} \leqslant 1.45I_{con}$，也即 $I_{op1} \leqslant 1.16I_{con}$，取保守的估值，工程上一般按下式校验长延时脱扣器过负荷保护的有效性：

$$I_{op1} \leqslant I_{con} \tag{2-18}$$

式中 I_{op1}——低压断路器长延时过电流脱扣器动作电流（A）；

I_{con}——断路器所保护线路的允许载流量（A）。

式（2-18）说明，只要低压断路器长延时脱扣器的动作值小于线路的允许载流量，就能保证断路器在线路绝缘软化前切断线路。

3. 熔断器实施的过负荷保护

用式（2-17）来校验熔断器过负荷保护的有效性，I_2 即熔断器在约定时间内的约定熔断电流，见表2-3和表2-4。只有部分类型的熔体有可用的参数，还有很多类型的熔体缺乏相关的参数，无法进行校验。校验方法与低压断路器类似，先找出 I_2 与 $I_{r\cdot FU}$ 的关系，再通过式（2-17）确定出 $I_{r\cdot FU}$ 和 I_{con} 的关系。现将部分熔体的校验数据列于表2-9中。

表2-9 用熔断器作过负荷保护时熔体电流与线路允许载流量的关系

专职人员用熔断器类型	$I_{r\cdot FU}$ 值范围/A	$I_{r\cdot FU}$ 与 I_{con} 应满足的关系
螺栓连接熔断器	全值范围	$I_{r\cdot FU}\leqslant I_{con}$
刀形触头熔断器和圆筒帽型熔断器	$\geqslant 16$	$I_{r\cdot FU}\leqslant I_{con}$
	$16>I_{r\cdot FU}>4$	$I_{r\cdot FU}\leqslant 0.85I_{con}$
	$I_{r\cdot FU}\leqslant 4$	$I_{r\cdot FU}\leqslant 0.77I_{con}$
偏置触刀熔断器	$I_{r\cdot FU}>4$	$I_{r\cdot FU}\leqslant I_{con}$
	$I_{r\cdot FU}\leqslant 4$	$I_{r\cdot FU}\leqslant 0.77I_{con}$

第六节 低压配电线路带电导体截面积选择

一、相线导体截面积选择

线缆导体截面积选择关系到寿命、经济、电能质量、故障耐受能力、安全防护、机械强度等诸多方面的问题，必须达到每一个方面的要求，导体截面积选择才算正确。因此，导体截面积选择需要按以下步骤逐一进行。

1. 按温升条件选择

为保证线缆工作寿命，要求线缆的允许载流量 I_{con} 不小于线路的计算电流 I_C，即

$$I_{con}\geqslant I_C$$

I_{con} 不但与线缆截面积有关，同时还与敷设条件有关。一回线路的敷设路径上敷设条件可能不同，应选择散热条件最差且长度不小于1m的那一段进行校验。确定出 I_{con} 后，就可选出相对应的导体截面积。

2. 按电压损失校验

线缆单位长度的阻抗与导体截面积相关，因此线路电压损失也与导体截面积相关。根据电能质量对电压偏差的要求，可计算出一条线路的允许电压损失，再根据允许电压损失校验所选线缆是否满足要求。

在有些情况下，还要根据电压闪变校验线缆截面积。

3. 按机械强度校验

按线缆型式和敷设方式，可确定出满足机械强度的最小截面积，所选线缆导体最小截面积不得小于该最小截面积，详细情况可参见附录。

4. 按经济电流校验

所谓经济电流，是指在线缆寿命期内，使投资和导体损耗费用之和最小所对应的电流，一般采用TOC法（综合能效费用法）计算。

5. 按短路热稳定性校验

要求线缆能经受短路电流的热冲击，即

$$S_{\min} \geqslant \frac{I_{\mathrm{k \cdot max}}^{(3)}}{C}\sqrt{t_{\mathrm{k}}}$$

式中　$S_{\min}$——短路热稳定所要求的最小截面积（mm^2）；

$I_{\mathrm{k \cdot max}}^{(3)}$——最大三相短路电流（A）；

C——热稳定系数（$/\mathrm{A} \cdot \sqrt{\mathrm{s}} \cdot \mathrm{mm}^{-2}$），见表2-6；

t_{k}——短路电流持续时间（s）。

计算最大三相短路电流时，短路点应仔细选择。对于电线，线路上任何一点都可能发生短路，因此应以首端为短路电流计算点；对电缆线路，一般只考虑电缆头发生短路，首端电缆头短路并不会损坏电缆，因此考虑电缆的末端或接续电缆的第一个接头处为短路电流计算点。

6. 按保护灵敏系数校验

在低压系统中，短路阻抗中电阻比重大，而电阻又与导体截面积强相关，因此当线路末端短路电流太小，保护灵敏系数不满足要求时，可考虑加大导线截面积以增大短路电流。

二、中性线导体截面积选择

低压系统中N线（或PEN线）上通过的电流可能与相线不同，PE线上正常时不通过电流，但在发生接地故障时，PE线对安全保护有不可或缺的重要作用。因此对N线和PE的截面积选择应专门考虑。此处先讨论N线的截面积选择。

单相二线制系统中，N线截面积总与相线相同。三相四线制系统中，N线上可能有三相不平衡电流（即3倍零序电流）和$3n$（n为奇数，下同）次谐波电流通过，因此其选择应遵循以下规则。

1）不考虑谐波时，平衡三相四线制系统中性线截面积可选为相线截面积的一半，但当相线截面积不大于16mm^2（铜）和25mm^2（铝）时，N线应与相线等截面；不平衡三相四线制系统，除按以上要求选择N线截面外，还应根据3倍零序电流进行校验，若不满足允许载流量要求，应加大N线截面。

对三相四线制多芯电缆和共管敷设的三相四线制电线，载流量表中的表称载流量是按三相平衡的条件给出的，未考虑N线上电流发热。三相不平衡时，N线上有电流，相当于发热导体增加了一根，相线载流量是否应作修正呢？答案是不必修正。因为选线缆时，都是按电流最大相选取的，因此电流小的相线欠发热，这正好补偿N线的发热。换个角度考虑，若将一路多芯电缆或共管导线看成一个发热整体，其总的发热并未超过以最大电流相为基准的三相平衡线路，因此载流量不需要校正。

2）平衡的三相四线制系统，有$3n$次谐波电流时，N线选择应考虑谐波电流的影响。由于$3n$次谐波既流过相线，又流过N线，因此相线截面积也应考虑谐波影响，但N线$3n$次谐波电流是相线的3倍，因此对N线影响更大。

$3n$次谐波中以3次谐波所占比重最大，一般以3次谐波近似$3n$次谐波。当相线3次谐波电流超过相线工频电流的33.3%时，N线上3次谐波线电流已大于相线工频电流，这时，N线截面积有可能大于相线截面积。

对三相四线制多芯电缆和共管敷设的三相四线制电线，谐波除了在N线上增加发热外，还在相线上增加发热，与三相不平衡的情况不同，线路作为一个整体，其总的发热量是增加的。因此不仅要考虑N线的截面积选取，相线的表称载流量也应进行校正。表2-10给出了各种谐波含有率下的载流量校正系数。当 3 次谐波成分大于 10% 时，N 线就应与相线等截面积，但选择步骤仍为先选相线截面积。当 3 次谐波大于 33% 时，N 线截面积单独选择。

表 2-10　谐波电流的校正系数

相电流中 3 次谐波分量（%）	校正系数		相电流中 3 次谐波分量（%）	校正系数	
	按相线电流选择截面积	按中性线电流选择截面积		按相线电流选择截面积	按中性线电流选择截面积
0 ~ 15	1.0		33 ~ 45		0.86
15 ~ 33	0.86		45 以上		1.0

3）既有三相不平衡电流，又有 $3n$ 次谐波。这时中性线截面积应以总的电流有效值选取。总的电流有效值等于基波和各次谐波的平方和开方。

思考与练习题

2-1　请列举 110kV 以下的常用电压等级。

2-2　作为低压系统电源的配电变压器，其一、二次额定电压比通常有哪几种？每种容量大致在什么范围？

2-3　请判断以下说法的正确性，并说明理由。

（1）只有电源中性点接地的系统，才可能有中性线。

（2）保护线就是地线。

（3）电气设备的金属外壳叫做装置外导电部分。

（4）所有电气设备都有金属外壳。

（5）中性点的含义是：该点电位恒为地电位。

（6）中性线与保护线作用相同，可以混用。

2-4　如图 2-16 所示系统，试分别指出它们按接地形式和带电导体形式的分类。

2-5　为什么计算三相短路电流时不考虑温度对电阻值的影响，而计算单相短路电流时又必须考虑温度对电阻值的影响？温度对线路、变压器的电抗有影响吗？

2-6　请查阅附表 22、23、25，分别查出以下元件的正序阻抗和相保阻抗。

（1）铝母线 LMY－3（125×10）＋80×6.3

（2）交联电缆 YJV（4×185＋95）

（3）SC（B）9-800/10，10/0.4kV 变压器，连接组为 Dyn11

2-7　低压断路器壳架等级电流与脱扣器额定电流之间有什么关系？

2-8　低压断路器长延时、短延时和瞬时过电流脱扣器分别用作什么保护？它们的动作值整定范围与脱扣器额定电流是否有关？它们的动作值整定是否与脱扣器额定电流有关？

2-9　低压断路器与低压开关有什么异同？从功能上看，开关熔断器组能否取代低压断路器？

2-10　熔断器熔化是否一定会开断电路？熔断器安—秒特性有哪几种？什么是熔断器安—秒特性的分散性？

2-11　试辨析过电流、过负荷、短路这几个术语的异同。

2-12　某交联聚乙烯绝缘电缆型号规格为 YJV－1kV（4×120＋70），热稳定系数为 $143\text{A}\cdot\sqrt{\text{s}}\cdot\text{mm}^{-2}$，流过该线路的三相短路电流为 18kA，短路电流持续时间为 0.55s，试校验该线路短路保护能否满足热稳定性要求。

2-13　低压断路器作线路短路保护时，为什么瞬时脱扣器需要躲过电动机起动全电流的最大值，而短延时脱扣器只需躲过起动电流周期分量值？

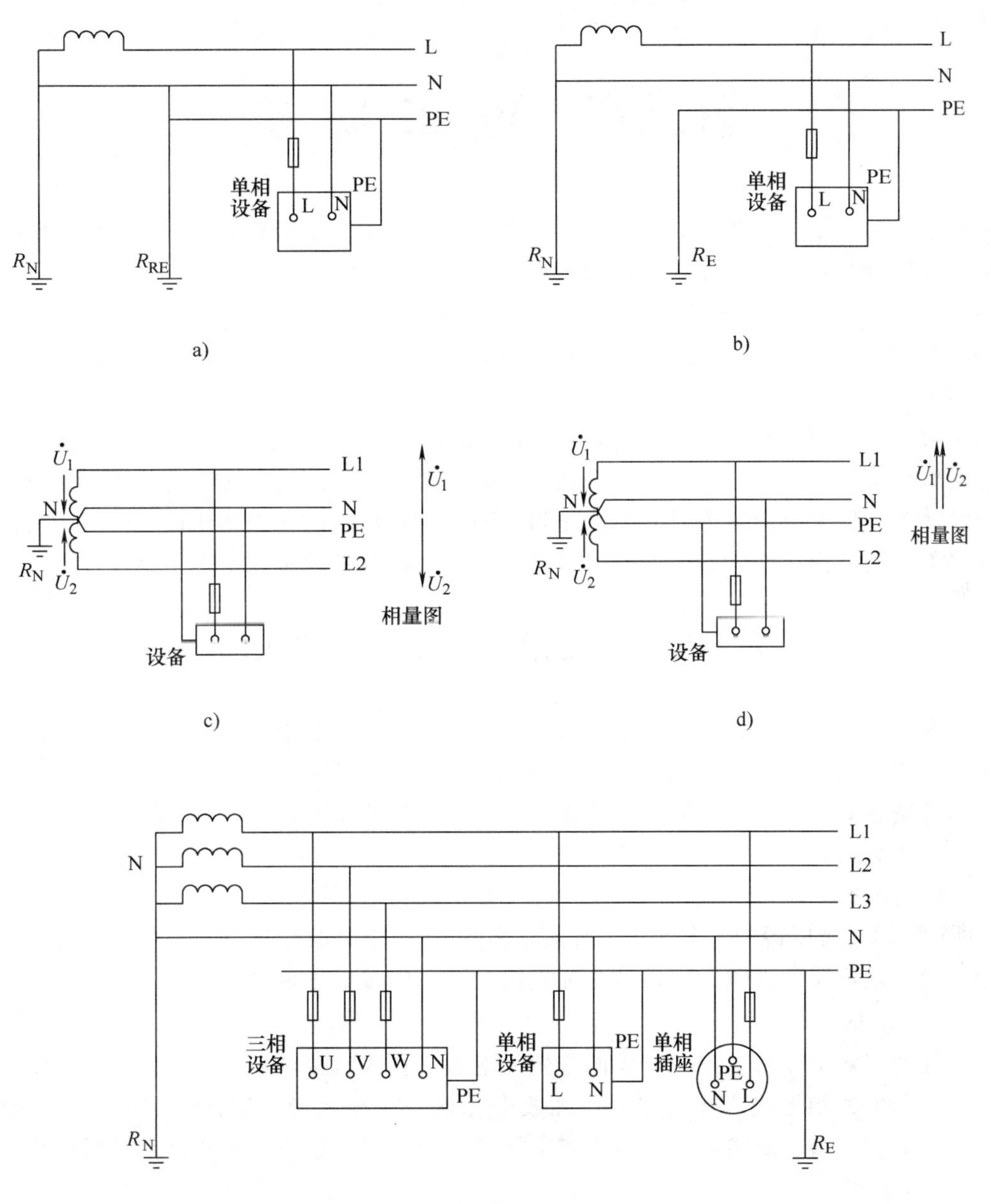

图 2-16　题 2-4 图

2-14　某线路计算电流为 230A，线缆允许载流量为 237A，线路首端低压断路器长延时脱扣器动作值为 250A，请判断该线路设计是否正确。

第三章　电 击 防 护

本章系统地介绍电击防护的工程方法。面对种类繁多的电击防护技术，我们以防护措施所实施的环节进行归类，具体来说，按照如下环节分别介绍。

1）实施在电气设备上和电气装置处的电击防护措施。

2）实施在低压配电系统上的电击防护措施，包括专用于电击防护的措施，也包括可兼作电击防护的措施。

3）实施在作业场所的电击防护措施，即环境措施。

除实施在电气设备上的防护措施是在工厂完成的以外，其他措施都是在工程建设这一阶段完成的。在工厂完成的措施具有标准化和同一性的特点，而在工程建设阶段实施的措施必须根据对象的具体情况而定，情况复杂多样，因此电击防护的难点是在工程设计上。

第一节　电流通过人体产生的效应

人身安全是电气安全的首要问题。要研究这个问题，需要从“电”对人体的危害入手，即“电”究竟是怎样危及人身安全的？这种危害受哪些因素影响？程度有多大？如何度量？等等。搞清楚这些问题，对于制订防护标准、建立有效的防护措施，最大限度地保障生命安全，具有重要意义。

一、电击形式

“电击”即通常所说的“触电”，指人、畜因触及带电的导体而受到生理伤害的事件。按所触及的带电导体的性质，电击可分为直接电击和间接电击两种类别。

1. 直接电击

因接触到正常工作时带电的导体而产生的电击，称为直接电击。如电工在检修配电屏时不小心触及带电的相母线，或住宅居民插拔电源插头时触及尚未脱离电接触的插头金属片等，都属于直接电击。直接电击以承受相电压的情况居多，也有部分承受的是线电压。

2. 间接电击

正常工作时不带电的部位，因故（主要是各类故障）带上危险电压后被人触及而产生的电击，称为间接电击。如电气设备因绝缘损坏发生漏电、TN-C 系统因中性线断线使设备外壳带电造成的电击等。间接电击发生的情况远较直接电击为多，电击强度差异较大，防护措施更为复杂，是电击防护的重点。

二、人体通过电流时的生理反应

1. 研究历程

约自二次世界大战结束始，一些国家的科技工作者就相继投入了对电击问题的研究，由于这种研究大多不能用活人体进行，因此研究者们从两方面入手展开工作：一是对已经发生过的电击伤害事件进行调查分析；二是进行大量的动物试验，仅在远小于致命电流的范围内进行活体人体试验。研究者们对从这两方面工作中所获得的现象和数据进行综合分析，以期得出一些有意义的结论。经过长期的努力工作，这项工作取得了显著的成效，其典型成果反映在国际电工委员会（IEC）第479号出版物中，其中包括“15～100Hz交流电和直流电通过人体时的效应”与“100Hz以上交流电、特殊波形电流、短时单向脉冲电流通过人体时的效应”两部分，前一部分在我国已有相应的国家标准，即GB/T13871.1—1992《电流通过人体的效应　第一部分：常用部分》。本书重点对与供配电系统关系密切的第一部分中的15～100Hz交流电部分进行介绍。

2. 生理反应

研究发现，电流（而不是电压）是危及人体生命安全的直接因素，电击严重程度与通过人体的电流大小呈正相关性。为了表达这种相关性，研究者把人受电击时产生的生理反应划分为几种状态，这几种状态的临界点称为生理“阈”，与这些生理阈对应的电流称为阈值电流，或简称阈电流、阈值、阈。

(1) 反应阈　能引起人体肌肉不自觉收缩的最小电流值，称为反应阈。反应阈电流本身通常不会产生有害的生理效应，但它所引起的人体肌肉的不自觉收缩，可能使人从高处跌落造成二次事故。反应阈电流很小，通用值为0.5mA。

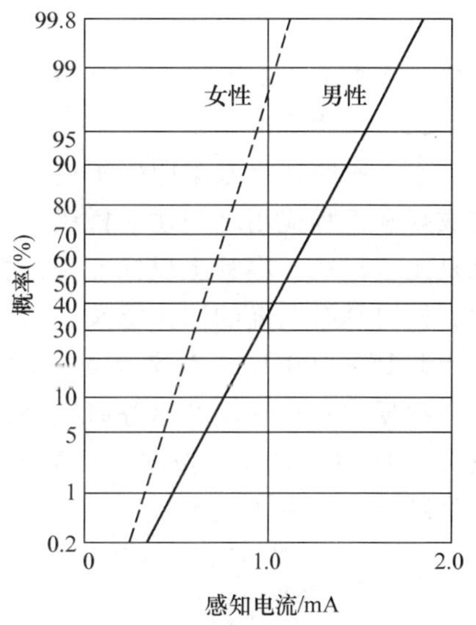

图3-1　感知电流概率曲线

(2) 感知阈。使人产生触电感觉的最小电流值称为感知阈。感知阈有个体差异，其概率曲线见图3-1，按50%概率计，成年男性的感知阈为1.1mA，女性为0.7mA。感知阈与电流持续时间长短无关，但与频率有关，频率越高，感知阈越大，即人体对低频电流更敏感。

(3) 摆脱阈　手握电极通过电流时，人体受刺激的肌肉尚能自主摆脱带电体所能承受的最大电流值，称为摆脱阈。可以认为：当通过人体的电流大于摆脱阈时，受电击者自救的可能性便不复存在。摆脱阈也具有个体差异，其概率曲线见图3-2，以50%概率计，成年男性的摆脱阈为16mA，女性为10.5mA，通用值取为10mA。摆脱阈与电流持续时间无关，在20～150Hz频率范围内基本上与频率无关。

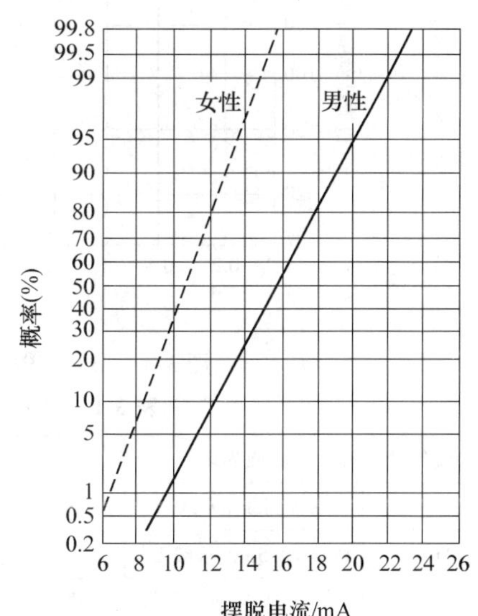

图3-2　摆脱电流概率曲线

(4) 室颤阈　通过人体能引起心室纤维性颤动的最小电流值，称为心室纤维性颤动阈，简称室颤阈。从医学上看，室颤很可能导致死亡，故室颤阈被认为是致命的电流值。试验发现，室颤阈不仅与通过受试对象的电流大小有关，还与通过电流持续的时间有关。柯宾（Koeppen）和达尔基尔（Dalzil）的研究小组分别给出了这种关系的具体描述，简述如下：

达尔基尔的研究结果认为，发生室颤的危险性与能量的累积有关，并提出以下公式作为划分室颤界限

的依据

$$I^2t = K_D \tag{3-1}$$

式（3-1）在电流持续时间为0.01～5s间有效，系数K_D按0.5%最大不引起室颤电流曲线得出为$116^2mA^2 \cdot s$，也就是说，如果电击发生时$I^2t < 116^2mA^2 \cdot s$，则发生室颤的可能性在0.5%以下。

柯宾的研究结果认为，室颤危险性与电流大小与电流作用持续时间之积有关，并提出室颤界限公式

$$It = K_K \tag{3-2}$$

式中，系数K_K取为50mA · s，$t < 1s$。

三、工程标准

以上研究成果基本明确了电击伤害的规律，但从电击防护工程应用的角度看，还须在研究成果和工程应用之间建立桥梁，使工程实践能够利用这些成果并遵循这些规律，这座桥梁就是工程标准。尽管工程标准是依据这些研究成果制定的，但它的特点是具有很强的可操作性，同时具有明确的法律意义，这一点对于针对安全问题的工程实践来说显得尤为重要。

1. 15～100Hz 正弦交流电通过人体的效应

根据柯宾、达尔基尔等研究小组的研究成果，IEC所属建筑电气装置与电击防护专门委员会（TC64）建议，按图3-3划分电流对人体作用的区域范围，该图中各区域所产生的电击生理效应见表3-1。

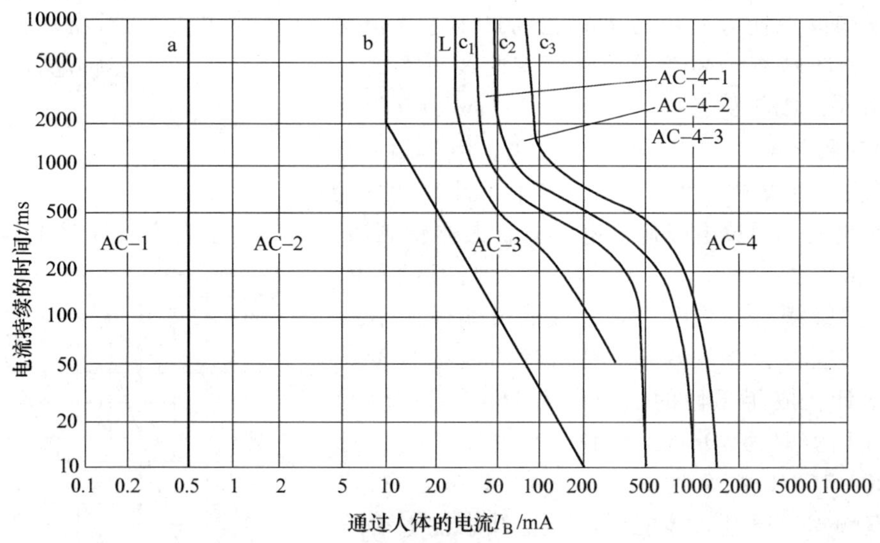

图3-3 15～100Hz正弦交流电的时间-电流效应区域划分

表3-1 15～100Hz正弦交流电的时间/电流区域

区域代号	区域界限	生理效应
AC-1	一直到线a0.5mA	通常无反应
AC-2	自线a0.5mA至线b①	通常无有害的生理效应
AC-3	自线b至曲线c_1	通常不会发生器质性损伤。可能发生肌肉痉挛似的收缩，当通电超过2s时呼吸困难。随着电流量和通电时间增加，使心脏内心电冲动的形成和传导有可以恢复的紊乱，包括心房纤维性颤动和心脏短暂停搏。但不发生心室纤维性颤动

（续）

区域代号	区域界限	生理效应
AC-4	在曲线 c_1 以右	电流量和通电时间再增加，除出现区域 3 效应外，还可出现如心室纤维性颤动、心跳停止、呼吸停止、严重烧伤等危险的病理生理效应
AC-4-1	c_1 至 c_2	心室纤维性颤动概率可增加到 5%
AC-4-2	c_2 至 c_3	心室纤维性颤动概率可增加到约 50%
AC-4-3	超过曲线 c_3	心室纤维性颤动概率超过 50%

① 当通电时间小于 10ms 时，线 b 垂直下延，人体电流值仍保持为 200mA。

从图 3-3 中可以看出，由直线 a、折线 b 和曲线 c（为一簇曲线，分别为 c_1、c_2、c_3）将平面划分为 4 个区域，分别为 AC-1 ~ AC-4，其中 AC-4 又根据发生室颤的概率不同分为 3 个区域，分别为 AC-4-1 ~ AC-4-3。可以认为，发生在 AC-4 区域内的电击，都是致命的。

室颤电流与电流在人体中流通的路径有关系。图 3-3 中室颤电流系从“左手到双脚”的通道流通，是比较不利的一种情况，若电流从别的通路流通，则室颤电流值应有所不同，这种差别由心脏电流系数 F 表征：

$$F = \frac{\sigma_{\text{ref}}}{\sigma_{\text{h}}} \tag{3-3}$$

式中 σ_{h}——电流通过某一通路在心脏内所产生的电流密度；

σ_{ref}——同一电流从左手到双脚时在心脏内产生的电流密度。

不同电流通路的心脏电流系数见表 3-2。

表 3-2 不同电流通路的心脏电流系数

电流通路	心脏电流系数 F	电流通路	心脏电流系数 F
左手到左脚、右脚或两脚	1.0	后背到左手	0.7
两手到两脚	1.0	胸部到右手	1.3
左手到右手	0.4	胸部到左手	1.5
右手到左脚、右脚或两脚	0.8	胸部到右手、左手或双手	0.7
后背到右手	0.3		

应用心脏电流系数，可算出某一通路的室颤电流 I_{h}，这个电流与从左手到双脚通路的电流 I_{ref}有相同的室颤危险性，即

$$I_{\text{h}} = \frac{I_{\text{ref}}}{F} \tag{3-4}$$

式中 I_{ref}——图 3-3 中左手到双脚的室颤电流；

I_{h}——表 3-2 中某一通路的室颤电流；

F——表 3-2 中某一通路相应的心脏电流系数。

2. 直流电流通过人体的效应

直流电的时间-电流效应区域划分见图 3-4，各区域含义与交流情况类似，可参考表 3-1。

四、人体阻抗与安全电压

由以上讨论可知，流过人体的电流是反应电击强度的最恰当电气参量，但对于供配电系统来说，预期接触电压才是一个更容易计算和测量的参量，因此需要知道人体阻抗，才能推

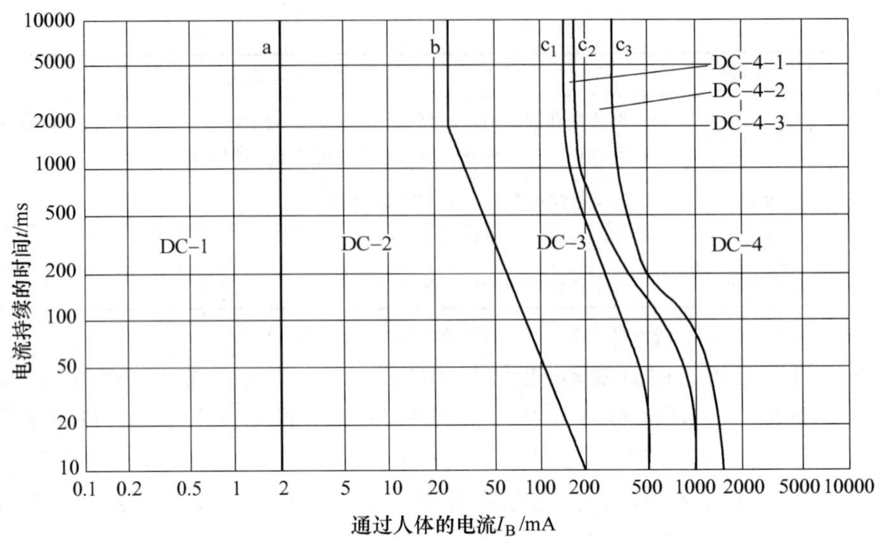

图 3-4　直流电流的时间 - 电流效应区域的划分

算出通过人体的电流大小，从而正确地评估电击危险性。下面介绍人体阻抗及由此推导出的安全电压。

1. 人体阻抗的构成

人体阻抗由皮肤阻抗和人体内阻抗构成，其总阻抗呈阻容性，等效电路见图 3-5。

皮肤阻抗 Z_p 是由半绝缘层（表皮及皮下脂肪）和许多小的导电体（毛孔）组成的电阻电容网络。皮肤阻抗会随电流、频率的增加而下降，且与接触面积、湿度、是否受伤等因素关系较大。

人体内阻抗 Z_i 主要由体内电解质构成，基本上是阻性的，其数值主要由电流通路决定，接触面表面积因素所占比重较小，但当接触面表面积小至几个平方毫米时，内阻抗会增大。

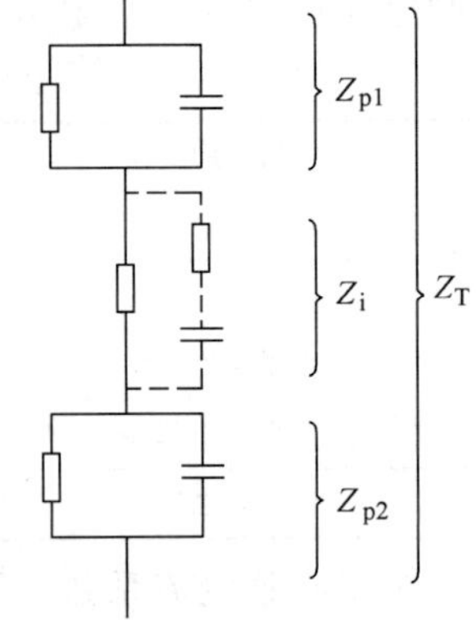

图 3-5　人体阻抗的等效电路
Z_i—体内阻抗　Z_{p1}、Z_{p2}—皮肤阻抗　Z_T—总阻抗

2. 人体总阻抗及其特性

人体总阻抗由电流通路、接触电压、通电时间、频率、皮肤湿度、接触面积、施加压力和温度等因素共同确定，总体上呈阻容性。研究发现，当接触电压约在 50V 以下时，由于皮肤阻抗 Z_p 的变化很大（即使对同一个人也如此），人体总阻抗 Z_T 也同样有很大变化；随着接触电压的升高，人体总阻抗越来越不取决于皮肤阻抗；当皮肤被击穿破损后，总阻抗值接近于内阻抗 Z_i。

图 3-6 表示了活人体阻抗与接触电压关系的统计曲线，从图中可见，当接触电压为 220V 时，只有 5% 的受式者人体阻抗小于 1000Ω，而阻抗小于 2125Ω 的人占受试总人数的 95%，也即有 90% 的受式者人体阻抗在 1000 ~ 2125Ω 之间。

人体总阻抗值与频率呈负相关性，这可能是因为皮肤容抗随频率增加而下降，从而导致总阻抗降低的缘故。

综上所述，在正常环境下人体总阻抗的典型值可取为 1000Ω，而在人体接触电压出现的瞬间，由于电容尚未充电（相当于短路），皮肤阻抗可忽略不计，这时的人体总阻抗称为初

始电阻 R_i，R_i 约等于内阻抗 Z_i，典型取值为500Ω。

3. 安全电压

根据图3-3所示的时间-电流曲线和人体阻抗特性，IEC/TC64提出了接触电压－时间曲线，如图3-7所示。首先将图3-3中的曲线 c_1 乘以一个安全系数，得到一条更偏左的曲线L，L的左边界电流为30mA，发生在L左侧区域的电击通常被认为是不致命的。通过人体阻抗值，将曲线L的电流值换算为电压值，便得到图3-7。图3-7中有两条曲线 L_1 和 L_2，分别代表正常和潮湿环境条件下的电压-时间关系，发生在曲线右侧区域的触电被认为是致命的。

从图上可知，正常环境条件下，50V以下电压（对应30mA以下电流）不论接触时间多长，都不致发生致命电击，因此称30mA电流为安全电流，50V为正常环境条件下的安全电压。同理，潮湿环境条件下的安全电压为25V。以上两个电压量值是对大多数电击防护措施的效果进行评价的依据性数据。

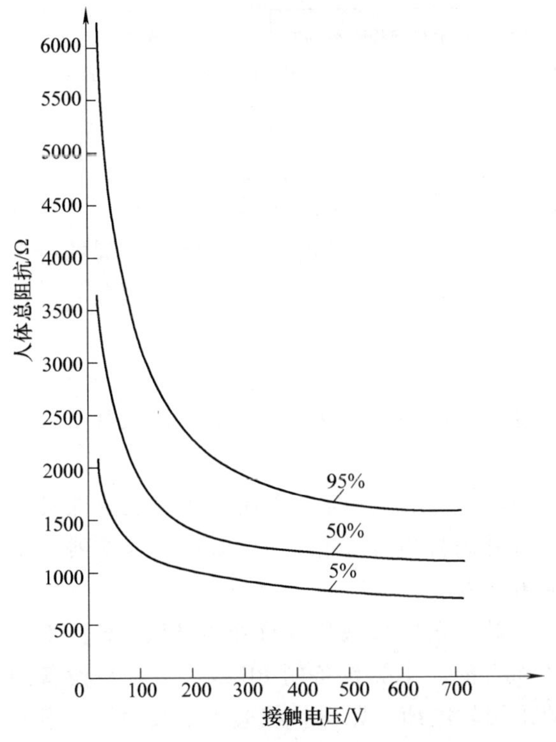

图3-6　接触电压700V以下适用于活人的人体总阻抗统计图

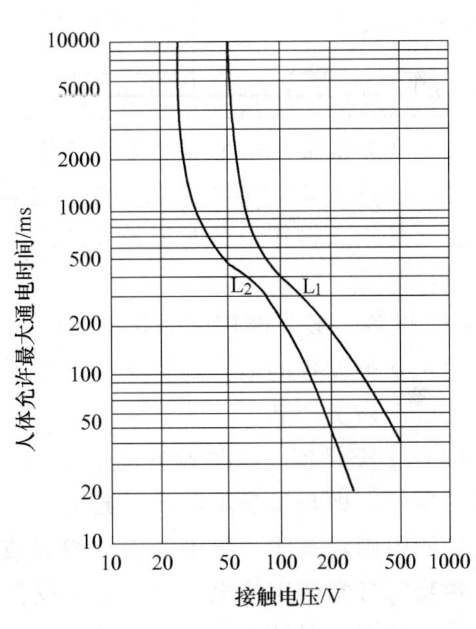

图3-7　不同接触电压下人体允许最大通电时间

L_1—正常环境条件　L_2—潮湿环境条件

第二节　电气设备及装置的电击防护措施

一般来说，设备指工厂生产的具备特定功能的完整单元，作为整体提供给用户；装置则指一系列相关设备及零、部件组合而成的整体，具备更完整、复杂的功能，通常在工作现场组装完成，也不排除在工厂（部分）组装。

电气设备及装置的电击防护措施主要有绝缘、屏护和间距三种。绝缘是电气设备的主要电击防护措施，而屏护和间距则主要是针对电气装置而言的。不过，设备的外壳防护本质上也属于屏护范畴，同时还隐含了间距手段。这些措施的共同之处是力图消除接触到带电导体的可能性，是直接电击防护措施，是预防而非补救措施。

一、用电设备电击防护方式分类

用电设备是产生电击事故的主要环节之一，因此对用电设备的电击防护性能有明确的要求。综合技术、经济、应用场所和使用功能等多方面因素，国家标准对用电设备的电击防护方式作了明确规定，简介如下。

1. 类别划分

低压用电设备按其电击防护方式可分为 4 类，分别称为 0、Ⅰ、Ⅱ、Ⅲ类设备，如表 3-3 所示。

表 3-3　用电设备按电击防护方式的分类

类别	0 类	Ⅰ类	Ⅱ类	Ⅲ类
设备主要特征	基本绝缘，无保护连接手段	基本绝缘，有保护连接手段	基本绝缘和附加绝缘组成的双重绝缘或相当于双重绝缘的加强绝缘，没有保护接地手段	由安全特低电压供电，设备不会产生高于安全特低电压的电压
安全措施	用于不导电环境	与保护接地相连	不需要	接于安全特低电压

（1）0 类设备　仅依靠基本绝缘作为电击防护手段的设备，称为 0 类设备。这类设备的基本绝缘一旦失效，是否会发生电击危险，完全取决于设备所处的场所条件。所谓场所条件，主要是指人操作设备时所站立的地面及人体能触及到的墙面，或装置外导电部分等的情况。

0 类设备一般只能用于非导电场所。

由于 0 类设备的电击防护条件较差，在一些发达国家已逐步被淘汰，有些国家甚至已明令禁止生产该类产品。

（2）Ⅰ类设备　Ⅰ类设备的电击防护不仅依靠基本绝缘，而且还提供了采取附加安全措施的条件，即与设备电源线一起引出一根与设备外露导电部分相连的 PE 线，这根线可用来与场所中固定布线系统中的保护线（或端子）相连接。

在我国日常使用的电器中，Ⅰ类设备占了大多数。第二章我们所介绍的 TT、TN、IT 等系统，设备端的保护连接方式都是针对Ⅰ类设备而言的。Ⅰ类设备的 PE 线，应该与设备的相线和中性线配置在一起引出。设备的电源线若采用软电缆，则保护线应当是其中的一根芯线。我们常用的家用电器的三芯插头，其中一芯就是 PE 线插头片，它通过插座与室内固定配线系统中的 PE 线相连。

在我国还有一种类别的电器，叫做“0Ⅰ”类设备，这类设备上有 PE 端子，但没有与电源线一起引出 PE 线。对 0Ⅰ类设备，若将 PE 端子连接到固定配线系统的 PE 线上，则相当于Ⅰ类设备，若将 PE 端子空置，则相当于 0 类设备。一般认为，在非专业场所，以不使用 0Ⅰ类设备为宜。

（3）Ⅱ类设备　Ⅱ类设备指采用了双重绝缘或加强绝缘的用电设备，Ⅱ类设备不设置保护线。

Ⅱ类设备一般用绝缘材料做外壳，也有采用金属外壳的，但其外壳不能与保护线连接，只有在实施不接地的局部等电位联结时，才可考虑将设备的金属外壳与等电位联结线相连。

从电击防护角度来看，可不考虑Ⅱ类设备漏电的可能性，即认为Ⅱ类设备上是不可能发生间接电击事故的。

(4) Ⅲ类设备　Ⅲ类设备指采用SELV（安全特低电压）供电的用电设备，这类设备要求在任何情况下，设备内部都不会出现高于安全电压限值的电压。关于SELV，将在本章第四节中详细介绍。

以上4类设备，以罗马数字0、Ⅰ、Ⅱ、Ⅲ进行分“类”而不是分“级”，因为分类只是表示电击防护的不同方式，而并不表明设备的安全水平等级。

2. 类别划分与电击防护的关系

以上各类设备均具有直接电击防护功能，但间接电击防护性能和途径各有不同，分述如下：

1）0类设备只能用于非导电场所，无其他间接电击防护手段。

2）Ⅰ类设备用于正常电压供电的TT、TN、IT系统，一旦发生碰壳漏电故障，则需通过实施于供配电系统或作业场所的其他措施进行间接电击防护。

3）Ⅱ类设备用于正常电压供电的系统，其电击防护既不依赖于供配电系统，也不依赖于使用场所的环境条件，而是完全依靠设备自身。从工程角度看，不用考虑该类设备发生绝缘损坏的可能，也即该类设备无间接电击发生的可能性。

4）Ⅲ类设备用于特低电压（ELV）系统，必须满足一系列的相关条件，才可以不考虑间接电击发生的可能性。

二、电气设备外壳防护等级

1. 外壳与外壳防护的概念

电气设备的“外壳”是指与电气设备直接相关联的界定设备空间范围的壳体，那些设置在设备以外的为保证人身安全或防止人员进入的栅栏、围护等设施，不能被算作是“外壳”。

外壳防护是电气安全的一项重要措施，但必须明确的是，它不仅仅是电击防护的措施。外壳防护既有保护人身安全的目的，又有保护设备自身安全的目的，还可能有保护环境安全的作用，对于前两者，相关标准规定了外壳的两种防护形式。

第一种防护形式：防止人体触及或接近壳内带电部分和触及壳内的运动部件（光滑的转轴和类似部件除外），防止固体异物进入外壳内部。

第二种防护形式：防止水进入外壳内部而引起有害的影响。

电击防护主要基于以上第一种防护形式，如对于运动的带电部件，绝缘难以实施，这时外壳防护就成了电击防护的主要手段。但第一种防护形式还有防止设备对人体造成机械伤害的作用，同时还在一定程度上能防止设备自身受到外来机械伤害。

对于机械损坏、易爆、腐蚀性气体或潮湿、霉菌、虫害、应力效应等条件下的防护等级，在其他一些相关标准中还有专门规定，例如对于防爆电器，就有隔爆型、增安型、充油型、充砂型、本质安全型、正压型、无火花型等多种型式，在这些形式中，外壳是作为因素之一被考虑进去的，但不是唯一因素，也就是说，这些型式是否成立，不是由外壳因素唯一确定的，而我们这里要讨论的电气设备外壳的这两种防护型式，是完全由外壳的机械结构确定的。

2. 外壳防护等级的代号及划分

(1) 代号　表示外壳防护等级的代号由表征字母“IP”和附加在后面的两个表征数字组成，记作 IPXX，其中第一位数字表示第一种防护形式的各个等级，第二位数字则表示第二种防护形式的各个等级，表征数字的含义分别见表 3-4 和表 3-5。

表 3-4　第一位表征数字表示的防护等级

第一位表征数字	防护等级	
	简述	含义
0	无防护	无专门防护
1	防止大于 50mm 的固体异物	能防止人体的某一大面积（如手）偶然或意外地触及壳内带电部分或运动部件，但不能防止有意识的接近这些部分。能防止直径大于 50mm 的固体异物进入壳内
2	防止大于 12mm 的固体异物	能防止手指或长度不大于 80mm 的类似物体触及壳内带电部分或运动部件。能防止直径大于 12mm 的固体异物进入壳内
3	防止大于 2.5mm 的固体异物	能防止直径（或厚度）大于 2.5mm 的工具，金属线等进入壳内。能防止直径大于 2.5mm 的固体异物进入壳内
4	防止大于 1mm 的固体异物	能防止直径（或厚度）大于 1mm 的工具、金属线等进入壳内。能防止直径大于 1mm 的固体异物进入壳内
5	防尘	不能完全防止尘埃进入壳内，但进尘量不足以影响电器正常运行
6	尘密	无尘埃进入

注：1. 本表“简述”栏不作为防护型式的规定，只能作为概要介绍；
2. 本表第一位表征数字为 1 ~4 的电器，所能防止的固体异物系包括形状规则或不规则的物体，其 3 个相互垂直的尺寸均超过“含义”栏中相应规定的数值；
3. 具有泄水孔和通风孔等的电器外壳，必须符合于该电器所属的防护等级“IP”号的要求。

表 3-5　第二位表征数字表示的防护等级

第二位表征数字	防护等级	
	简述	含义
0	无防护	无专门防护
1	防滴	垂直滴水应无有害影响
2	15°防滴	当电器从正常位置的任何方向倾斜至 15°以内任一角度时，垂直滴水应无有害影响
3	防淋水	与垂直线成 60°范围以内的淋水应无有害影响
4	防溅水	承受任何方向的溅水应无有害影响
5	防喷水	承受任何方向的喷水应无有害影响
6	防海浪	承受猛烈的海浪冲击或强烈喷水时，电器的进水量应不致达到有害影响
7	防浸水影响	当电器浸入规定压力的水中经规定时间后，电器的进水量应不致达到有害的影响
8	防潜水影响	电器在规定压力下长时间潜水时，水应不进入壳内

例如，某设备的外壳防护等级为 IP30，就是指该外壳能防止大于 2.5mm 的固体异物进入，但不防水。当只需用一个表征数字表示某一防护等级时，被省略的数字应以字母 X 代

替，如 IPX3、IP2X 等。

(2) 试验　电气设备外壳防护等级的确定是与相关的试验紧密联系的，可以这样说，没有相关的标准化型式试验，电气设备外壳的防护等级问题就不具备可操作性。因此在有关电气设备外壳防护等级的标准中，试验方法总是与等级划分关联出现的。我们在理解外壳防护等级的时候，也应该对相关试验也有所了解，现举例予以说明。

例如对第一位表征数字的试验中，对防护等级“2”规定要进行试球试验和试指试验。所谓试球试验，是用直径为 $12.0^{+0.05}_{-0}$mm 的刚性试球对外壳的各开启部分施加（30±3）N 的力，如试球未能穿过任一开启部分并与电器壳内带电部分或转动部件保持足够间隙，即认为试验合格。试球试验的目的主要是试验外壳防护设备不受外界固体异物损伤的能力。所谓试指试验，是用金属材料模拟人的手指作一个标准的“试验手指”，其金属部分长 80mm，直径 12mm，可模拟人手指的弯曲，用不大于 10N 的力将试指推向外壳各开启部分，如能顺利进入，则应注意活动至各个可能的位置，若试指与壳内带电部分或转动部件保持足够的间隙，即认为试验合格，但试指允许与非危险的光滑转轴及类似部件接触。试指试验主要是试验外壳防护人体通过手指受电击或机械损伤的能力。只有试球试验和试指试验都通过，才能确认设备达到第一位表征数字“2”的等级。

与用电设备按电击防护方式的分“类”不同的是，设备外壳的防护等级是以“级”来划分的，因此其不同级别的安全防护性能有高低之分。

3. 外壳防护与电击防护的关系

外壳防护的本意有二：一是通过外壳防护保护设备免受外界危害；二是通过外壳防护使人免受设备伤害（包括机械和电气伤害）。因此，外壳防护具有直接电击防护功能，但并非仅为电击防护而设置。

三、屏护

1. 阻隔（屏蔽）

阻隔是指通过全方位的机械隔离，防止人员无意或有意接近带电导体而发生直接电击事故的技术措施，又可称为屏蔽，常用金属挡板、网孔遮拦等实施。阻隔上若开孔，孔径大小或形式也由外壳防护形式 IPXX 表示。

阻隔主要应用于不便于绝缘（如开关电器的可动部分）或绝缘不足以保证安全（如高压设备）的场合。

阻隔的技术要求为：有足够的机械强度、防火、金属阻隔须接地。开孔阻隔应根据孔的大小，在带电侧留出足够的安全净距。

阻隔不能被随意打开、绕过或翻越，即它们应具有一定的防止有意识接近带电体企图的功能，这主要是为了防止无（完全）行为能力者（如小孩、精神病人等）或无电气知识者因任何原因产生的有意识接近带电体的行为获得成功。

2. 障碍

障碍是指通过机械阻挡提示，防止人员无意识接近带电导体而发生直接电击事故的技术措施，与阻隔相似，但只提供局部的防护，并且不具备防止故意接触带电体行为的功能。常见的有半高的护栏、挡板等。

四、间距

间距是通过保持带不同电位导体间的空间距离，使人不能同时触及二者以避免电击事故的技术措施。

人的伸臂范围规定为 2. 5m，图 3-8 示出了两个通过距离实现保护的例子。图 3-8a 中人站在大地上，大地被看着是装置外导电部分，是地电位导体，因此要求装置中带电导体距地 2. 5m 以上，这时人只要脚站在地上，手就不可能触及带电导体。图 3-8b 中地面为绝缘地板，人体一手触及带电导体被认为是没有危险的，但应防止人的左、右手同时触及带不同电位的导体，故带不同电位导体间的净距应大于 2. 5m。

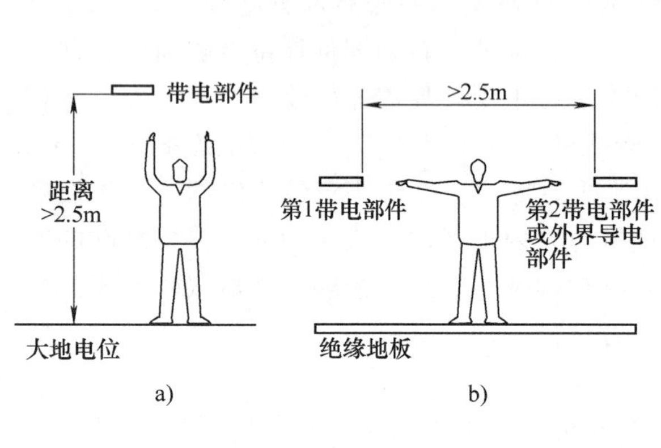

图 3-8　通过间距实现保护

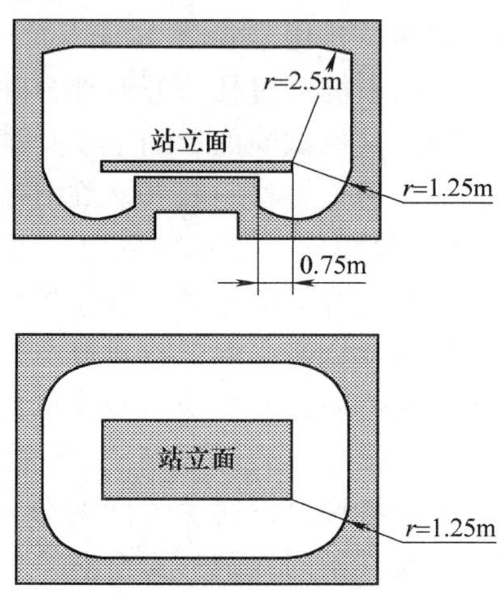

图 3-9　手的活动范围

图 3-9 表示了人体手的活动范围，可根据该范围来确定带电导体导体所不能布置的区域。

第三节　低压系统自身的电击防护性能分析

电击发生时流过人体的电流，除雷电或静电等少数情况外，绝大部分情况下来自于供配电系统。所谓系统自身的电击防护性能，是指 TT、TN、IT 系统在没有附加其他专门电击防护措施的情况下，对电击事故的防护能力。

首先明确，TT、TN 和 IT 系统自身对直接电击都没有防护能力，本节电击防护性能分析仅针对间接电击，即 I 类用电设备发生碰壳漏电故障、设备外露导电部分带电的情况下，系统对电击危险性的处理能力。

其次，在本节以后的论述中，若无特别说明，均按正常环境条件下安全电压 $U_L = 50V$、人体阻抗为纯电阻、且电阻值 $R_M = 1000\Omega$ 进行分析计算。

第三，在本节以后的论述中，电击强度主要以“预期接触电压 U_t”参量表征，该参量指人体接触到带电导体前，带电导体可能出现的最大对地（或对另一个带电导体）电压。人体触及带电导体后，因人体阻抗（含人体接地电阻）加入电路，实际接触电压会不同于预期接触电压，但不会超过它。

一、低压系统接地故障

1. 接地故障定义

相导体与大地或与大地有联系的导体之间的非正常电气连接，称为接地故障。如：相线与接地的 PE 线、PEN 线、建筑物金属构件的电气连接，相线跌落大地等。

2. 接地故障与电击事故的关系

对电击防护I类用电设备而言，在TT、TN、IT系统中，设备外壳都通过PE线与大地相连，设备相导体碰壳（漏电）故障即相导体与PE线电气连接，因此均为接地故障。换句话说，在以上接地系统中，间接电击危险性都是由接地故障产生的。

站立在地面的人发生直接电击，也是接地故障。

3. 接地故障与单相短路故障的区别与联系

在工频交流系统中，接地与单相短路的共同特征是故障点处相导体与另一导体发生了非正常电气连接，形成故障回路。若故障回路阻抗只包含电网阻抗，则是单相短路故障；若另一导体与大地有电气联系，则为接地故障。这两种故障是按不同标准命名的，两者之间可能有交叉的情况。具体就TT、TN、IT系统而言，有以下几种情况：

1）TT、TN、IT系统中，相线与中性线（如果有的话）间的金属性连接均为单相短路故障，但只有TT和TN系统中同时又是接地故障。

2）TT、TN、IT系统中，相线与PE线间的金属性连接均为接地故障，但只有TN系统中同时又是单相短路故障。

若接地故障同时又是单相短路故障，则故障电流很大，但非短路性质的接地故障电流一般较小，很多时候甚至小于计算电流。

二、TT系统间接电击防护性能分析

TT系统即系统电源和用电设备外露导电部分各自独立接地的低压配电系统，由于设备接地装置就在设备附近，因此连接设备外壳和接地装置的PE线断线的机率小，一旦断线也易被发现，安全措施可靠性高。另外，TT系统正常运行时用电设备外壳不带电，漏电接地故障时外壳高电位不会沿PE线传导至其他设备处，使其在爆炸与火灾危险性场所、低压公共电网和户外电气装置等处有技术优势，其应用范围渐趋广泛。

（一）原理分析

1. 降低预期接触电压的作用

TT系统发生相导体碰壳漏电故障如图3-10a所示，这时的等效电路如图3-10b所示，图中Z_T、Z_L为变压器和线路的计算阻抗，因为接地电阻R_E、R_N远大于电网阻抗Z_T和Z_L，故忽略Z_T、Z_L，这样人体预期接触电压U_t就相当于设备接地电阻R_E对故障相相电压U_φ分压，即

$$U_t \approx \frac{R_E}{R_E + R_N} U_\varphi \tag{3-5}$$

当人体接触到设备外露导电部分时，相当于人体接触电阻R_t（含人体电阻与人体接地电阻）与设备接地电阻R_E并联，此时接触电压会有变化，但总会小于式（3-5）的计算值，因此式（3-5）的计算值是一个保守的估算。以保守的原则得出安全条件为

$$U_t = \frac{R_E}{R_E + R_N} U_\varphi \leqslant 50\text{V} \tag{3-6}$$

一般$U_\varphi = 220\text{V}$，$R_N = 4\Omega$，要满足式（3-6），则需要$R_E \leqslant 1.18\Omega$。这么小的接地电阻值是很难实现的。因此在多数情况下，TT系统设备外壳接地虽然能够降低预期接触电压，但要降低到安全限值以下，是非常困难的。

2. 过电流保护电器切断电源动作分析

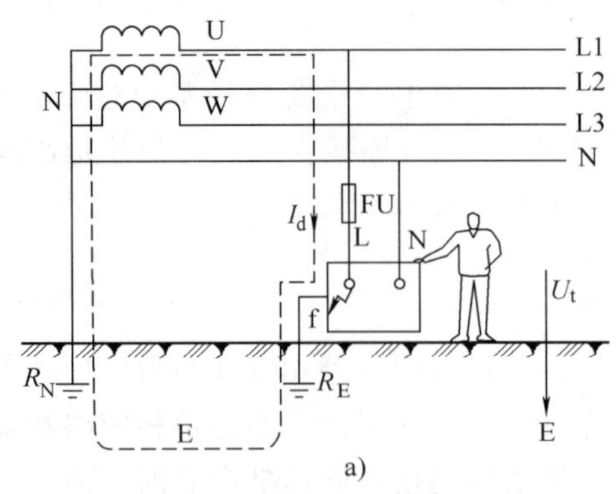

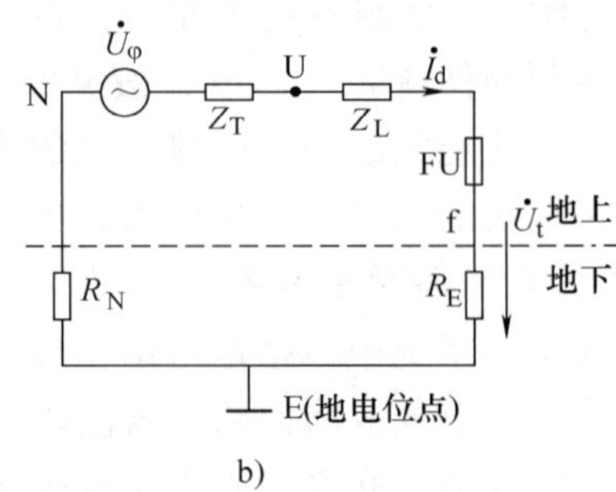

图 3-10 TT 系统单相接地故障分析

若故障电流足以驱动保护电器动作切断电源，则电击危险性消除。这里的保护电器指原本为过电流保护设置的低压断路器或熔断器，故障电流为接地电流 I_d。

假设 $R_N=R_E=4\Omega$，则单相碰壳时，接地电流 I_d 为（忽略变压器和线路阻抗）

$$I_d \approx \frac{220\text{V}}{(4+4)\ \Omega}=27.5\text{A}$$

如此小的故障电流一般很难使过电流保护电器动作，举例如下。

对于固定式设备，电击防护要求过电流保护电器在5s 内动作切断电源。若过电流保护电器为熔断器，按其安-秒曲线的反时限特性，要求故障电流 I_d 大于熔体额定电流 $I_{r\cdot FU}$ 的 5 倍以上才可能达到，即

$$\frac{I_d}{I_{r\cdot FU}} \geqslant 5$$

于是 $I_{r\cdot FU} \leqslant \frac{1}{5}\times 27.5\text{A}=5.5\text{A}$。一般在整定熔断器熔体额定电流时，为防止正常工作条件下误动作，要求熔体额定电流为计算电流的 1.0～1.5 倍，即 $I_{r\cdot FU} \geqslant (1.0\sim1.5)\ I_C$，$I_C$ 为计算电流，故应有 $I_C \leqslant \frac{I_{r\cdot FU}}{1.0\sim1.5}=\frac{5.5}{1.0\sim1.5}\text{A}=(3.7\sim5.5)\ \text{A}$，即大约计算电流5A 以下的设备，单相接地故障电流才可能使保护电器在5s 内可靠动作。若是手握式设备，要求 0.4s 内动作，则允许的计算电流更小。

由此可见，除非是功率极小的设备，否则 TT 系统很难靠过流保护电器切断电源实施电击防护。

（二）相关问题

1. 中性点对地电位偏移

TT 系统在正常运行时，电源中性点为地电位，但一旦发生了碰壳故障，电源中性点对地电压就会发生改变，具体分析如下。

图 3-10 中，接地故障电流除了在设备接地电阻 R_E 上产生预期接触电压 U_t 外，还会在系统接地电阻 R_N 上产生压降，该压降使系统中性点 N 的电位不再是地电位，其对地电压量值为 $R_N I_d$，此即系统中性点对地电位偏移。

2. 非故障相对地电压升高

中性点对地电压一方面会沿 N 线传导至全系统，另一方面还会使各相对地电压发生变

化，非故障相对地电压会高于正常的相电压。例如，若将故障设备外壳上预期接触电压（即 R_E 上压降）降低到 50V，则中性点对地电压偏移将达（220 − 50）V = 170V，非故障相对地电压可达 $\sqrt{220^2 + 170^2 - 2 \times 220 \times 170\cos120°}$V = 310V，如图 3-11 所示。

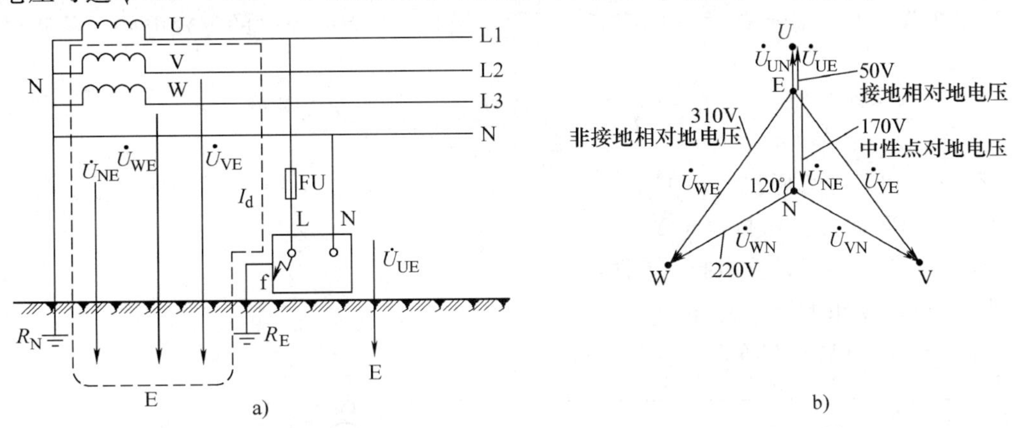

图 3-11 TT 系统单相接地故障时各电压相量图

3. TN 系统中不得有局部 TT 的设备

正如上述，由于 TT 系统发生单相接地故障时系统中性点电位升高，该高电位会通过接于中性点的 PE 线传导至所有 TN 接线的设备外壳，如图 3-12 所示，是相当危险的。因此在未采取其他措施的情况下，严禁 TT 与 TN 系统混用。

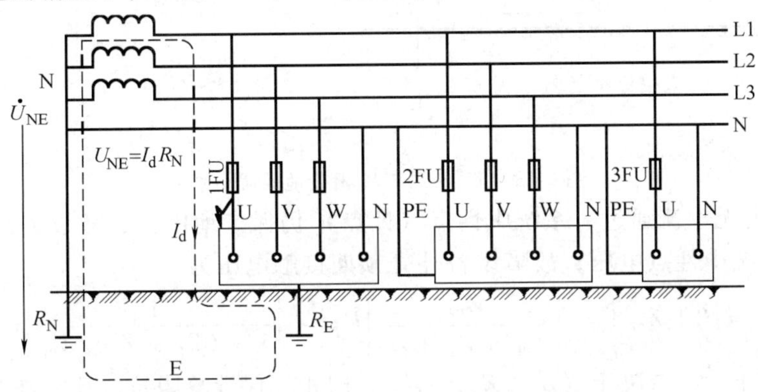

图 3-12 TT 系统与 TN 系统混用的危险

（三）TT 系统电击防护性能小结

1）TT 系统通过降低接触电压进行电击防护很难达到要求，从工程角度看可认为是不可行的。

2）TT 系统通过接地故障电流驱动过电流保护电器切断电源进行电击防护很难达到要求，从工程角度看大多数情况下可认为是不可行的。

3）TT 系统在电击防护性能上的最大优点在于可防止故障设备外壳危险电压向其他设备外壳传导。

三、TN 系统间接电击防护性能分析

TN 系统即电源与用电设备外露导电部分共用系统接地的低压配电系统，是我国目前应用最为普遍的系统。

（一）原理分析

以下以 TN-S 系统为例，分析 TN 系统的间接电击防护原理。

1. 降低预期接触电压的作用

TN 系统发生单相碰壳故障如图 3-13a 所示，图 3-13b 为故障时的等效电路，故障电流量值为

$$I_d = \frac{U_\varphi}{|Z_L + Z_{PE} + Z_T|}$$

式中 Z_L——相线计算阻抗（mΩ）；

Z_{PE}——PE 线计算阻抗（mΩ）；

Z_T——变压器相计算阻抗（mΩ）；

U_φ——标称相电压（V）；

I_d——故障电流（kA）。

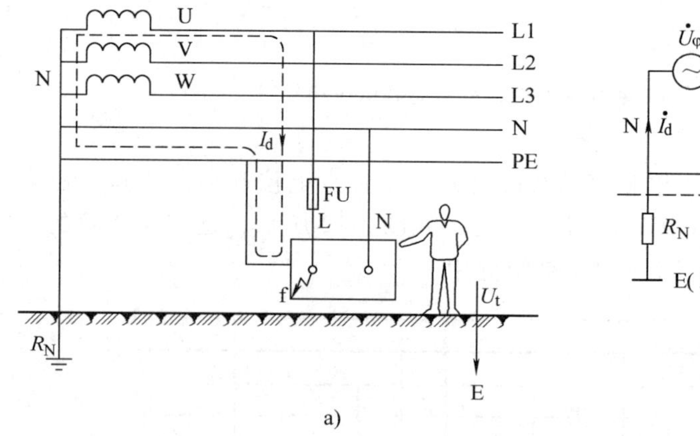

a)

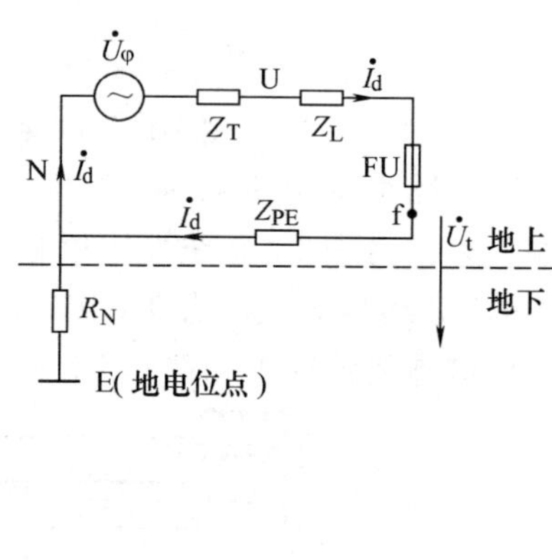

b)

图 3-13 TN-S 系统单相接地故障分析

因接地电阻 R_N 上无电流通过，系统中性点（N 点）仍保持地电位，故设备外壳对地电压等于设备外壳对系统中性点电压，故障设备外壳预期接触电压为

$$U_t = I_d|Z_{PE}| = \left|\frac{Z_{PE}}{Z_{PE} + Z_L + Z_T}\right| U_\varphi = \left|\frac{1}{1 + (Z_L + Z_T)/Z_{PE}}\right| U_\varphi \tag{3-7}$$

可见预期接触电压大小取决于（$Z_L + Z_T$）/Z_{PE}，即相、保计算阻抗之比。在 TN 系统中，PE 线截面不会大于相线截面，$|Z_{PE}| \geq |Z_L|$ 是成立的，当线路较长或导线截面较小时，Z_T 远小于 Z_L，可略而不计，此时通常可认为 $|(Z_L + Z_T)/Z_{PE}| \leq 1$，故人体预期接触电压通常大于 110V。

由此可见，尽管 TN 系统在碰壳故障发生后有降低接触电压的作用，但一般不能将预期接触电压降低至安全电压范围内。

2. 过电流保护电器切断电源动作分析

TN 系统的间接电击防护，主要是 TN 接地形式能将单相碰壳接地故障转化成单相短路故障（即 $I_d = I_k^{(1)}$），通过单相短路电流作用于过电流保护电器并使其动作来消除电击危险。切断电源包含两层含义：一是要能够可靠切断（即保护电器不拒动），二是应在规定时间内切断。因此，较大的接地电流对保护总是有利的，下面讨论几种情况：

1）故障设备距电源越远，I_d 因故障回路阻抗增大而越小，但从式（3-7）可知，人体

预期接触电压基本不变，即所要求的切断电源时间依旧不变。由此可知，故障设备距电源的距离越远，对电击防护越不利。

2）降低线路（包括相线和 PE 线）阻抗，对电击防护是有利的，因为这会使 I_d 增大，有利于过电流保护电器动作，单独加大 PE 线截面积还会因 PE 线阻抗减小而使预期接触电压 U_t 降低。因此加大导线截面积，不仅能降低电能损耗和电压损失、提高线路的过电流保护灵敏性，还可以提高电击防护水平。

3）变压器计算阻抗 Z_T 的大小也对 I_d 有影响，尤其是发生在靠近变压器处的故障更是如此，而 Z_T 与变压器的零序阻抗密切相关。选择恰当的联结组别（如 Dyn11）可大幅降低 Z_T 的大小，对电击防护是有利的。

（二）相关问题

1. TN-C 系统的缺陷

大约在 20 世纪 80 年代中期以前，在我国的低压配电系统中，TN-C 系统占了绝对的大多数，但在其后的低压配电系统中，TN-C 系统逐步被 TN-S、TN-C-S、TT 等系统取代，这主要是 TN-C 系统在安全上存在一些固有的缺陷。下面对 TN-C 系统的主要缺陷进行分析。

（1）正常运行时设备外壳带电　如图 3-14 所示，三相 TN-C 系统正常运行时三相不平衡电流、3n 次谐波电流都会流过 PEN 线，它们会在 PEN 线上产生压降。因系统中性点始终维持为地电位，故 PEN 线对地电压沿 PEN 线逐渐增大，有报导称已测得高达到近 120V 的电压。正常工作时 PEN 线上电压会传导至所有设备外壳，电压高时就产生电击危险性。另外，对于单相 TN-C 系统，PEN 线上电流等于相线电流，该电流产生的电压也会传导至设备外壳上。因此，不管是单相还是三相的 TN-C 系统，正常运行时设备外壳带电是不可避免的。

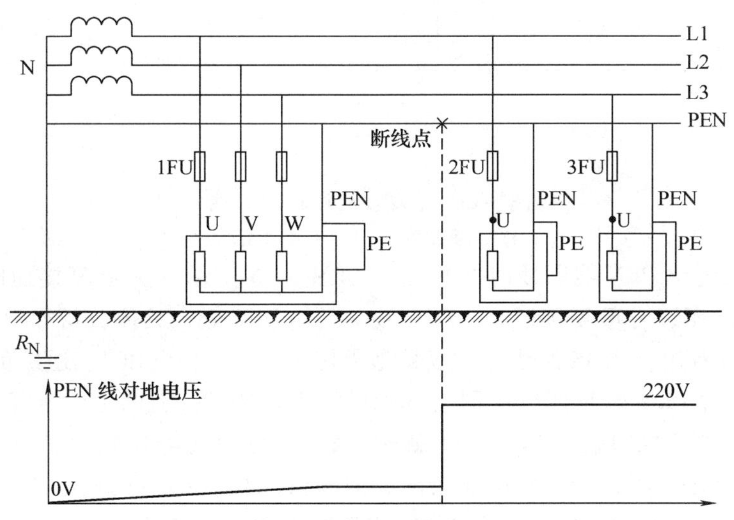

图 3-14　TN-C 系统存在的问题分析

（2）PEN 线断线会使设备外壳带上危险电压　TN-C 系统一旦发生 PEN 线断线，单相负载电流回路便会中断，如图 3-14 所示。由于单相负载阻抗上无电流通过，其压降为零，因此在断点后相电压完全传导至 PEN 线，这个相电压会通过 PEN 线传导至断点后的每一台设备外壳上，十分危险。另外，即使是三相系统，当三相负荷不平衡时，PEN 线断线会使断点后 PEN 线对地电位发生偏移，这个电压也会作用在断点后的所有设备外壳，其大小与负荷不平衡的程度有关，最严重时可能接近相电压，也有很大的危险性。

因此，一些可能导致与 PEN 线断线相同效果的技术措施都是不允许的，如在 PEN 线上装设熔断器，或者装设能同时断开相线与 PEN 线的开关等。

2. TN-C 及 TN-C-S 系统的重复接地

重复接地是为了使保护导体在故障时尽量接近大地电位而在电源接地点以外的其他地点对保护导体实施的接地。重复接地能显著提高 TN 系统的电击防护性能，分析如下：

（1）TN-C 系统中降低正常工作时 PEN 线电压的作用　如图 3-15 所示，无重复接地时，负荷电流全部沿 PEN 线流回系统中性点，产生沿线分布的电压；有重复接地时，负荷电流有一部分被重复接地电阻分流，使得从 PEN 线流回系统中性点的电流减小，从而降低了 PEN 线上电压。

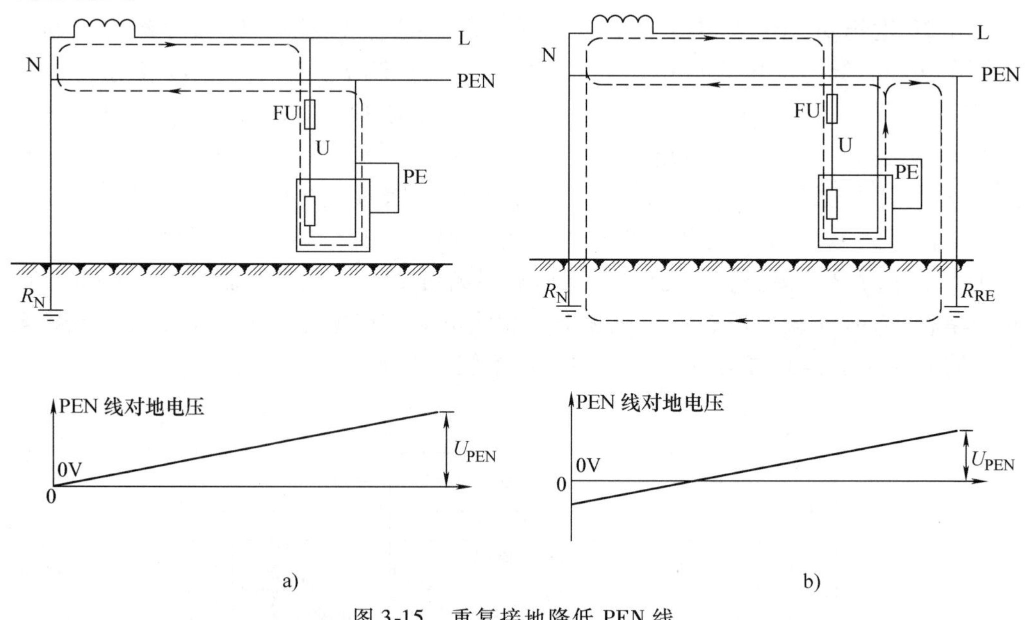

图 3-15　重复接地降低 PEN 线

a）无重复接地　b）有重复接地

（2）TN-C 系统中 PEN 线断线时的作用　如图 3-16 所示，无重复接地时，断点后 PEN 线对地电压为相电压，有重复接地时，PEN 线对地电压降低，具体分析如下：

从图 3-16b 可看出，当 PEN 线有重复接地电阻 R_{RE}时，相电压 U_φ 通过负载阻抗、R_{RE}和 R_N 形成回路，这时 PEN 线对地电压即为故障电流在电阻 R_{RE}上产生的压降。若负载阻抗较大，则相电压 U_φ 被负载阻抗分压的比重就较大，R_{RE}分得的电压较小，设备外壳上预期接触电压就较小，反之，则预期接触电压较大，但不管怎样，都会比相电压 U_φ 小。因此，重复接地能减轻 PEN 线断线时的电击危险性，但不能消除这种危险性。

（3）在 TN-C-S 系统中的作用　在 TN-C-S 系统中，在由 TN-C 转为 TN-S 处一般都要作重复接地，其作用分析如图 3-17 所示。

首先，重复接地对 TN-C 部分的作用仍然有效。其次，当设备发生碰壳故障时，重复接地有降低接触电压和增大短路电流的作用，因为此时从 TN-C 与 TN-S 转换处到电源中性点的阻抗由无重复接地时的单纯 PEN 线阻抗，变成了有重复接地后的 PEN 线阻抗与（R_N +

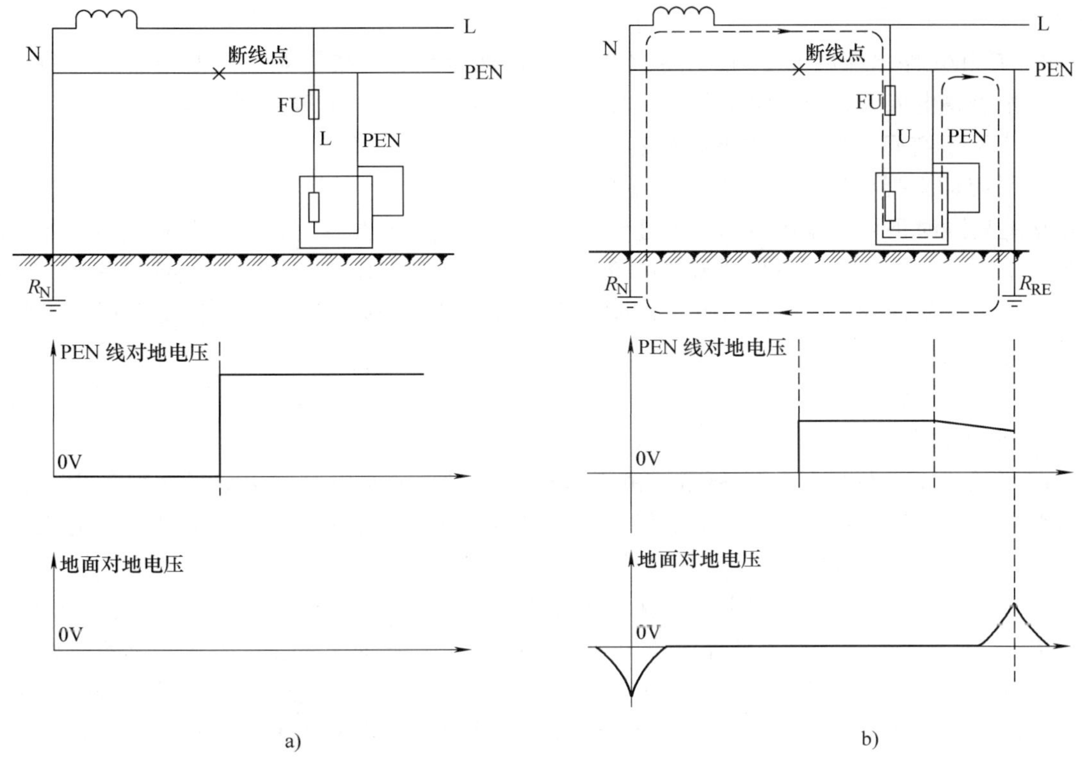

图 3-16　重复接地降低 PEN 线断线的危险程度

a）无重复接地　b）有重复接地

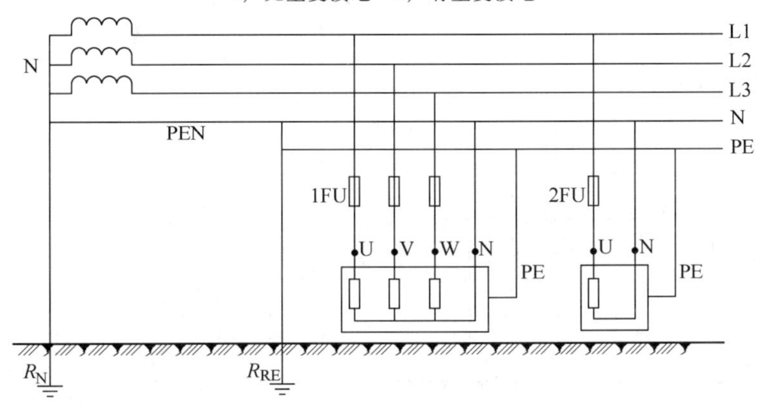

图 3-17　TN-C-S 系统的重复接地

R_{RE}）的并联，使这一段的总阻抗变小，从而使得故障回路的总阻抗变小，短路电流增大。同时因为从故障设备到电源中性点阻抗变小，使设备外壳所分电压减小，从而降低了接触电压。

（三）TN 系统电击防护性能小结

1）尽管 TN 系统在单相碰壳故障发生时有降低接触电压的作用，但不能降低到安全电压水平。

2）TN 系统的电击防护更多地立足于通过过电流保护电器切断电源来实施。简单地说，TN 系统主要是靠将单相碰壳故障变成单相短路故障并通过短路保护切断电源来实施电击防护的。

3）单相短路电流的大小对 TN 系统电击防护性能具有重要影响。从电击防护的角度来说，单相短路电流大，或过电流保护电器动作电流值小，对电击防护都是有利的。

四、IT 系统间接电击防护性能分析

IT 系统即系统中性点不接地、设备外露导电部分接地的低压配电系统。这种系统发生单相接地故障时仍可继续运行，供电连续性较好，因此在矿井等容易发生单相接地故障的场所多有采用；另外，在其他接地型式的低压配电系统中通过隔离变压器构造局部的 IT 系统，对降低电击危险性效果显著。因此，IT 系统除用于矿山 660V 系统外，在路灯照明、医院手术室等特殊场所也常有应用。

（一）原理分析

1. 正常运行状态分析

IT 系统正常运行如图 3-18 所示。由于系统存在对地分布电容和电导，使得各相都有对地的泄漏电流，但电导值远小于电纳值，因此忽略对地电导电流，只考虑对地电容电流的影响，并将分布电容的效应集中表示，如图中虚线所示。

正常运行时三相对地电容电流平衡，各相电容电流互为回路，无净电容电流流入大地，因此 R_E 上无电流流过，设备外壳电位等于地电位。系统中性点尽管不接地，但若假设将系统中性点 N 通过一个电阻 R_N 接地，则接地电阻 R_N 上不会有电流通过，即 R_N 两端电压为零，因此系统中性点电位为地电位，各相线路对地电压等于各相线路对中性点电压，均为相电压。图中 E 为参考地电位点，每相对地电容电流为

$$|\dot{I}_{CU}| = |\dot{I}_{CV}| = |\dot{I}_{CW}| = U_\varphi \omega C_0 \tag{3-8}$$

式中 U_φ——电源相电压；

C_0——每相对地电容。

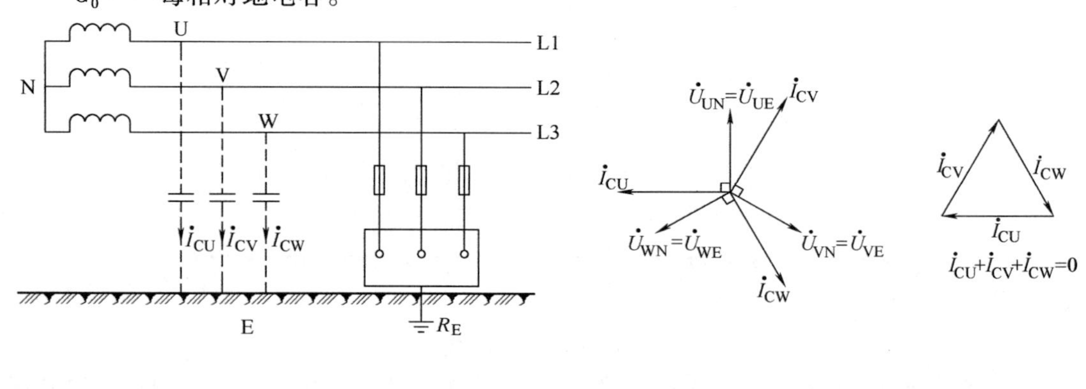

图 3-18 IT 系统正常运行分析

2. 碰壳接地故障分析

假设系统中用电设备发生 U 相碰壳，如图 3-19a 所示，此时线路 L1 相对地电压 $\dot{U}_{UE}$ 大幅降低，忽略故障电流在 R_E 上的压降，近似认为 $\dot{U}_{UE}=0V$。根据 KVL，各相及中性点对地电压变化如下：

1）接地相 L1 相对地电压 $\dot{U}_{UE}=0V$，即由相电压降为 0V。

2）在由 N、U、E 点构成的假想回路中应用 KVL，则系统中性点对地电压 $\dot{U}_{NE}=\dot{U}_{NU}+\dot{U}_{UE}=-\dot{U}_{UN}+0=-\dot{U}_{UN}$，即由 0V 升高到相电压。

3）非接地相 L2 相对地电压为 $\dot{U}_{VE}=\dot{U}_{VN}+\dot{U}_{NE}=\dot{U}_{VN}-\dot{U}_{UN}$，L3 相对地电压为 $\dot{U}_{WE}=\dot{U}_{WN}+\dot{U}_{NE}=\dot{U}_{WN}-\dot{U}_{UN}$，均由相电压升高为线电压。

以上电压相量图如图 3-19b 所示。此时接地故障电流 $\dot{I}_{C\Sigma}$ 为

$$\begin{aligned}|\dot{I}_{C\Sigma}| &= |\dot{I}_{CV}+\dot{I}_{CW}| = \sqrt{3}\,|\dot{I}_{CV}| = \sqrt{3}\,|\sqrt{3}\dot{U}_{VN}e^{-j30^\circ}j\omega C_0| \\ &= 3U_\varphi\omega C_0\end{aligned} \tag{3-9}$$

式中　U_φ——电源相电压；

C_0——系统单相对地分布电容。

可见，由于三相对地电压不再平衡，因此有净电容电流流入大地，对比式（3-9）和式（3-8）可知，该故障电流是正常时每相对地泄漏电流的 3 倍。

接地故障电流 $I_{C\Sigma}$ 通过故障设备接地电阻 R_E 流回电源，在故障设备外壳上产生预期接触电压 $U_t=I_{C\Sigma}R_E$。此时若有人触及设备外露导电部分，则形成人体接触电阻 R_t 与设备接地电阻 R_E 对该电容电流分流，如图 3-19c 所示，电击危险性取决于 R_E 与 R_t 的相对大小和接地故障电流 $I_{C\Sigma}$ 大小。例如若 $R_E=10\Omega$，$R_t\approx R_M=1000\Omega$，则人体分到的电流为 $\frac{R_E}{R_E+R_t}I_{C\Sigma}=\frac{10}{10+1000}I_{C\Sigma}\approx 0.01I_{C\Sigma}$，而倘若没有设备接地（等效于 $R_E\to\infty$），则流过人体的电流为 $I_{C\Sigma}$。可见通过设备接地，流过人体的电流被大幅度降低。

图 3-19c 较少见地使用了电流源等效电路，其理由在于接地故障电流只与系统结构有关，而与故障发生在哪一台设备上无关。在系统结构确定的情况下，接地故障电流是一个常量，不随外电路而改变，因此可以看成是恒流源，用电流源建模是合理的。

实际上，R_E 上压降是不可能为零的，因此接地相对地电压不可能降到 0V，非故障相对地电压升高也达不到线电压，因此实际的接地故障电流比式（3-9）给出的要小，按式（3-9）给出的公式计算接地电容电流，是一种最不利的估算。换句话说，若在式（3-9）给出的电流下都能满足电击防护要求，则实际情况只会更安全。

综上所述，IT 系统中用电设备发生碰壳接地故障时，流过人体的电流为

$$I_M=\frac{R_E}{R_E+R_t}I_{C\Sigma} \tag{3-10}$$

式中　R_E——故障设备接地电阻（Ω）；

R_t——人体接触电阻（Ω），包括人体电阻 R_M 和鞋、袜与地板等的接触电阻，按最不利情况考虑，$R_t=R_M$；

$I_{C\Sigma}$——系统接地电容电流（mA）；

I_M——流过人体的电流（mA）。

该电流一般远小于人体能够承受的电流值（通常为 30mA），因此 IT 系统自身电击防护性能

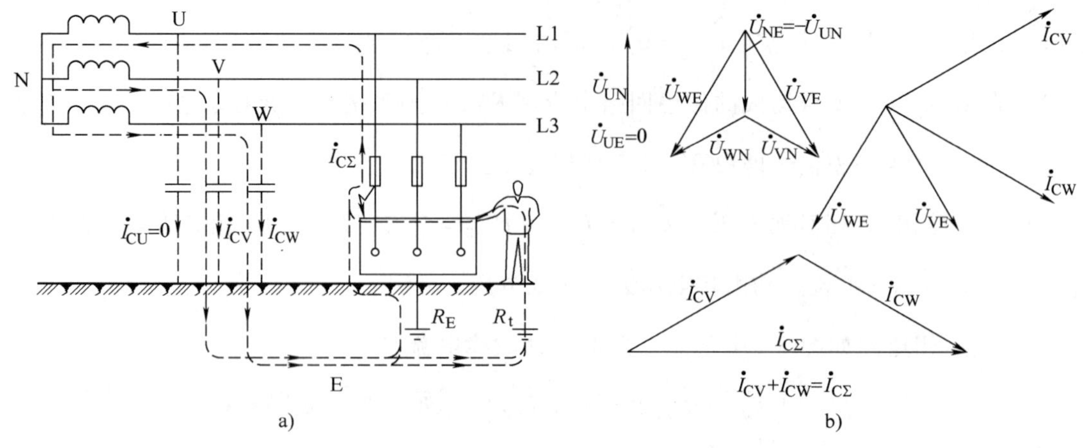

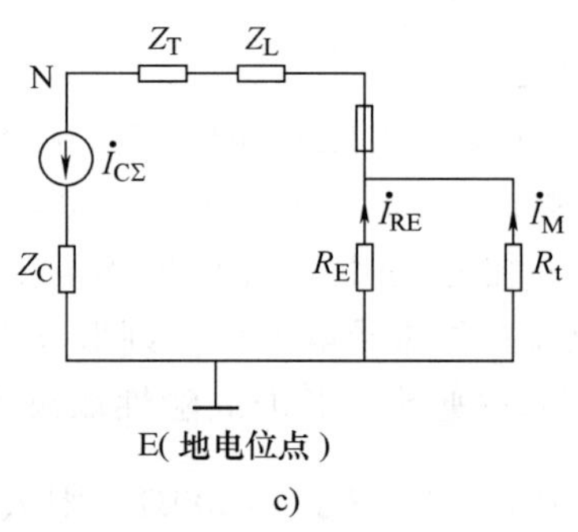

图 3-19 IT 系统接地故障分析

是非常出色的。

（二）相关问题

1. 一次接地与二次接地

IT 系统某一相发生碰壳称为一次接地，此时只要接地电容电流 $I_{C\Sigma}$ 在设备外壳上产生的预期接触电压 U_t 小于 50V，则可认为无电击危险性，系统可继续运行。但若在以后的运行过程中，另一设备中与一次接地不同的相别上又发生了碰壳故障，则称为二次接地，此时形成了类似相间短路的情形，但故障电流远不及两相短路电流大，因为故障回路中有两个量值远大于短路阻抗的接地电阻 R_{E1} 和 R_{E2}，如图 3-20a 所示，图 3-20b 为近似等效电路图，等效电路中忽略了线路和变压器计算阻抗，于是

$$I_k^{(1+1)} \approx \frac{\sqrt{3}U_\varphi}{R_{E1}+R_{E2}} \tag{3-11}$$

式中 U_φ——电源相电压；

R_{E1}、R_{E2}——设备 1、2 的接地电阻。

假设 $R_{E1}=R_{E2}=R_E$，则

$$I_k^{(1+1)} = \frac{\sqrt{3}}{2R_E}U_\varphi \tag{3-12}$$

此时熔断器 1FU 和 2FU 中应至少有一个应熔断，否则肯定会有电击危险。因为此时设备 1、2 外壳上的对地电压为 R_{E1}、R_{E2} 对线电压 $\sqrt{3}U_\varphi$ 的分压，若 $R_{E1}=R_{E2}$，则两台设备的外壳对地

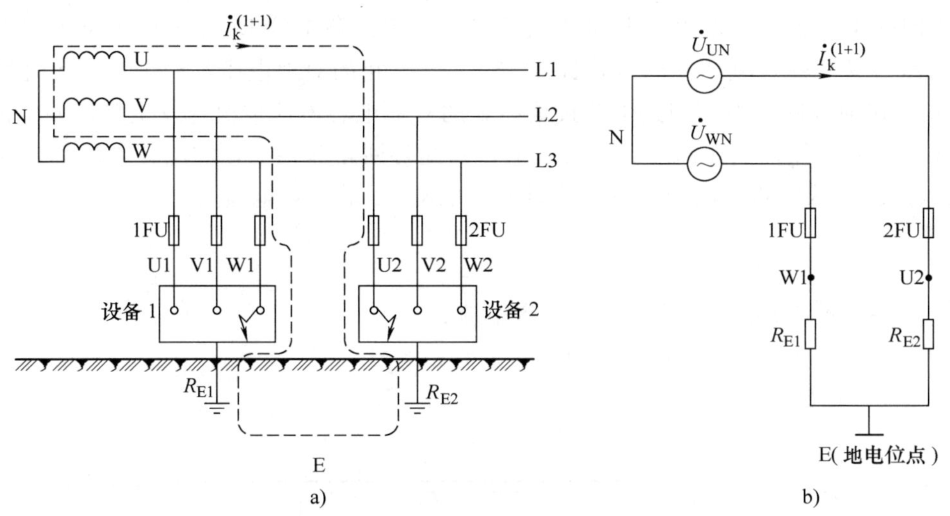

图 3-20 IT 系统二次异相接地分析

电压均为$\frac{\sqrt{3}}{2}U_\varphi$；若 $R_{E1}\neq R_{E2}$，则总有一台设备外壳电压高于$\frac{\sqrt{3}}{2}U_\varphi$。对于 220/380V 低压配电系统来说，$\frac{\sqrt{3}}{2}U_\varphi=190\text{V}$，这个电压远大于安全电压 50V，是危险的。此时熔断器不仅要熔断，理论上还应按图 3-3 给出的关系在规定时间内熔断，若不能满足熔断时间要求，则应考虑采用共同接地方式，将二次接地故障转化为相间短路故障，以增大故障电流，如图 3-21 所示。

2. 中性线设置与相电压获取问题

虽然 IT 系统可以设置中性线，但一般不推荐设置，IEC 甚至强烈建议不设置中性线。这是因为 IT 系统多用于易发生单相接地的场所，在这种场所中中性线发生接地的概率与相线相同。因中性线引自系统中性点，一旦中性线接地，也就相当于系统中性点发生了接地，此时 IT 系统就变成了 TT 系统，即系统的接地形式发生了质的变化，此时针对 IT 系统设置的各种保护措施将可能失效，系统的供电可靠性和电击防护水平都将受到影响。所以一般情况下，IT 系统最好不要设置中性线。

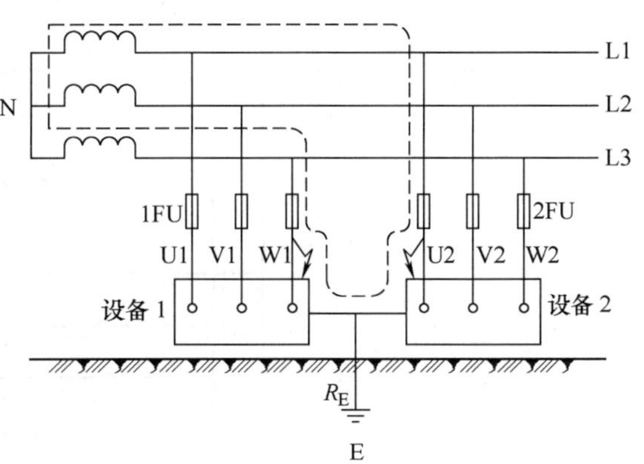

图 3-21 共同接地对 IT 系统二次异相接地故障保护的作用

那么，在 IT 系统中若接有额定电压为相电压的用电设备，又该怎样处理呢？一般有两种方法：一种是用 10/0.23kV 变压器直接从 10kV 电源取得；另一种是通过 380V/220V 变压器从 IT 系统的线电压取得。

3. 多回路 IT 系统的接地故障电容电流

当 IT 系统有若干路馈出回路时，接地电容电流应是所有回路电容电流之和。如图 3-22

所示，当回路 1 设备 1 上发生 U 相碰壳故障时，不仅回路 1 的 L1 相对地压趋于零，而且通过 U 相母线，使系统中其他回路（回路 2，3）上 L1 相的对地电压都趋于零，此时尽管回路 2、3 未发生接地故障，但其回路中非接地相上的对地电容电流情况与发生接地故障的回路 1 完全一样，只是因接地点在回路 1 的设备上，因此各回路非接地相的电容电流都要通过设备 1 的接地电阻 R_E 从回路 1 流回电源。这时流过电阻 R_E 的电容电流为：

$$I_{C\Sigma} = \sum_{i=1}^{n} I_{i\cdot C\Sigma} \tag{3-13}$$

式中　$I_{i\cdot C\Sigma}$——回路 i 单独的接地故障电容电流；

$I_{C\Sigma}$——流过接地故障点的总的电容电流；

n——回路数。

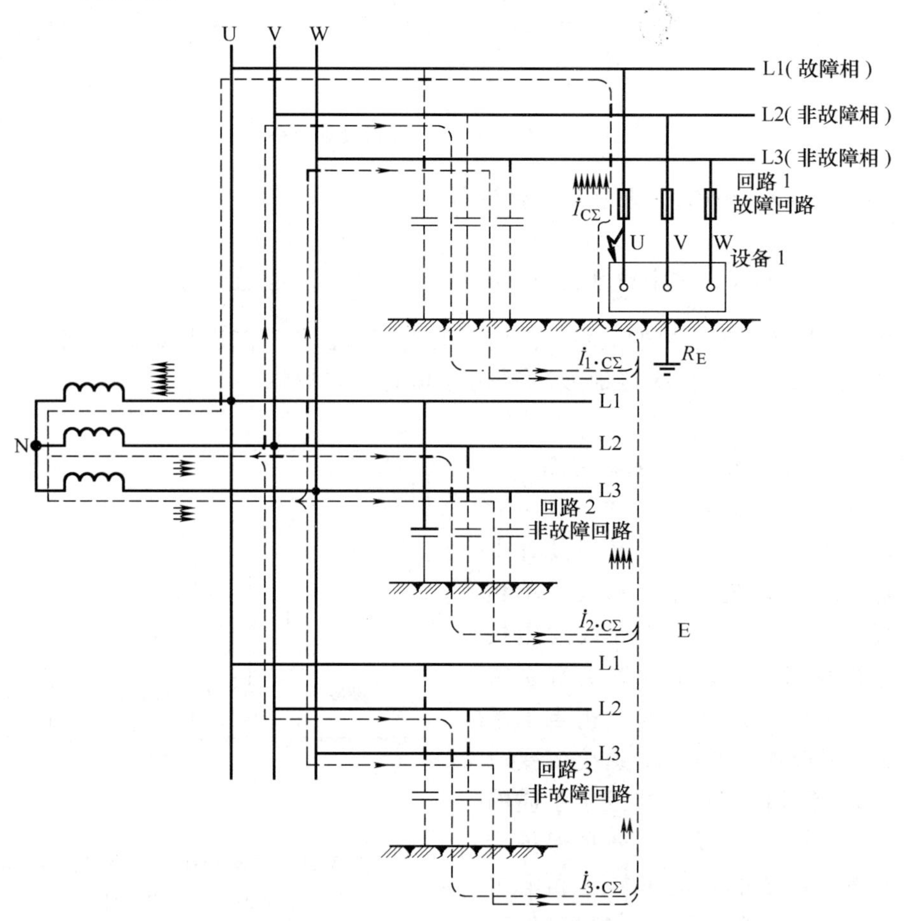

图 3-22　多回路 IT 系统接地故障电容电流

（三）IT 系统电击防护性能小结

1）IT 系统发生一次碰壳接地故障时，只有很小的线路对地电容电流之和流过故障设备，所产生的预期接触电压很小，一般无电击危险性。

2）IT 系统发生二次碰壳接地故障时，故障设备外壳都会带上危险电压，有很强的电击危险性，此时需要系统过流保护电器动作切断电源进行电击防护。对采用分别接地的情况，防护的有效性较差，基本上都不能满足安全要求；对采用共同接地的情况，防护的有效性较好，但需要校验核实。

第四节　低压系统上专门的电击防护措施

第三节介绍的 TT、TN、IT 系统自身的电击防护性能，有些是较为有效的，有些有效性严重不足，如 TT 系统设备接地电阻阻值一般达不到使预期接触电压降低到安全电压以下的要求，TN 系统过电流保护动作时间有时达不到规定限值等，且都不能对直接电击产生防护作用。因此就实施在低压配电系统上的电击防护措施而言，仍有进一步拓展和深化的需求。本节所介绍的内容，正是这种拓展和深化所造就的一些典型方法。

一、剩余电流保护

剩余电流保护是一种电流型漏电保护措施。漏电保护的概念可追溯到上世纪初，最早采用的是电压型漏电保护，它的原理为利用设备外壳上产生的电击危险电压来驱动脱扣器断开电源，但这种方式有一些不易克服的缺点，且不能作为直接电击防护，因此现在各国规范、包括 IEC 标准均不推荐采用电压型漏电保护。而电流型漏电保护因其原理上的合理性和工程实施上的方便性，在电气安全工程中得到了广泛的应用。

（一）剩余电流保护电器

剩余电流保护电器（Residual Current Operated Protective Devices，RCD）是一种电流型漏电保护电器，它通过检测一个名为“剩余电流”的特征电气参量来发现电击危险性或电击事件，并发出信号或直接作出处理。

1. 工作原理

所谓剩余电流（Residual Current），指系统电源产生的电流中，净流入非系统带电导体的那一部分电流。在我们熟知的 TT、TN 和 IT 系统中，带电导体为相导体（L1 ~ L3）和中性导体（N），而保护导体（PE）和大地等属于非系统带电导体。系统在正常工作时产生的剩余电流通常很小，可以忽略，只有在接地故障时才可能产生较大的剩余电流。

剩余电流保护电器的核心部分为剩余电流检测器件，其原理为通过求取所有系统带电导体电流之和来检测剩余电流，理论依据为基尔霍夫电流定律 KCL。如图 3-23 所示为电磁型剩余电流检测器件，将所有系统带电导体（相线和中性线）穿过一只电流互感器的铁心环，根据针对封闭面的广义 KCL，正常工作时，这些电流之和为零，它们各自所产生的磁通相互抵消，不会在铁心环中产生磁通，电流互感器二次绕组中没有感应电流；当设备发生碰壳故障时，有接地故障电流从接地电阻 R_E 上流回电源，同样根据 KCL 有：$\dot{I}_U + \dot{I}_V + \dot{I}_W + \dot{I}_N = \dot{I}_{R_E} \neq 0$。电流$(\dot{I}_U + \dot{I}_V + \dot{I}_W + \dot{I}_N)$在铁心中产生的磁场会在互感器二次绕组产生感应电流，这个电流就是碰壳故障发生的信号，其强度与电流$|\dot{I}_{R_E}|$呈正相关性，$\dot{I}_{R_E}$即为剩余电流。

2. 常用种类

按不同的标准，可将剩余电流保护电器作不同的分类。RCD 按其有无切断电路的功能，分为以下两大类：

（1）带切断触头的 RCD　带切断触头的 RCD 又称开关型漏电保护电器，它是指漏电电流引起动作时，能依靠电器本身的触头系统切断主电路的 RCD，简称 RCD（C）。若 RCD

（C）兼有低压断路器功能，则称为漏电断路器；若 RCD（C）只是专用于在漏电时切断电源，则称为漏电开关。

（2）不带切断触头的 RCD　不带切断触头的 RCD 即保护装置本身没有切断主电路的触头系统。当漏电电流引起装置动作时，需要依靠其他保护装置的触头系统才能切断电源，或根本不切断电源，只发出信号。这类装置简称 RCD（O），典型产品为漏电继电器。

为叙述方便，在不致引起混淆的前提下，本书以后有时也用“漏电开关”来统称各种类型的剩余电流保护电器。

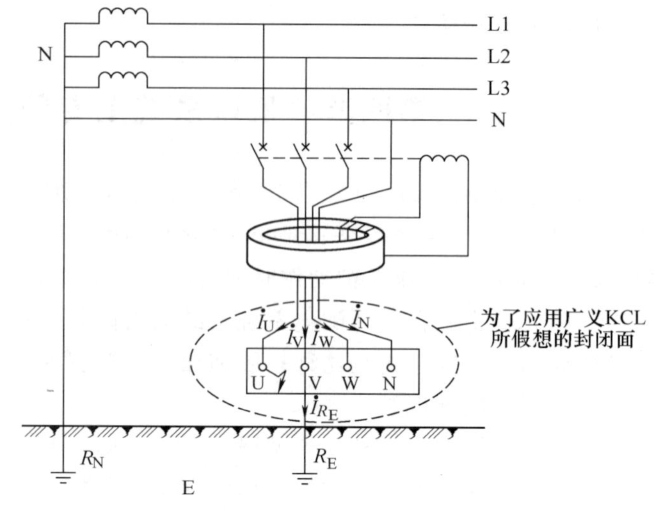

图 3-23　剩余电流检测原理

按漏电保护装置电流检测环节的型式，RCD 又可分为电磁式和电子式，电子式 RCD 又可分为集成电路式和分立元件式。电磁式 RCD 因全部采用电磁元件，使得其耐过电流和过电压冲击能力以及抗干扰能力都比较强，且无需辅助电源，可靠性较高，但其灵敏度不易提高，工艺复杂，造价较高；而电子式 RCD 灵敏度高，动作电流和时间的调整都很方便，但需要辅助电源才能工作，且抗干扰和抗过电压能力较差。

另外，RCD 还可按极数、安装方式等进行分类，详细情况可查阅相关的产品样本。

3. 特性参数

下面介绍剩余电流保护电器的主要参数，至于 RCD（C）作为开关电器的参数不再详细说明。

（1）额定漏电动作电流 $I_{\Delta n}$　$I_{\Delta n}$是指在规定条件下，使 RCD **肯定**动作的最小剩余电流值。

我国标准规定的额定漏电动作电流值，优先推荐采用的有 6mA、10mA、30mA、100mA、300mA、500mA、1000mA、3000mA、10000mA、20000mA，另外还有 15 个可采用的等级值。30mA 及以下属于高灵敏度，主要用于电击防护；50 ~ 1000mA 属于中等灵敏度，用于电击防护和漏电火灾防护；1000mA 以上属于低灵敏度，用于漏电火灾防护和接地故障监视。

（2）额定漏电不动作电流 $I_{\Delta no}$　$I_{\Delta no}$是指在规定条件下，使 RCD **肯定**不动作的最大剩余电流值。

额定漏电不动作电流 $I_{\Delta no}$总是与额定漏电动作电流 $I_{\Delta n}$成对出现的，优选值为 $I_{\Delta no}=0.5I_{\Delta n}$。

（3）漏电动作电流 I_Δ　I_Δ 是指刚好使某只 RCD 动作的电流值，它不是产品铭牌参数，同类型开关各只都可能不同。

以上 $I_{\Delta n}$、$I_{\Delta no}$、I_Δ 等三个参数看似雷同，实则有异，这里涉及到一个工程实际问题，即产品特性参数的分散性问题。同一型号的漏电开关，每只的漏电动作电流 I_Δ 可能都不相等，这就是参数的分散性。我们只能保证产品的漏电动作电流 I_Δ 在一定范围内，这个范围就是区间（$I_{\Delta no}$，$I_{\Delta n}$]。如果说 $I_{\Delta n}$是保证漏电开关不拒动的下限电流值的话，则 $I_{\Delta no}$是保证漏电开关不误动的上限电流值。在使用以上参数时，应注意应用的出发点是什么，以便作出正确的判断。例如，若工程设计中要求漏电保护电器在通过它的剩余电流大于等于 I_1 时必须动作（不拒动），而当通过它的电流小于等于 I_2 时必须不动作（不误动），则在选用漏电保护电器时，应使 $I_1 \geqslant I_{\Delta n}$，$I_2 \leqslant I_{\Delta no}$；而当我们在判断一只漏电保护电器是否合格时，则一定要 $I_\Delta \leqslant I_{\Delta n}$和 $I_\Delta > I_{\Delta no}$同时满足，该只漏电保护器才是合格的。

（4）额定电压 U_r　优选值为 380V，220V。

（5）额定电流 I_n　优选值为 6A、10A、16A、20A、25A、32A、40A、50A、63A、100A、160A、200A、250A，可选值为 60A、80A、125A。

（6）动作时间　动作时间与漏电开关的用途有关。作为电击防护的漏电开关最大分断时间不得大于 0.2s，作为防火用的延时型漏电保护器可以有延时，延时时间优选值为 0.2s、0.4s、0.8s、1s、1.5s、2s。

（二）剩余电流保护设置

剩余电流保护电器主要用作间接电击和漏电火灾防护，也可用作直接电击防护的补充措施，但不能取代绝缘、屏护与间距等基础的直接电击防护措施。由于 RCD 在配电系统中应用广泛，正确地使用 RCD 就显得十分重要，否则不但不能很好地起到电击防护的作用，还可能造成额外停电或其他系统故障。本节主要讨论 IT、TT 和 TN 系统中作电击防护的 RCD 的应用问题。

1. RCD 在 IT 系统中的应用

IT 系统中发生一次接地故障时一般不要求切断电源，系统仍可继续运行，此时应由绝缘监视装置发出接地故障信号。当发生二次异相接地（碰壳）故障时，若故障设备本身的过电流保护装置不能在规定时间内动作，则应装设 RCD 切除故障。因此，漏电保护电器参数的选择，应使其额定漏电不动作电流 $I_{\Delta no}$大于设备一次接地时的接地电流，即接地故障电流 $I_{C\Sigma}$，而额定漏电动作电流 $I_{\Delta n}$应小于二次异相故障时的故障电流。

2. RCD 在 TT 系统中的应用

TT 系统由于靠设备接地电阻将预期触电压降低到安全电压以下十分困难，而故障电流通常又不能使过电流保护电器可靠动作，因而 RCD 的设置就显得尤为重要。

（1）RCD 在 TT 系统中的典型接线　图 3-24 示出了在 TT 系统中应用 RCD 时的接线示

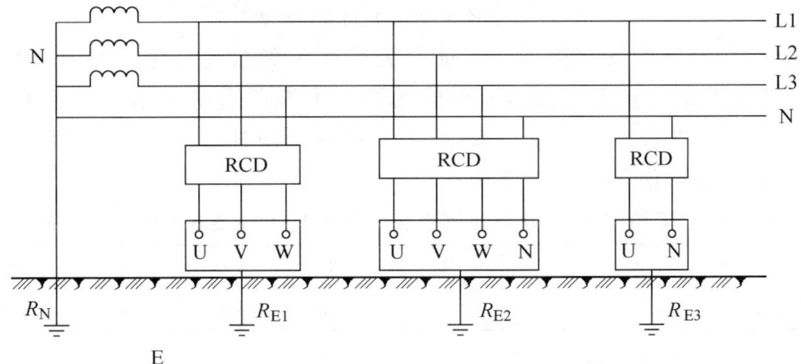

图 3-24　TT 系统中 RCD 典型接线示例

例，图中包含了三相无中性线、三相有中性线和单相负荷的情况。当所有设备都装设了RCD时，采用分别接地和共同接地均可；但当有的设备没有装设RCD时，未装设RCD的设备与装设RCD的设备不能采用共同接地，如图3-25a所示。当未装RCD的设备2发生碰壳故障时，外壳电压将传导至设备1，而设备1的RCD对设备2的碰壳故障不起作用，若设备2为固定式设备，设备1为移动式设备，则设备2的过电流保护电器（如熔断器）只需在5s内动作即可，但对于设备1来说，危险电压存在时间已超过了规定的0.4s时间，因而是不安全的。对这种情况，可对采用共同接地的所有设备设置一个共同的RCD。如图3-25b所示，但这种作法在一台设备发生漏电时，所有设备都将停电，扩大了停电范围。

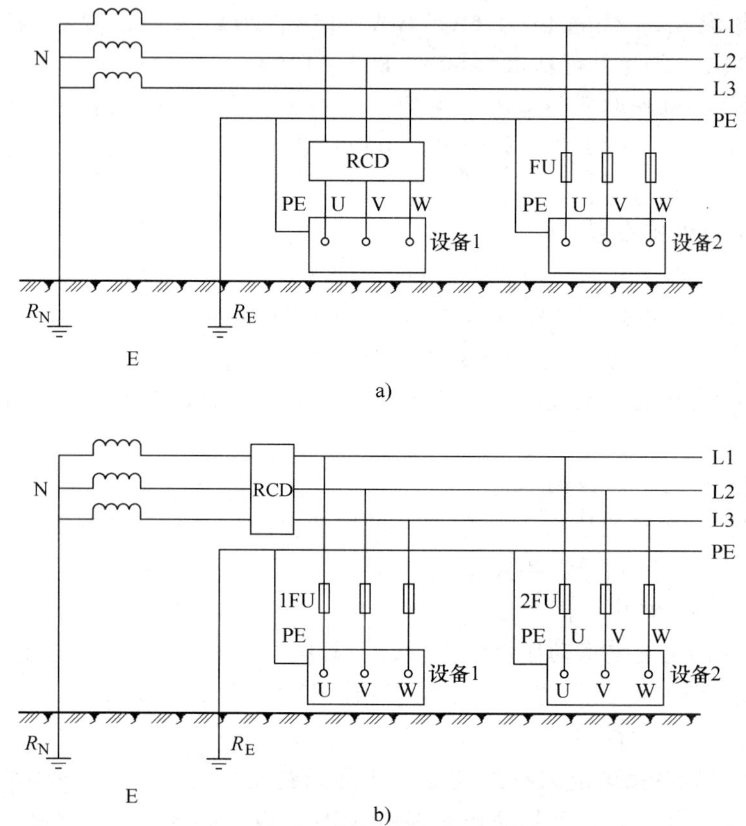

图3-25　TT系统采用共同接地时RCD的设置

a）不正确接法　b）可采用接法

（2）接地仍是最基本的安全措施　不能因为采用了剩余电流保护而忽视接地的重要性，在TT系统中漏电保护得以有效，接地所形成的剩余电流通道是基本条件。但采用了剩余电流保护后，对接地电阻阻值的要求大为降低了。按安全电压50V计算，最大允许接地电阻与剩余电流保护电器动作值关系见表3-6。

表3-6　TT系统中RCD额定漏电动作电流 $I_{\Delta n}$ 与设备接地电阻的关系

额定漏电动作电流 $I_{\Delta n}$/mA	30	50	100	200	500	1000
设备最大接地电阻/Ω	1667	1000	500	250	100	50

3. RCD在TN系统中的应用

尽管TN系统中的过电流保护在很多情况下都能在规定时间内切除故障，但即使在这种情况下 TN 系统仍宜设置漏电保护。一则因为在系统设计时一般不可能逐一校验每台设备处发生单相接地时过电流保护是否能满足电击防护要求，即使校验也不一定准确，因为漏电点阻抗是未知的；二则过电流保护不能防直接电击；三则当 PE 线或 PEN 线发生断线时，过电流保护对碰壳故障不再有作用。因此在 TN 系统中设置剩余电流保护，对补充和完善 TN 系统的电击防护性能是有很大益处的。

TN-S 系统中 RCD 的典型接法如图 3-26 所示。采用漏电保护后，电击防护对单相接地故障电流的要求大为降低，只要接地故障电流（实为单相短路电流）大于剩余电流保护电器额定漏电动作电流 $I_{\Delta n}$ 即可。由此推导出电击防护对故障回路总计算阻抗 Z_S 的要求，见表 3-7。

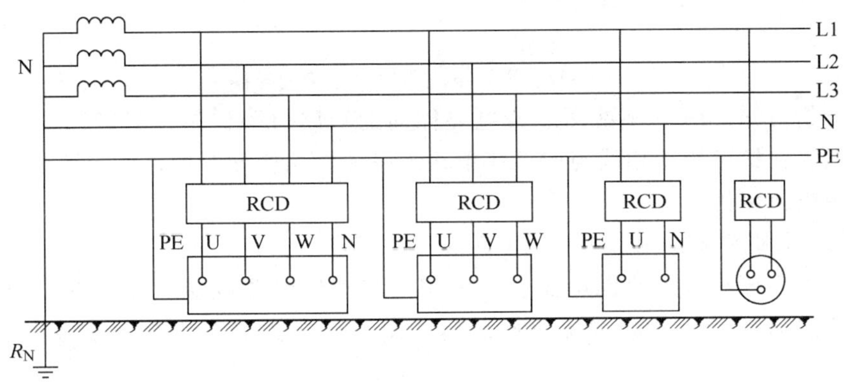

图 3-26 TN-S 系统中 RCD 的典型接线示例

表 3-7 TN 系统中 RCD 额定漏电动作电流与故障回路阻抗的关系

额定漏电动作电流 $I_{\Delta n}$/mA	30	50	100	200	500	1000
故障回路最大阻抗 Z_S/Ω	7333	4400	2200	1100	440	220

由表 3-7 可知，如此宽松的故障回路阻抗值要求，即使算上故障点的接触电阻（或电弧阻抗），也是很容易满足的，因为 TN 系统短路阻抗一般为 mΩ 级。可见在采用 RCD 后，TN 系统电击防护的灵敏度得到了很大的提高。

（三）剩余电流保护的相关问题

1. 剩余电流与零序电流的异同

剩余电流与零序电流是两个不同的概念，尽管有时它们会是同一个电流。以图 3-27 为例，所谓零序电流，是指三相电流之和不为零的那一部分电流，$\dot{I}_0=(\dot{I}_U+\dot{I}_V+\dot{I}_W)/3$，$\dot{I}_0$ 即为零序电流。剩余电流指各带电导体电流之和不为零的那一部分，$\dot{I}_R=\dot{I}_U+\dot{I}_V+\dot{I}_W+\dot{I}_N$，$\dot{I}_R$ 即为剩余电流。

正常工作时不论（$\dot{I}_U+\dot{I}_V+\dot{I}_W$）是否为零，$\dot{I}_R$ 总是等于零，因为不平衡电流 $3\dot{I}_0$ 全部从中性线上流回。

相间短路时，除相线外，N 线和 PE 线都无短路电流通过，三相电流之和及带电导体电流之和均为零，故既无零序电流，也无剩余电流；相线与中性线短路时，三相电流之和不为零，但三相与 N 线电流之和为零，故只有零序电流，但无剩余电流；单相接地故障时，既有零序电流又有剩余电流，但单回路 IT 系统除外。

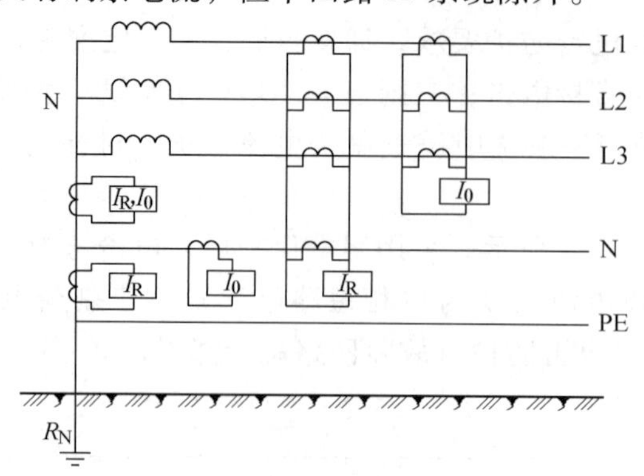

图 3-27　零序电流与剩余电流的异同

从以上分析可知，RCD 不能用于带电导体间的短路故障保护，只能用于单相接地故障保护；零序电流保护可用于相线与中性线单相短路和接地故障保护，但接地故障保护灵敏性通常不及剩余电流保护。

2. 正常工作时的泄漏电流导致 RCD 误动作问题

正常工作时系统对地有泄漏电流，但三相系统对地泄漏电流三相平衡，N 线对地电压低，泄漏电流忽略不计，因此系统对地泄漏电流不会成为剩余电流，不致引起 RCD 误动作。

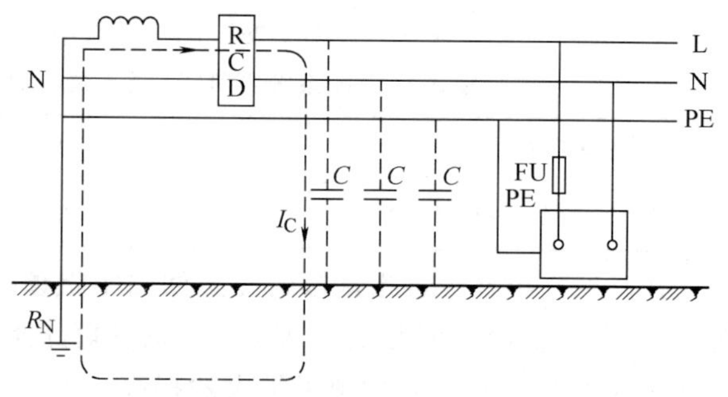

图 3-28　泄漏电流引起 RCD 误动作

如图 3-28 所示的单相二线制系统中，正常工作时 N 线对地电位基本上为地电位，PE 线本身就是地电位，因此在 N 线、PE 线对地电容上基本上无泄漏电流产生，而相线对地电压为 220V，相线对地电容上会产生泄漏电流，该电流从相线流出，从系统中性点接地电阻流回系统。对于 RCD 来说，这个电流便成为剩余电流，一旦这个电流达到 $I_{\Delta n}$，便会引起 RCD 误动作。由于泄漏电流大小与导线敷设方式、敷设部位和环境、气候等因素相关，因此准确确定泄漏电流大小是有困难的，表 3-8 给出了 220/380V 系统单位长度导线的泄漏电流值，表 3-9 给出了常用电器的泄漏电流值，表 3-10 给出了电动机的泄漏电流，可供参考。

表 3-8　220/380V 单相及三相线路埋地、沿墙敷设穿管电线每公里泄漏

（单位：mA/km）

绝缘材质	截面积/mm^2											
	4	6	10	16	25	35	50	95	120	150	185	240
聚氯乙烯	52	52	56	62	70	70	79	99	109	112	116	127
橡　皮	27	32	39	40	45	49	49	55	60	60	60	61
聚 乙 烯	17	20	25	26	29	33	33	33	38	38	38	39

表 3-9 荧光灯、家用电器及计算机泄漏电流

设备名称	型式	泄漏电流/mA
荧光灯	安装在金属构件上	0.1
	安装在木质或混凝土构件上	0.02
家用电器	手握式Ⅰ类设备	≤0.75
	固定式Ⅰ类设备	≤3.5
	Ⅱ类设备	≤0.25
	Ⅰ类电热设备	≤0.75~5
计算机	移动式	1.0
	固定式	3.5
	组合式	15.0

表 3-10 电动机泄漏电流 （单位：mA）

运行方式	额定功率/kW												
	1.5	2.2	5.5	7.5	11	15	18.5	22	30	37	45	55	75
正常运行	0.15	0.18	0.29	0.38	0.50	0.57	0.65	0.72	0.87	1.00	1.09	1.22	1.48
电动机起动	0.58	0.79	1.57	2.05	2.39	2.63	3.03	3.48	4.58	5.57	6.60	7.99	10.54

3. TN 系统中局部 TT 系统的设置问题

本章第三节中曾明确提出，TN 系统中不能再有设备通过独立接地体接地，即 TN 系统中不得有局部的 TT 系统。但若独立接地设备设置了 RCD，在 TN 系统中采用局部 TT 接地方式是允许的，因为 RCD 能快速断开 TT 设备的碰壳故障，使系统中性点对地电压偏移被快速恢复，只要切断时间满足要求即可。

二、电气隔离

电气隔离是指使一个器件或电路与另外的器件或电路在电气上完全断开的技术措施，其目的是通过隔离提供一个完全独立的规定的防护等级，使得即使基础绝缘失效，在机壳上也不会发生电击危险。

这里强调“电气”一词，是为了区别于“机械”隔离的电击防护措施。

（一）原理分析

采用电气隔离的系统如图 3-29 所示，其中设备 0 为采用电动机—发电机的电气隔离，设备 1、2、3 为采用变压器的隔离。在工程上，采用 1∶1 的隔离变压器进行电气隔离是最常用的方法，隔离变压器两侧通过磁路传递能量，没有直接的电气联系，符合电气隔离的定义。下面就对这种方式的电气隔离进行分析。

1. 正常工作情况分析

正常工作时采用隔离变压器的电气隔离线路及其等效电路如图 3-30 所示，等效电路在简化分析时通常忽略线路阻抗。由于变压器二次线路 1L 和 2L 对地分布电容 C_1 和 C_2 相等，令 $C_1=C_2=C$，则 $1/(j\omega C_1)=1/(j\omega C_2)=1/(j\omega C)=Z_C$，因此二次绕组的电压加在两个相等的串联容抗上，每一串联容抗各分得 1/2 绕组电压，此时二次绕组中间点为地电位点，而线路 1L 和 2L 对地电位各为 $U_\varphi/2$，都是相线。这也就是图 3-30a 中 1L、2L 上都设置熔断器作过电流保护的原因。

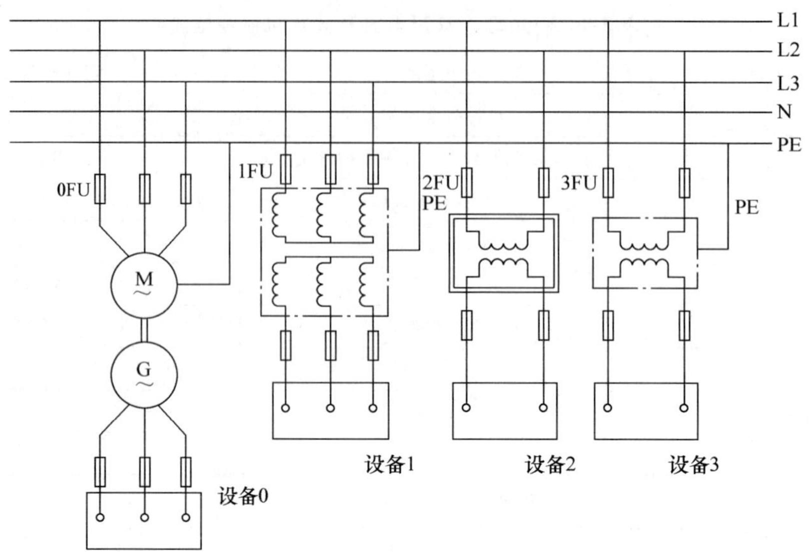

图 3-29　电气隔离示例

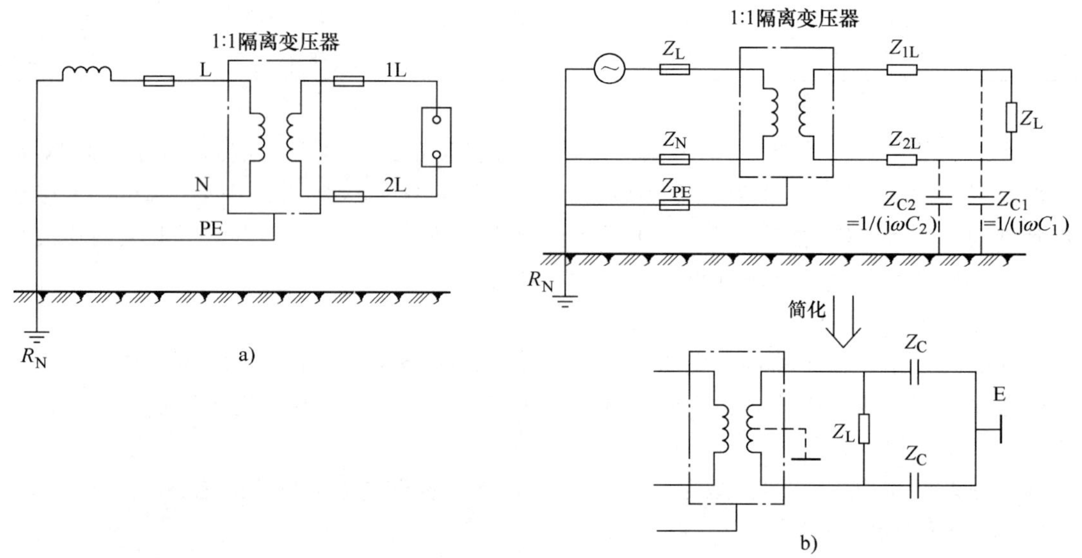

图 3-30　1∶1 变压器的电气隔离及其等效电路

Z_{1L}、Z_{2L}—隔离变压器二次线路 1L、2L 阻抗　Z_L—负载阻抗　C_1、C_2—变压器二次线路 1L、2L 对地分布电容等效值　Z_L、Z_N、Z_{PE}—变压器一次相线、中性线和 PE 线阻抗

2. 电击危险性分析

如图 3-31a 所示，由于采用电气隔离的单台设备其外壳未作任何人为的电气连接，故当发生碰壳故障时系统的运行状态无任何变化，可继续运行。若此时人体触及设备外壳，因人站立于地面，则被隔离部分与大地发生电气联系，这时的等效电路如图 3-31b 所示，图中 R_M 为人体电阻（忽略人体接触电阻）。由于 $R_M \ll Z_C$，故 $R_M /\!/ Z_C \approx R_M$，这相当于人体电阻 R_M 与另一根导线 2L 的对地容抗 Z_C 对相电压 U_φ 分压，同样因 $R_M \ll Z_C$，人体分得的电压很小，从电流的角度看，流过人体的电流 $I_M = \dfrac{U_\varphi}{|R_M /\!/ Z_C + Z_C|} \approx \dfrac{U_\varphi}{|R_M + Z_C|} \approx \dfrac{U_\varphi}{|Z_C|} =$

$U_{\varphi}\omega C$，即近似等于相电压在线路对地电容上产生的泄漏电流，因此只要限制住了线路对地电容的大小，就可以确保安全。

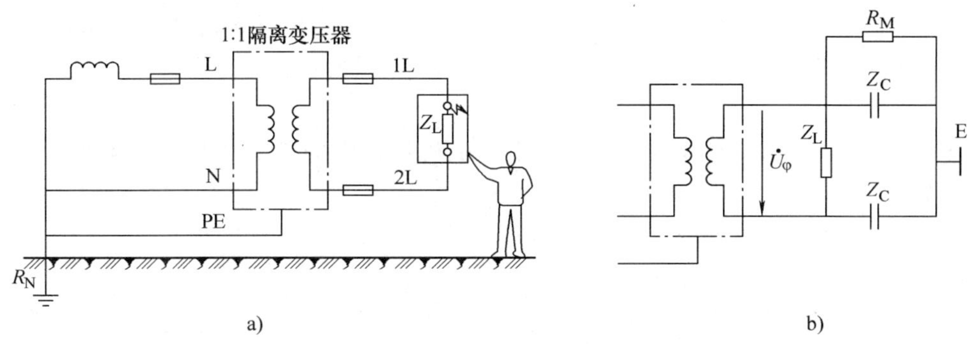

图 3-31　基于电气隔离的电击防护性能分析

从以上分析还可知道，若忽略人体接触电阻，则发生触电时隔离变压器二次绕组中的地电位点已从绕组的中间点位移到了触电发生一侧的绕组端。

（二）安全条件

既然电气隔离从原理上能极大地降低电击危险性，那么在工程应用中就应采取措施，使电气隔离能确保将电击危险性降低到安全的范围，这些措施就叫做安全条件。下面对电气隔离的安全条件进行简要介绍。

1. 通用技术条件

（1）电源

1）电气隔离回路必须由单独的电源供电，这个电源可以是一个隔离变压器，也可以是一个安全等级相当于隔离变压器的其他电源，如各绕组间等效隔离的电动机—发电机组等。

2）接入系统的可移动式电源其电压不应大于交流 500V（RMS），固定式电源一般不大于交流 500V（RMS），否则应采取其他措施。

3）使用隔离变压器时，单相变压器容量不得超过 25kV · A，三相变压器不得超过 40kV · A，变压器必须具有加强或双重绝缘结构，其绝缘电阻和介电强度应达到规定要求。例如用于交流 220V 的隔离变压器，进行绝缘电阻试验后立即进行耐压试验，要求承受 3750V 电压不小于 1min。

（2）回路

1）被隔离回路的带电部分应保持独立，严禁与其他回路、保护导体或大地等有任何电气连接。

应当注意的是，这里所说的“保持独立”，是指其电气隔离程度不低于隔离变压器输入和输出之间的那种隔离，如继电器的线圈回路与触点回路之间的隔离等，如图 3-32 所示，中间继电器 KM1 的线圈在被隔离回路，而 KM1 的触点在未被隔离的回路，则 KM1 的线圈和触点之间的

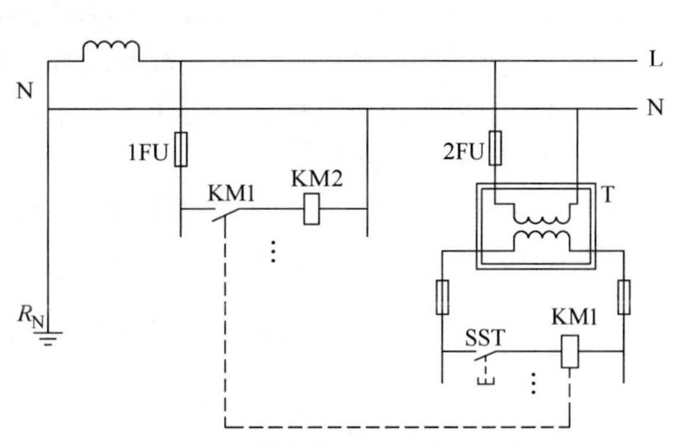

图 3-32　被隔离回路保持独立示意例

隔离程度不能低于隔离变压器 T 的一、二次绕组间的隔离程度。

2）被隔离回路应尽量采用独立的布线系统。

3）被隔离回路中线路全长（m）与额定电压（V）的乘积应不超过 100000V · m，同时线路最长不应超过 500m。

这一条主要是为了限制线路对地分布电容电流的大小。

4）被隔离回路采用软电线电缆时，其中易受机械损伤的部分全长都应可见，以便于及时发现故障。

5）被隔离回路只允许有一个回路（单相或三相交流）。

2. 对单一电气设备隔离的补充要求

对实行电气隔离的单一电气设备，其外露导电部分严禁与任何导体相连，以避免从隔离回路以外引入危险电压。形象地说，就是要使设备外壳在电气上处于对地“悬浮”状态。

如果被隔离的设备外露导电部分容易有意或无意地与其他回路的设备外露导电部分接触，则电击防护就不应仅依赖于电气隔离，而必须采取其他电击防护措施，如屏护、剩余电流保护等。

3. 对多台电气设备电气隔离的补充要求

当被隔离回路上有多台设备时，有新的电击可能性产生，这种新的电击可能性是：当隔离回路中两台相距较近的设备各自发生异相碰壳故障时，若有人同时触及这两台设备的外壳，就可能产生电击伤害。因此必须采取以下措施使隔离保持有效。

1）必须用不接地的等电位联结导体（或称电位平衡导体）将各台设备相互连接。

2）回路中所有插座必须带有供等电位联结用的专用插孔。

3）除了为Ⅱ类设备供电的软电缆外，所有软电缆都必须包含一根用于等电位联结的保护芯线。

4）在不同设备上发生异相碰壳故障时，因等电位联结的存在，使得碰壳故障变成相间短路故障，因此必须有能自动切断短路的保护装置，保护装置除满足切除短路故障的一般要求外，还应在切断时间上满足电击防护的要求，切断时间要求与 TN 系统相同。

多台设备电气隔离的示例如图 3-33 所示。

三、特低电压

特低电压问题是电气安全的一项基础性课题，特低电压的最大特征是很低的电压值，但这并不是特低电压的全部含义，因为仅靠很低的电压值并不能保证对电击危险性的防护。特低电压是一个完整的防护体系，必须对电压值、提供这个电压的电源和采用这个电压的系统作出全面规定，完整地符合这些规定的系统才能被称作具有特低电压防护的系统。

（一）特低电压的分类

按 IEC 的标准，将小于规定限值的电压统称为特低电压，简称 ELV（Extra Low Voltage）。特低电压可分为如下类别：

ELV
- 安全防护所需
  - SELV——安全特低电压
  - PELV——保护特低电压
- 设备工作所需 FELV——功能特低电压

特低电压各类别的用途如下：

1）SELV 只作为不接地系统的电击防护，用于具有严重电击危险性的场所，如游泳池、

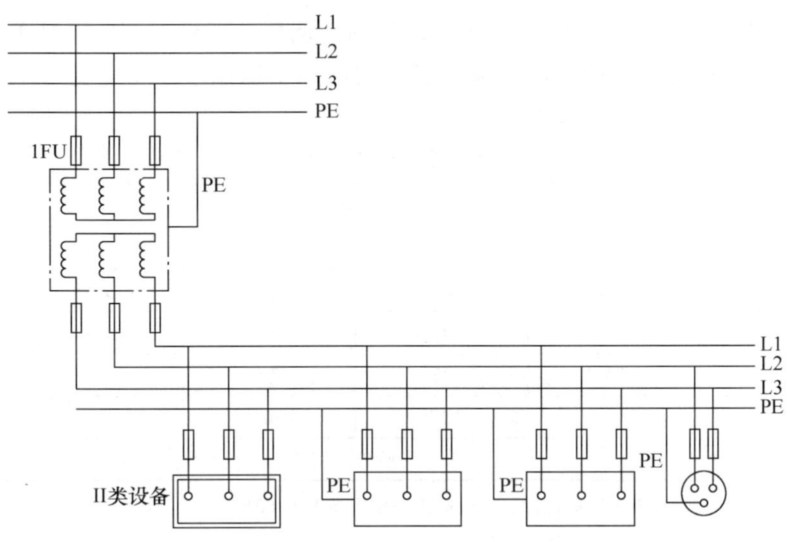

图 3-33　多台设备的电气隔离示例

娱乐场等，作为主要或唯一的电击防护措施使用。

2）PELV 可作为保护接地系统的电击防护，用于一般危险性场所，一般是在配置了其他电击防护措施的前提下，为了更安全而采用。

3）FELV 指因使用功能（而非电击防护）的原因而采用的特低电压，但不能或不必满足 SELV 或 PELV 的所有条件。使用 FELV 的设备很多，如电源外置的笔记本计算机、电焊枪等。若在 FELV 基础上补充一些措施，能达到直接或间接电击防护的要求，也可将其作为电击防护措施使用。

（二）特低电压的量值

1. 电压区段

在有关电气安全的标准中，国标 GB/T 18379—2001《建筑物电气装置的电压区段》是一个基础性的标准，该标准将交流 1000V 和直流 1500V 以下电压划分为两个区段，分别为区段Ⅰ和区段Ⅱ。区段Ⅰ指交流 50V 和直流 120V 以下电压范围，该范围以外则属于区段Ⅱ。划分电压区段的目的是便于针对每一个区段分别制定相应的标准。特低电压 ELV 属于区段Ⅰ的范围。

2. 特低电压限值

特低电压限值是指在任何条件下，任意两导体之间或任一导体与地之间允许出现的最大电压值。这里“任何条件”包括正常运行、故障和空载等所有可能情况。电压超过限值，就不能保证能满足安全防护的要求。

国家标准 GB/T 3805—2008《特低电压（ELV）限值》是关于电压区段Ⅰ的一个标准，它对用于安全防护的电压上限值作出如下规定：正常环境条件下，正常工作时工频电压有效值的限值为 33V，直流（无纹波）电压的限值为 70V；单故障时工频电压有效值的限值为 55V，直流（无纹波）电压的限值为 140V。除此之外，该标准还对其他环境状况下的特低电压做了规定，见表 3-11。

3. 安全特低电压（SELV）额定值

在特低电压限值以下，选取若干电压值作为设备可选用的额定值，是工程体系配套的必然要求。相关标准制定了安全特低电压额定值序列，例如，工频交流安全特低电压额定值有24V、12V、6V 等。在应用这些电压时应注意，它们并不适用于水下等特殊场所，也不适用于有带电部分伸入人体内的医疗设备。

表 3-11　稳态特低电压限值

环境状况	电压限值/V					
	正常（无故障）		单故障		双故障	
	交流	直流	交流	直流	交流	直流
1	0	0	0	0	16	36
2	16	35	33	70	不适用	
3	33①	70②	55①	140②	不适用	
4	特殊应用					

① 对接触面积小于 1mm^2 的不可紧握部件，电压限值分别为 66V 和 80V。

② 在电池充电时，电压限值分别为 75V 和 150V。

注：1. 环境状况 1：皮肤阻抗和对地电阻均可忽略不计（例如人体浸没条件）。
2. 环境状况 2：皮肤阻抗和对地电阻降低（例如潮湿条件）。
3. 环境状况 3：皮肤阻抗和对地电阻均不降低（例如干燥条件）。
4. 环境状况 4：特殊状况（例如电焊、电镀）。另行规定。

（三）特低电压的安全条件

1. SELV 的安全条件

使 SELV 达到电击防护安全性要求的条件大致可分为三类，即关于电压值的规定、关于电源的规定和关于回路的规定，下面分别进行介绍。

（1）电压值的选取　在正常环境中作间接电击防护时，应采用限值以下安全电压；当采用安全特低电压作直接电击防护时，应选用 25V 及以下安全电压。

对于特殊场所的 SELV 电压值的选择，我国标准尚不完善，一般可参考以下数值：有电击危险环境中的手持照明灯具和局部照明灯应采用 36V（这已高于 SELV 限值，但仍有大量应用）或 24V；医用电气设备应采用 24V 及以下电压，但插入人体的医用电气设备应更低。浴室、游泳池的电气设备应采用 12V；金属容器内、特别潮湿处等场所中使用的手持照明灯具应采用 12V 安全电压等。

（2）电源条件　SELV 必须由安全电源供电，安全电源的含义，不仅包括正常工作时电压值在安全特低电压范围内，还包括发生各种可能的故障时不会引入更高电压。常用的安全电源主要有以下几种。

1）安全隔离变压器或与其等效的具有多个隔离绕组的电动发电机组。

2）电化学电源（如蓄电池）或与电压较高回路无关的其他独立电源（如柴油发电机组）。

3）即使在故障时仍能确保输出端子上的电压不超过 SELV 限值的电子装置电源，如 UPS。

（3）回路配置　回路配置主要考虑引入高电位产生电击的问题，即避免产生额外的间接电击危险性。具体规定很繁琐，主要原则是以下三条：

1）SELV 回路的带电导体之间、SELV 回路与其他回路之间应实行电气隔离，其隔离水平不应低于安全隔离变压器一、二次绕组之间的隔离水平。

2）SELV 回路的带电导体不得接地。

3）SELV 回路设备的外露导电部分不能有意地连接到大地（但可放置于地上），不能与其他回路的保护导体和设备外露导电部分连接，也不能与装置外导电部分连接。

应当注意，尽管基于电气隔离和基于 SELV 的电击防护均可能采用隔离变压器，但它们的出发点是不同的。电气隔离是通过变压器改变带电导体对地的电气关系来进行电击防护，而用于 SELV 的安全隔离变压器是为了提供一个较低的电压值来进行电击防护，两者的变压器电压比也不相同，因此不能混为一谈。

SELV 电击防护的示例如图 3-34 所示。

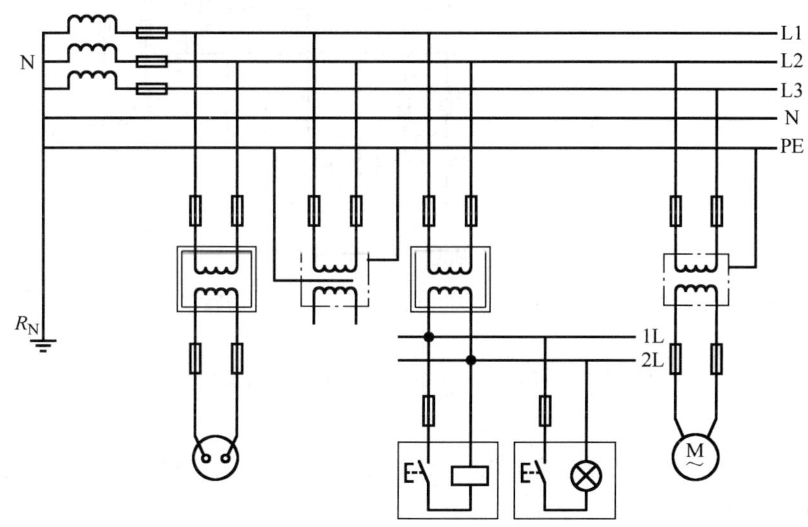

图 3-34　通过 SELV 实现保护

2. PELV 的安全条件

PELV 的大部分安全条件与 SELV 相同，不同的部分主要有以下几点：

1）PELV 回路中允许带电部件和机壳与保护导线或大地连接。

2）插头与插座允许有保护接触。

3）在交流 6V 有效值和直流 15V 及以下电压的情况下才允许无直接电击防护。

如图 3-35 所示，控制回路中使用的 PE 线与一次系统的 PE 线意义不同，只有当不同设备发生异相碰壳这类多重故障时，才需要通过 PE 线制造短路来使二次侧或一次侧过电流保护动作以切除故障。

3. FELV 的安全条件

FELV 是因功能上的原因而非电击防护目的采用了特低电压，所以并不一定满足 SELV 或 PELV 的全部条件，因此，要想利用 FELV 来进行电击防护，必须在功能特低电压的基础上补充一些条件，才能使 FELV 成为具有规定要求的电击防护措施，这些补充措施主要有：

1）直接电击防护。装设必要的遮栏式外护物，或者提高绝缘等级来实施。

2）间接电击防护。FELV 的间接电击防护是由一次侧实现的，即 FELV 回路设备的外露可导电部分与一次侧的保护导体电气连通，一旦发生二次碰壳故障，应由一次侧保护电器切断电源。

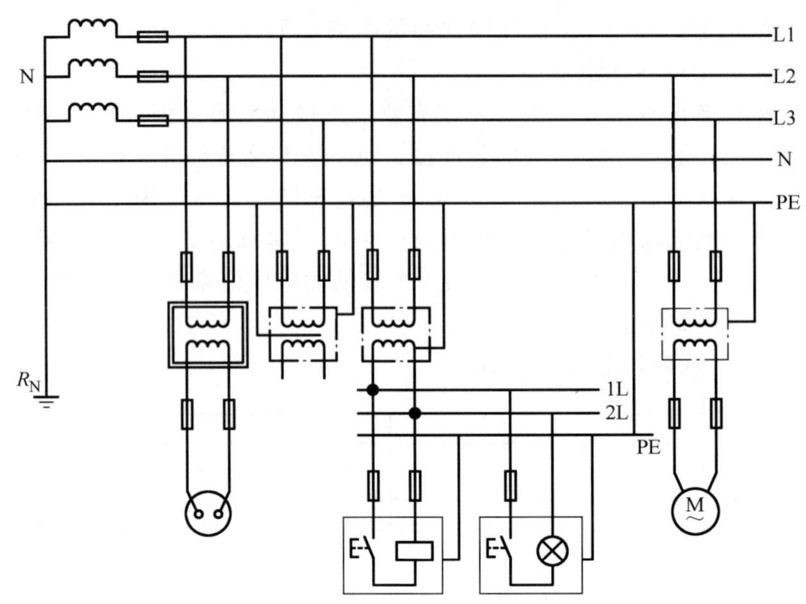

图 3-35　通过 PELV 实现保护

3）每个 FELV 回路必须与更高电压的回路相隔离，隔离程度要达到电气隔离的要求。

第五节　作业场所的电击防护措施

前面所介绍的实施在电气设备和低压配电系统上的电击防护措施，立足于加害源，通过断隔电击能量来源或降低电击强度实施保护。本节从另一个角度来探讨电击防护的方法，即通过在作业场所采取的安全措施来降低甚至消除电击危险性。由于作业场所大多位于建筑物中，通俗的称谓叫“建筑物的电气防护措施”。

应该界定，在作业场所采取的电击防护措施，不包括前面所讲的屏护、间距等防止直接触及带电体的措施，因为屏护、间距等措施仍然是围绕电气装置实施的。作业场所的措施，是通过改变环境特性实现的，主要有非导电场所和等电位联结两种。

一、非导电场所

理论上，如果不管在正常或故障情况下，作业场所的人员都无法同时触及可能带不同电位的导体，这种环境就可以称为非导电场所。由于大地本身就是一个导体，与大地有紧密联系的建筑物地板、墙、顶棚等也就有了导电进入大地的可能性，因此，工程上所谓的非导电场所，是指利用不导电的材料制成地板、墙壁、顶棚等，使人员所处环境成为一个有较高对地绝缘水平的场所。在这种场所中，当人体一点与带电体接触时，不可能通过大地形成电流回路，从而保证了人身安全。

工程上，非导电场所应符合以下安全条件：

1）地板和墙壁每一点对地电阻，应用于交流 500V 及以下电压时应不小于 50kΩ，应用于交流 500V 以上电压时应不小于 100kΩ。规定绝缘电阻阻值，主要是为了保证绝缘的有效性。

2）尽管地面、墙面的绝缘使场所内与场所外失去了电流通道，但就场所内而言，若同时触及带不同电位的导体，仍然有电击危险，对此应采取屏护与间距等措施，以避免人员因同时触及带不同电位的导体而发生电击伤害事故。如图 3-36 所示，当两台设备间净距大于 2.5m 时，可认为不能被人员同时触及，满足通过间距防止电击的条件；当两台设备间净距小于 2.5m 时，必须通过隔离防止电击，这时由于被隔离的两部分均可能有人员在场，应采用绝缘材料作隔离体。

3）为了保证对地绝缘的特征，场所内不得设置接地的 PE 线。

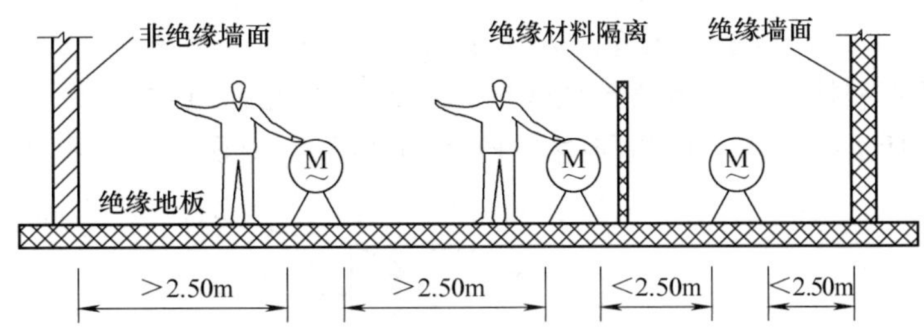

图 3-36 非导电场所的隔离与间距

4）非导电场所内的装置外导电部分不得将自身电位引至场所以外。如图 3-37 所示金属风管，一部分在非导电场所内，另一部分在非导电场所外，若非导电场所内人员一只手触及带电导体，另一只手触及金属风管，则带电导体的电位通过人体和金属风管会传导至非导电场所外，而非导电场所外不能保证金属管道与大地或其他导体的绝缘，于是就有可能形成电流回路，危及人身安全。图中通过对装置外导电部分进行绝缘和隔离来避免发生这种情况。

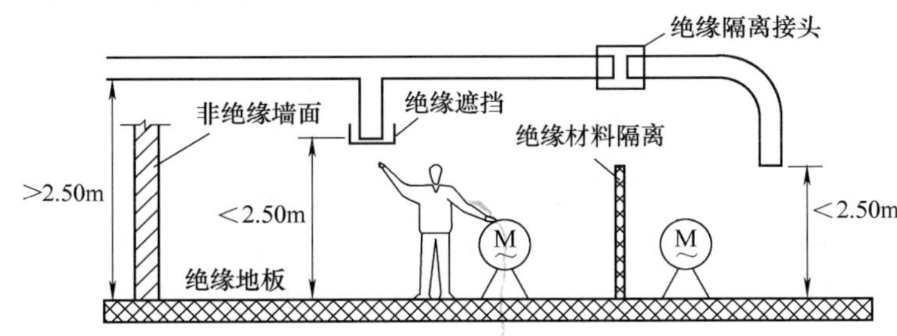

图 3-37 非导电场所与外界的隔离

5）非导电场所内的非导电性应具有稳定性与持久性，即在预期使用期限内，其绝缘性能不得随环境（如湿度、温度等）的变化或时间的推移而降低至规定要求以下。

二、等电位联结

如果说非导电场所是一种“堵”的电击防护措施的话，则等电位联结就是一种“疏”的电击防护措施。等电位联结不注重于电流通道的阻隔，而注重于降低产生人体电流的电位差。最典型的例子是：在可能发生人单手触及带电体的场所，通过等电位联结抬高地板电位，从而降低人体手-脚之间的电位差，以此来降低电击危险性。

等电位联结采用了“联结”（Bonding）而非“连接（Connection）”一词，是因为电击防护中等电位联结的作用主要是通过电气连通来均衡电位，而不是通过电气连通来构造电流通道，这在使用规范化用语时应加以注意。

应该指出，还有另一种等电位联结，除均衡电位外，还有构造电流通道的作用。如采用电气隔离对多台设备供电时，就需要在相距较近的设备外壳间采取等电位联结措施，以防止不同设备发生异相碰壳，而外壳又被人员同时触及时所发生的电击伤害事故，见图 3-33。这时等电位联结起到了构造了短路通道的作用，使过电流保护电器在短路电流作用下动作来切断电源。

（一）原理分析

以 TT 系统为例，如图 3-38 所示。图 3-38a 为一个无等电位联结的 TT 系统接线图，图 3-38b 为发生碰壳故障时接地体散流场的等位面和地面对地电压分布，以无穷远地电位为参考零电位。图中，U_a 为设备外壳对地电压，U_b 为接地线末端对地电压，U_a 与 U_b 之差为接地 PE 线$\overline{ab}$段上的压降。人体预期接触电压 U_t 为设备外壳电位与人员站立处地面电位之差，最不利情况为人体离接地体较远，站立处地面电位已接近无穷远地电位，这时 $U_t = U_a$，它包括了接地体上压降与接地 PE 线上压降，为这二者之和。

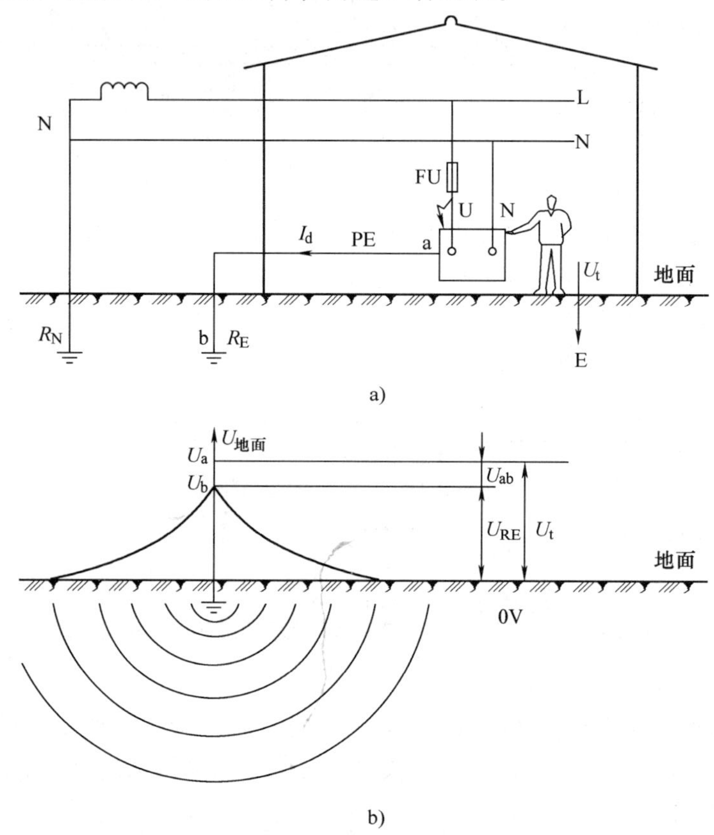

图 3-38　无等电位联结时的预期接触电压

图 3-39a 为有等电位联结的情况，此时已将进入建筑物的水管、暖气管、建筑物地板内钢筋等作了电气连接，形成了等电位联结体 EB，并与设备接地装置 R_E 电气连接。图 3-39b 表示当设备发生单相碰壳故障时接地体散流场的等位面和地面上的对地电压分布，从图中可见，等电位联结体 EB 为导体，因此可认为是等位体，只要人处于其作用范围以内，人体预期接触电压 U_t 仅为 PE 线$\overline{ae}$段上的压降（忽略等电位联结板 e 至等电位联结体 c 之间 PE 线$\overline{ec}$段上压降），此时等电位联结体 EB 上电位与接地体上电位基本相等，因而在等电位联结体作用范围内的地面电位被抬高，使得人体接触电压被大幅降低。

（二）效果计算

仍以 TT 系统为例，估算等电位联结降低预期接触电压的效果。

图 3-40a、b 分别表示 TT 系统中有、无等电位联结时的接线。图 3-40b 中，因等电位联结体本身也在地中，可视为接地，R_{EE} 即为等电位联结体 EB 单独的接地电阻。但应指出，

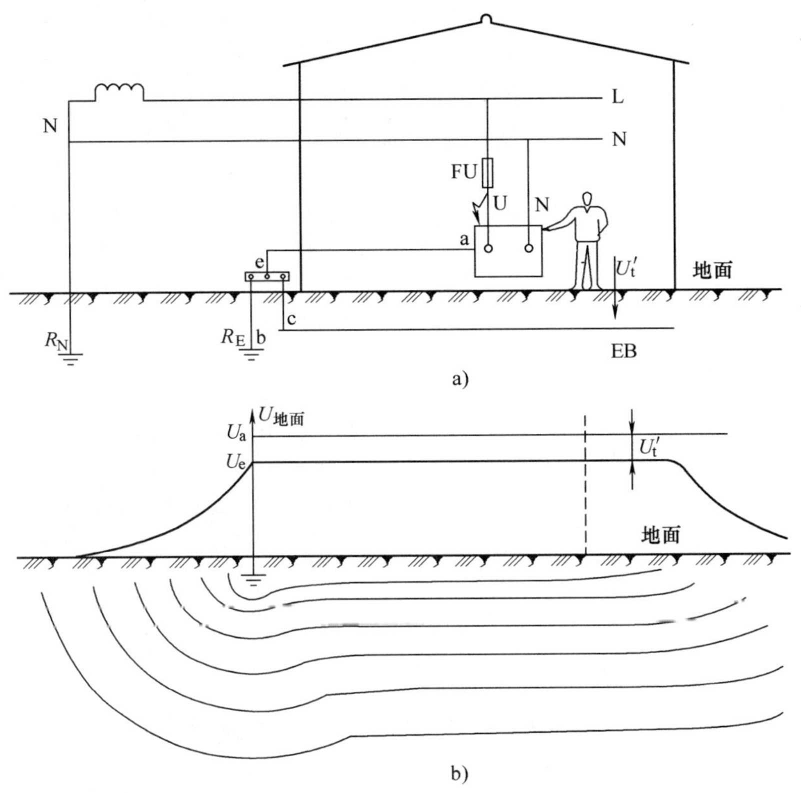

图 3-39　有等电位联结时的预期接触电压

由于原接地装置和等电位联结体间的相互屏蔽作用，设备外壳的总等效接地电阻并不等于 $R_E /\!/ R_{EE}$，而是略大于 $R_E /\!/ R_{EE}$。将此等效接地电阻记作 R_E'，R_E'应满足关系

$$R_E /\!/ R_{EE} < R_E' < R_E$$

令

$$R_E' = R_E - \Delta R_E$$

ΔR_E 即等电位联结前后设备等效接地电阻的变化量。

图 3-40a 中无等电位联结情况下发生单相碰壳故障时，等效电路如图 3-40c 所示，各电气参量计算如下：

接地故障电流 I_d

$$I_d = \frac{U_\varphi}{|Z_T + Z_L + Z_{PE} + R_E + R_N|}$$

设备外壳 a 对地电压 U_a

$$U_a = I_d |R_E + Z_{PE}|$$

人体预期接触电压 U_t

$$U_t = U_a = I_d |R_E + Z_{PE}|$$

式中　Z_T——变压器计算阻抗；

Z_L——相线计算阻抗；

Z_{PE}——PE 线计算阻抗；

R_E——设备外壳接地电阻；

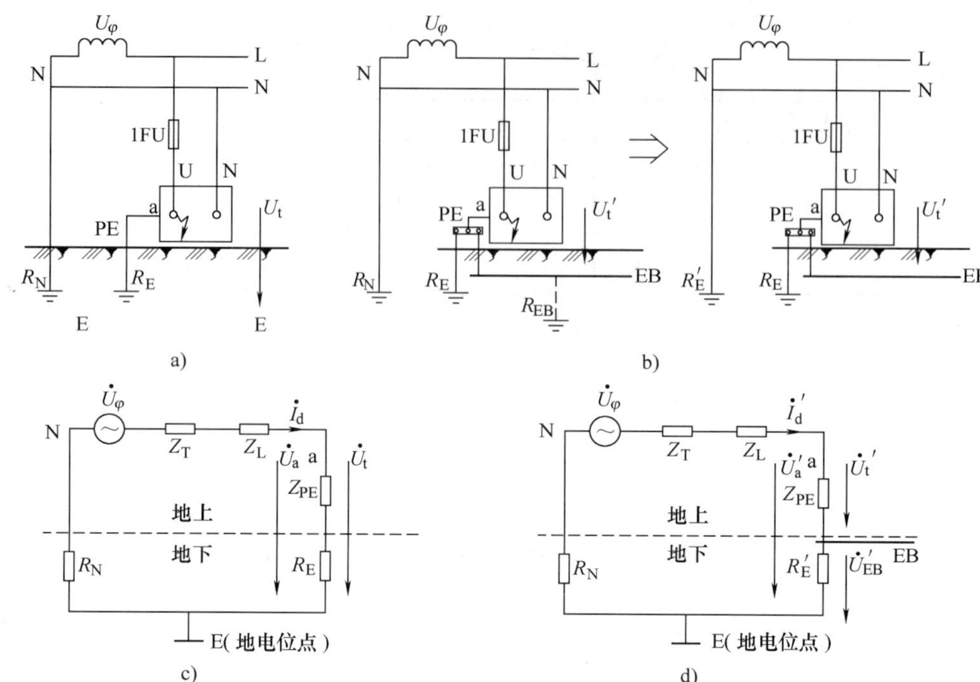

图 3-40 TT 系统等电位联结效果分析

R_N——系统中性点接地电阻；

U_φ——相电压。

图 3-40b 中有等电位联结情况下发生单相碰壳故障时，等效电路如图 3-40d 所示，各电气量计算如下：

接地故障电流 I'_d

$$I'_d = \frac{U_\varphi}{|Z_T + Z_L + Z_{PE} + R'_E + R_N|} = \frac{U_\varphi}{|Z_T + Z_L + Z_{PE} + R_E - \Delta R_E + R_N|}$$

设备外壳对地电压 U'_a

$$U'_a = I'_d|Z_{PE} + R'_E|$$

等电位联结体对地电压 U'_{EB}

$$U'_{EB} = I'_d R'_E$$

人体预期接触电压 U'_t

$$\begin{aligned} U'_t &= |\dot{U}'_a - \dot{U}'_{EB}| \approx I'_d|Z_{PE} + R'_E| - I'_d R'_E \\ &\approx I'_d|Z_{PE}| \end{aligned}$$

若令 $I'_d = I_d + \Delta I_d$（ΔI_d 为等电位联结前后接地故障电流的变化量），则等电位联结前后接触电压降低值 ΔU_t 为

$$\begin{aligned} \Delta U_t &= |\dot{U}_t - \dot{U}'_t| \approx U_t - U'_t = I_d|R_E + Z_{PE}| - I'_d|Z_{PE}| \\ &\approx I_d R_E + I_d|Z_{PE}| - (I_d + \Delta I_d)|Z_{PE}| \\ &= I_d R_E - \Delta I_d|Z_{PE}| \end{aligned}$$

ΔU_t 即为等电位联结所降低的预期接触电压值，其上限为 $I_d R_E$。形象地理解接触电压降低的

原因，在于人体立足点地面的电位被抬高了，故障电流在接地电阻上的压降不再加在人体上，接触电压只剩下故障电流在接地 PE 线上的压降。因 ΔI_d 直接与 ΔR_E 相关，故若 ΔR_E 较大，或 PE 线阻抗 $|Z_{PE}|$ 较大，都会减小降低接触电压的效果。

对 TN 系统，等电位联结效果可作同样分析，如图 3-41 所示，不再详述。

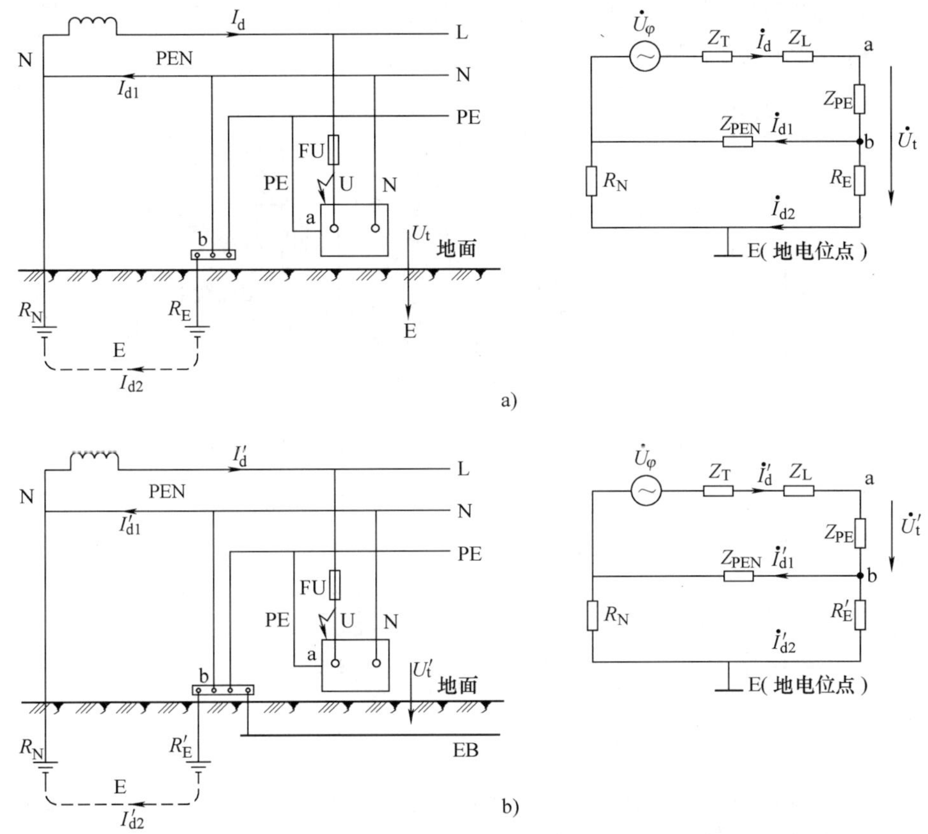

图 3-41　TN 系统等电位联结效果分析

a）无等电位联结　b）有等电位联结

（三）工程实施方法

在建筑电气工程中，常见的等电位联结措施有三种，分别为总等电位联结、辅助等电位联结和局部等电位联结，其中局部等电位联结是辅助等电位联结的一种扩展。这三者在原理上都是相同的，不同之处在于作用范围和具体作法。

1. 总等电位联结

总等电位联结（Main Equipotential Bonding，MEB）是以建筑物“栋”为对象实施的等电位联结措施。

（1）作法　总等电位联结是在建筑物电源进线处采取的一种等电位联结措施，它要求在电源进线处将以下导电部分连接起来。

1）进线配电箱的 PE（或 PEN）母排。

2）公共设施的金属管道，如上、下水、热力、煤气等管道。

3）应尽可能包括建筑物金属结构。

4）如果有人工接地，也包括其接地极引线。

总等电位联结系统示例如图 3-42 所示。应注意在对煤气管道作等电位联结时，应采取措施将管道室内段与室外段隔离，以防止将煤气管道作为电流的散流通道（即接地极）。为防止雷电击穿隔离段在煤气管道内产生火花放电，在隔离段两端应跨接火花放电间隙。另外，图中电击保护接地与防雷接地原本是各自独立的接地体，若需要采用共同接地，可像图中那样通过 MEB 板将它们连接起来。

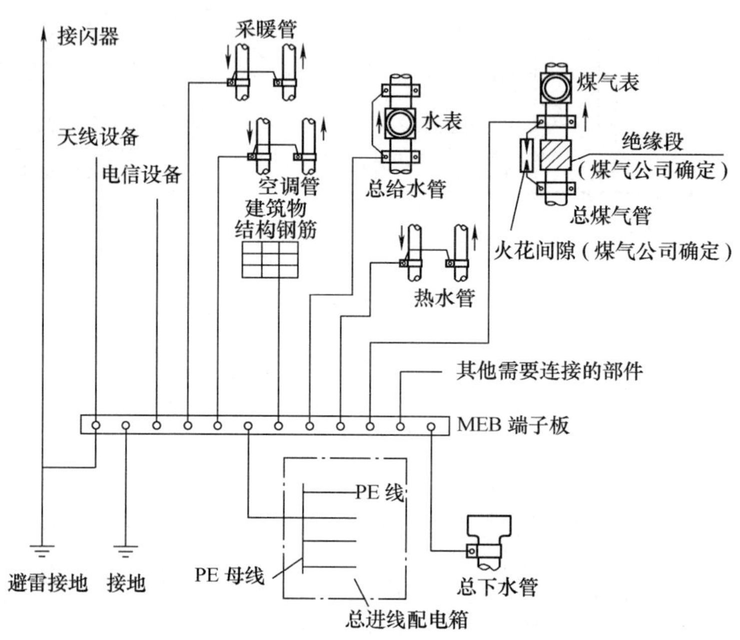

图 3-42 总等电位联结系统示例

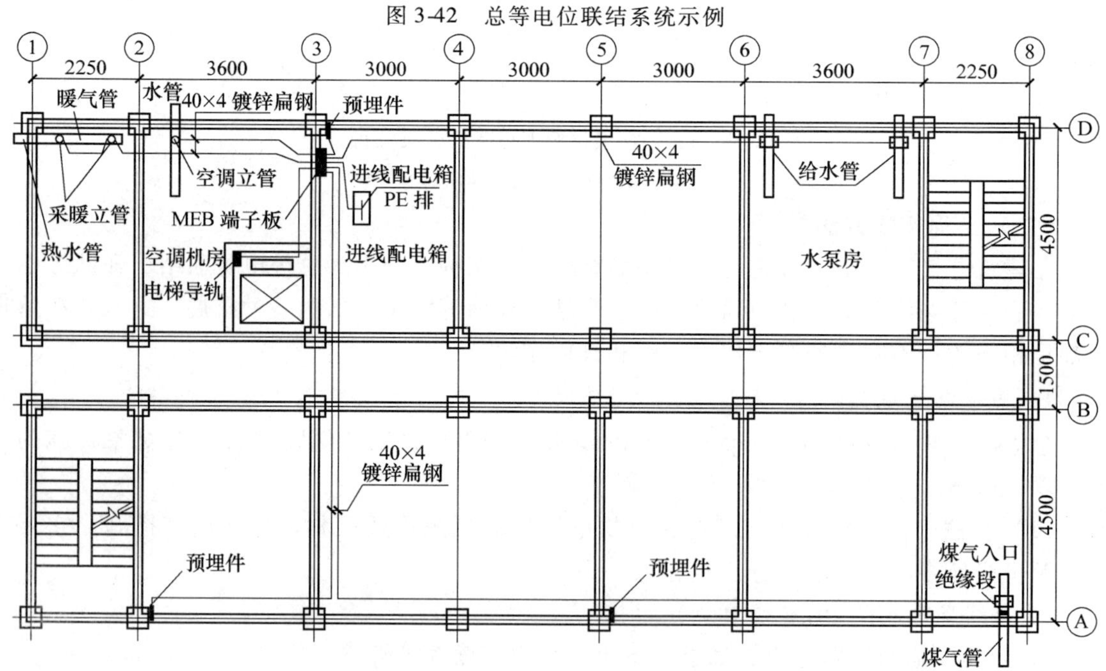

图 3-43 某办公楼的总等电位联结示例

若建筑物有多处电源进线，则每一电源进线处都应作总等电位联结，各个总等电位联结端子板还应互相联通。

图 3-43 为某办公楼的等电位联结示例，图中预埋件为通过柱主筋从接地体上引出的接地连接板。

（2）作用　总等电位联结的作用在于降低不同金属部件间的电位差，从而降低建筑物

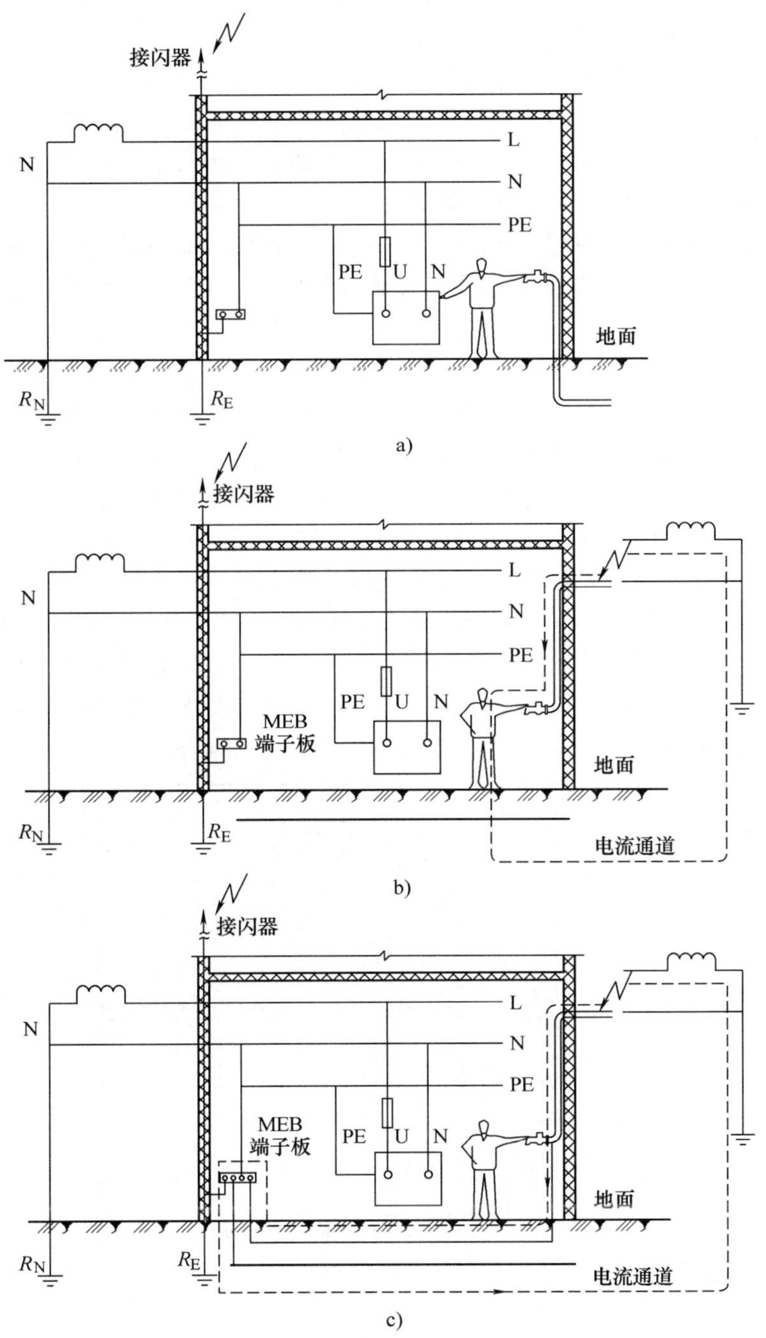

图 3-44　无总等电位联结的危险及总等电位联结作用示例

内间接电击的接触电压，并消除自建筑物外经各种金属管线引入的危险电压。

如图 3-44a 所示，防雷接地和系统重复接地采用共同接地，当雷击接闪器时，雷电流会在接地电阻上产生很大的对地电压，这个电压通过接地体传导至 PE 线，若金属管道未作等电位联结，则人员同时触及金属管道和设备外壳就会发生电击事故，若人员站立处距接地体较远，即使没有触及金属管道，也会发生手、脚间电击事故。

又如图 3-44b 所示，进户金属管道未作等电位联结，当室外架空裸导线断线跌落到金属管道上时，高电位会由金属管道引至室内，若人触及金属管道，则可能发生电击事故。

图 3-43c 所示为有等电位联结的情况，这时 PE 线、地板钢筋、进户金属管道等均作总导电位联结，此时即使雷电流在接地体上产生压降，或人员触及带电的金属管道，在人体上都不会产生危险电位差，因为地面、金属管道电位都被抬高到等电位联结端子板的电位。

2. 辅助等电位联结与局部等电位联结

（1）做法　辅助等电位联结（Supplementary Equipotential Bouding，SEB）是将两个可能带不同电位的设备外露导电部分和（或）装置外导电部分用导线直接连接，以消除电位差的措施。

局部等电位联结（Local Equipotential Bonding，LEB）是辅助等电位联结在建筑物局部空间范围的一种扩展。当作业场所范围内有多个对象需要作辅助等电位联结时，可设置一块金属端子板，将所有需要作辅助等电位联结的对象都接至这块端子板上，相当于通过这块端子板做中介实施了若干对辅助等电位联结，这块端子板称为局部等电位联结端子板。

（2）作用　SEB、LEB 可作为 MEB 的补充，进一步降低预期接触电压。SEB 还可通过等电位联结构造短路回路，将电击危险转化成短路故障。

如图 3-45 所示为 MEB 失防的示例。讨论一栋高层建筑在底楼电源进线处做了总等电位联结的情况下，顶楼一个房间的电击危险性。顶楼房间中分配电箱 AP 既向固定式设备 M 供电，又向手握式设备 H 供电。由于是 TN 系统，设备碰壳故障时靠过电流保护电器切断电源实施电击防护，切断时间对固定式设备要求为 5s，手握式设备要求为 0.4s。

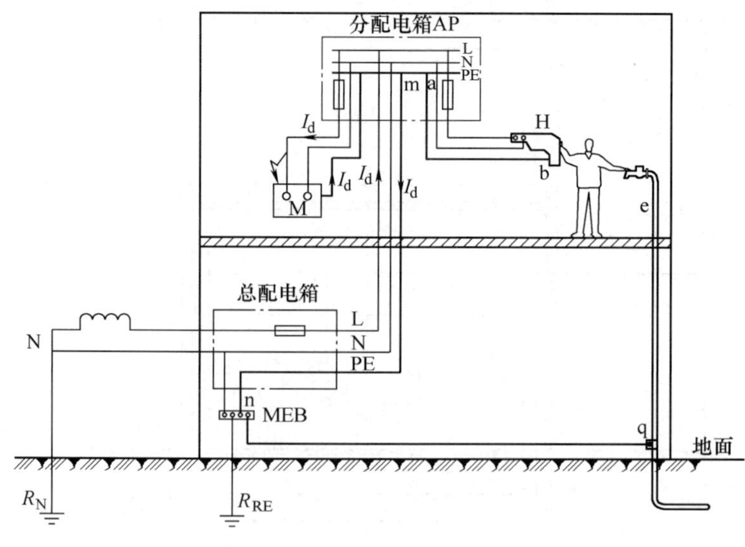

图 3-45　总等电位联结失防示例

当 M 发生碰壳故障时，其外壳上的危险电压会传导至 PE 母排，再通过 PE 线$\overline{ab}$段传导至 H，H 本身并无故障，因此其保护装置不会动作。这时手握设备 H 的人员若同时触及装置外可导电部分 e（图中为一给水龙头），则人体将承受故障电流 I_d 在 PE 线$\overline{mn}$段上产生的压降。因 I_d 为短路电流，量值很大，若 PE 线$\overline{mn}$又足够长，则该压降可能达到甚至大幅度超过安全电压，且持续时间可长达 5s，这对故障电压持续时间不得超过 0.4s 的手握式设备 H 来说是不安全的。

若将设备 M 通过 PE 线$\overline{de}$与水管 e 作辅助等电位联结 SEB，如图 3-46a 所示，则此时故障电流 I_d 被分成 I_{d1} 和 I_{d2} 两部分回流至 MEB 板，此时因 $I_{d1} < I_d$，PE 线$\overline{mn}$段上压降比未作 SEB 时降低，从而使人手触电点 b 点电位降低，同时 I_{d2} 在水管$\overline{eq}$段和 PE 线$\overline{qn}$段上产生压降，使人体接地点 e 点电位升高，这样，人体接触电压 $U_t = |\dot{U}_b - \dot{U}_e| = |\dot{U}_{be}|$ 会大幅降低，从而降低电击危险性。（以上电压均以 MEB 板为电位参考点）

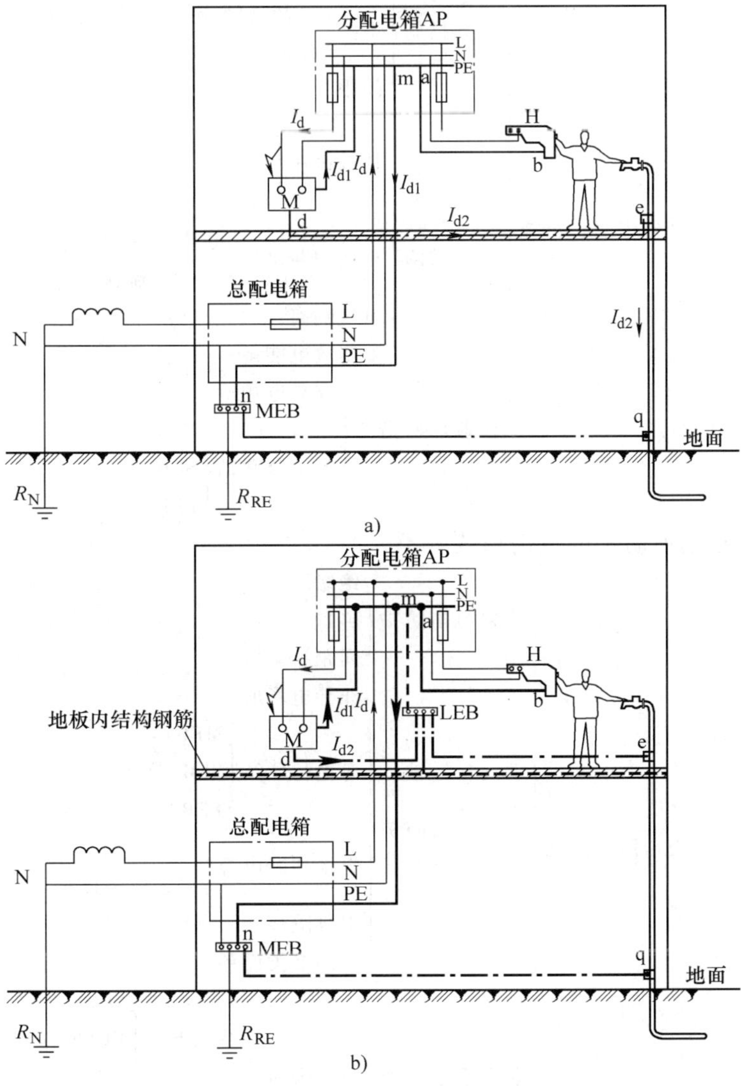

图 3-46 辅助及局部等电位联结的作用

图 3-46b 为实施局部等电位联结 LEB 的情况，其作用与 SEB 相同，但更便于将房间内的所有设备和装置外导电部分作等电位联结。

图 3-33 被隔离回路中的 PE 线并未接地，其作用就是辅助等电位联结，使得不同设备发生异相碰壳故障时，能形成短路回路，由过电流保护电器动作切断电源。

第六节　电击防护措施的综合应用示例

电击防护是一个涉及面广、综合性强的技术领域，有效的电击防护，需要合理地组合各种基本的电击防护手段，这不仅是提高防护效果的需要，也是提高防护可靠性的要求。为了能更好地应用各种基本的电击防护手段，下面就从不同的角度对这些防护手段作一归纳。

（1）按防护措施所实施的环节分类

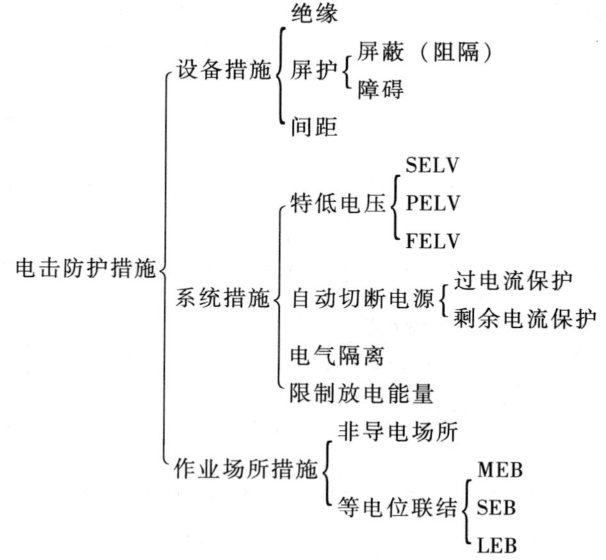

（2）按防护措施所防护的电击形式分类

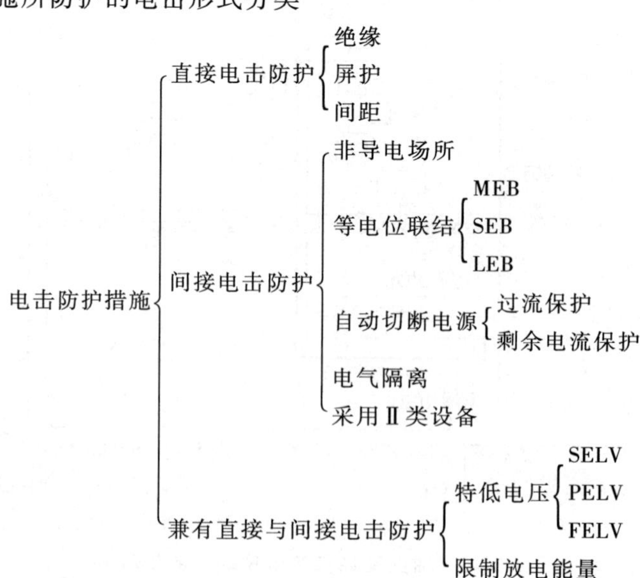

以上直接电击防护又称为基本防护，指在正常工作条件下的电击防护；间接电击防护又称故障防护，是指故障条件下的电击防护。间接电击防护措施中，非导电场所、剩余电流保护、电气隔离等在原理上都具有一定的直接电击防护功能，但只能作为直接电击防护的补充，而不能作为首要的直接电击防护措施。

以下以一些典型应用为例，介绍这些基本电击防护手段的具体运用。

一、住宅的电击防护

住宅是最重要的一个建筑类别，涉及到几乎每一个人。住宅中的人绝大部分不是电气领域的专业人员，这是住宅电击防护的一个基本点——针对非专业人员的防护。一方面，住宅的类型很多，对住宅的供电形式各有不同，这使得住宅的电击防护措施有一定程度上的多样性；另一方面，住宅内部的功能都是基本相似的，如都有厨房、卫生间、卧室、书房、客厅等，这些房间的基本功能要求大致一致，因而住宅的电击防护又有很大的共同性。以下对住宅的电击防护进行介绍。

(一) 系统接地型式与总等电位联结

1. 低压供电的住宅

一般的多层单元式住宅、连排式别墅、独立式别墅等多采用这种供电方式。这种供电方式下，系统接地形式一般选择 TT 或 TN 系统，特殊情况可采用 IT 系统。

图 3-47 为采用 TN-C-S 系统为住宅供电的示例，系统在电源进户处作了重复接地；图 3-48 为采用 TT 系统为住宅供电的示例。以上两种系统都在电源进线处做了总等电位联结，总等电位联结的典型做法如图 3-49 所示。

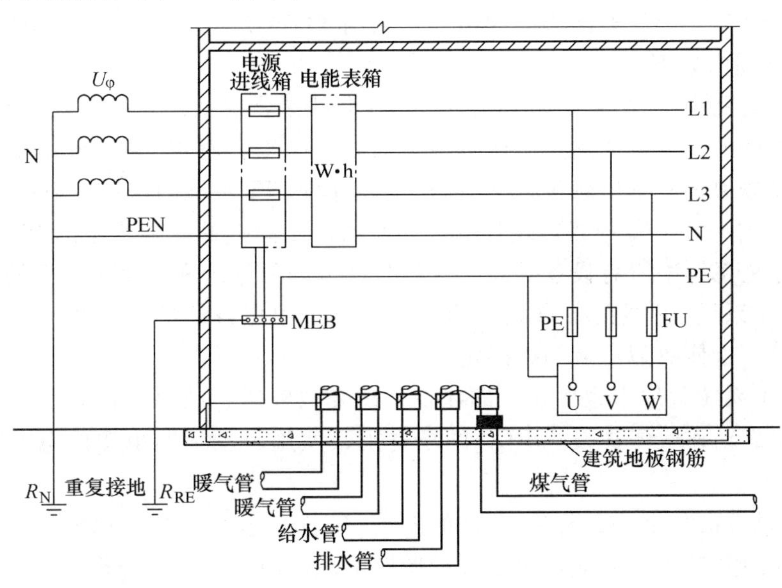

图 3-47 住宅 TN-C-S 系统的重复接地和总等电位联结

1) TN 系统是我国住宅配电最常用的一种形式，注意以下一些细节性问题。

① 在电源进线处作重复接地可以减轻 PEN 线断线产生的危害。

② 总等电位联结端子板 MEB 与各金属管道的连接线可采用放射式，也可采用树干式或环式，考虑到等电位联结的重要性，最好采用放射式或环式。

③ 水表需作跨接线以确保良好的导通，但有些国家标准中不允许有意将水管作接地

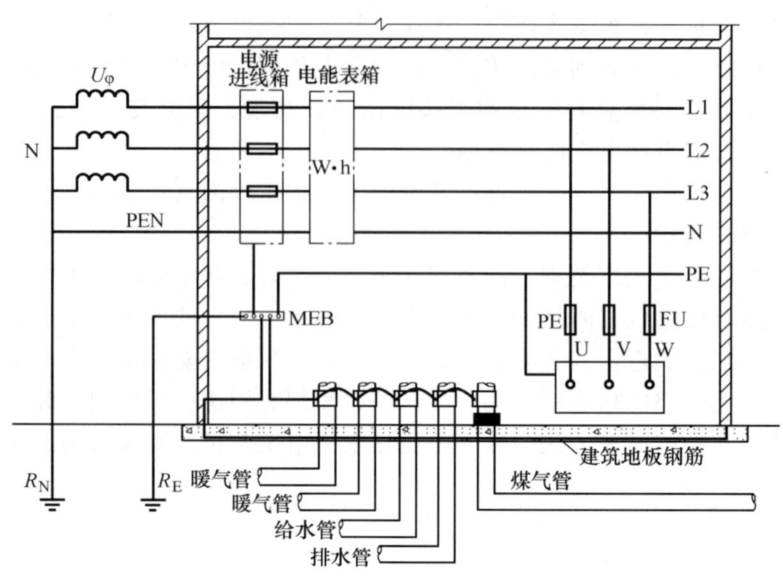

图 3-48　住宅 TT 系统的接地和总等电位联结

极，这时就不应作跨接连接。

④　煤气管道设置绝缘隔离段和火花放电间隙的道理已如上节所述，在我国这一部分由煤气公司实施。

2）在一些欧盟国家，公共低压电网采用 TT 系统的型式相当普遍，在我国一些城市如上海等，也规定由公共低压电网供电的用户宜采用 TT 系统，这些用户主要是住宅和沿街商店（铺）等，其理由如下：

①　在公共电网中，TN 系统的 PEN 或 PE 线断线是常见故障，PEN 线或 PE 线断线相当于用户失去保护接地，会造成断点后所有用户的安全隐患。而 TT 系统各用户有自己独立的接地装置，其接地保护并不依赖于公共电网，这就使得 TT 系统的保护接地更为可靠。

②　TN 系统中 PE（或 PEN）线是电气连通的，任何一处故障产生的 PE（或 PEN）线高电位都会传导至系统中所有设备外壳，这对公共电网的管理和发生事故后的法律程序带来很大不便，而 TT 系统 PE 线是各自独立的，只与每一用户自己的接地相关，这就限制了故障高电位的传导，也使故障位置易于确定。

③　虽然 TT 系统的缺点很明显，即在发生碰壳故障时，故障电流较小，通常不能使过电流保护电器可靠动作，但在设置 RCD 的条件下，实施自动切断电源的电击防护是强有效的。

在采用 TT 系统的住宅中，每户（或每单元、每栋）只有一个接地极，从该接地极引出 PE 线接至插座的 PE 插孔，因此每一电源进线供电范围内的用电设备都是共同接地。就室内配电而言，TT 与 TN 系统的做法并无差别。

2. 内附变电所的高压供电住宅

内附于高层建筑内的变电所内有高、低压开关柜的保护接地和变压器低压侧中性点的工作接地，建筑内又有用电设备的保护接地，以及建筑物防雷接地等，这几个接地是无法单独分开设置的，只能纳入建筑物总等电位联结内并共用接地装置，如图 3-50 所示。这样不论是 10kV 电源侧故障、变电所内高压接地故障还是雷电流下泄时使接地体电位升高，都不会

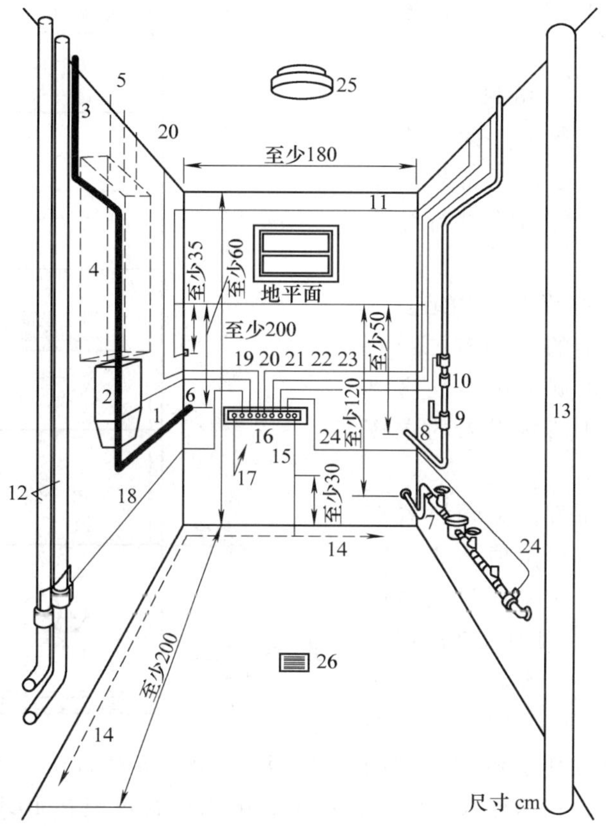

图 3-49　住宅建筑总等电位联结的作法

1—引入住宅的电力电缆　2—住宅总电源进线配电箱　3—电源干线　4—电能表箱　5—配电回路　6—防水套管　7—带水表的自来水连接管　8—煤气管　9—煤气总阀（有些建筑在室外）　10—绝缘段　11—通信设备用的住房连接电线　12—暖气管　13—排水管　14—基础接地体　15—基础接地体的连接线　16—总等电位联结端子板 MEB　17—至防雷引下线的等电位联结线　18—暖气管等电位联结线　19—TN 系统重复接地连线　20—TT 系统共同接地 PE 线　21—至通信系统的等电位联结线　22—天线系统的等电位联结线　23—煤气管的等电位联结线　24—给水管的等电位联结线　25—吸顶灯　26—地漏

在建筑物内出现电位差而导致电击伤害事故。

因为低压用电设备的保护接地与变压器中性点接地共用建筑基础作为接地体，故低压部分不可能构成 TT 系统，而只能是 TN 系统。又因为低压配电距离短，在这种住宅中都采用 TN-S 系统。

3. IT 系统的应用

住宅的一些公用设施如电梯、应急照明、消防水泵等在火灾发生时应正常工作，而火灾发生时发生单相接地故障的概率增大，为满足供电连续性的要求，可考虑采用 IT 系统。

一般的做法是第一级电源采用 IT 系统，在 IT 系统后再构造一个局部的 TN 系统，供一般负荷用，而 IT 系统则直接供给一级负荷。

（二）室内电击防护措施

1. 剩余电流保护的设置

室内的插座回路（空调插座可除外）都应设置漏电保护，RCD 的额定漏电动作电流不大于 30mA，漏电开关应采用能同时断开中性线的双极开关。

2. 卫生间的电击防护措施

因人在洗浴时阻抗很低，因此在卫生间的电击防护上，除了采用常规的措施外，还应辅以其他一些措施进行综合防护。

1）卫生间应作局部等电位联结。卫生间作局部等电位联结的目的有二：一是防止来自住户自身电源的电击伤害事故，二是防止由管道从别处引来的电压产生的电击伤害事故。

就住户自身电源而言，尽管设置有漏电保护，且漏电保护动作值为 30mA，但这并不意味着因此就能将通过人体的电流限制在 30mA 以下。因为人在洗浴时阻抗很低，受电击时通过人体的电流很大，尽管这个电流已足以使 30mA 的 RCD 动作，但在 RCD 动作前流过人体的电流可能远大于 30mA，在这样大的电流作用下，电击伤害可能在 RCD 动作前就已经产生。因此仅靠漏电保护不能可靠地保障人身安全，通过局部等电位联结降低接触电压，才是防止电击伤害的根本对策。

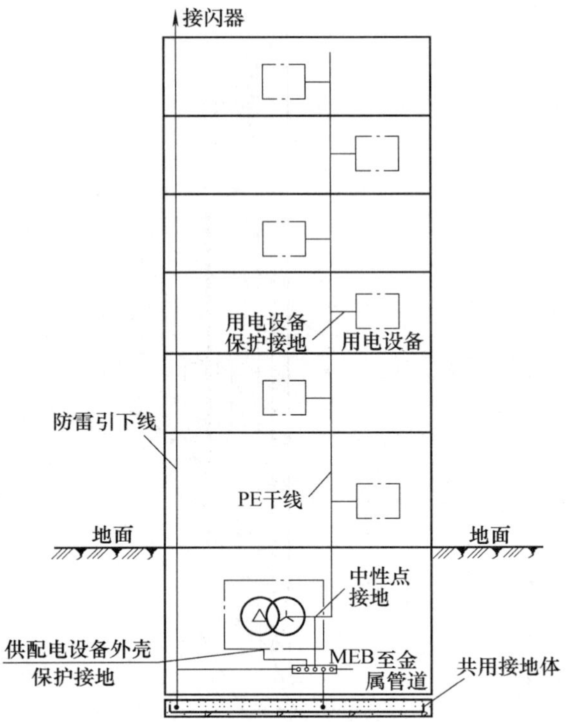

图 3-50　内附变电所的高层住宅的接地和等电位联结

若危险电压是从卫生间的各种管路引来的，则住户电源的漏电保护根本不起作用，即使切断本户的电源，电击危险照样存在，这时只有完全依靠局部等电位联结来降低电击危险性。

卫生间局部等电位联结的作法如图 3-51 所示，基本的要求是将系统的 PE 线、建筑结构中的金属体和所有的装置外可导电部分电气联通，使卫生间内任意两点间都不会产生出不同的电位。

2）卫生间的插座宜采用电气隔离。尽管我国住宅设计规范中有在卫生间设置插座的条款，但在欧盟等发达地区，卫生间内是不允许设置普通插座的，因为在卫生间使用手握式电气设备是相当危险的。但从使用功能的角度看，在卫生间使用电动剃须刀等往往是住户经常性

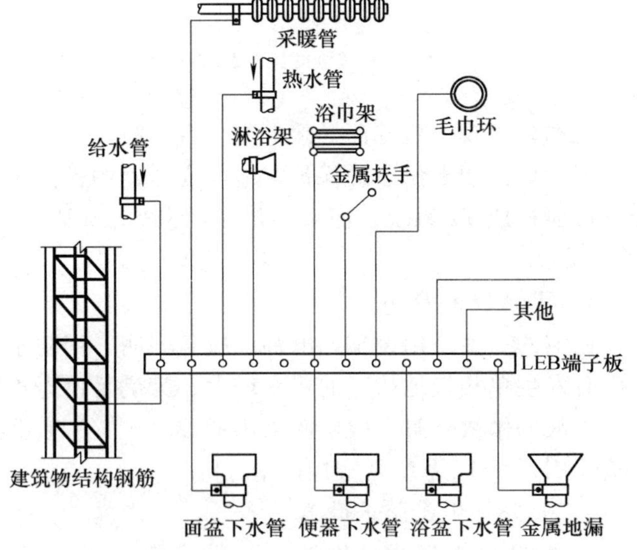

图 3-51　卫生间局部等电位联结做法

的行为，因此在卫生间内允许使用带隔离变压器的插座，其容量应只能供电动剃须刀一类的小电器使用。

3）卫生间电气设备的供电应充分考虑防水、防溅、防潮等要求。现在卫生间内的电气设备主要有照明灯具、电取暖器、电淋浴器、排风扇等，需要电源的座便器、浴盆等也陆续增多，在给这些设备配电时，应严格采取防水防溅等措施，以防电击事故的发生。

4）卫生间供电宜采用单独的回路。

3. 其他电击防护措施

1）住户配电箱电源进线开关应采用能断开中性线的双极开关，这主要是为了防止在断电检修时有高电位沿中性线引入，危及人身安全。这种双极开关在开断电路时应先断开相线、后断开中性线，而在关合电路时相反。对断、合相线与中性线次序的要求，主要是为了避免出现相线带电时中性线尚未可靠接通的情况，这种情况相当于中性线断线，其危害在本章第三节中已有详细分析。

2）住宅内的插座，若其安装高度低于 1.80m，应采用带安全档板的型式。所谓带安全挡板的插座，是指在插座未被使用时，各插孔（PE 插孔可除外）被一块挡板遮挡，只有用插头插入时，才能靠插头的作用力将挡板推开。这主要是为了防止儿童因好奇触碰或用导体插入插座而发生直接电击伤害，1.80m 的高度正是考虑了儿童不可能够得上而确定的。

3）住宅照明回路一般不需要配 PE 线，但若使用带金属外壳属于 I 类用电设备的灯具，且安装高度在伸臂范围以内（一般规定为 2.4m），则应配 PE 线，以使其碰壳故障发生时能使电源断路器自动断开。

4）厨房备餐用插座、洗衣机专用插座应选用防溅型插座，宜自带开关和熔断器。

5）当金属门、窗、扶手、栏杆等附近有电源插座时，宜作局部等电位联结；外墙上的金属窗、栏杆、空调支架等也宜作等电位联结。当建筑物需防侧击雷时，可通过均压环来实现等电位。

（三）公共部分的电击防护

住宅楼的公共部分主要包括走道、电梯前室、楼梯间前室、楼梯间、垃圾间、电气小间等，公共部分的电击防护主要应考虑以下几点：一是伸臂范围内的带金属外壳的灯具，应与 PE 线连接；二是电梯召唤按钮、消火栓按钮、带控制或信号装置的排烟口、正压送风口等，最好采用安全特低电压供电；三是对一些采用交流电源的弱电设备，如可视对讲系统等，应作好电气隔离措施；四是应作好电气管线的机械保护，以免意外破坏绝缘导致电击。一般说来，在住宅公共部分发生电击的可能性远较住户室内为少。

二、浴室的电击防护

这里的浴室主要是指三级及以上的旅（宾）馆、高级住宅和公寓的卫生间、以及商业性洗浴场所等，对普通住宅中有洗浴功能的卫生间和普通旅馆的卫生间，也可参照。

1. 浴室内按电击危险程度划分的区域

在装有澡盆或淋浴盆的卫生间，因溅水通常在洗浴时产生，故以澡盆或淋浴盆为中心，将卫生间划分为 4 个区域，这 4 个区域为空间区域。以澡盆为例，其水平和垂直区域划分如图 3-52 所示。

图中 0 区——澡盆或淋浴盆内部；

1 区——围绕澡盆或淋浴盆外边缘的垂直面内，或距淋浴喷头 0.60m 的垂直面内，其高度止于距地面 2. 25m 处；

2 区——1 区至离 1 区 0. 60m 的平行垂直面内，其高度止于距地面 2. 25m 处；

3 区——2 区至离 2 区 2. 40m 的平行垂直面内，其高度止于距地面 2. 25m 处。

这 4 个区域按电击危险程度排序，0 区危险程度最高，依次递减，3 区最低。

2. 局部等电位联结

与前面介绍住宅卫生间的情况一样，在浴室内因电气故障原因或非电气故障原因出现电位差，即使其量值很低，比如低于是 25V，也可能引起电击伤亡事故，因此必须作局部等电位联结。

需注意的是，若浴室内有带金属外壳的 I 类设备，则必须将电源 PE 线纳入局部等电位联结；但如果浴室内本身没有 I 类设备和 PE 线，则勿将电源 PE 线纳入局部等电位联结范围，以避免自浴室外引入高电位，增加电击危险性。

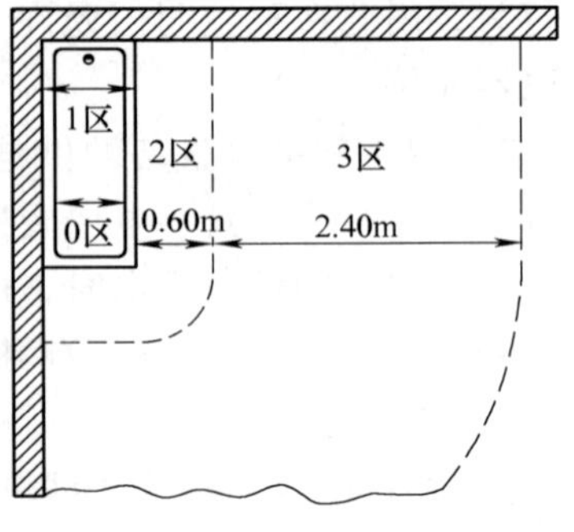

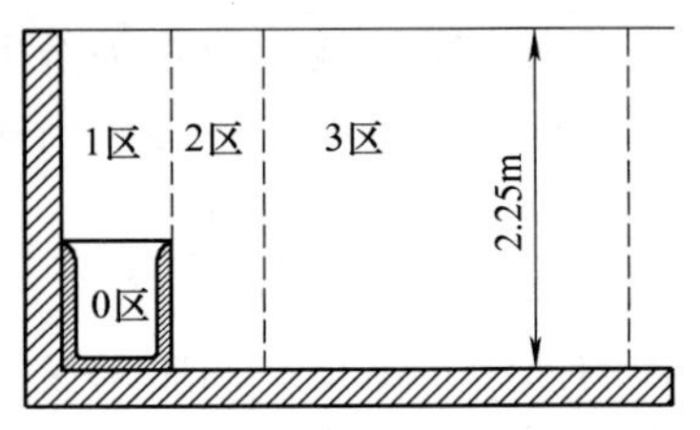

图 3-52 澡盆浴室内危险区域划分

3. 各区域的电击防护措施

1）0 区内只允许使用 12V 及以下安全特低电压（SELV）供电的设备，其电源应设置在 0 区以外。

2）0 区及 1 区内不允许装设插座，在 2 区内装设插座应符合下列条件之一：

① 由隔离变压器供电；

② 由 SELV 供电；

③ 用额定漏电动作电流 $I_{\Delta n}$不大于 30mA 的漏电保护电器作接地故障保护。

一些发达国家提出了比以上更高的要求，如欧盟规定除了由隔离变压器供电的电剃须刀插座外，浴室内不允许装设其他插座，这主要是防止人员在沐浴时使用电气设备导致的电击。

3）若采用 SELV 供电，仍需采取防直接电击的措施，这些措施应符合下列要求之一：

① 设置防护等级不低于 IP2X 的遮栏或外护物；

② 采用能耐受 500V 电压持续 1min 的绝缘。

4）开关和附件的安装要求如下：

① 在 0、1 及 2 区内严禁安装开关和附件，但在 1 区及 2 区内允许安装拉线开关的绝缘拉线。

② 当浴室内有成品组装式淋浴小间时，开关和插座的安装位置至少离淋浴间的门 0. 60m。

5）电气设备的安装要求：

① 在 0 区内只允许装设专用于浴盆的用电设备。

② 在 1 区内只可装设防护等级不低于 IPX4 的电热水器。

③ 在 2 区内只可装设电热水器和Ⅱ类防电击类别的照明器。

4. 电气设备选择和线路敷设

1）电气设备和线路至少应具备以下的防水等级：

0 区——IPX7 级；

1 区——IPX5 级；

2 区——IPX4 级；

3 区——IPX1 级。

2）浴室内的明敷线路和埋墙深度不超过 50mm 的暗敷线路应符合以下要求：

① 应采用无金属外皮的双重绝缘线路，例如套绝缘管的绝缘电线或具有非金属护套的多芯电缆，这主要是防止金属外皮或护套从场所外引入高电位。

② 在 0、1、2 区内不应通过与该区内用电设备无关的线路。

③ 在 0、1、2 区内不允许安装接线盒。

5. 水中的电击危险性问题

在潮湿或浸水的场所中电击危险性增大，主要是因为水的导电性使人体阻抗减小，这一点很好理解。但正是由于天然的水（包括自来水）具有良好的导电性，有人认为，当人完全浸泡在水中时（如游泳的情况），不论水是否带电，因水是导体，导体总是等位体，水中的人是安全的。事实果真如此吗？不妨分析如下：

图 3-53 为一根导线断线后电源一侧断头跌落到水中的情形。将水体面积和深度近似看成无穷大，则导线落水处会有电流从水中均匀扩散，水体成了散流区，这与接地装置处有电流在大地中扩散的情况非常相似，只是水的导电性更好、更均匀。这时与散流线正交的面便形成等位面，不同等位面间存在一定的电位差，电位梯度取决于电流大小和水的电阻率，以及距电线落水点的距离。若人体的不同部分分别位于不同的等位面，则等位面间的电位差会在人体上形成电流。

更严重的是，当人在水中时，人的双手、双脚以及手与腿之间通过水体形成闭合回路。当有交变电流向水中散流时，在这些闭合回路中产生的感应电流成为人体电流，这些电流是危及人身安的主要因素。即使是直流电线落水，因人在水中运动时切割直流磁力线，也会产生感应电流。

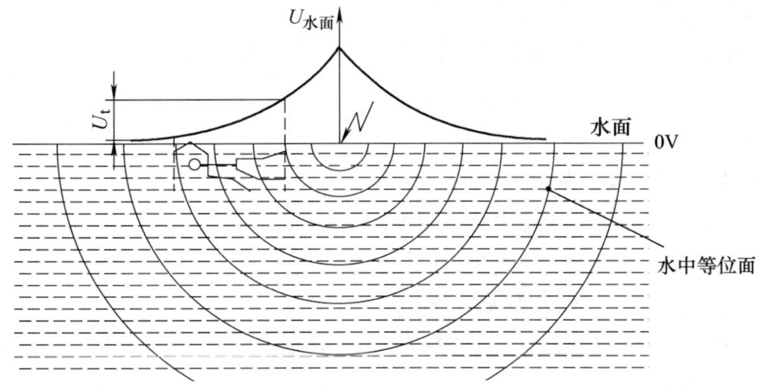

图 3-53　水中电位梯度分布

注：不考虑人体对水中电位梯度的影响

媒体上经常报导的一些违法的“电捕鱼”事件，就是对以上分析的印证。2009 年 7 月

18 日，武汉某天然游泳场因电线落入游泳池导致 3 死 2 伤的严重事故（据楚天金报），再次说明不能忽视水中的电击伤害问题。

三、医院心脏手术室的电击防护

心脏手术是器械进入人体的手术中电击危险性最大的一种。电气心脏手术台的正常泄漏电流按 IEC 标准规定不得大于 10μA，发生一个绝缘故障时不得大于 50μA，因进行心脏手术时通过病人心脏的电流如超过 50μA 就可导致病人发生心室纤维颤动而死亡，这种电击被称作为“微电击”。图 3-54 是心脏手术室的供电系统示意，图中电容为线路对地等效电容。简单分析如下：

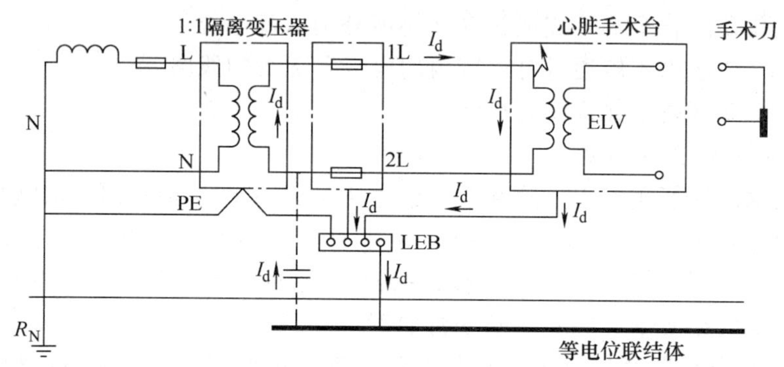

图 3-54　心脏手术室内的 IT 系统和局部等电位联结

1. 采用局部的 IT 系统

在医院 TN-S 系统的基础上，通过一台 1:1 的隔离变压器形成手术室局部 IT 系统。正常工作时，隔离变压器二次绕组中地电位点在绕组中点，两根导线对地电位相等且相位相反，其泄漏电流互为流通回路，只有一小部分通过手术台；而接地故障时，故障电流也仅为线路对地电容电流，因线路长度很短，其量值可通过一定措施控制在 50μA 以下。

手术室内局部 IT 系统与医院总体的 TN 系统采用的是共同接地，共同接地的 PE 线是 IT 系统前 TN-S 系统 PE 线的延伸，也就是说 TN-S 中第一个“T”的接地体也是 IT 系统中第二个“T”的接地体。切勿为 IT 系统专门打一个接地体，因为两个单独的接地体间往往存在电位差，而手术室的电气安全力图避免的正是电位差。

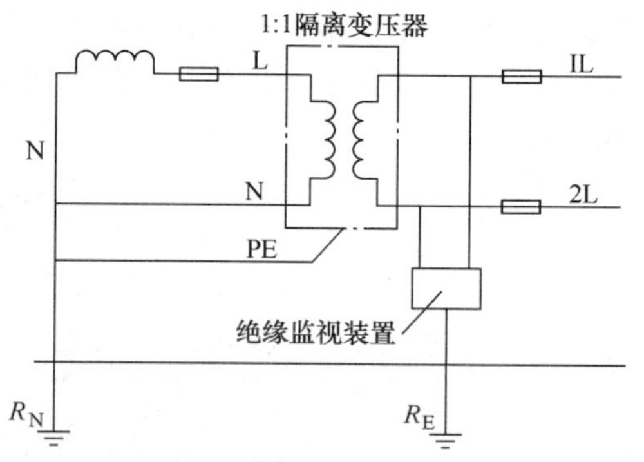

图 3-55　心脏手术室 IT 系统的绝缘监察

对手术室的 IT 系统，应装设绝缘监察装置，如图 3-55 所示。如果在作心脏手术过程中发生绝缘破坏故障，绝缘监察装置应发出声光信号。由于故障电流极小，并不危及病人安全，手术可继续进行，医务人员只需取消声信号而保留光信号，待手术结束后再由电气人员排除故障，以便下一次手术照常进行。

2. 实施局部等电位联结

为了进一步减小电位差和故障电流，手术室内还须作局部等电位联结。从图 3-54 可知，有了局部等电位联结后，接地故障发生时的电位差减小为故障电流在一小段辅助等电位联结

PE线（从手术面至局部等电位联结端子板LEB）上的电压降。

手术室的局部等电位联结作法如图3-56所示。

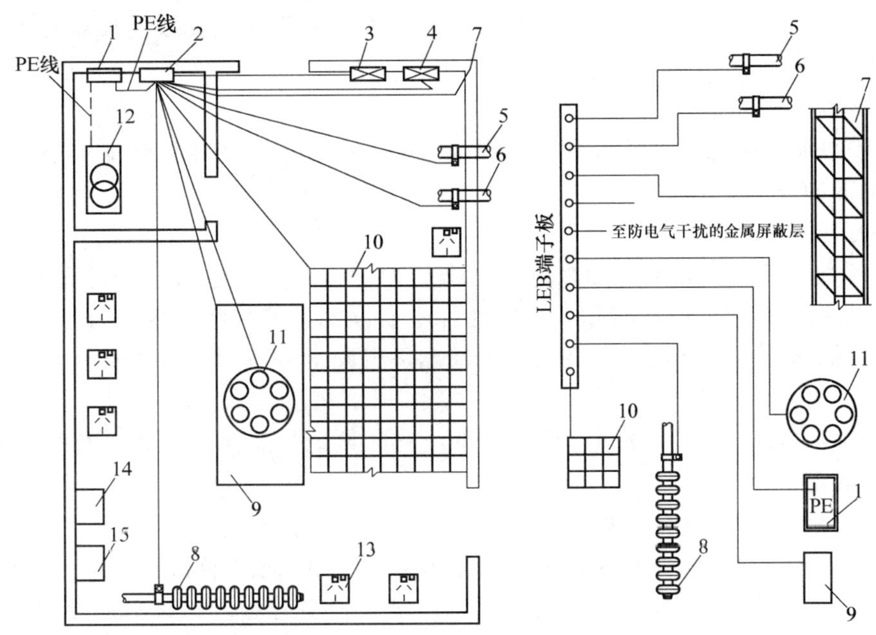

图3-56　手术室的局部等电位联结

1—分配电盘　2—LEB端子板　3—无影灯控制箱　4—手术台控制箱　5—水管　6—氧气管　7—建筑物钢筋　8—采暖管　9—非电手术台　10—导电地板的金属网格　11—ELV手术灯　12—隔离变压器（用于胸部手术）　13—插座　14—冰箱　15—保温箱

3. 运用安全特低电压SELV

进入人体的用电手术器械应采用SELV，实现方式为在IT系统中通过安全隔离变压器（一般为手术器械电源自带）获取特低电压。手术台、手术灯等也应采用SELV，电压取值不得大于交流25V有效值或直流60V。

特低电压的设备和线路都应具备防直接电击措施，如绝缘、屏护、遮栏等。

第七节　间接电击防护工程设计计算

低压配电系统的直接电击防护，主要靠实施在设备上和装置处的措施实现，这些措施主要与系统电压等级相关，与系统其他的属性基本无关，按照统一的要求设防即可。

低压配电系统的间接电击防护则有所不同，它与系统多方面的属性相关联，如接地形式、导线长度和截面积、保护设置、变压器连接组和运行方式、环境状况等，不同系统间、同一系统不同回路间、乃至同一回路的不同设备间的电击防护情况都可能有所差异，需逐一考虑。因此，间接电击防护是低压配电系统电击防护的重点和难点，也是供配电系统设计阶段的一项重要工作。

间接电击防护的途径主要有两条：一条是降低电击强度，另一条是自动切断电源以消除电击可能性。但必须指出，还有一些间接电击靠这两种方式都不能有效防护，还需要辅以等电位联结、电气隔离、ELV或更改系统接地形式等措施。

在系统结构已经确定的情况下，系统能否满足电击防护要求主要取决于保护措施配置和一些参数间的配合。我们将使系统满足电击防护要求的参数配合关系称为电击防护的安全条件。以下逐一介绍 TN、TT、IT 系统工程设计中，Ⅰ类设备发生碰壳接地故障时的间接电击防护安全条件。

一、TN 系统的安全条件

TN 系统不可能靠降低预期接触电压达到电击防护要求，只能靠切断电源进行防护，下面讨论切断电源的技术要求。

1. 动作时间要求

既然 TN 系统主要是靠切断电源来进行电击防护，那么切断电源的时间就应满足图 3-3 或图 3-7 所示曲线的要求，但在实际工程中通常不易准确计算接触电压，因此国家标准 GB 50054—1995《低压配电设计规范》在对常见情况进行归纳分析后，对切断电源的时间作出了以下规定。

相线对地标称电压为 220V 的 TN 系统配电线路的接地故障保护，其切断故障回路的时间应符合下列规定：

1）配电线路或仅供给固定式电气设备用电的末端线路，不宜大于 5s。

2）供给手握式电气设备和移动式电气设备的末端线路或插座回路，不应大于 0.4s。

上述第“1）”条规定为不大于 5s，是因为固定式设备外露导电部分不是被手抓握的，不易出现在接地故障发生时人手正好与之接触的情况，即使正好接触也易于摆脱。5s 这一时间值的规定是考虑了防电气火灾以及电气设备和线路绝缘热稳定的要求，同时也考虑了躲开大电动机起动电流的影响，以及当线路较长导致末端故障电流较小，使得保护电器动作时间长等因素，因此 5s 值的规定并非十分严格，采用了“宜”这一严格程度不是很强的用词。

上述第“2）”条严格规定了 0.4s 的时间限值（采用了“应”这一严格程度很强的用词），是因为在手握式或移动式设备上发生电击时，人很可能不能自主摆脱电接触，电击危险性远比固定式设备大。这一时间限值的规定已考虑了使 TN 系统接触电压降低的各种因素的影响，如总等电位联结的作用、PE 线与相线截面积之比由 1∶3 到 1∶1 的变化以及线路电压偏移等。

如果一条线路上既有手握式（或移动式）设备，又有固定式设备，这时应按不利的条件即 0.4s 考虑切断电源时间。另有一种相似的情况，即同一配电箱引出的两条线路中，一条接有手握式（或移动式）设备，另一条接有固定式设备，若固定式设备发生接地故障，预期接触电压会沿 PE 线传递到手握式设备外壳上，因此也应该在 0.4s 内切除故障，或通过等电位联结措施使传导至配电箱 PE 母排上的接触电压降至安全电压以下。

另外，相关标准还规定了 TN 系统中其他电压等级下的切断时间允许值，如 120V 以下为 0.8s，230～400V 间为 0.2s，大于 400V 为 0.1s 等。

2. 安全条件判据

当由保护电器作碰壳接地故障保护时，其满足电击防护要求的条件为

$$I_d \geq I_a \tag{3-14}$$

式中 I_d——碰壳接地故障电流；

I_a——保证保护电器在电击防护规定时间内自动切断故障回路的电流。

对于 TN 系统，I_d 即相、保单相短路电流 $I_k^{(1)}$，可按相保阻抗法计算，计算时可忽略故

障点本身的阻抗值。

下面讨论几种常见的保护电器如何才能满足式（3-14）的安全条件。

（1）熔断器　熔断器原本用作过电流（短路、过负荷）保护，因 TN 系统碰壳接地故障同时又是短路故障，才考虑由熔断器兼做碰壳间接电击防护，只要动作时间满足电击防护要求即可。国标 GB 50054—1995《低压配电设计规范》给出了满足动作时间要求所需的故障电流 I_d 与熔体额定电流 $I_{r\cdot FU}$ 的最小比值 K_{es}，分别见表 3-12 和表 3-13。于是，熔断器作电击防护时 I_a 取值为

$$I_a = K_{es} I_{r\cdot FU} \tag{3-15}$$

表 3-12　切断接地故障回路时间小于或等于 5s 时的 $I_d/I_{r\cdot FU}$ 最小比值 K_{es}

熔体额定电流/A	4～10	12～63	80～200	250～500
$K_{es}=I_d/I_{r\cdot FU}$	4.5	5	6	7

表 3-13　切断接地故障回路时间小于或等于 0.4s 的 $I_d/I_{r\cdot FU}$ 最小比值 K_{es}

熔体额定电流/A	4～10	16～32	40～63	80～200
$K_{es}=I_d/I_{r\cdot FU}$	8	9	10	11

（2）低压断路器　与熔断器类似，低压断路器过电流脱扣器原本是作过电流保护用的，在 TN 系统中被兼作电击防护用。若碰壳接地故障电流 I_d 能使瞬时脱扣器可靠动作，则安全条件满足；若 I_d 能使短延时脱扣器可靠动作，则安全条件是否满足取决于短延时脱扣器的动作时间；若 I_d 仅能使长延时脱扣器可靠动作，则应从断路器特性曲线上按最不利条件查出其动作时间来作出判断。

以上所述“能使脱扣器可靠动作”，系指考虑了一定裕量后 I_d 仍大于脱扣器动作整定值，对于瞬时和短延时脱扣器而言，该裕量为 30%，即低压断路器瞬时和短延时脱扣器作电击防护时 I_a 取值为

$$I_a = 1.3 I_{op3\cdot QF}(\text{或 } I_{op2\cdot QF}) \tag{3-16}$$

式中　$I_{op3\cdot QF}$——低压断路器瞬时脱扣器动作电流；

$I_{op2\cdot QF}$——低压断路器短延时脱扣器动作电流，要求动作时间已满足电击防护要求。

对长延时脱扣器，应以电击防护要求的动作时间为基准，在保护电流-时间特性曲线上查出对应的动作电流上限值，作为 I_a。

（3）剩余电流保护电器　对于 TN-S 和 TN-C-S 系统，碰壳接地故障电流即剩余电流。对于瞬时动作的剩余电流保护电器，只要 I_d 大于其额定漏电动作电流 $I_{\Delta n}$，就可认为满足安全条件；对于延时动作的剩余电流保护电器，除要求 $I_d > I_{\Delta n}$ 外，还要看其动作时限是否满足要求。因此对 RCD 而言：

$$I_a = I_{\Delta n} \tag{3-17}$$

式中　$I_{\Delta n}$——剩余电流保护电器额定漏电动作电流。

3. PE 线导体截面积 S_{PE} 的选择

TN 系统的 PE 线在正常工作时无电流通过，在单相碰壳故障发生时有单相短路电流通过，因此在选择 PE 线时，应考虑到两方面的问题：一是其阻抗大小会直接影响到 I_d 的大小，而 I_d 的大小又与电击防护水平直接相关；二是短路持续时间内 PE 线应不致损坏，且短路切除后应仍能继续使用，也就是应满足单相短路热稳定的要求。因此 PE 线的选取主要与

系统电击防护性能有关，同时机械强度，热稳定等也是必须考虑的因素。工程上为了简化计算，对 PE 线截面积采用先选取后校验的方法进行设计，选取的方法见表 3-14。

表 3-14　PE 线最小截面积

相线芯线截面积 S/mm^2	PE 线最小截面积$/\mathrm{mm}^2$
≤16	S
$16<S\leqslant35$	16
>35	$S/2$

应注意的是，按表 3-14 选择 PE 线截面积，只是选择了 PE 线截面积的一个下限值，并不是说按此选择就一定满足安全条件，安全条件是否满足仍应由式（3-14）校验。另外，若 PE 线采用单芯绝缘导线，按机械强度要求，在有机械性的保护（如穿管）时，其截面积不应小于 $2.5\mathrm{mm}^2$，而在无机械性保护时，其截面积不应小于 $4.0\mathrm{mm}^2$。

PE 线的热稳定可按下式校验

$$S_{\min\cdot PE}\geqslant\frac{I_{k\cdot\max}^{(1)}}{C}\sqrt{t_k}\tag{3-18}$$

式中　$S_{\min\cdot PE}$——PE 线的最小线芯截面积（mm^2）；

$I_{k\cdot\max}^{(1)}$——最大单相短路电流有效值（A），对绝缘电线按线路首端短路计算，对电缆按线路末端或第一个接续点（如果有的话）短路计算；

t_k——导体内短路电流持续作用时间（s）；

C——热稳定系数（$/\mathrm{A}\cdot\sqrt{\mathrm{s}}\cdot\mathrm{mm}^{-2}$），见表 2-6。

二、TT 系统的安全条件

TT 系统只有极少数情况下可通过降低预期接触电压进行电击防护，大多数情况下靠自动切断电源进行电击防护，这两种防护途径的有效性可统一按以下安全条件校验：

$$R_A\cdot I_a\leqslant U_L\tag{3-19}$$

式中　R_A——设备外壳接地电阻与接地 PE 线电阻之和；

I_a——满足电击防护时间要求的保护电器的动作电流；

U_L——安全电压，正常环境条件下取为 50V。

式（3-19）中并未出现故障电流参量 I_d，这是一个饶有逻辑趣味的电击防护有效性判据，分析如下：

（1）判据的逻辑推理　设置了过电流保护或剩余电流保护的 TT 系统如图 3-57 所示，设备碰壳接地故障电流为 I_d，故障设备外壳上预期接触电压为 $U_t=R_AI_d$，假设安全条件 $R_AI_a\leqslant U_L$ 已满足。现分析以下两种情况：

1）若 $I_d<I_a$，虽然保护电器不动作（或不能在规定时间内动作），但此时 $U_t=R_EI_d<R_EI_a$，再根据 $R_EI_a\leqslant U_L$，可推得 $U_t=R_EI_d\leqslant U_L$。既然预期接触电压小于安全电压，那么不管保护电器是否切断电源，都不会有电击危

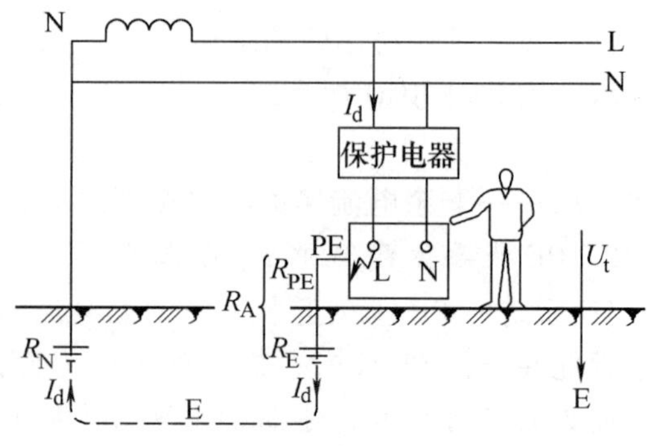

图 3-57　TT 系统安全条件分析

险。

2）若 $I_d \geq I_a$，则保护电器肯定在规定时间内动作，这时不管预期接触电压 $U_t = R_E I_d$ 是否大于安全电压 U_L，因很快被切除，同样不会有电击危险。

（2）应用说明

1）R_A 本应是设备接地电阻 R_E 与设备外壳接地 PE 线阻抗 Z_{PE} 的复数和，为方便计算，近似认为 $R_{PE} \approx |Z_{PE}|$，则 $R_A = |Z_{PE}| + R_E \approx R_{PE} + R_E$，这种近似使安全条件更为严格，应可认同。

2）保护电器在规定时间内动作电流 I_a 的确定。其确定方法与 TN 系统类同，分熔断器、低压断路器和剩余电流保护电器分别确定。

3）电击防护要求的动作时间确定。对固定式设备，仍以 5s 为时间限值；但对手握式和移动式设备，应根据图 3-7 的曲线查取，这在工程应用上甚为不便。好在 TT 系统按规定都应设有瞬动的剩余电流保护，动作时间总是满足要求的。

三、IT 系统的安全条件

1. 接地故障电流 $I_{C\Sigma}$ 的工程计算

接地故障电流大小是评价 IT 系统发生一次接地故障时系统电击危险性的基础性数据，工程设计中一般只能估算线路的接地故障电流。正常工作时，线路每相对地泄漏电流 $I_{C\varphi}$ 的量值可按表 3-8 取值计算，接地故障电流为正常情况下每相对地泄漏电流的 3 倍，即

$$I_{C\Sigma} = 3\sum_{i=1}^{n} I_{C\varphi \cdot i} \tag{3-20}$$

式中　$I_{C\Sigma}$——系统接地故障电流（mA）；

$I_{C\varphi \cdot i}$——第 i 条线路正常工作时单相对地泄漏电流（mA），根据表 3-8 数据和线路长度逐条计算；

n——线路总路数。

特别强调，对给定的系统，参数 $I_{C\Sigma}$ 只与系统的构造方式（如线路长度、导线或电缆截面、线路数量等）有关，而与接地发生的位置无关，也即该系统任一线路上任一点发生接地故障，故障电流都是这么大。因此，$I_{C\Sigma}$ 是一个系统的本构参数，称为该系统的接地故障电流。

2. 安全条件判据

（1）一次接地故障时的安全条件　当发生第一次接地故障时，可按下式判断电击防护安全性。

$$R_E I_{C\Sigma} \leq U_L \tag{3-21}$$

式中　R_E——设备外露导电部分的接地电阻（Ω）；

$I_{C\Sigma}$——系统接地故障电容电流（A）；

U_L——安全电压（V），正常环境条件下取 50V。

式（3-21）一般情况下是比较容易满足的，如若 $R_E = 10\Omega$，则只要 $I_{C\Sigma} \leq 50V/10\Omega = 5A$ 就能满足。按线路正常时每相对地泄漏电流 60mA/km（典型中间值）估算，接地故障电流为 180mA/km，需要总长近 30km 的线路才能达到，这样的长度在低压系统中一般是不可能的出现的。

（2）二次异相接地故障时的安全条件　IT 系统发生二次异相接地故障时，应切断故障

回路，因为此时总有至少一台故障设备的外壳对地电压达到或超过线电压的一半（对 220/380V 的系统来说为 190V），这个电压对人体来说是危险的。切断故障回路可由系统或设备的过电流保护电器或剩余电流保护电器实施。

当由过电流保护电器来切除二次异相接地故障时，能否在规定的时间内切除故障，与故障电流的大小直接相关，而故障电流的大小又与故障设备间的接地形式有关。

图 3-20 中两台设备采用分别接地，此时流过过电流保护电器的电流为线电压在电网阻抗和两个接地电阻回路上产生的电流，这种情形与 TT 系统发生单台设备碰壳故障类似，只要将其中一台设备的接地电阻看着是 TT 系统中电源中性点接地电阻，按 TT 系统接地故障安全条件判断即可。

图 3-21 中两台设备采用共同接地，此时相当于发生了相间短路，流过保护电器的电流为两相短路电流，这种情形与 TN 系统发生碰壳故障类同，其故障回路的切断应符合 TN 系统接地故障保护要求。

但图 3-21 情形中的故障电流计算很复杂，它类似于一个两相短路电流，但有两个故障点，因此不能用三相短路电流的 0.87 来计算。工程上采用一种近似的计算方法，即将故障环路的所有正序阻抗相加作为故障回路短路阻抗。由于低压电缆（或穿管电线）线路的电阻通常大于电抗，而电阻的正、副、零序阻值相等，因此这样近似产生的误差是可容忍的。

思考与练习题

3-1　电流通过人体时的生理状态有哪几种？哪些生理状态是有害的、哪些是致命的？与各种生理状态相对应的电气参量是什么？

3-2　人体阻抗由哪几部分组成、其量值大小与哪些因素有关？

3-3　工程标准是如何从电流和电压的角度给出电击危险性判据的？正常环境条件下安全电压和人体阻抗分别是多少？

3-4　试判断以下说法的正确性。

（1）电击防护 0 类设备可用于 TN 系统。

（2）电击防护Ⅱ类设备用于 TT 系统时，其外壳须单独接地。

（3）电击防护Ⅲ类设备可直接用于 220/380V 系统。

（4）所谓 TT、TN、IT 系统，都是针对电击防护 I 类设备而言的。

3-5　试判断以下说法的正确性。

（1）电气设备的外壳是专门作电击防护用的。

（2）电气设备的外壳只是为保护设备自身安全而设置的。

（3）外壳防护等级不仅可以描述设备外壳的防护性能，还可以描述屏护的防护性能。

（4）在公共场所，障碍这一电击防护措施是不可靠的。

3-6　如图 3-58 所示 220V TT 系统，试判断固定式设备发生碰壳故障时，熔断器能否在 5s 内熔断（参阅表 3-12）。

3-7　如图 3-59 所示 220V TN 系统，手握式设备处相线与保护线短路时，短路回路相保阻抗为 440mΩ，试计算熔断器能否在 0.4s 内动作（参阅表 3-13）。

3-8　如图 3-60 所示系统，请判断系统的接地形式，并指出两台设备的额定电压。若固定式设备发生碰壳故障，试判断故障能否在 5s 内被切断（参阅表 3-12），并计算在故障被切断前，手握式设备外壳上的预期接触电压大小。

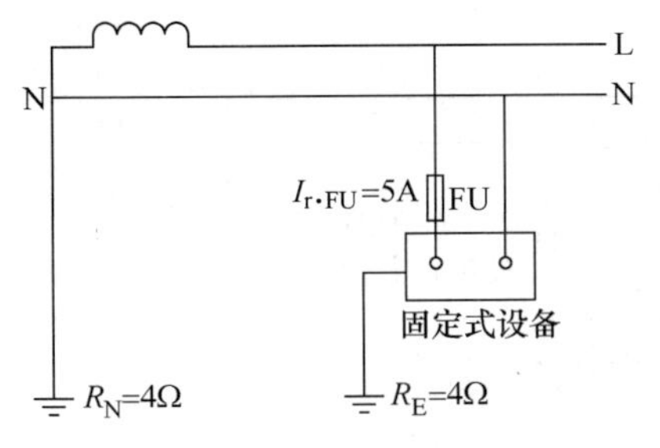

图 3-58 题 3-6 图

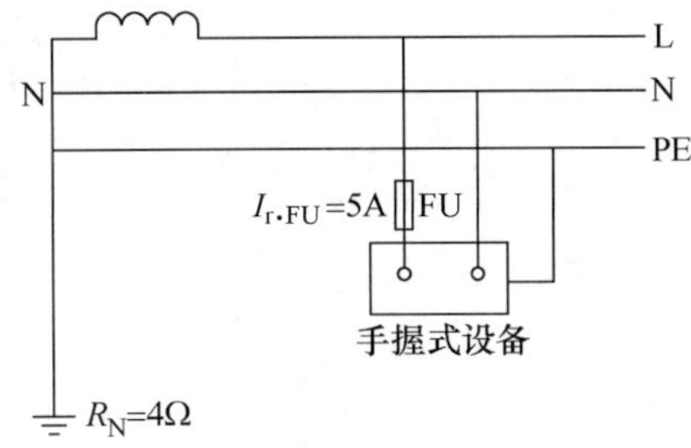

图 3-59 题 3-7 图

3-9 如图 3-61 所示系统，请判断系统的接地形式，并指出两台设备的额定电压。若手握式设备回路总相保阻抗为 320mΩ，固定式设备回路总相保阻抗为 1870mΩ，试判断电击防护设计是否满足要求（参阅表 3-12、表 3-13）。

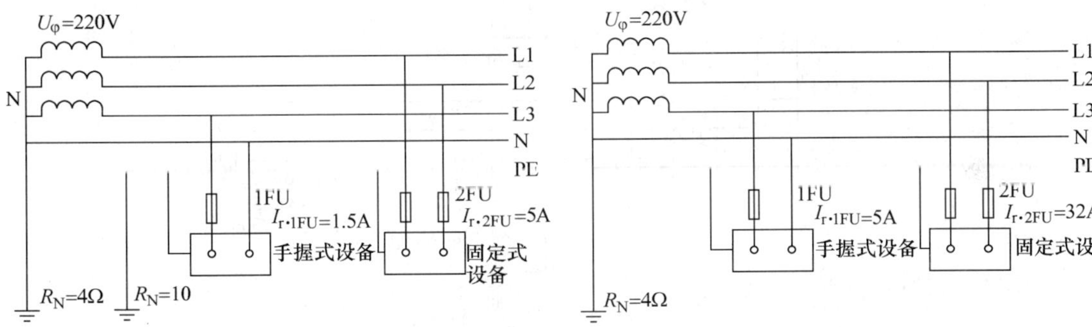

图 3-60 题 3-8 图

图 3-61 题 3-9 图

3-10 如图 3-62 所示标称线电压 380V 的 IT 系统，查阅表 3-8，不考虑设备本身的对地泄露电流，试回答以下问题：

（1）设备 1 或设备 2 接地时，故障设备外壳预期接触电压分别是多少？是否有电击危险？

（2）设备 1 或设备 2 接地时，剩余电流保护电器 RCD1、RCD2、RCD3 所测得的剩余电流分别是多少？

（3）设备 3 额定电压为 220V，通过一台 380/220V 变压器向其供电。若设备 3 发生碰壳故障，情况与设备 1、2 碰壳会有不同吗？请就这个问题做一个专题研究报告。

3-11 某路灯回路采用 TT 系统，灯具功率 $P_r=250\text{W}$，$\cos\varphi=0.6$，灯具接地电阻为 10Ω，系统中性点接地电阻为 4Ω。试整定作灯具短路保护用的熔断器熔体额定电流，并校验在单相碰壳故障发生时熔断器能否在规定时间 5s 内动作。

3-12 如图 3-63 所示，因插座 N 线和 PE 线接反，相当于单相用电设备接到相线和 PE 线上供电，外壳接到 N 线，试分析可能出现哪些不良后果。

3-13 如图 3-64 所示有重复接地的 TN-C-S 系统，为室内 4 台设备供电，其中设备 1 直接供电，设备 2 采用了电气隔离，设备 3 采用 SELV，设备 4 采用 PELV。若室外线路发生相线断线，电源侧断头跌落在人行道金属护栏上，等效接地电阻 $R_E=6\Omega$，忽略电网阻抗，请回答以下问题：

（1）室内设备 1～4 是否停电？

（2）设备 1～4 中，哪些外壳带电、哪些不带电？带电设备外壳对地电压量值多大？

（3）请至少列举 3 种措施，避免带电设备外壳产生电击事故。

3-14 请解释 MEB、SEB 和 LEB。

3-15 试判断以下说法的正确性：

（1）只要将室内地板和伸臂范围内的墙面施以绝缘，且绝缘满足非导电场所对绝缘电阻和耐压的要求，就一定不会在室内发生电击事故。

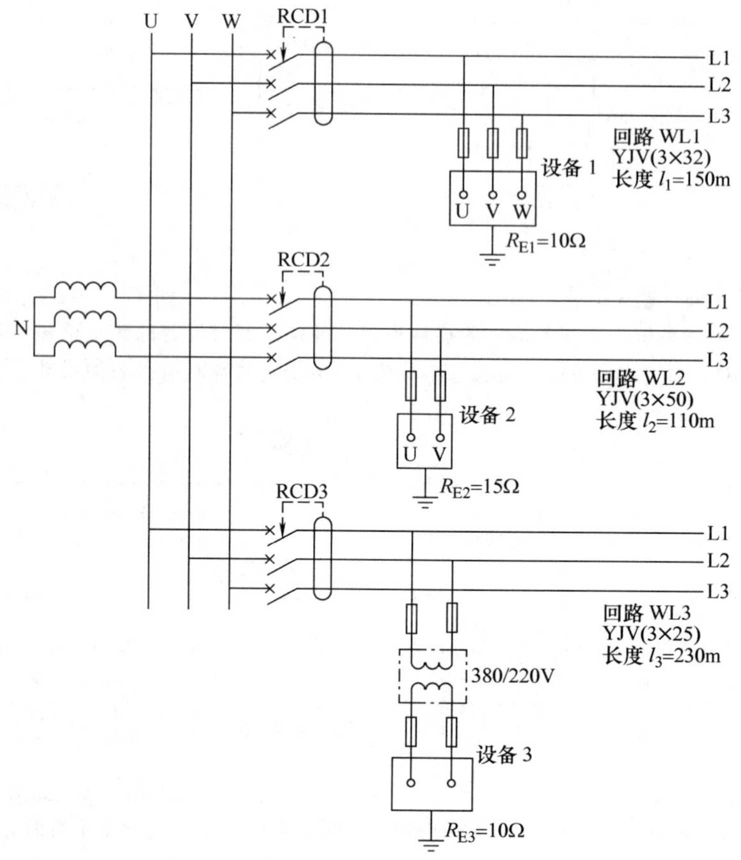

图 3-62 题 3-10 图

（2）总等电位联结可以在整个建筑物范围内完全消除电位差。

（3）等电位联结就是接地。

（4）接地也是一种等电位联结，但由于大地的导电性不如金属导体，等电位效果不及金属间的等电位。

3-16 某 220/380VTN-S 系统中，某用电设备处只设置了低压断路器，由瞬时过电流脱扣器作过电流保护，其动作电流为 630A。为满足间接电击防护要求，该设备回路的相保阻抗最大不能超过多少？

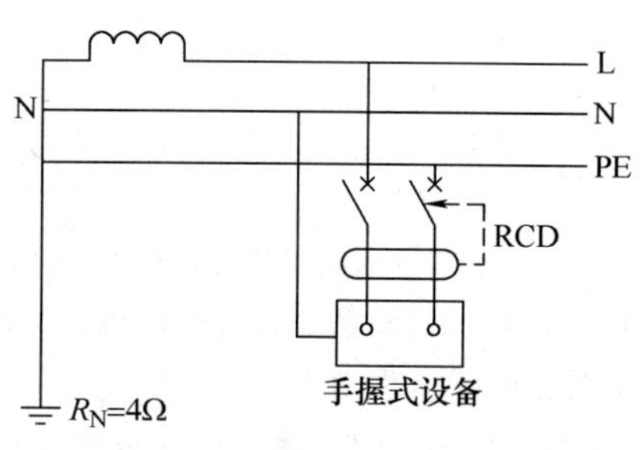

图 3-63 题 3-12 图

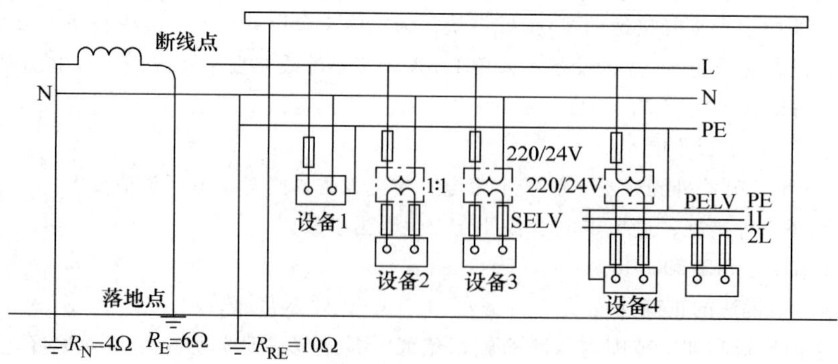

图 3-64 题 3-13 图

第四章　雷电、建筑物防雷及工程接地装置

第一节　雷电与雷电参数

雷电是雷云之间或雷云与地之间放电的一种自然现象。雷电流通过地表的被击物时，具有极大的破坏性，其电压可达数百万伏至千万伏以上，电流达几百千安培，造成人畜伤亡、建筑物损毁、线路停电、电气设备损坏及电子信息系统中断等严重事故。雷电危害源自于其巨大的能量，以下将对雷电能量的形成、作用方式和特征参数等作一简要介绍。

一、雷电的形成与危害

1. *雷云及雷击方式*

大气中带电荷的云团被称为雷云，是产生雷电的先决条件。气象学和大气物理学对雷云产生过程的研究表明，首先是水蒸气在高空因冷凝等原因形成积云，积云因其中小水滴和冰晶的密度增大而形成乌云，乌云因小水滴破裂、结冰或吸收被宇宙射线电离的带电粒子而带上电荷，称为雷云。雷云以带负电荷居多，也有少数带正电荷的情况。

雷云中的电荷分布是不均匀的，有许多堆积中心，因而不论是云中或是云对地之间各处电场强度是不一样的。等到一定数量的电荷聚集到一个区域时，这个区域的电势逐渐上升，当它的电场强度达到足以使附近空气绝缘破坏的程度（约 25～30kV/cm）时，该处空气游离，开始了雷云放电。雷云之间的放电不是我们关注的问题，我们关注的是雷云对地面或大地附着物的放电，也就是我们本书中所说的雷击。按能量传递的途径，雷击主要有以下几种形式，以雷击建筑物为例说明。

(1) 直接雷击（简称直击雷）　雷云对建筑物放电初期，只能将雷云附近的空气击穿，形成所谓的向下先导通道，如图 4-1a 所示。由于先导通道内空气游离不够强烈，放电向下发展到一定距离后因其顶端部电场强度衰减而暂时停歇下来，待电荷中心向通道补充电荷后再次放电，并继续向下发展。如此反复，形成了逐次发展的向下先导放电通道。

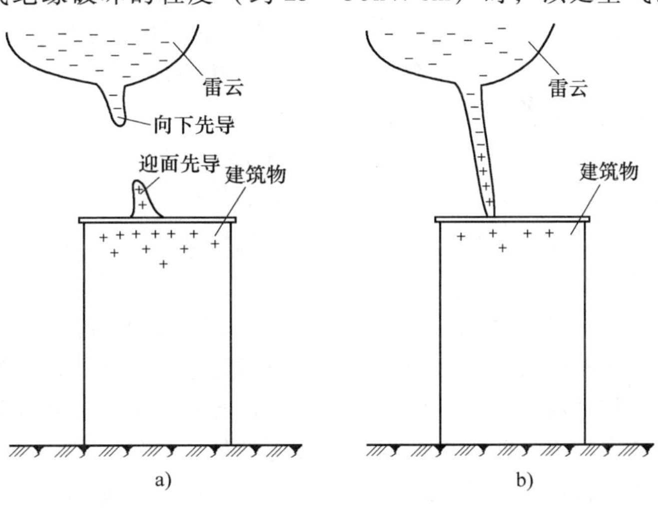

图 4-1　直击雷的形成

与此同时，因雷云接近建筑物，在建筑物上感应出大量正电荷，建筑物上的正电荷也会发展出向上的先导，称为向上（或迎面）先导。当向下先导和向上先导间的空气被击穿时，雷电能量通过游离的放电通道向建筑物泄放，形成雷电主放电，如图 4-1b 所示。主放电持续时间极短，约为 50～100μs，放电电流可达数百千安培，伴以强烈的闪光和巨大的声响。

主放电之后，雷云中的残余电荷还可能经过主放电通道向建筑物泄放，称为余辉放电。余辉放电电流较小，但持续时间较长，可长达数百毫秒。

由于雷云中可能存在若干个电荷中心，所以在第一个电荷中心的上述放电完成之后，可能引起第二个、第三个中心向第一个通道放电。因此雷击往往具有多重性，两次放电相隔30～50ms，放电次数平均为2～3次，最多曾记录到有四十多次，但第二次以后的放电电流一般较小。

（2）感应雷击（简称感应雷） 有两种形式的感应雷击，分述如下：

1）静电感应。当建筑物上空有雷云时，在附近所有建筑物上都会感应出与雷云异性的电荷。在雷云向大地或某一栋建筑放电后，雷云与大地间电场消失，积聚在其他建筑屋顶的电荷失去了异性电荷的束缚，会向地中泄放。这种电荷泄放与被击建筑中电荷泄放类似，因此也称为雷击，但泄放的电荷不是雷云传递的电荷，而是被雷云感应出的电荷，因此称为静电感应雷击。

2）电磁感应 雷击建筑物附近大地或其他建筑物时，放电产生的空间电磁场可能在建筑物内发生电磁耦合，在建筑物内的导体或电气电子系统中产生感应电动势，进而发生击穿放电或形成感应电流，这就是电磁感应雷击。

（3）球形雷击 球形雷是一个被电离的空气团，以约每秒几米的速度在大气中漂浮运动，它常从烟囱、开着的门窗或缝隙进入建筑物内部，在室内来回滚动几次后，可能沿着原路出去，有时也会自行无声消失，但碰到人、畜后发出震耳的爆炸声，还会出现刺激性气体。球形雷的形成与特性，还没有确切的解释，本书不讨论对球形雷的防护问题。

2. 雷电的危害

（1）热效应 强大的雷电流（几十至几百千安）通过雷击点，并在极短时间内转换成热能，雷击点的发热量约为500～20000MJ，容易造成燃烧或金属熔化，熔化的金属飞溅又容易引起火灾、爆炸等事故。

（2）电磁效应 由于雷电流量值大且变化迅速，在它的周围空间里会产生强大且变化剧烈的磁场，处于这个变化磁场中的导体可能被感应出很高的电动势。感应电动势可使闭合的金属导体产生很大的感应电流，或使开口金属导体产生很高的开口电压，从而引发火花放电危险。

（3）机械力效应 其一，雷电流的温度很高，一般在6000～20000℃，当它通过树木或建筑物墙壁时，被击物体内部水分受热急剧气化，或缝隙中分解出的气体剧烈膨胀，因而在被击物体内部出现了巨大的压强，使树木或建筑物遭受破坏，甚至爆烈成碎片，这种破坏又称被击物阻性热效应产生的机械力破坏；其二，雷电流产生的电磁力可能使电气设备或金属构件受力损坏；其三，雷电放电时，电弧高温使周围空气急剧膨胀形成冲击波，可能对周围的物体产生机械破坏。

二、雷电参数

1. 气象参数

（1）雷暴日 在指定的气象观测点，在一天内只要听到过雷声，就叫一个雷暴日。

（2）年平均雷暴日 一年内雷暴日的总和的平均值，叫年平均雷暴日，单位（d/a），简称年雷暴日。

我国一般将年平均雷暴日15以下的地区称为少雷区，将年平均雷暴日40～90的地区称为多雷区，将年平均雷暴日超过90的地区称为强雷区。年平均雷暴日根据当地气象台、站资料确定。

2. 电气参数

（1）雷击基本形式及其组合　雷电向大地或地表附着物的放电称为闪击，闪击过程中的每一次放电称为一次雷击，通常一个闪击过程包含有若干次雷击。

始于雷云向下先导的放电过程叫做向下闪击，始于建筑物向上先导的放电过程叫做向上闪击，雷云放电按先后次序分为首次雷击和后续雷击，按放电的持续时间又分为短时雷击和长时间雷击，对其分类归纳如下：

- 向下闪击
  - 首次雷击——短时雷击
  - 后续的雷击
    - 短时雷击
    - 长时间雷击
- 向上闪击
  - 首次雷击——叠加短时雷击的长时间雷击
  - 后续的雷击
    - 短时雷击
    - 长时间雷击

从以上分类可知，向下闪击的首次雷击从持续时间来看都是短时雷击，后续的雷击（余辉放电）有可能是短时雷击，也可能是长时间雷击；向上闪击的首次雷击多是叠加了短时雷击的长时间雷击，随后才是主放电的短时雷击，再其后的余辉放电与向下闪击类似。闪击中基本的雷击形式如图4-2所示，常见的闪击组合形式如图4-3和图4-4所示。

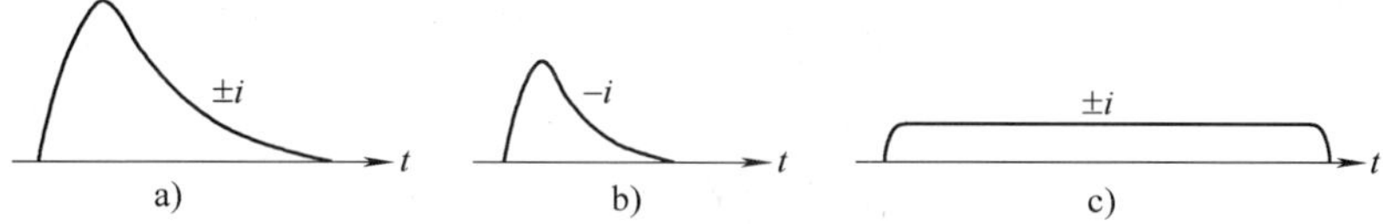

图4-2　闪击中基本的雷击形式

a）首次短时雷击　b）后续短时雷击　c）首次或后续长时间雷击

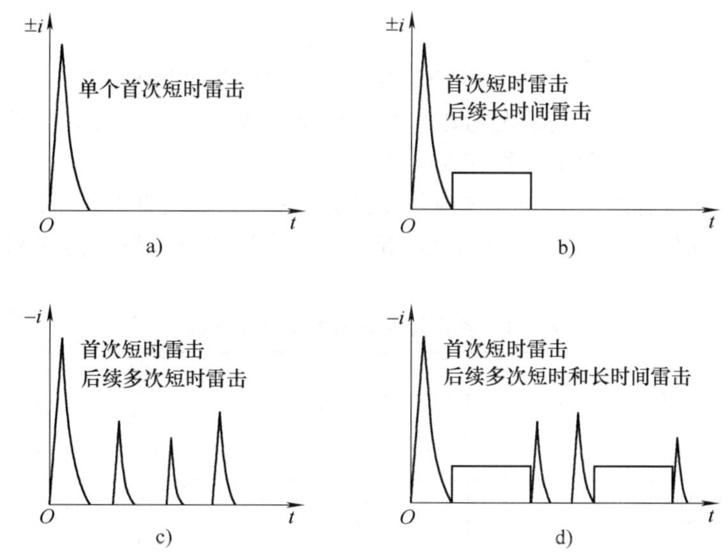

图4-3　向下闪击可能的雷击组合

（2）建筑物防雷工程中雷电参数取值　雷电本身的数据无疑是一个根本性的问题，但雷电放电是一种随机事件，其参量大小受诸多因素影响，各次放电的参数都可能有很大的不

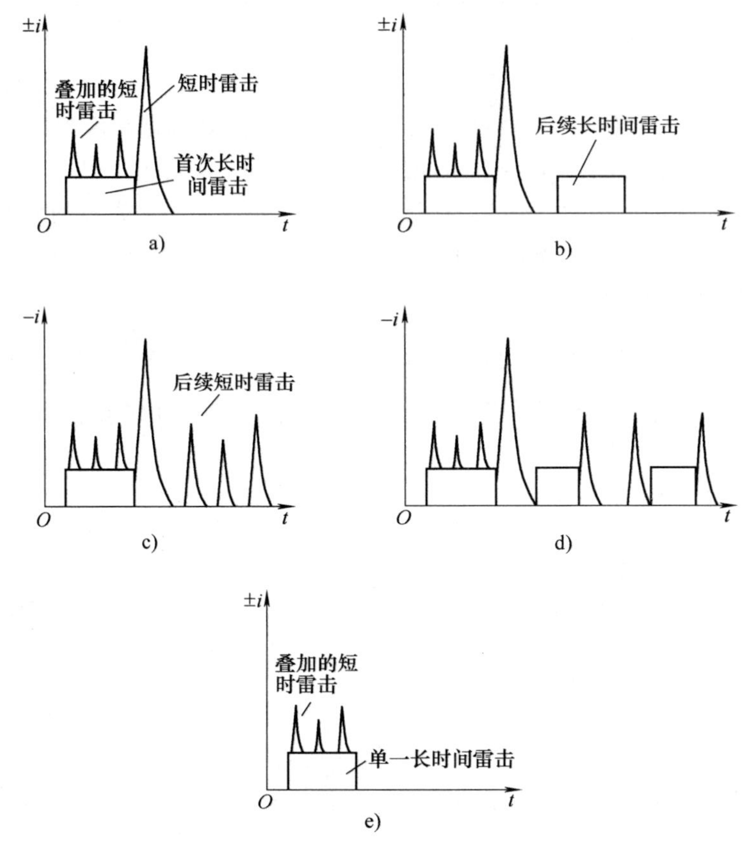

图 4-4 向上闪击可能的雷击组合

同。建筑防雷工程中更关心的是受雷击的对象（即建筑物）实际承受的雷击参量大小，这些参量应按一定概率下最不利的情况考虑。因此防雷工程中所关心的雷电参量，不再只与雷电本身有关，还与受雷击对象的特性相关。

按以上思路，国家标准 GB50057《建筑物防雷设计规范》（2000 年版）给出了建筑防雷工程中雷电参量的取值，见表 4-1 ~ 表 4-3。其中关于建筑物防雷类别的问题，将在本章第三节中介绍。

表 4-1 首次短时雷击的雷电流参数

雷电流参数	防雷建筑类别		
	一类	二类	三类
I 幅值/kA	200	150	100
T_1 波头时间/μs	10	10	10
T_2 波头时间/μs	350	350	350
Q_S 电荷量/C	100	75	50
W/R 单位能量/MJ · Ω^{-1}	10	5.6	2.5

注：1. 因为全部电荷量 Q_S 的本质部分包括在首次雷击中，故所规定的值考虑合并了所有短时间雷击的电荷。

2. 由于单位能量 W/R 的本质部分包括在首次雷击中，故所规定的值考虑合并了所有短时间雷击的单位量。

表 4-2　后续短时雷击的雷电流参量

雷电流参数	防雷建筑类别		
	一类	二类	三类
I 幅值/kA	50	37.5	25
T_1 波头时间/μs	0.25	0.25	0.25
T_2 波头时间/μs	100	100	100
I/T_1 平均陡度/kA · μs^{-1}	200	150	100

表 4-3　长时间雷击的雷电流参量

雷电流参数	防雷建筑类别		
	一类	二类	三类
Q_1 电荷量/C	200	150	100
T 时间/s	0.5	0.5	0.5

雷电流各参量定义如图 4-5 所示，具体解释如下：

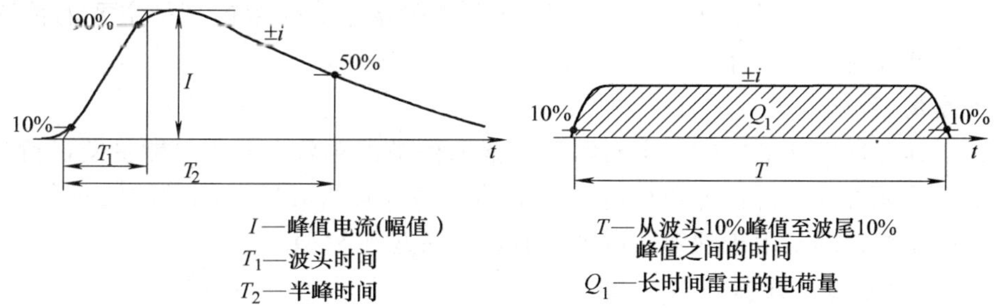

图 4-5　雷击参数定义

1）雷电流幅值 I。即雷电流的瞬时最大值，根据我国各地实测结果，主放电雷电流幅值出现的概率用下式表达：

$$\lg P = -\frac{I}{88}$$

式中　P——雷电流幅值概率，用百分数表示；

I——雷电流幅值（kA）。

例如，对于超过 100kA 的雷电流幅值，按上式求得其概率为 7.3%，即每 100 次雷击中，大约有 7 次雷击的主放电雷电流幅值超过 100kA。表 4-1 中不同类别建筑该参量的取值不同，正是考虑了某个电流值出现的概率问题。

2）T_1 波头时间。又称波前时间，理论上指雷电流从 0 升至幅值 I 的时间，工程标准定义为以连结 10% I、90% I 的直线与横坐标的交点为起点，与幅值水平线的交点为终点间的时间长。

3）T_2 波头时间。又称半峰时间，指以上述 T_1 定义中的起点为起点，以雷电流下降到幅值 I 的一半为终点间的整个时长。

4）I/T_1 平均陡度。这是一个导出参量，它表明了雷电流上升的速率，又称波头陡度。

5）雷电流的电荷量 Q_S。是一个表明雷电流能量大小的量值，直观理解为雷电流波形下的面积，系按以下公式估算所得：

$$Q_S = (1/0.7)IT_2$$

6）单位能量 W/R。$W/R = \int i^2(t)\mathrm{d}t$，其中 $i(t)$ 是雷电流；R 是被击对象的等效电阻。W/R 表明了雷电流在 1Ω 被击负载电阻上产生的能量损耗。该参量可按下式估算：

$$W/R = (1/2) \times (1/0.7)I^2T_2$$

（3）雷电波的表述　在以后的讨论中，常用到不同雷电波作用下设备或元件的参数表述，或标准化试验所采用的试验电源的表述，这些表述都涉及工程标准所规定的雷电波形式，通常用 T_1/T_2 波形表达，这里符号“/”没有除法运算的含义，仅指雷电波波头时间与半峰时间的一种组合，例如，常用的试验波形有 10/350μs 电流波、8/20μs 电流波、1.2/50μs 电压波等。

第二节　雷电能量在导体上的传输

雷害的本质在于其所拥有的巨大能量，防雷的根本则是让能量无害泄放。在雷害产生和防雷的环节，都存在着能量的传递过程，其中能量在导体上的传输又是主要的传递方式之一，本节就对这种传递进行介绍。

一、传输线

雷电击中具有良好导电性的被击对象后，泄放到被击对象上的雷电能量便以行波的形式表现。为正确地理解和分析雷电在被击对象上的行为，必须对雷电能量的波过程有所了解。以下介绍的传输线，就是用于理解雷电波过程的一种理想模型。

1. 集中参数电路与分布参数电路

经典电路分析理论是建立在集中参数电路前提下的，它的基础是 KCL、KVL 两条定律和电阻、电感、电容三种理想元件的支路关系。所谓集中参数电路是指电路的几何尺寸远小于工作于其上的电磁波波长，这时每一个节点都有一个节点电压（相对于参考点），每一条支路都有一个支路电流，并且回路电压和节点电流代数和分别满足 KVL 和 KCL，每一支路上电压 u 和电流 i 的关系由支路元件的性质（电阻、电感或电容）与特性参数决定。在分析集中参数电路时，我们关心的是网络拓扑结构和该结构中“节点”与“支路”上的电气参量，并不关心某一“节点”或“支路”的几何尺寸与空间位置。

当一个电路的几何尺寸与工作于其上的电磁波波长可以比拟时，这个电路就叫做分布参数电路，在分布参数电路中，每一点（而非节点）都有各自的电压和电流，因此，“节点电压”、“支路电流”等概念已不存在，甚至连“节点”、“支路”等理想电路模型的网络拓扑基本元素都失去了产生它们的基础，KCL、KVL 在分布参数电路中自然不再成立。在我们所碰到的分布参数电路中，“传输线”或称“长线”就是最简单也是最常见的一种分布参数电路。

2. 传输线简介

当一条电气线路的长度与工作于其上的电磁波波长可比拟时，这条电气线路就称为传输线，也叫长线。传输线是一种分布参数电路。

（1）“长线”与“短线”的区别　为什么电路的几何尺寸会如此重要呢？下面我们就以同一条线路为例，分别考虑工作于其上的电磁波波长远大于和小于其长度时的电压分布情况。

图4-6为一条长度600m的线路在不同频率正弦交流电压作用下的情形。图4-6a中，电源电压u_a的频率很低，为工频50Hz，这时电磁波波长约为$\lambda \approx v_{光速}/f=(3\times10^8 m/s)/(50Hz)=6\times10^6 m=6000km$，线路长度只占电压波长的万分之一，在这么短的长度内，电压正弦波的幅值变化很小，近似于一条水平线，线路上各点对地电压基本相等（忽略负荷电流在导线阻抗上的电压损失），因此我们可以说“相线的电压”，而不必指明倒底是相线上哪一点的电压；图4-6b中，电源电压u_a的频率高达5MHz，此时电压波长为$(3\times10^8 m/s)/(5\times10^6 Hz)=60m$，在600m长的线路上就分布有10个完整的电压正弦波，这时相线上不同位置的对地电压是不同的，如A点为地电位，而B点对地电位达到电压幅值，此时再笼统地说“相线对地电压”就是错误的，而必须指明是相线上哪一点的对地电压。对于电流也可作同样的分析。

从以上分析可知，在“短线”中，电压或电流只是时间的函数，即$u=u(t), i=i(t)$；而在“长线”中，电流或电压不仅是时间的函数，而且还是位置的函数，即$u=u(x,t), i=i(x,t)$，x为线路上的坐标点。因此，对“长线”上电磁过程的分析，就涉及到时间和位置（空间）两个因素，这是在分析“长线”时必须明确的一个基本概念。

（2）传输线的波阻抗　对于传输线上任意一点，在外界条件不变的情况下，该点处沿同一方向传输的电压与电流之比$u(x,t)/i(x,t)$，称为传输线上该点的波阻抗，记作$Z_c(x)$，即

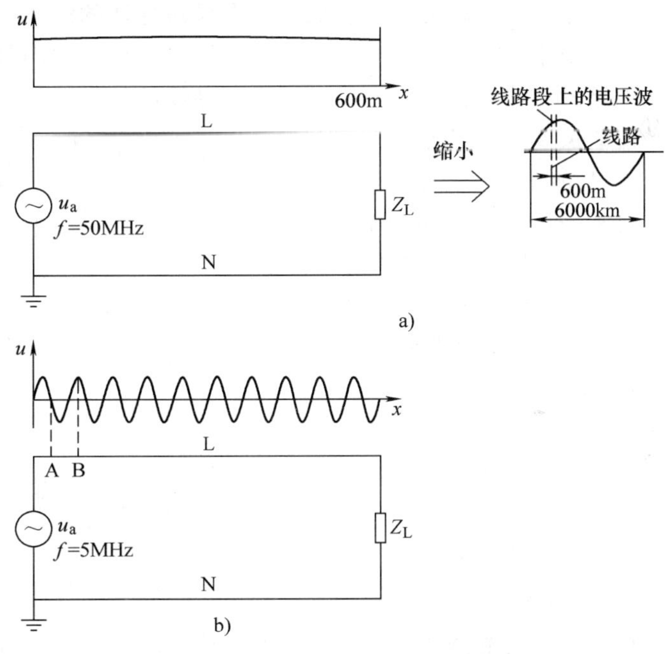

图4-6　“长线”与“短线”的区别

$$Z_c(x)=\frac{u(x,t)}{i(x,t)} \tag{4-1}$$

若$Z_c(x)$与电压（或电流）大小无关，则称该点的波阻抗是线性的。若一条传输线上各点波阻抗都相等，则称该传输线是均匀的，称这个相等的波阻抗为均匀传输线的波阻抗，简称传输线的波阻抗。以后若无特别说明，我们所讨论的传输线都是均匀传输线。

波阻抗也是一个位置的函数，如图4-7单相线路所示，线路中每一点都有自己的波阻抗。如A点的波阻抗$Z_c(x_A)$就只与A点有关，它表明了A点电流$i(x_A,t)$与A点相线与中性线间电压$u(x_A,t)$之间的关系，即$u(x_A,t)=Z_c(x_A)i(x_A,t)$。如果我们从线路中某一点C注入电流$i(x_C,t)$，如图中虚线所示，这好比雷电击中C点的情形，则该电流在相线与中性线间产生的电压为$u(x_C,t)=i(x_C,t)Z_c(x_C)$。

传输线及波阻抗都是十分重要的概念，它们不仅对于下一章理解雷电过电压及其防护措

施有重要作用，而且对有线通信等高频线路也是极为重要的基本概念。

（3）传输线的等效电路　下面以水平单导体为例介绍传输线的等效电路。所谓单导体，就是由一根导体构成的传输线，与它相关的另一极为大地；导体呈水平状态，表明其上各点对地关系一致，可视为均匀传输线。

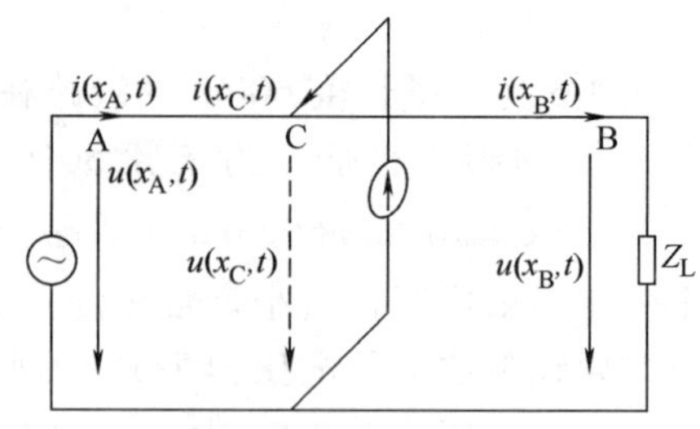

图 4-7　波阻抗与线路阻抗

图 4-8 为水平单导体均匀传输线的等效电路图，图中 L_0、r_0、C_0、G_0 分别为导体单位长度的电感、电阻、对地电容和对地电导。前面已经说过，某一长度导体的阻抗（实际上也包括导纳）是集中参数电路的概念，那么在这里建立传输线的等效电路时为什么又用到这些概念呢？在这里我们使用了一种分析技巧，即将原本属于分布参数电路的长线看成是很多段短导体的级联，每段短导体的长度都至少要短到比电磁波波长小很多，这样对每一小段短导线来说，它们都是集中参数电路，因而可以用集中参数电路的方法对其进行分析。每段短导体的长度越短，分析结果就越准确，我们能分割出的最短的长度（但不能为零）是数学上所谓的“无穷小” dx，对每一段长度为 dx 的导体，因为它们都是集中参数电路，因此说这一段导体的阻抗或导纳是符合逻辑的。

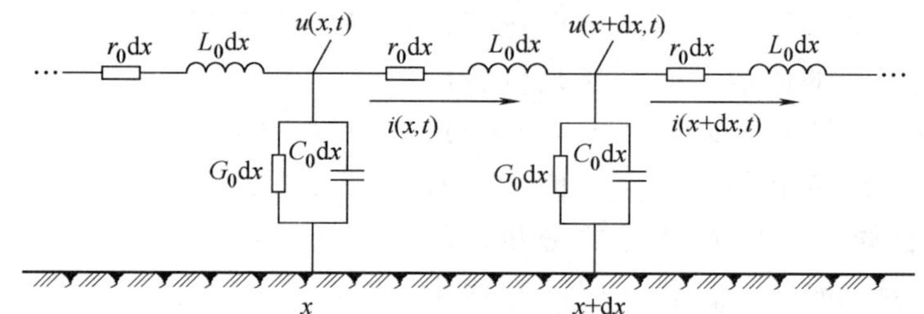

图 4-8　单导体均匀传输线的等效电路

我们近似认为 L_0、r_0、C_0、G_0 均为常数，尽管实际上它们都是频率的函数，且在有电晕发生时还是电压的函数。作这种近似误差不大，但对简化分析过程、明晰物理概念却有很大的帮助，因此工程上容忍这种近似带来的误差。

二、传输线上的行波

1. 波动方程

传输线上的电磁能量是以波的形式传输的，波动方程就是要用数学的形式表达电磁波沿传输线分布和随时间变化的规律。以电压或电流表达电磁波，它们不仅是时间的函数，还是位置的函数，因此都是二元函数，即电压 $u = u(x,t)$，电流 $i = i(x,t)$，x 为位置坐标，t 为时间。因为只讨论电磁波沿线路的分布，故三维空间的位置可简化成一维空间的位置。

参考图 4-8，我们从传输线上某一点 x 开始，研究电压和电流从点 x 到点（$x + \mathrm{d}x$）所发生的变化。点 x 上的电压和电流分别为 $u(x,t)$、$i(x,t)$，点（$x + \mathrm{d}x$）上的电压和电流分别为 $u(x + \mathrm{d}x,t)$、$i(x + \mathrm{d}x,t)$。根据 KVL 和 KCL 列电路方程并求解（过程略），得

$$\left.\begin{aligned} u(x,t) &= u_f(x,t) + u_b(x,t) \\ i(x,t) &= i_f(x,t) + i_b(x,t) \\ u_f(x,t) &= \sqrt{L_0/C_0}\, i_f(x,t) \\ u_b(x,t) &= -\sqrt{L_0/C_0}\, i_b(x,t) \end{aligned}\right\} \tag{4-2}$$

式中　$u_f(x,t)$——电压前行波；

$u_b(x,t)$ ——电压反行波；

$i_f(x,t)$ ——电流前行波；

$i_b(x,t)$ ——电流反行波。

令 $v = 1/\sqrt{L_0C_0}$，电压前行波和反行波可表示为（过程略）

$$\left.\begin{aligned} u_f(x,t) &= u_f\left(t - \frac{x}{v}\right) \\ u_b(x,t) &= u_b\left(t + \frac{x}{v}\right) \end{aligned}\right\} \tag{4-3}$$

由式（4-2）后两式和式（4-3），可得出 $i_f(x,t)$ 和 $i_b(x,t)$ 的表达式。

式（4-2）告诉我们，传输线上电压和电流都是由一个前行波和一个反行波叠加而成，前行波和反行波的波速相同，均为

$$v = 1/\sqrt{L_0C_0} \tag{4-4}$$

式中　v——行波波速；

L_0——传输线单位长度的电感；

C_0——传输线单位长度的对地电容。

根据波阻抗定义和式（4-2）的后两式，可知传输线的波阻抗 Z_c 为

$$Z_c = \sqrt{L_0/C_0} \tag{4-5}$$

行波在传输线上的运动过程也就是电磁场能量的传播过程。当传输线上有一前行波电压 u_f 和前行波电流 i_f 时，单位长度导体获得的电场能量和磁场能量分别为$\frac{1}{2}C_0u_f^2$ 和$\frac{1}{2}L_0i_f^2$，由式（4-2）可知，$\frac{1}{2}C_0u_f^2 = \frac{1}{2}L_0i_f^2$，即电场能与磁场能相等，单位长度导体获得的总能量为$\frac{1}{2}C_0u_f^2 + \frac{1}{2}L_0i_f^2 = C_0u_f^2 = L_0i_f^2$，其所需时间为 $1/v$，故单位时间内行波传送的能量（也即功率）为 $vC_0u_f^2 = vL_0i_f^2 = u_f^2/Z_c = i_f^2Z_c$。这说明从功率与电压、电流的关系式来看，波阻抗与同一数值的集中参数电阻是等效的，但在物理意义上则不相同，电阻要消耗能量，波阻抗只是表征电压和电流关系的一个系数，是不消耗能量的。

2. 行波的折射与反射

当行波运动到波阻抗发生变化的位置时，根据能量守恒原理，在变化点前后，单位长度导线上电场能和磁场能总和必定相等，而电场能和磁场能又分别与电压、电流量值有关。在电磁总能量不变的前提下，波阻抗的变化只会带来电压和电流比例的变化，这就是电压、电流折射和反射发生的原因。如图 4-9 所示（只示出电压），两条具有不同波阻抗的线路在 A 点相连，设 u_{1f}是 Z_1 线路中的前行波电压，常称之为投射到点 A 的入射波，u_{1b}为反行波电压，是由入射波在 A 点发生反射而产生的；在线路 Z_2 中，u_{2f}是前行波电压，但追根溯源，它源自 A 点入射波，因此称为折射波。

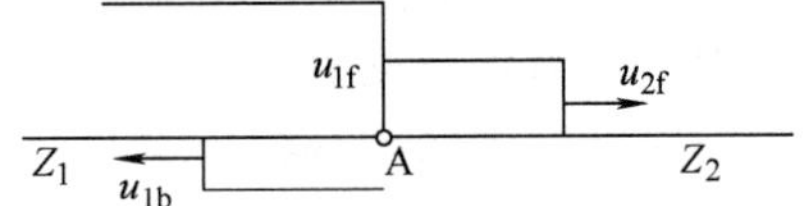

图 4-9　行波的折射与反射

折射波、反射波与入射波的关系为

$$u_{2f} = \frac{2Z_2}{Z_1 + Z_2} u_{1f} = \alpha_u u_{1f} \tag{4-6}$$

$$u_{1b} = \frac{Z_2 - Z_1}{Z_1 + Z_2} u_{1f} = \beta_u u_{1f} \tag{4-7}$$

$$i_{2f} = \frac{2Z_1}{Z_1 + Z_2} i_{1f} = \alpha_i i_{1f} \tag{4-8}$$

$$i_{1b} = \frac{Z_1 - Z_2}{Z_1 + Z_2} i_{1f} = \beta_i i_{1f} \tag{4-9}$$

式中 $\alpha_u = \frac{2Z_2}{Z_1 + Z_2}$——电压折射系数，为折射波电压与入射波电压幅值之比；

$\beta_u = \frac{Z_2 - Z_1}{Z_1 + Z_2}$——电压反射系数，为反射波电压与入射波电压幅值之比；

$\alpha_i = \frac{2Z_1}{Z_1 + Z_2}$——电流折射系数，为折射波电流与入射波电流幅值之比；

$\beta_i = \frac{Z_1 - Z_2}{Z_1 + Z_2}$——电流反射系数，为反射波电流与入射波电流幅值之比。

下面举几个行波折射和反射的例子。

例 4-1 试分析图 4-10 所示波阻抗为 Z_1 的线路末端开路和短路时波的行为。

解 （1）末端开路时，$Z_2 \to \infty$，相当于接有一根波阻抗无穷大的无限长传输线。

$$\alpha_u = \frac{2Z_2}{Z_1 + Z_2} = \frac{2}{Z_1/Z_2 + 1} = 2, \alpha_i = \frac{2Z_1}{Z_1 + Z_2} = \frac{2Z_1/Z_2}{Z_1/Z_2 + 1} = 0$$

$$\beta_u = \frac{Z_2 - Z_1}{Z_1 + Z_2} = \frac{1 - Z_1/Z_2}{Z_1/Z_2 + 1} = 1, \beta_i = \frac{Z_1 - Z_2}{Z_1 + Z_2} = \frac{Z_1/Z_2 - 1}{Z_1/Z_2 + 1} = -1$$

于是有

$$u_{1b} = \beta_u u_{1f} = u_{1f}, i_{1b} = \beta_i i_{1f} = -i_{1f}$$

$$u_{2f} = \alpha_u u_{1f} = 2u_{1f}, i_{2f} = \alpha_i i_{1f} = 0$$

可见，因末端开路，电流折射波（即开路点电流）为零，电压折射波（即开路点电压）为入射波的两倍，在开路点处磁场能量全部转化成了电场能量。从反射波角度看，电流电压都发生了全反射，但电压为正的全反射，在线路上与入射波叠加，使线路上电场能量升高一倍；而电流为负全反射，在线路上与入射波抵消，使线路上磁场能量降为 0。

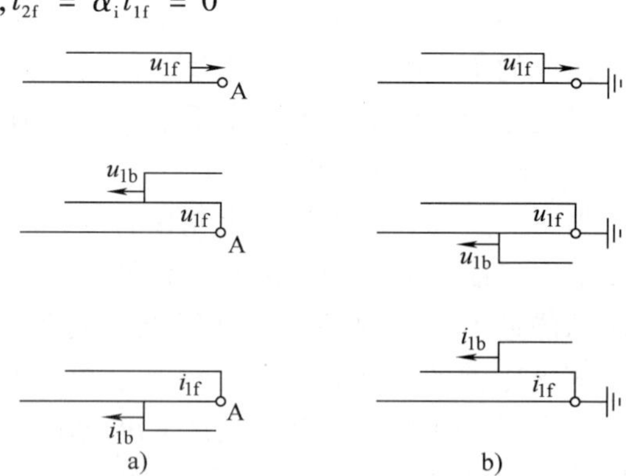

图 4-10 传输线末端开路和短路时波的行为
a）末端开路 b）末端短路

（2）末端短路时，$Z_2 \to 0$，相当于接有一根波阻抗为零的无限长传输线。同理可计算出折射和反射系数如下：

$$\alpha_u = 0, \beta_u = -1$$

$$\alpha_i = 0, \beta_i = -1$$

于是有

$$u_{1b} = -u_{1f}$$
$$i_{1b} = i_{1f}$$

与末端开路时的情况对偶，如图4-10b所示，此时短路点电流全反射，电流将加大一倍，而电压为零，即行波到达短路点时，全部电场能量都转变成磁场能量而使电流上升了一倍。

三、导体上雷电能量传输与传输线的关系

雷电主放电波形是一个持续时间非常短（μs级）的脉冲，通过傅里叶分析发现，其直流成分较大，还有大量的高次谐波，频率达MHz数量级，因此雷电电流电压的波长都很短，其频谱中一些能量不能忽略的谐波波长已达到可与一般公共建筑几何尺度相比拟的程度。按传输线的定义，建筑防雷工程中的导体，多数情况下都可看成是长线，至于防雷工程中的电力线路，则肯定可以看成是长线。

因此，雷电能量在导体上是以波的形式传输的，电压波表征了雷电的电场能量，电流波表征了雷电的磁场能量。当传输线波阻抗发生改变时，由于电压和电流比例的调整，会产生电压、电流波的折射与反射现象。

有时为了方便，可将建筑防雷工程中几十米左右的导体近似为集中参数电路进行分析，但这并不改变这些导体实质上是分布参数电路的事实。

第三节　工程防雷体系及建筑物防雷类别

本章所介绍的防雷都不包括电力系统和信息系统露天架空干线部分，而只包括建筑物本体、内部物体与系统以及进出建筑物的公共管线。

一、工程防雷体系

1. 工程防雷标准简述

防雷标准是近20年来电气工程领域变化较大、较频繁的标准之一，国际电工委员会IEC的TC81[㊀]技术委员会是制定防雷相关标准的权威性国际组织，与其相关的还有TC64[㊁]、TC37[㊂]等技术委员会。始自1990年的IEC-61024防雷系列标准在实施了十多年以后，从2003年起逐渐被IEC-62305系列所取代。我国国家标准GB50057—1994《建筑防雷设计规范》于1994年年末开始实施，并于2000年做了修订，该标准主体上采纳了IEC-61024的规定，至今仍是我国建筑防雷工程的强制性标准。

标准的变化源于认识的深入、技术的发展和新问题的出现。防雷工程的现状与最新的技术标准已经有所差异，这在一定时期可能产生一些混乱，因此特别说明，本书对工程防雷体系的梳理，主要以最新的IEC-62305为依据，但同时也参照了代表工程现状主流的国家标准GB50057—1994（2000年版）和IEC-61024。

2. 工程防雷体系结构

建筑防雷不只是某一项或若干项技术的独立应用，而是一系列技术措施的相互配合与协作，由此形成的防雷措施的组合叫做工程防雷体系。按实施部位分类，现状工程防雷体系可

㊀ IEC/TC81——国际电工委员会雷电防护技术委员会。

㊁ IEC/TC64——国际电工委员会建筑物电气装置和电击防护技术委员会。

㊂ IEC/TC37——国际电工委员会避雷器和电涌保护器技术委员会。

归纳如下：

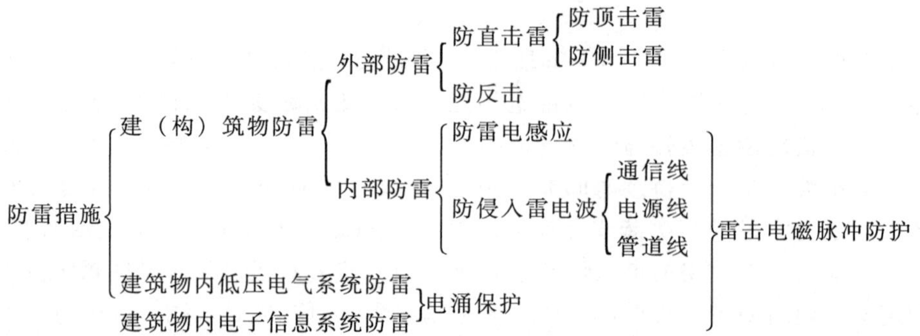

这个体系中，建筑物内部防雷、电涌保护、雷击电磁脉冲防护这三者之间的关系将在本章第五节中详细解释；防反击部分在有些工程标准中被划分为内部防雷。

以上所列示的防雷措施中，低压电气系统的电涌保护将在下一章介绍，电子信息系统的电涌保护本书不作专门介绍，其余的在本章介绍。

按照雷害后果，防雷目标可作如下分类：

- 防雷目标
  - 防实体损坏
    - 建（构）筑物
    - 室内电气设备
    - 室内电子信息设备
    - 公共设施（电力、通信、燃气、自来水等）
  - 防生命伤害——接触电压与跨步电压

以上所列示的雷害中，直击雷是原生危害，其他都是因直击雷而产生的次生危害。

二、建筑物防雷类别

1. 建筑防雷类别划分的目的与结果

建筑物上即使安装了防雷装置，也不能确保不会遭受雷击，只是能减小雷击建筑物的概率和减轻雷击所造成的生命伤害与财产损失。因此，需要将雷击损失减轻到什么程度，就与建筑物的重要性、使用性质、受雷击可能性的大小和一旦发生雷击事故可能造成的后果有关，据此可将建筑物按防雷要求分为三类：一类防雷建筑对防雷装置的要求最高，二类次之，三类最低。应特别说明的是，并不是所有的建筑都一定属于这三类防雷建筑中的某一类，对于不属于任何一类防雷建筑的建筑物，可不设置人工防雷装置。各类防雷建筑的具体划分方法，在国标 GB50057—1994（2000 年版）中有明确规定，也可参见附表 26，此处不再赘述。

2. 建筑物年预计雷击次数计算

很多时候，建筑防雷类别划分需要一个重要的参数，叫做建筑物年预计雷击次数，该参数表明了建筑物受雷击的概率。矩形建筑的年预计雷击次数 N 按以下公式计算：

$$N = kN_g A_e = 0.024kT_d^{1.3}A_e \tag{4-10}$$

$H<100\text{m}$ 时：

$$A_e = [LW + 2(L+W)\sqrt{H(200-H)} + \pi H(200-H)] \times 10^{-6} \tag{4-11}$$

$H \geq 100\text{m}$ 时：

$$A_e = [LW + 2H(L+W) + \pi H^2] \times 10^{-2} \tag{4-12}$$

式中　N_g——建筑物所处地区雷击大地的年平均密度［次/（km·a）］；

T_d——年平均雷暴日；

A_e——与建筑物截收相同雷击次数的地面等效面积（km^2）；

L、W、H——建筑物的长、宽、高（m）；

k——校正系数，在一般情况下取1，位于旷野的孤立建筑物取2，金属屋面的砖木结构建筑物取1.7，位于湖边、河边、山坡下或山地中土壤电阻率较小处、地下水露头处、土山顶部、山谷风口等处的建筑物，以及特别潮湿的建筑物取1.5。

若建筑物在水平面投影不是标准的矩形，可按近似等效的原则转化成矩形计算，一般按保守的原则估算。

第四节　建筑物外部防雷系统

建筑物外部防雷系统主要防直击雷，含顶击和侧击的情况，也包括由外部防雷系统导致的次生雷害——反击。外部防雷系统是建筑防雷体系中的第一道防线，是内部防雷的基础，是预防性体系。

外部防雷系统通过引导和控制雷电能量的通行路径，力图无害化地泄放雷电能量。长期的防雷实践表明，这一思路及相应的措施是有效的，但尚不能达到100%有效，且在泄放雷电能量的过程中可能引发次生雷害，如反击、电磁感应、跨步电压等，这些次生雷害需要进一步的防雷措施进行防护。

一、建筑物外部防雷系统的构成

建筑物的外部防雷系统由接闪器、引下线和接地装置构成，其构成的基本思路是：引导雷电能量通过防雷装置向大地泄放，从而避免雷电能量损坏建筑物。建筑物外部防雷系统各组成部分的功能分述如下：

1. 接闪器

接闪器有避雷针、避雷线和避雷带、避雷网等几种形式，目的是利用其高出被保护物的突出地位，将雷云放电通道引向自身而非建筑物其他部分，然后通过引下线和接地装置将雷电流泄入大地，使被保护建筑免受雷击。因此，接闪器实质上就是“引雷器”，以截获通向建筑物的闪击为任务。

接闪器一般由镀锌圆钢、钢管或扁钢等制作，也可以利用金属屋面等作自然接闪器，但须满足一定的条件。近年来出现了一些新型的接闪器，其有效性多未经过长期的运行验证，因此对其使用应持谨慎态度。

接闪器只是控制雷云的放电点，不应具备改变雷云性质的功能，如中和雷云电荷等。凡具有改变雷云性质的防雷装置，都不应视做外部防雷体系中的接闪器，接闪器的设置和保护范围的确定等技术条件不适用于这些装置。

2. 引下线

引下线是连接接闪器与防雷接地装置的金属导体，其作用是构建雷电流向大地泄放的通道。引下线一般由镀锌圆钢或扁钢制作，应满足机械强度、热稳定及耐腐蚀等要求。对于钢筋混凝土结构的建筑，可利用结构钢筋作引下线，在电磁兼容要求高的建筑物中，还可以采用同轴屏蔽电缆作为引下线。

3. 防雷接地装置

接地装置是防雷系统与大地的交界面，可以使雷电流更有效地向大地泄放，并降低这一过程所产生的次生危害的严重程度。

图 4-11 是一个建筑物外部防雷系统的示例，该建筑采用了避雷带作接闪器，用镀锌圆钢作人工引下线，利用建筑基础中的钢筋构成自然接地体。图中引下线上设有断接卡，是为了测试接地引线的导通性而设置的。

图 4-11 所示系统叫做未与建筑物分离的外部防雷系统，与之对应，还有与建筑物分离的外部防雷系统，如独立的避雷针等。

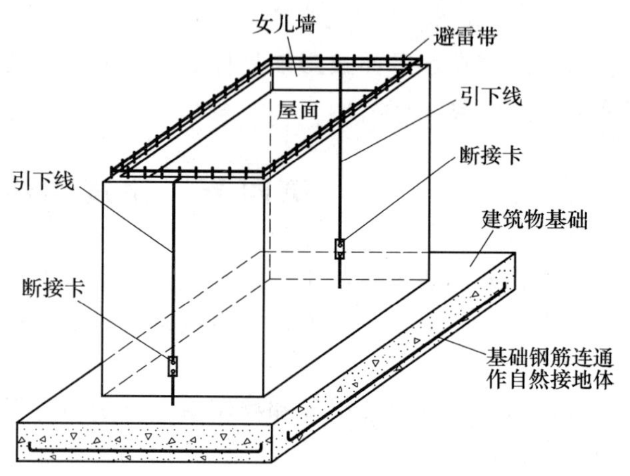

图 4-11　建筑物外部防雷系统示例

二、接闪器的保护范围

确定接闪器的保护范围，是外部防雷设计中的一项重要工作，也是内部防雷划分防雷区的重要依据之一。

接闪器保护范围是一个三维空间，确定这个范围的方法是以雷击人工模拟实验为依据发展出来的。常用的方法有折线法、保护角法、滚球法和网格尺寸法。前两种方法常用于输电线路避雷线的保护范围计算，建筑物雷电防护则主要采用是后两种方法。

1. 滚球法

滚球法不仅可用于计算接闪器的保护范围，还可用于计算较高建（构）筑物对邻近较低建筑物的保护范围。滚球法的理论依据为雷电闪击距离理论，该理论认为，当雷击先导达到接闪器的放电距离以前，其雷击点有一定的选择范围，被保护建筑上的接闪器会有若干上行先导，最终在最容易击穿的路径上达到放电距离，形成主放电。

（1）滚球法原理　滚球法是设立以 h_r 为半径的一个假想硬壳球体（称为滚球），沿需要防直击雷的部位滚动，当球体只能触及接闪器（包括被利用作为接闪器的金属物），或只触及接闪器和地面（包括与大地接触并能承受雷击的金属物），而不能触及被保护建筑物时，则建筑物各部位就得到接闪器的保护，否则需要对建筑物上被滚球触及的区域进一步设置保护，如图 4-12 所示。

（2）滚球半径的确定　应用滚球法的关键问题在于确定滚球的大小。按雷击距离理论，滚球半径 h_r 就是地面目标的雷击距离，根据模拟雷击实验的结果和相应的推算，工程上按照建筑物防雷类别确定滚球半径，见表 4-4。

表 4-4　滚球半径及网格尺寸的取值

建筑物防雷类别	滚球半径 h_r/m	避雷网网格尺寸/m
第一类防雷建筑物	30	≤5×5 或≤6×4
第二类防雷建筑物	45	≤10×10 或≤12×8
第三类防雷建筑物	60	≤20×20 或≤24×16

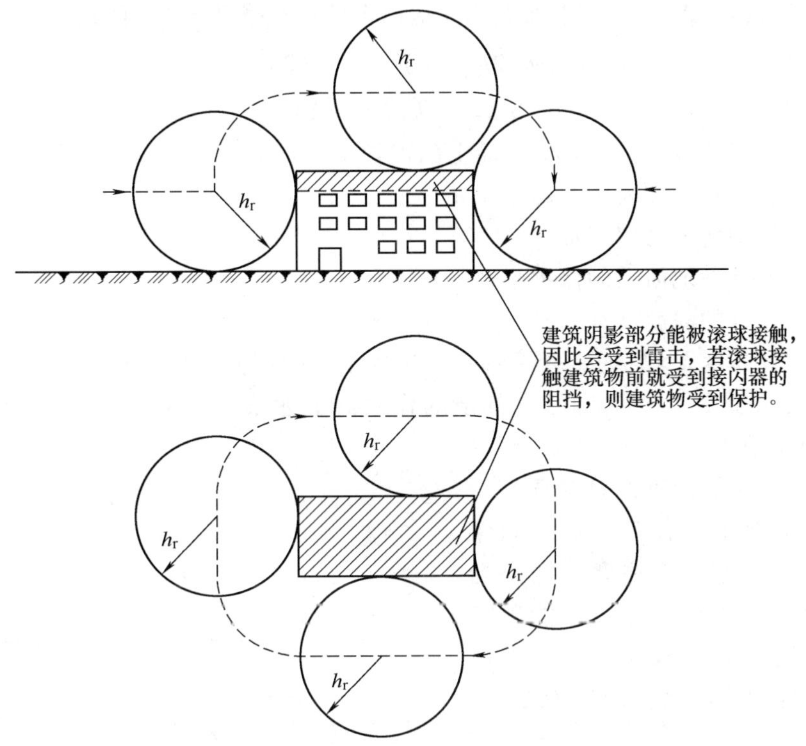

图 4-12　滚球法确定雷击部位的原理

2. 网格尺寸法

在建筑物上设置避雷网作接闪器时，一般应在建筑物的边沿和突出位置装设，避雷网的网格尺寸按表 4-4 确定即可，不必用滚球法对其保护范围进行校核。当然也可以按滚球法的原则对避雷网的保护范围进行确定。

网格尺寸法和滚球法是两种相互独立的确定保护范围的方法，它们所确定的保护范围可能出现差别，但只要满足其中任一种，就可认为建筑物得到保护。网格尺寸法相对来说更简单一些，但只能用于避雷网，无普遍性，而滚球法适用于所有的情况。

三、典型接闪器保护范围计算

典型的接闪器有避雷针、避雷线、避雷带、避雷网等。以下对避雷针、避雷线的情况进行介绍。

（一）避雷针的保护范围

1. 单支避雷针的保护范围

单根避雷针保护范围是以避雷针为轴心的一个空间椎体，锥面为弧形，锥底为平面。

1）当避雷针高度 $h \leqslant h_r$ 时，单支避雷针的保护范围可按下列步骤通过作图确定（见图 4-13）：

①　距地面 h_r 处作一平行于地面的平行线；

②　以针尖为圆心，h_r 为半径，作弧线交于平行线的 A、B 两点；

③　以 A、B 为圆心，h_r 为半径作弧线，该弧线与针尖相交并与地面相切。此弧线以避雷针为轴的 360°旋转弧面与地面所围合的空间就是保护范围。

④　避雷针在 h_x 高度的 xx'平面上和在地面上的保护半径 r_x 也可按下列计算式确定：

$$r_x = \sqrt{h(2h_r - h)} - \sqrt{h_x(2h_r - h_x)} \tag{4-13}$$

$$r_0 = \sqrt{h(2h_r - h)} \tag{4-14}$$

式中　r_x——避雷针在 h_x 高度的 xx'平面上的保护半径（m）；

h_r——滚球半径，按表 4-4 确定（m）；

h_x——被保护物的高度（m）；

r_0——避雷针在地面上的保护半径（m）；

h——避雷针的高度（m）。

2）当避雷针高度 $h > h_r$ 时，避雷针高出滚球半径的部分无效，在避雷针上取高度 h_r 的一点代替单支避雷针针尖作为圆心，其余的作法同上述第 1）项，但式（4-13）和式（4-14）中的 h 用 h_r 代替。

2. 双支等高避雷针的保护范围

有多支避雷针时，各避雷针之间保护范围的确定是难点，应注意一定要到将滚球滚到任意可能的位置，才能确定出有效的保护范围。就双支等高避雷针而言，滚球沿地面滚动至被两针卡住时，就达到极限位置。

（1）避雷针高度 $h \leqslant h_r$ 的情况　当两支避雷针的距离 D 满足 $D \geqslant 2\sqrt{h(2h_r - h)}$ 时，应各按单支避雷针所规定的方法确定其保护范围，当 $D < 2\sqrt{h(2h_r - h)}$ 时，其保护范围如图 4-14 所示。

1）AEBC 外侧的保护范围，按照单支避雷针的方法确定。

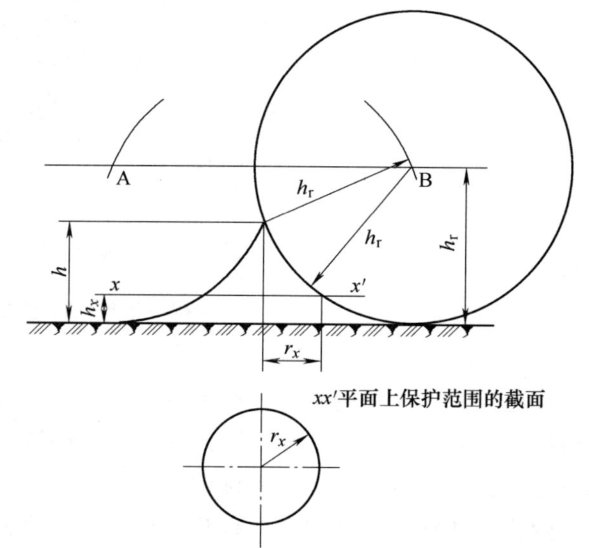

图 4-13　单支避雷针的保护范围

2）C、E 点位于两针间的垂直平分线上。在地面每侧的最小保护宽度 b_0 按下式计算：

$$b_0 = \overline{CO} = \overline{EO} = \sqrt{h(2h_r - h) - \left(\frac{D}{2}\right)^2} \tag{4-15}$$

在 AOB 轴线上，距中心线任一距离 x 处，其在保护范围上边线上的保护高度 h_x 按下式确定：

$$h_x = h_r - \sqrt{(h_r - h)^2 + \left(\frac{D}{2}\right)^2 - x^2} \tag{4-16}$$

该保护范围上边线是以中心线距地面 h_r 的一点 O'为圆心，以 $\sqrt{(h_r - h)^2 + \left(\frac{D}{2}\right)^2}$ 为半径所作的圆弧 AB。

3）两针间 AEBC 内的保护范围按以下方法确定。在任一保护高度 h_x 和 C 点所处的垂直平面上，以 h_x 作为假想避雷针，按单支避雷针的方法逐点确定图 4-14 的 1-1 剖面图。确定

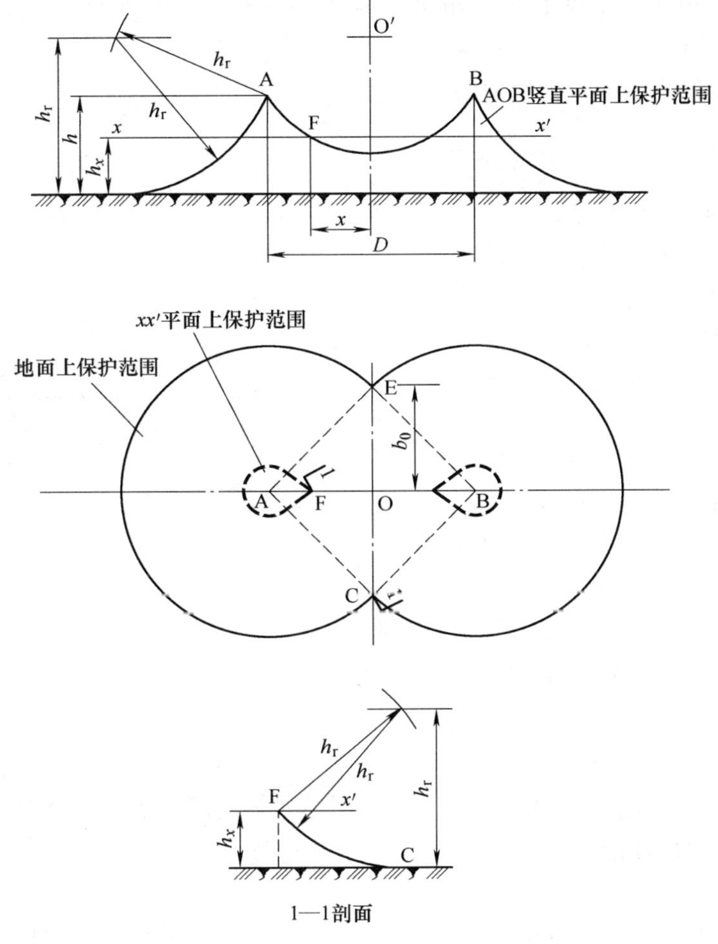

图 4-14　双支等高避雷针的保护范围

BCO、AEO、BEO 部分的保护范围的方法与 ACO 部分的相同。

4）确定 xx'平面上保护范围截面的方法。以单支避雷针的保护半径 r_x 为半径，以 A、B 为圆心作弧线与四边形 AEBC 相交；以单支避雷针的（$r_0 - r_x$）为半径，以 E、C 为圆心作弧线与上述弧线相接，见图 4-14 中的虚线。

（2）避雷针高度 $h > h_r$ 的情况　此时以高度为 h_r 避雷针取代原避雷针，按上面同样的方法求取即可，各公式中 h 以 h_r 取代。

3. 其他避雷针配置组合的保护范围

接闪器还有很多种组合形式，包括不同空间布置组合和不同参数组合，如两只不等高避雷针，3 只等高或不等高避雷针任意布置，4 只等高避雷针矩形布置等，其计算原理和上面一样，都归属于立体几何的计算，不再一一罗列。

（二）避雷线的保护范围

以等高杆塔单根避雷线为例进行介绍，其保护范围在两端为弧面半圆锥体，沿线为一弧面三角形廊道，保护范围具体确定方法如下。

当避雷线的高度 $h \geqslant 2h_r$ 时，无保护范围；当避雷线的高度 $h < 2h_r$ 时，应按下列方法确定保护范围（见图 4-15）：确定架空避雷线的高度时应计及弧垂的影响，在无法确定弧垂的

情况下，当等高杆塔间的距离小于120m时，架空避雷线中点的弧垂宜采用2m，距离为120～150m时宜采用3m。

1）距地面 h_r 处作一平行于地面的水平线；

2）以避雷线为圆心，h_r 为半径，作弧线交于平行线的A、B两点；

3）以A、B为圆心，h_r 为半径作弧线，该两弧线与避雷线相交或相切并与地面相切。该弧线沿避雷线滑动所形成的弧面与地面所围合的空间就是保护范围；

4）当 $h < 2h_r$ 且大于 h_r 时，保护范围最高点的高度 h_0 按下式计算：

$$h_0 = 2h_r - h \tag{4-17}$$

5）避雷线在被保护物高度 h_x 的 xx' 平面上的保护宽度 b_x 按下式计算：

$$b_x = \sqrt{h(2h_r - h)} - \sqrt{h_x(2h_r - h_x)} \tag{4-18}$$

式中 b_x——避雷线在 h_x 高度的 xx' 平面上的保护宽度（m）；

h——避雷线的高度（m）；

h_r——滚球半径（m）；

h_x——被保护物的高度（m）。

6）避雷线两端的保护范围按单支避雷针的方法确定。

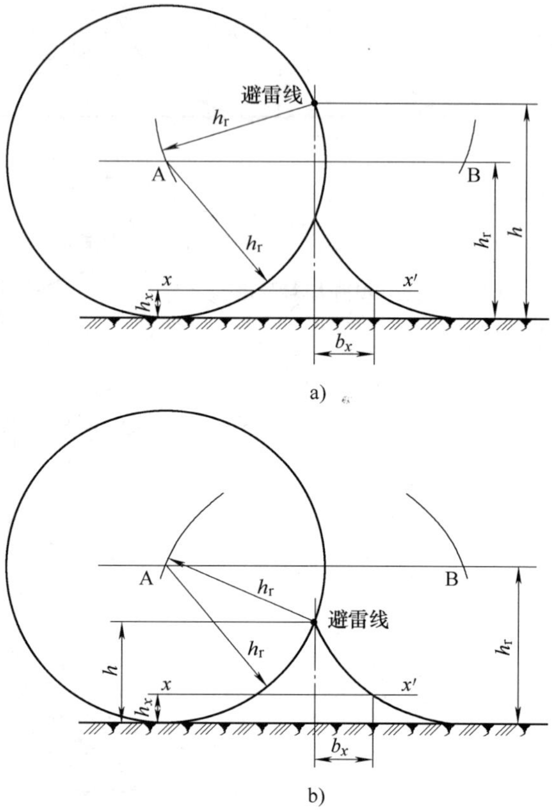

a)

b)

图4-15 单根架空避雷线的保护范围

a）当 $h_r < h < 2h_r$ 时 b）当 $h < h_r$ 时

四、外部防雷系统导致的次生雷害

建筑物外部防雷系统在有效地保护建筑物免受直接雷击危害的同时，却又会在其泄放雷电能量的过程中产生一些新的危害，这些危害的源头都是泄放中的雷电能量，因此称为次生雷害，主要有反击和电磁感应两种。

1. 反击及防护

（1）反击原理 雷电流通过防雷系统向大地泄放时，接地装置或引下线可能因电位升高而对附近的物体发生放电，这种现象称为反击。

反击发生的原理如图4-16所示，由于引下线和接地装置几何尺寸通常在几十米至一百多米范围内，可以近似按集中参数电路进行分析。引下线和接地装置都有阻抗存在，雷电流下泄时会在这些阻抗上产生电压。图4-16中避雷针引下线上距地 x 高处的对地电位为

$$u(x) = [R_{sh} + R(x)]i_L + L(x)\frac{di_L}{dt}$$

式中 R_{sh}——接地装置的冲击接地电阻。

距防雷接地点一定距离的变配电所金属构件，其电位还基本上等于地电位，这时引下线

与金属构件间的电压为 $u(x)$，视高度而不同。若 $u(x)$ 大到足以使尺度为 $S(x)$ 的空气击穿，则避雷针引下线会向变配电所的金属构件放电，这就是反击。在地中，雷电流同样可由防雷接地装置向室内接地装置反击。反击可能造成多种不良的后果，因此必须予以防护。

（2）反击防护　防反击的措施主要有间距和等电位联结两种。

1）间距。最常用的防止反击的措施是维持安全距离，在空气中，如取空气的抗电强度为 500kV/m，则安全距离须满足

$$S(x) > 0.2R_{sh} + 0.1x \tag{4-19}$$

在土壤中，假设土壤的抗电强度为 300kV/m，则安全距离须满足

$$S_d > 0.3R_{sh} \tag{4-20}$$

式中　$S(x)$、S_d——距地 x 高度处和土壤中为避免发生反击所需的距离（m）；

R_{sh}——防雷接地装置冲击接地电阻（Ω）；

x——反击点距地高度（m）。

一般 $S(x)$ 不小于 5m，S_d 不小于 3m。

2）等电位联结。当现场没有足够的空间维持防反击间距时，可采用等电位联结措施，即将防雷引下线或接地体与可能被反击的金属构件电气连通，强制消除其间电位差，防止反击发生，但这一作法使金属构件分走雷电流，对于那些对电流敏感的金属构件，应谨慎应用，并采取相应的防护措施。

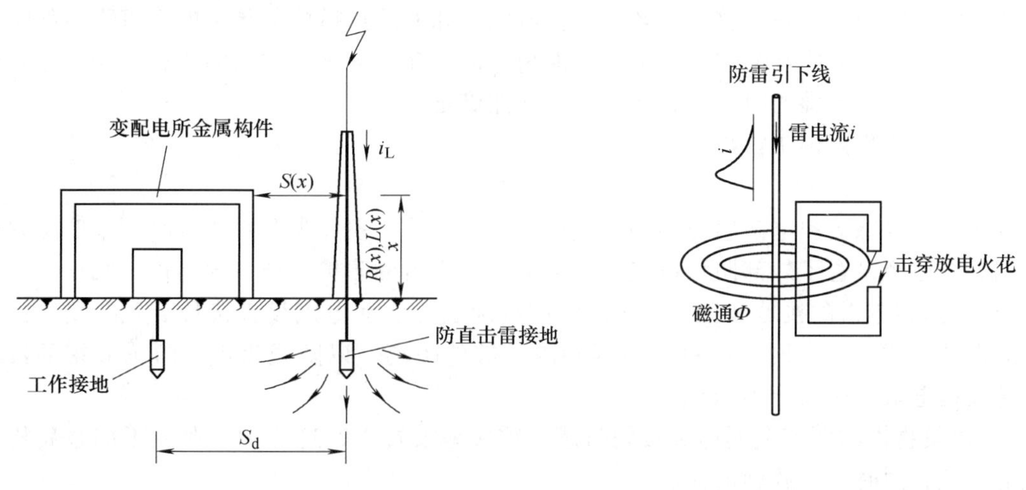

图 4-16　反击与防反击距离　　图 4-17　引下线雷电流导致的火花放电

2. 雷电流电磁感应现象

雷电流通过建筑物外部防雷装置时，会在周围空间产生磁场。雷电流本身及其所产生的磁场都是急剧变化的，该变化的磁场会在建筑物内的金属环路中产生电磁感应。若金属环路是闭合的，会在环路中产生感应电流；若金属回路是开路的，会在环路开口处产生感应电压。

图 4-17 所示为防雷引下线中雷电流在金属环路开口上产生感应电压的示例，若感应电压足够大，可击穿环路开口发生火花放电，引发燃烧、爆炸等灾害。电磁感应现象的防护属于内部防雷的范围，最常见作法是封闭环路开口，详细作法将在下一节介绍。

第五节　建筑物内部防雷系统及雷击电磁脉冲防护

一、传统建筑物内部防雷与雷击电磁脉冲防护的关系

建筑防雷工程在最近二十年左右的变化和发展基本都体现在内部防雷系统上，主要的工程背景是建筑物内电子信息设备安装密度急剧增加，雷电损坏电子信息设备的情况大量出现，并带来一系列严重的后果，这表明传统防雷体系对电子信息系统已存在着不可忽略的失防。

传统的建筑物内部防雷主要是防雷电感应和雷电波沿管线的侵入，防护的目标是避免在建筑物内引起火花放电和出现电位差。而在涉及建筑物内电气电子系统防雷问题时，又将雷电感应（辐射耦合的雷电能量）和侵入雷电波（传导耦合的雷电能量）统称为雷击电磁脉冲，防护的目标是避免电气电子设备损坏，防护体系的名称叫雷击电磁脉冲防护。

概括地说，当保护对象为建筑物（含建筑物内空间）时，就是传统的建筑物防雷；当保护对象是建筑物内电气电子系统时，就是雷击电磁脉冲防护。电气电子系统的雷击电磁脉冲防护分两个环节实施：第一个环节在建筑物上实施，称为建筑物上的雷击电磁脉冲防护措施，目的是衰减进入室内空间的雷电能量；第二个环节在电气电子系统内部实施，称为电涌保护，目的是泄放耦合进入电气电子系统的雷电能量，以避免对设备造成损坏。

应特别注意的是，在建筑物这一环节，雷击电磁脉冲防护措施与传统的建筑物内部防雷措施有很多的重叠，因此常会造成理解上的混淆。以下介绍的这两方面的措施，若实施在同一建筑上，当它们有重叠的时候，只实施一次就能满足要求。

二、传统建筑物内部防雷措施

1. *感应雷及其防护*

感应雷有静电感应和电磁感应两种，其原理已如前述，仅一类防雷建筑必须采取防感应雷的措施。在已经设置了外部防雷系统的前提下，感应雷的防护措施主要有以下几项。

1）设置防感应雷的接地装置。防感应雷的接地装置应和电气设备接地装置共用，但应与独立避雷针（线、带、网）的接地装置相隔足够的距离，以防止反击。防感应雷的接地装置工频接地电阻不应大于10Ω。

2）将建筑物内的所有金属体都接到防感应雷接地装置上，这是为了避免不同金属构件间出现电位差，同时可泄放静电荷。

3）平行敷设的管道、金属构件等，以及金属物的弯头、阀门、法兰盘等连接处，因可能出现电气连接不良甚至中断的情况，形成开口的金属回路，在电磁感应电动势作用下开口可能被击穿，产生电火花，引起燃烧或爆炸，因此在这些地方应采用金属线跨接，使可能出现的金属回路均为闭合回路。

2. *雷电波侵入的防护*

雷电波侵入的路径主要是进、出建筑物的各种金属管道和电力线路。对电力线路，宜采用电缆埋地敷设，并在进入建筑物处将电缆金属外皮与防感应雷的接地装置电气连接；对其他金属管道，也应在进入建筑物处与防感应雷的接地装置电气连接。这样作的目的是在进入建筑物处就消除各管线间的电位差，起到等电位的作用，同时通过接地泄放雷电能量。

三、雷击电磁脉冲防护的防雷区及划分

雷击电磁脉冲防护需要对室内空间进行划分，以便有针对性地采取措施，这种划分的结果就是防雷区。

1. 雷击电磁脉冲

雷击电磁脉冲（Lightning Eletromagnetic Impulse，LEMP）是指作为干扰源的电闪电流和电闪电磁场。LEMP 的干扰主要是指以下三种情况：

1）自然界天空中雷电波电磁辐射对建筑物内部的电磁干扰。

2）当建筑物的防雷装置接闪后，流经防雷装置的雷电流对建筑物内部的电磁干扰。

3）由外部的各种管线引来的雷电电磁波对建筑物内部的干扰。

闪电是一种能量很高的干扰源，雷击能释放出数百兆焦耳的能量，而电子设备可承受的能量多为 mJ 级，差别悬殊。传统的防雷方式，常常对微电子设备起不到保护作用。

防雷击电磁脉冲本身属于内部防雷的范畴，但外部防雷措施对防雷击电磁脉冲也有很大作用。我国现代的平顶建筑大多采用避雷带（网）作接闪器，而较少使用避雷针，是因为避雷带有利于敷设多根引下线，有利于形成等电位联结和笼式金属网，这对屏蔽雷电电磁波和均衡电位都有很大好处。

2. 防雷区及划分

根据被保护空间可能遭受 LEMP 的严重程度及被保护系统（设备）所要求的电磁环境，可将被保护空间划分为若干不同的区域，称为防雷区。在相邻防雷区交界面的两侧，区内承受和传导的雷电干扰有明显变化，造成这种变化的原因有外部防雷系统的作用、建筑物的自然屏蔽的作用、人为的屏蔽措施及自然或人为的分流作用等。可以肯定，不同防雷区的电磁环境有显著差异。

下面以图 4-18 为例，来说明不同防雷区的划分原则与方法。

（1）$LPZ0_A$ 区　本区内的各物体都可能遭到直接雷击，因此各物体都有可能导走全部雷电流，本区的电磁场没有衰减。图 4-18 中接闪器保护范围以外的空间都属于 $LPZ0_A$ 区，图中建筑物接闪器除了采用避雷带以外，还专为屋顶高出避雷带的一台电动机设置了避雷针保护。

（2）$LPZ0_B$ 区　本区内的各物体不可能遭到直接雷击，但本区内的电磁场没有衰减。图 4-18 中接闪器保护范围以内、建筑物墙（屋面）以外的空间就是 $LPZ0_B$ 区。

（3）LPZ1 区　本区内的各物体不可能遭到直接雷击，流经各导体的电流比 $IPZ0_B$ 区进一步减小。本区内的电磁场可能衰减，这取决于屏蔽措施。图 4-18 中建筑物以内、信息设备间以外的空间就是 LPZ1 区，$LPZ0_B$ 区与 LPZ1 区的交界面是建筑物的墙体和屋面，由于建筑构件的自然屏蔽和钢筋的分流作用，使得这两个区域的电磁环境有显著差异。

（4）随后的防雷区（LPZ2、LPZ3 等）　如果需要进一步减小所导引的电流和（或）电磁场，应引入随后的防雷区。应根据被保护系统所要求的电磁环境去选择随后防雷区的要求条件。图 4-18 中信息设备房以内、设备外壳以外的空间就是 LPZ2 区，设备外壳以内的空间为 LPZ3 区，这是根据设备对电磁环境的要求确定的防雷区。

通常，防雷区的数字越高，电磁环境的参数越低。

四、实施在建筑物上的雷击电磁脉冲防护措施

在建筑物上实施的防雷击电磁脉冲措施主要有屏蔽、等电位联结、接地、间距等，这些措施不仅可直接衰减 LEMP 的强度，还构成电气电子系统电涌保护的基础。

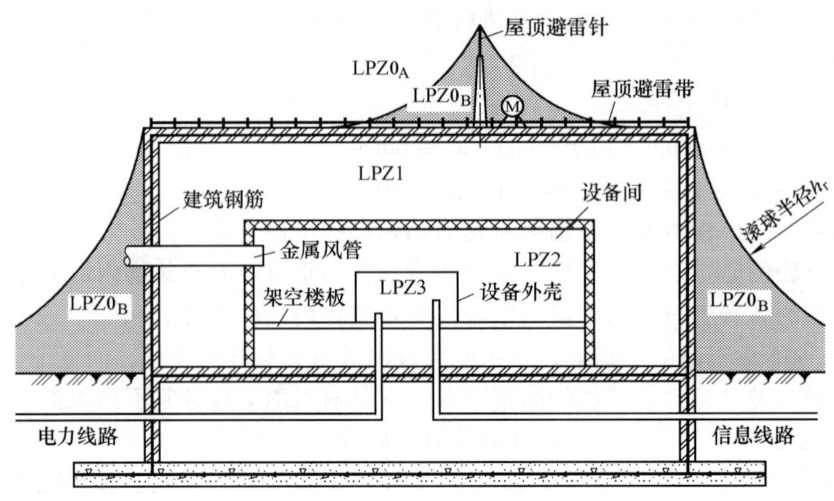

图 4-18　防雷区划分示例

1. 等电位联结

用于 LEMP 防护的等电位联结，就是人为地将原本分开的装置、诸导电物体等用导体连接起来，其目的在于减小雷电流在它们之间产生的电位差，并可能分走部分雷电流。

(1) 在防雷区界面处的实施　穿越各防雷区界面的金属物和系统，以及在一个防雷区内部的金属物和系统，均应在防雷区界面处作符合下列要求的等电位联结。

1) 在 $LPZ0_A$（或 $LPZ0_B$）与 LPZ1 区界面处的具体实施。所有进入建筑物的外来导电物均应在 $LPZ0_A$ 或 $LPZ0_B$ 与 LPZ1 区的界面处做等电位联结。图 4-19 是各种管线从同一位置进入建筑物时等电位联结的方法。当外来的导电物、电力线、通信线等是在不同地点进入建筑物时，宜沿分界面设若干等电位联结带，并将其就近连到内部环形接地连接带或兼有此类功能的钢筋上，它们在电气上是导通的，并应连通到接地体（含基础接地体）上，如图 4-20。

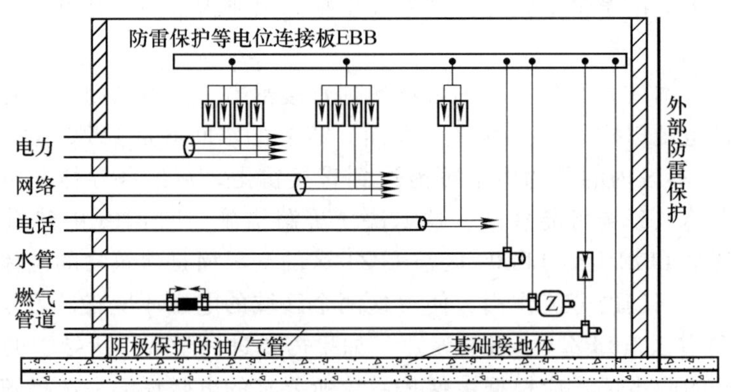

图 4-19　外来金属管线同一位置进入建筑物时的等电位联结

环形接地体和内部环形导体应连到钢筋或其他屏蔽构件上，例如金属立面，宜每隔 5m 连接一次。

2) 在各后续防雷区界面处的具体实施。各后续防雷区界面处的等电位联结，与在 LPZ0 与 LPZ1 区界面处等电位联结原则相同。

进入防雷区界面处的所有导电物以及电力、通信线路，均应在界面处做等电位联结。具体方式为采用一局部等电位联结带做等电位联结，所谓局部等电位联结带是指设在LPZ0与LPZ1区以后各防雷区交界处的等电位联结带。各种屏蔽结构或其他局部金属物，例如设备的外壳，也连到该局部等电位联结带做等电位联结。

（2）在防雷区内部的实施　某一防雷区内所有电梯轨道、吊车、金属地板、金属门框架、设施管道、电缆桥架等大尺寸的内部导电物，其等电位联结应以最短路径连到最近的等电位联结带或其他已做了等电位联结的金属物体上。平行敷设的长金属管线，各管线之间宜附加多次相互连接。

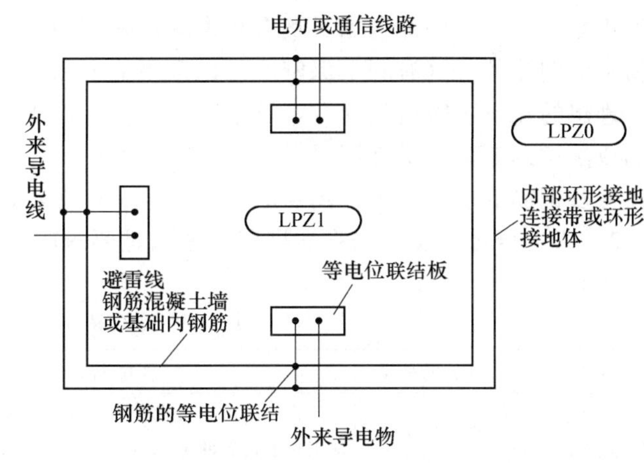

图4-20　外来金属管线多点进入建筑物时的等电位联结

2. 屏蔽

（1）屏蔽的目的　屏蔽是衰减辐射耦合电磁干扰的基本措施。由于雷电流的电磁辐射可以影响到1km以外的微电子设备，所以无论是本建筑物遭到雷击，还是远处的建筑物或空中发生雷击，都会有闪电电磁脉冲侵入建筑物。因此，有必要对安装有大量电子设备的房间采取屏蔽措施，保证电子设备工作所需的电磁环境。

屏蔽的有效性不仅与房间加装的屏蔽网和设备外壳屏蔽本身有关，还与电子设备电源线和信号线接口的过电压防护、等电位联结及接地措施等有关，这一系列的措施都需要专门的设计和施工，有关技术正处于发展过程中。

（2）屏蔽的工程方法

1）利用建筑物的金属构件作屏蔽。根据法拉弟笼原理，封闭的金属笼内电场强度

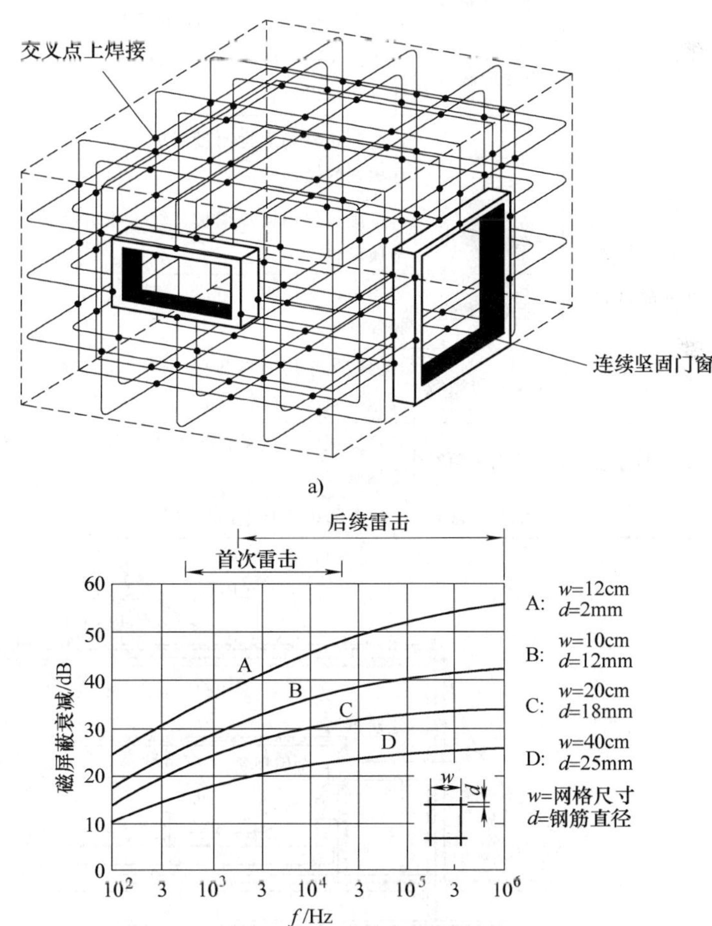

图4-21　利用结构钢筋屏蔽房间

a）屏蔽的做法　b）磁屏蔽的效果

接近于零，因此对外部电磁干扰有较大的衰减作用，同时由于屏蔽作用的存在，笼内信号也不易辐射到笼外，这有利于保密。可以采用低电阻的金属材料或磁性材料做成六面封闭体。

理想的建筑物防雷设计方案首选法拉弟笼。由于建筑物金属结构遍及各处，利用结构钢筋构成法拉弟笼就是最常用的做法，如图 4-21a 所示。钢筋屏蔽的效果与钢筋直径、钢筋网格尺寸及钢筋的层数有关，图 4-21b 为磁屏蔽的效果曲线。

2）人工屏蔽方法。当自然屏蔽不能满足要求时，应进行人工屏蔽。人工屏蔽室的种类见表 4-5。

表 4-5　人工屏蔽室的种类

分类形式	屏蔽的种类	作用说明	是否接地	备注
按屏蔽的目的分类	被动屏蔽室	防止外电磁场干扰室内灵敏电子设备或电脑正常工作而设置的屏蔽室	不需接地	①接地电阻 $\leqslant 4\Omega$ ②一般屏蔽多指电磁屏蔽
	主动屏蔽室	为了防止室内设备辐射电磁干扰影响环境及泄漏信息而设置的屏蔽室	接地	
按屏蔽原理分类	静电屏蔽室	防止静电场影响，消除两个电路之间因分布电容耦合产生的干扰，屏蔽体采用金属材料	接地	
	电磁屏蔽室	为防止高频电磁场的影响而设置的屏蔽室屏蔽体采用金属材料	必须接地	
	磁屏蔽室	为防止磁场干扰而设置屏蔽室，屏蔽体采用高导磁率的磁性材料	接地	
按屏蔽材料分类	板式屏蔽室	屏蔽体采用镀锌铜板、铜板或坡膜合金等板式金属材料	不需接地	
	网式屏蔽室	屏蔽体采用铜网组成屏蔽室，用在音频、超高频等范围	接地	经济但是永久性差
	薄膜式屏蔽室	屏蔽体采用塑料制品上镀一层金属，或由金属及塑料组成的塑料制品	接地	逐渐代替金属材料
按施工方法分类	建筑式屏蔽室	将屏蔽体，金属材料埋入墙体中，由建筑专业现场施工	—	
	装配式屏蔽室	屏蔽体由产品生产厂家生产产品在现场组装	—	

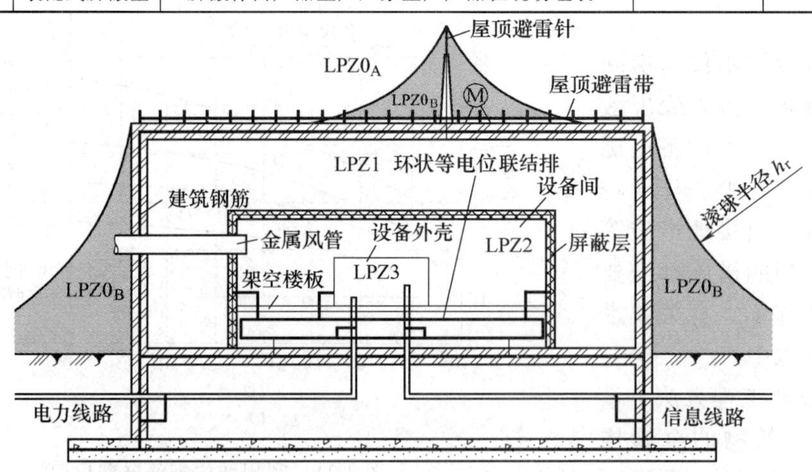

图 4-22　实施在建筑物上的防雷击电磁脉冲措施示例

(3) 综合示例。图 4-18 所示的建筑物，在实施了屏蔽和等电位联结措施后的情形，如图 4-22 所示。

3. 接地

建筑物内做了等电位联结的各种金属体均应接地，进、出建筑物的金属管线在等电位联结处也应接到同一地装置上，该接地装置应与电气装置接地共用，若外部建筑防雷系统是与建筑物分离的，该接地装置还应与外部防雷接地有足够的间距，以避免发生反击。

第六节　工程接地装置

接地装置是接地技术得以实施的基本条件，但接地技术并不仅仅涉及到接地装置，不能混淆接地技术与接地装置这两个概念。本节所介绍的接地装置，不仅可用于防雷接地，还可用于其他用途的接地。

工程实用的接地装置分为两类：一类是专为接地目的设置的，称为人工接地装置；另一类是利用建筑基础中本来就有的金属构件构建的，称为自然接地装置。

接地装置由接地体、接地引线、接地连接板、接地连接线等构成，以下主要对接地体进行介绍。

一、人工接地体

人工接地体由单个或若干个接地极构成，接地极分为垂直接地极和水平接地极两种形式。垂直接地极一般用角钢或钢管制作，水平接地极一般由扁钢或圆钢制作。

1. 垂直接地体接地电阻

如图 4-23a 所示，单根垂直接地体的接地电阻为

$$R = \frac{\rho}{2\pi l}\ln\frac{4l}{d} \tag{4-21}$$

式中　R——接地电阻值（Ω）；

l——接地体长度（m）；

d——接地体直径（m）。当采用扁钢时 $d=0.5b$，b 为扁钢宽度；当采用角钢时 $d=0.84b$，b 为角钢每边宽度；

ρ——土壤电阻率（Ω·m）。

增加垂直接地体的长度可降低接地电阻，但当长度超过一定值（一般为 3m 左右）后，长度对接地电阻的影响已不明显。

如图 4-23b 所示，若将多根垂直接地体并联，因相互间的屏蔽作用，其总的接地电阻 R_Σ 为

$$R_\Sigma = \frac{R}{\eta n} \tag{4-22}$$

式中　R——单根接地极的接地电阻，按式（4-21）计算；

η——利用系数，一般为 0.65～0.8，具体数据可查阅相关手册。

2. 水平接地体接地电阻

水平接地体的接地电阻可按下式计算：

$$R = \frac{\rho}{2\pi L}\left(\ln\frac{L^2}{dh} + A\right) \tag{4-23}$$

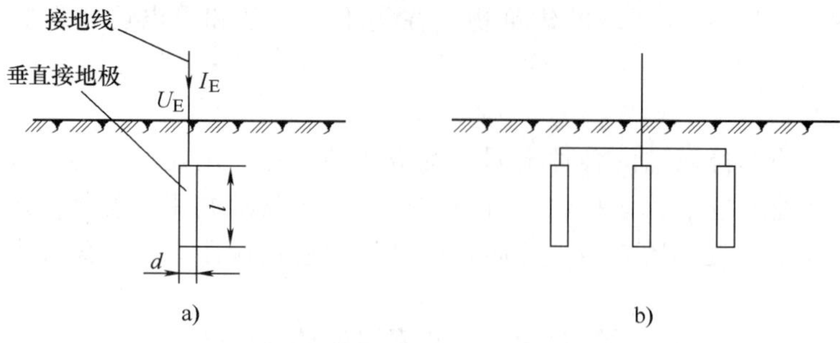

图 4-23　垂直接地体

a）单根　b）多根

式中　R——接地电阻值（Ω）；

ρ——土壤电阻率（Ω · m）；

L——接地体总长度（m）；

d——接地体直径（m）。当采用扁钢时 $d=0.5b$，b 为扁钢宽度；当采用圆钢时为圆钢直径；

h——接地体埋设深度（m）；

A——水平接地体的形状系数，也称屏蔽系数，见表 4-6。

其他参数同式（4-21）。

表 4-6　水平接地体接地电阻的形状系数值

形状	—	L	人	十	米	·	□	○
A 值	0	0.378	0.87	2.14	5.27	8.81	1.69	0.48

3. 接地网接地电阻

如图 4-24 所示，由水平接地极构成了边界闭合的接地网，这种接地网常用于变电站接地，其接地电阻近似计算公式为

$$R=\frac{0.44\rho}{\sqrt{S}}+\frac{\rho}{L} \qquad (4\text{-}24)$$

式中　R——接地电阻（Ω）；

ρ——土壤电阻率（Ω · m）；

L——水平接地极总长度（m）；

S——接地网面积（m^2）。

以上计算的接地电阻均为工频接地电阻，冲击接地电阻可通过换算得到。

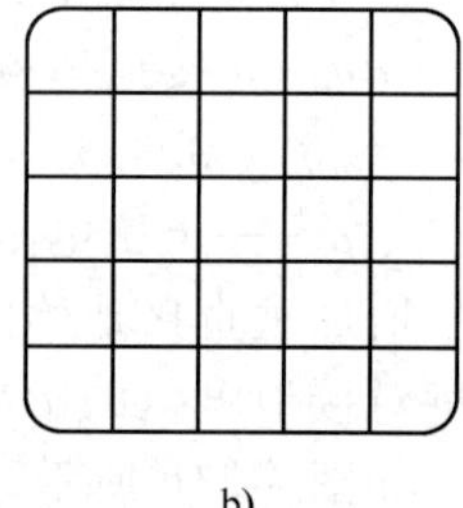

图 4-24　接地网

a）长孔　b）方孔

二、自然接地体

自然接地体主要有建筑物基础构成的接地体、金属管道构成的接地体和电缆金属外皮构成的接地体等。建筑物防雷接地采用自然接地体最为常见，自然接地体在若干方面具有优点，在建筑电气工程中可考虑优先采用。

如图 4-25 所示，利用建筑物基础金属构件构成自然接地体，其接地电阻可按以下式估算：

$$R = \frac{\rho}{\sqrt{2\pi S}} \tag{4-25}$$

式中 R——接地电阻（Ω）；

ρ——土壤电阻率（Ω · m）；

S——结构体地下部分与土壤接触的总表面积（m^2），按建筑地下部分结构体底面积与侧面积之和计算，可忽略基础桩与土壤的接触面积。

三、跨步电压

图 4-26 为接地装置在地面产生跨步电压的原理。雷电流泄入大地时在地面产生电位梯度，若人的两腿站立在不同的等位面上，两腿之间就会有电位差，该电位差称为跨步电压。

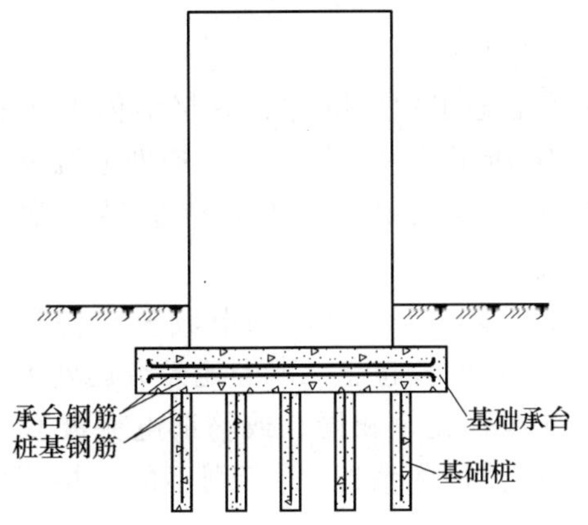

图 4-25 建筑物基础结构体作自然接地体

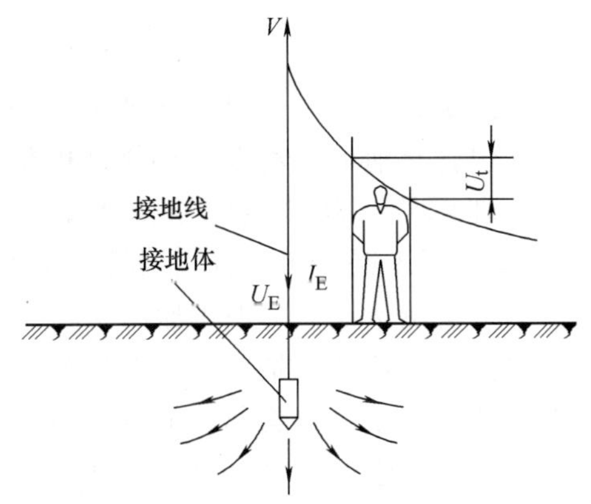

图 4-26 跨步电压产生的原理

跨步电压计算是一个非常复杂的问题，它与接地体形式、埋深、土壤电阻率均匀性及人所处位置、人的身高等因素有关。就单根垂直接地极而言，其最大跨步电压可按下式计算：

$$U_{t \cdot max} = \frac{IR}{\ln \frac{4l}{d}} \ln\left(1 + \frac{2T}{d}\right)$$

式中 $U_{t \cdot max}$——垂直接地极最大跨步电压（V）；

I——通过接地极的电流（A）；

R——垂直接地极的接地电阻（Ω）；

l——垂直接地极的长度（m）；

d——垂直接地极等效直径（m），对非圆棒形垂直接地极，其取值方法同式（4-21）；

T——人的跨步距离（m），国内设计时一般取 0. 8m。

跨步电压防护的方法主要有三种：一种是换填低电阻率土壤以平缓电位梯度；第二种是设置均压带（环）平缓电位梯度；第三种是在接地体上方地面以下覆盖绝缘材料。

四、接地电阻测试

1. 两电极法及其所存在的问题

理论上，只要测出电阻的端电压和流过电阻的电流，就能求出电阻阻值大小。图 4-27a 就是一种测量接地电阻的方法，叫做两电极法，这种方法通过一个辅助电流极 C 与被测接地极 E 构成回路，接地电阻按 $R=\frac{U_G}{I}$计算，式中 U_G 为测试电源电压，I 为电流表上读数。

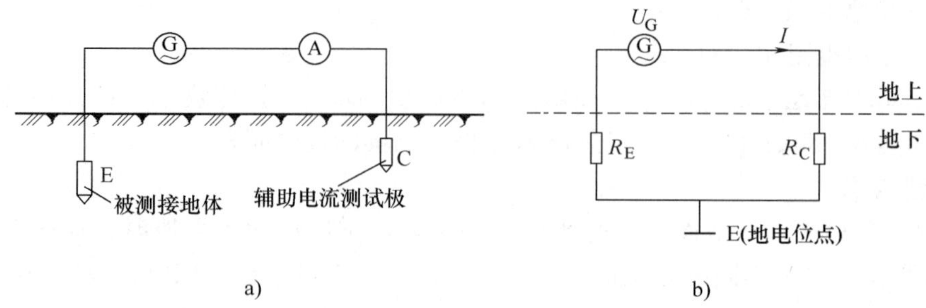

图 4-27 两电极法测量接地电阻

上述测量方法有一个根本的缺陷，即所测出的接地电阻中，既包含有接地体 E 的接地电阻，又包含有辅助电流极 C 的接地电阻，如图 4-27b 所示。通常情况下，辅助电流极 C 的尺寸小且埋深浅，其接地电阻阻值显著大于接地体 E 接地电阻，因此测量误差常超过 100%，这显然不是一个工程实践可以容忍的误差量级。

两电极法测量误差的根本原因，在于不能分离被测接地体 E 和辅助电流极 C 各自的接地电阻阻值。接地电阻是一个分布参数电阻，是由以接地点为起点、以大地无穷远处为终点的整个土壤所构成的，除非辅助电流极 C 与被测接地体 E 完全相同，或辅助电流极 C 本身的接地电阻可忽略不计（如利用金属水管管网作辅助电流极的情况），否则不能直接用两电极法进行接地电阻测量。

2. 三电极法

三电极法是英国物理学家 G. F. 泰格（Tagg）于 1964 年提出来的，其理论推导立足于尺寸可忽略的半球形接地体，基本方法是设立两个辅助测试电极，分别为辅助电流测试极和辅助电压测试极（简称电流、电压极），通过测量被测接地体与电流极间电流和与电压极间电压，运算得出接地电阻值。

三电极法的关键问题在于电流、电压极位置的选取，因为它与测量误差紧密相关。工程上有多种测试电极位置的选取方法，下面介绍最常用的一种方法，即被测接地体与电压、电流测试极同在一条直线上的方法。

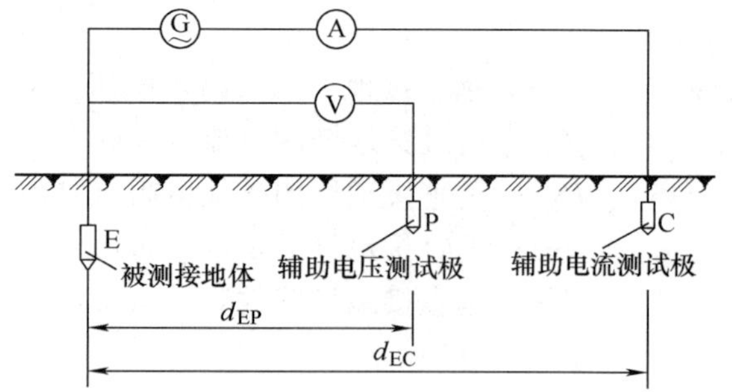

图 4-28 三电极法测量接地电阻
E—被测接地体 P—辅助电压测试极 C—辅助电流测试极

如图 4-28 所示，被测接地体 E、电压极 P 和电流极 C 在一条直线上，且电压极 P 在靠近被测接地体 E 的一侧（称为内侧）。理论分析表明，对小尺寸的半球形接地体，当测试电极与被测接地体距离足够远时，为取得尽可能高的测量精度，各电极间距离应满足以下关系：

$$d_{EP}=0.618d_{EC}$$

三电极法的基本想法是将被测接地体上的电压、电流分离测量。通过电压极 P 测得被测接地体 E 对大地无穷远处地电位的电压，这个电压是单独加在被测接地体 E 上的，而不是像两电极法那样是加在被测接地体 E 和电流极 C 上的，之所以能做到这一点，是因为电压极回路阻抗很大，电压极上基本没有电流通过，流过被测接地体的电流是通过电流极形成回路的。用图 4-28 中电压表读数除以电流表读数，就得到接地电阻阻值。

3. 工程实用接地电阻测量方法

电气安全工程中通常采用三电极法测量接地电阻。很多情况下，工程接地装置是以接地网的形式构成的，其尺寸不能忽略，且土壤电阻率的均匀性是不可保证的，因此在测量时具体作法与上面所介绍的稍有不同。图 4-29 中，以接地网边缘为测量连接点，示出了地中电位沿测试电极直线上的分布间情况。从图中可以看出，当测试电极距被测接地体较远时，地中电位有一个零电位区域，即这个区域电位等于大地无穷远处地电位，测试电压极 P 就应该设置在这个区域。

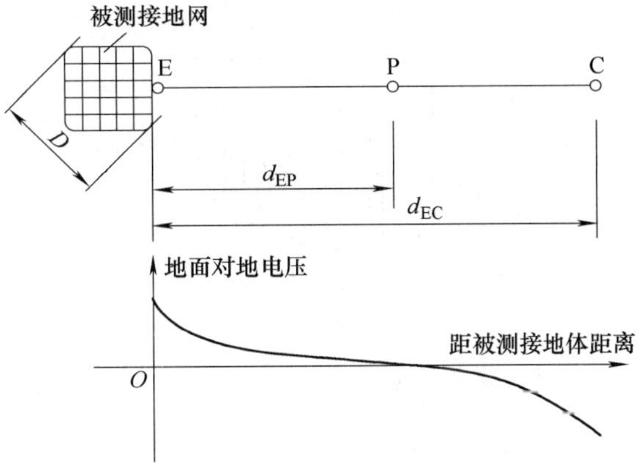

图 4-29　三电极法测量接地网接地电阻

问题的关键在于如何知道这个零电位区域的位置。一般取 $d_{EC}=(4\sim5)D$，再在 $d_{EP}=(0.5\sim0.6)d_{EC}$ 范围内确定出一个电极 P 的测试点，然后以该点为基准，在电极连线上移动两次，每次移动距离约为 d_{EC} 的 5%，由此确定出 3 个电极 P 的实际测试点，并进行三次测试。若三次测试结果相差不超过 5%，则可认为中间位置为零电位点。

思考与练习题

4-1　雷击建筑物有哪些形式？雷击造成灾害的途径有哪些？

4-2　试判断以下说法的正确性。

(1) 直击雷指顶击雷，感应雷指侧击雷。

(2) 雷击主放电能量大，持续时间长。

(3) 一次向下闪击必定包含一次主放电，并可能有多次余辉放电。

(4) 遭受静电感应雷击的建筑并未受到雷云闪击。

4-3　少雷区、多雷区、强雷区是依据什么划分的？

4-4　雷电是一种自然现象，但防雷工程中雷电参数为什么与我们人为划分的建筑物防雷类别相关？

4-5　如何区分一个电路是集中参数电路还是分布参数电路？

4-6　传输线波阻抗与集中参数电路的阻抗有什么不同？

4-7　传输线上电压、电流行波的折射和反射是如何产生的？末端开路和短路的传输线其电压、电流行波行为是怎样的？

4-8　如图 4-30 所示建筑为三类防雷建筑，欲在其屋顶设避雷针做保护。

(1) 若只允许设一根避雷针，这种方案是否可行？若可行，请确定避雷针的位置和高度；若不可行，请用计算证明。

(2) 若要求在建筑物 4 个角上各设一根避雷针，且 4 根避雷针等高，试计算避雷针的最小高度。

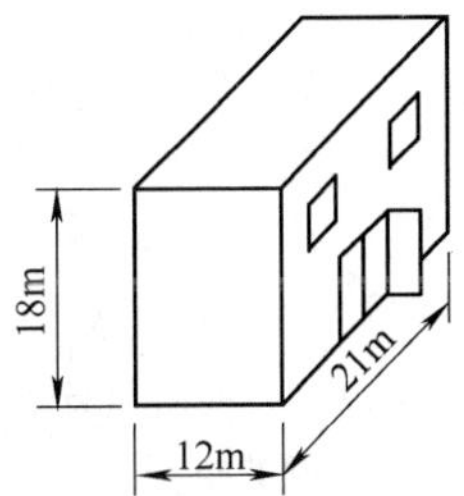

图 4-30　题 4-8 图

4-9　如图 4-31 所示，在新修三类防雷建筑旁原有一根避雷针，避雷针高度为 50m，试计算该新修建筑能否得到避雷针保护。

4-10　如图 4-32 所示为一二类防雷建筑，建筑物塔楼顶已设置了有效的避雷网保护，试问：

（1）该建筑是否还需要防侧击雷？

（2）该建筑裙楼是否已受到塔楼的保护？

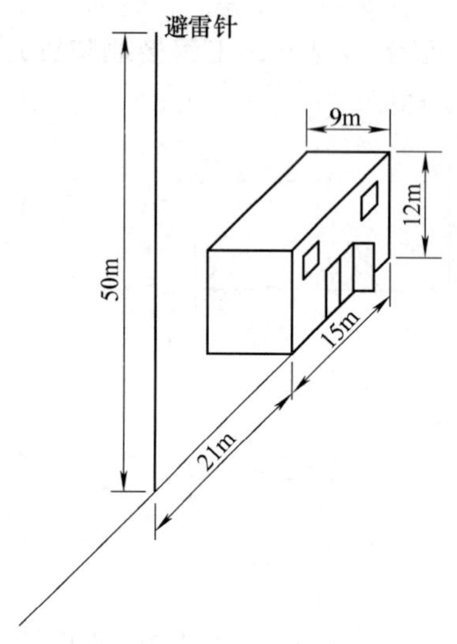

图 4-31　题 4-9 图

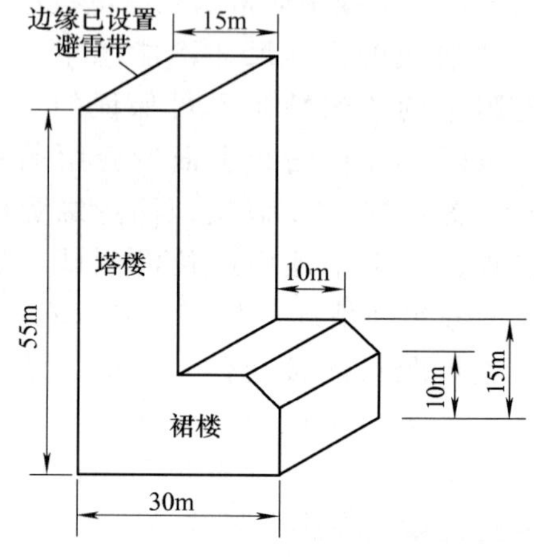

图 4-32　题 4-10 图

4-11　如图 4-33 所示建筑为二类防雷建筑，屋面四周已经设置了避雷带，但屋顶局部玻璃拱顶高出避雷带，未受到保护，且玻璃拱顶上不宜安装接闪器。请设计一个由避雷针保护玻璃拱顶的方案，确定避雷针的数量、装设位置，并计算针的高度。

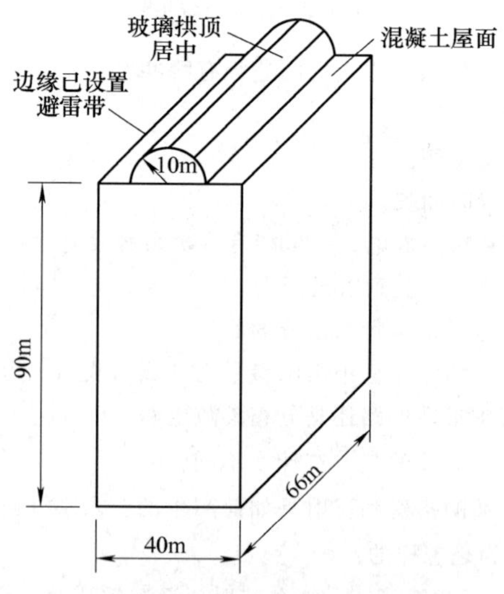

图 4-33　题 4-11 图

4-12　一根避雷针高 50m，作一栋一类防雷建筑的直击雷防护，防雷接地冲击接地电阻为 10Ω，避雷针单位长度的电阻、电抗分别为 0.15mΩ/m 和 0.07mΩ/m，试计算雷击该避雷针时，其顶端和距地 10m 处可能出现的最大对地电压。雷电参数请查阅表 4-1。

4-13　雷击电磁脉冲防护所保护的对象是谁？保护措施实施在哪些环节？与传统的建筑物内部防雷有

什么区别与联系？

4-14　关于防雷区划分的标准，有以下三种说法，请判断哪一种最恰当。

（1）防雷区是按空间区域可能遭受的 LEMP 强度划分的。

（2）防雷区是按照空间区域中电子信息设备所能承受的电磁骚扰强度划分的。

（3）$LPZ0_A$、$LPZ0_B$ 和 LPZ1 区是按照空间区域内可能承受的 LEMP 强度划分的，LPZ1 以后的防雷区是按照空间区域中电子信息设备所能承受的电磁骚扰强度划分的。

4-15　接地装置由哪几部分构成？接地装置、接地体、接地极是否为同一含义？

4-16　工程上接地电阻测试常采用什么方法？接地电阻测试与通常的电阻元件阻值测试相比较，方法上有较大不同，产生这种不同的根源到底是什么？

4-17　如图 4-34 所示，为了用两电极法测量被测接地体 E 的接地电阻，有人在 E 附近的地中打了 A、B 两个测试电极，用两电极法（见图 4-27）分别测试 A、B、E 两两之间的接地电阻，测试数据如下：

（1）测得 E、A 间总接地电阻为 11Ω。

（2）测得 E、B 间总接地电阻为 19Ω。

（3）测得 A、B 间总接地电阻为 22Ω。

请根据以上数据，计算接地体 E 的接地电阻值。

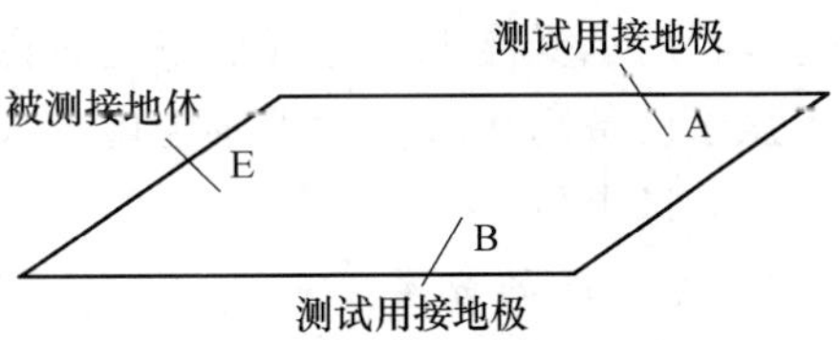

图 4-34　题 4-17 图

4-18　试判断以下说法的正确性。

（1）冲击接地电阻总是大于工频接地电阻。

（2）工频接地电阻阻值实际上是接地阻抗的模。

（3）因接地体是导体，导体是等位体，因此在接地体所在范围之上的地面不存在跨步电压。

（4）不论接地体附近土壤情况如何，距接地点中心缘越近，跨步电压越大。

（5）接地电流会加速金属接地体的腐蚀。

4-19　某地土壤电阻率为 150Ω·m，欲在此处做一个垂直接地极，要求接地电阻不大于 30Ω，试设计一个采用钢管做接地极的方案。钢管可选外直径为（单位：mm）：15、20、25、40、50。

4-20　用直径 16mm 钢筋作一个矩形环形接地体，长×宽=15m×12m，埋深 1.2m，所在位置土壤电阻率为 300Ω·m，试计算其接地电阻。

第五章　过电压及低压系统电涌保护

第一节　过电压与设备耐压

供配电系统的过电压是指出现了超过正常电压范围的高电压值，它不仅指工频电压，也包括其他频率或波形的电压。过电压的形式主要有两种：一种是带电导体对地的过电压，称为共模过电压；另一种是带电导体之间的过电压，称为差模过电压。共模过电压威胁线路和电气设备的对地绝缘，差模过电压不仅威胁相间绝缘，还因为过电压直接作用于负载阻抗，会在负载阻抗上产生过电流，使负载发热增大，可能烧毁设备，甚至引发火灾。

过电压与设备耐压是一对矛盾，如果将过电压看作是加害者的破坏强度，则设备耐压就是受害者的承受能力，电气设备是否因过电压损坏，本质上取决于这两者的相对强弱。在过电压强于设备耐压时，为了避免电气设备受到损坏，需要设置过电压保护。

一、过电压

1. 过电压的分类

(1) 按能量来源分类　本质上，电压是电路中电场能量的表征参数。根据产生过电压的能量来源，可将过电压分为外部过电压（又称大气过电压）和内部过电压两大类，如下所示。

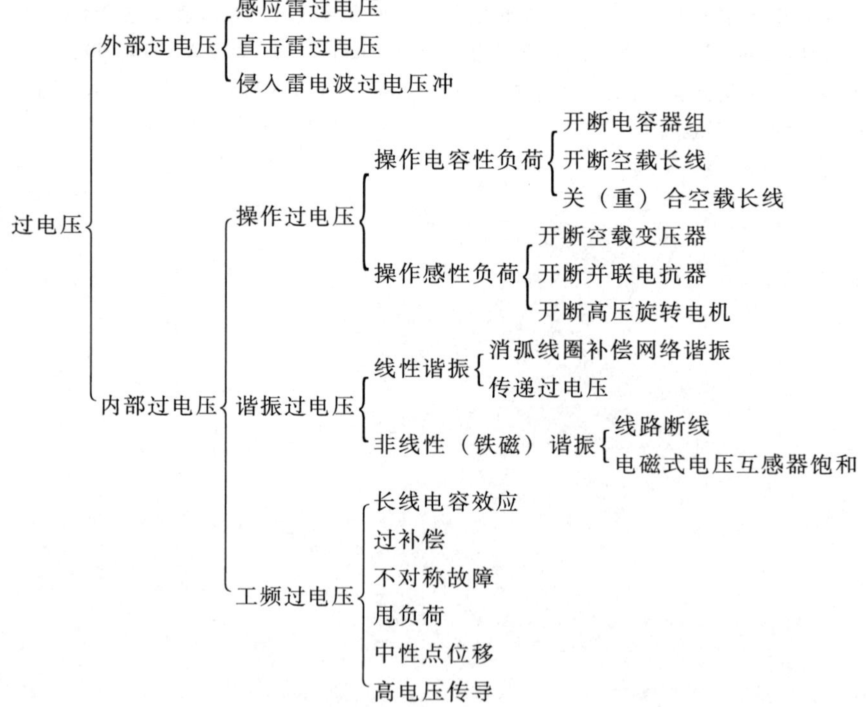

外部过电压与内部过电压有以下一些特点：

1）外部过电压的能量来自于雷电，过电压幅值与系统标称电压无关。中、低压系统绝缘水平较低，所受危害最大，高压和超高压系统绝缘水平本来就比较高，所受危害相对较小。

2）内部过电压的能量来源于电网本身，过电压幅值与系统标称电压密切相关。高压和超高压系统因绝缘裕度较小，所受危害最为严重，而中、低压系统绝缘裕度较大，危害相对较轻。但从用电的角度看，中、低压系统的内部过电压可能导致电击、电气火灾或损坏用电设备等严重后果，也必须予以防护。

3）产生外部过电压的雷电能量量值很大，但瞬间就可释放完毕，而内部过电压能量可以由电网源源不断地补充，持续时间较长，因此在防护方式上，两者有所区别。

（2）按持续时间分类　工程上，根据持续时间的长短，又可将过电压分为瞬态过电压和暂时过电压两类，如下所示。

过电压
- 瞬态过电压
  - 大气过电压
  - 操作过电压
- 暂时过电压
  - 谐振过电压
  - 工频过电压

2. 过电压量值的表示方法

（1）大气过电压　工程上一般直接用电压值表示大气过电压大小，通常还要注明电压的波形。例如，某 1.2/50μs 雷电过电压，幅值达 370kV。

（2）内部过电压　工程上一般用标幺值表示过电压大小，基准值称为 p.u。又分以下两种情况。

1）相对地工频过电压。基准值为系统最高相电压有效值，即

$$\text{p.u} = U_{\text{m}}/\sqrt{3}$$

式中的 U_{m} 为系统最高电压（线电压有效值），它是指正常运行条件下，系统中可能出现的最大电压值，但不包括瞬变电压。U_{m} 的量值在国家标准 GB156《标准电压》中有明确规定，大约等于系统标称电压 U_{N} 的 1.2 倍。

2）相对地操作与谐振过电压。基准值为系统最高相电压幅值，即

$$\text{p.u} = \sqrt{2}U_{\text{m}}/\sqrt{3}$$

二、电气设备的耐压

1. 作用电压与设备耐压

电气设备的耐压是指设备的绝缘对正常工频电压和故障过电压的承受能力。试验表明，绝缘的耐压是一个十分复杂的问题，它不仅取决于绝缘结构本身的属性，还取决于外加电压的形式、量值、作用时间及作用次数等。例如，同一个绝缘结构，在直流电压和交流电压作用下，其耐压值就不相同，在不同频率交流电压作用下的耐压值也不相同。因此，绝缘的耐压参数一般与作用于其上的电压（称为作用电压）形式一同给出，这些参数是由专门的试验测定的。根据系统可能承受的作用电压形式，工程界规定了一些标准化的绝缘耐受试验，见表 5-1。

2. 电气设备耐压参数示例

工程上应用较多的参数为电气设备的最高工作电压、1min 短时工频耐受电压和 1.2μs / 50μs 冲击耐受电压，它们分别由持续工频电压试验、短时工频耐压试验和雷电冲击耐压试

验得出，用以考察电气设备在长期工作电压、暂时过电压和雷电冲击过电压作用下绝缘的耐受能力。表 5-2 给出了中压系统电气设备的耐受电压要求。

表 5-1　作用电压及相应的耐受试验

分　类	低频电压	
	持续（工频）	暂时
电压波形		
电压波形范围	$f=50\text{Hz}$，$T_d \geqslant 1\text{h}$	$10\text{Hz}<f<500\text{Hz}$，$0.03\text{s}<T_d<3600\text{s}$
标准电压波形	T_d 在有关设备标准中规定	$48\text{Hz}<f<62\text{Hz}$
标准耐受试验	在有关设备标准中规定	短时工频试验
分类	瞬态电压	
	缓前波（操作过电压）	快前波（雷电过电压）
电压波形		
电压波形范围	$20\mu\text{s}<T_1<5000\mu\text{s}$，$T_2<20\text{ms}$	$0.1\mu\text{s}<T_1<20\mu\text{s}$，$T_2<300\mu\text{s}$
标准电压波形	$T_1=250\mu\text{s}$，$T_2=2500\mu\text{s}$	$T_1=1.2\mu\text{s}$，$T_2=50\mu\text{s}$
标准耐受试验	操作冲击试验	雷电冲击试验

表 5-2　中压电气设备选用的耐受电压

系统标称电压/kV	设备最高电压/kV	设备类别	雷电冲击耐受电压/kV（1.2μs/50μs 波形）				短时（1 min）工频耐受电压（有效值）/kV			
			相对地	相 间	断口		相对地	相间	断口	
					断路器	隔离开关			断路器	隔离开关
6	7.2	变压器	60（40）	60（40）	—	—	25（20）	25（20）	—	—
		开关	60（40）	60（40）	60	70	30（20）	30（20）	30	34
10	12	变压器	75（60）	75（60）	—	—	35（28）	35（28）	—	—
		开关	75（60）	75（60）	75（60）	85（70）	42（28）	42（28）	42（28）	49（35）

注：1. 括号内和外数据分别对应是和非低电阻接地系统。

2. 开关类设备将设备最高电压称作"额定电压"。

采用不同波前陡度的冲击电压对相同的试品进行耐压试验，还可得出电气设备冲击耐压与作用时间的关系曲线，称为电气设备的伏秒特性曲线。如图 5-1 所示为气体绝缘的伏秒特性，图中用不同的电压波形对相同试品作试验，对发生在波前的击穿，取击穿时刻和击穿电压为曲线坐标点；对发生在波尾的击穿，取击穿时刻和电压峰值为曲线坐标点。波前越缓，所对应的绝缘击穿电压越低，击穿时间越长。

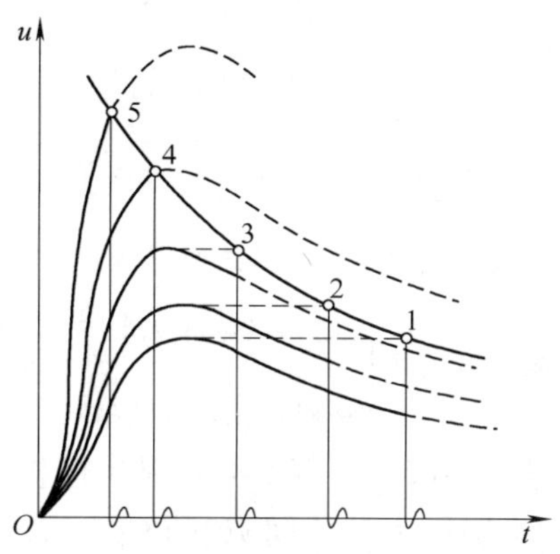

图 5-1　电气设备冲击耐压的伏秒特性曲线

第二节　变配电所过电压保护

本节介绍 110kV 以下变配电所的大气过电压保护，主要介绍如何用避雷器实施保护。

一、避雷器

1. 避雷器的工作原理

当过电压强度超过电气设备耐压水平时，电气设备可能遭到损坏，这时就需要对电气设备进行保护。避雷器是中、高压系统最主要的过电压保护器件，在低压系统中使用的电涌保护器，其原理也与避雷器类似。理想避雷器的工作原理如图 5-2 所示，它连接在相导体和地之间，在工作电压和设备可承受的过电压作用下，避雷器相当于开路，阻抗无穷大，无电流通过；当超过设备承受能力的过电压到来时，避雷器先于设备导通，相当于对地短路，阻抗为零，允许任意大的电流通过，泻放过电压能量。

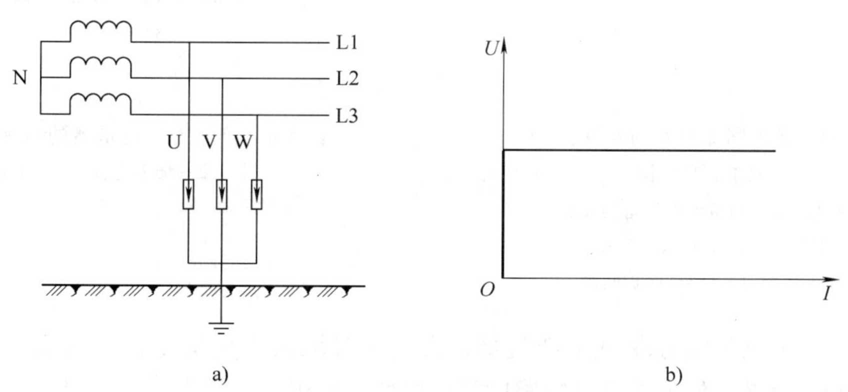

图 5-2　理想避雷器的工作原理
a）接线图　b）理想避雷器的伏安特性

雷电过电压在导体上是以行波的形式传输的，当作用在避雷器上的过电压行波通过后，避雷器仍处于导通状态，这时在系统正常工频电压作用下，避雷器中可能有工频电流通过，称之为工频续流。若三相避雷器都导通，则相当于三相导体通过避雷器电弧性短路，工频续流量值近似于三相短路电流。一般要求在工频续流第一次过零时就将其开断，否则会引起继电保护动作，或烧毁避雷器。

2. 避雷器的类别与特性

常用的避雷器类别如下：

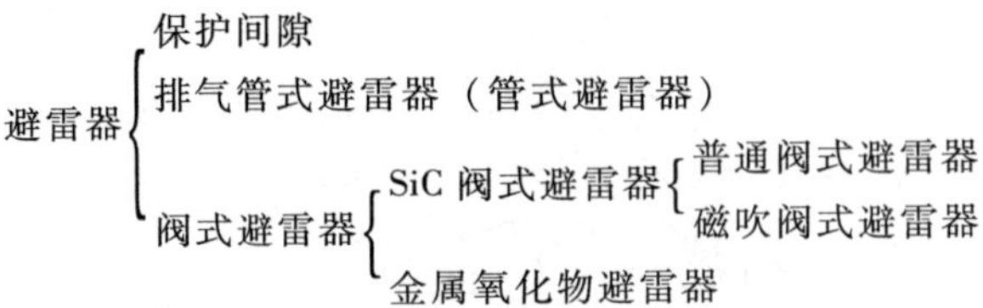

（1）保护间隙与管式避雷器　图 5-3、图 5-4 分别为保护间隙和排气管式避雷器的原理结构，它们都有两个间隙，分别为主（内）间隙和辅助（外）间隙，所不同的是管式避雷器的主间隙位于排气管中，而保护间隙的主间隙暴露在大气中。正常情况下，工作电压不足以使间隙击穿，避雷器相当于开路，对系统的正常工作没有任何影响，辅助间隙可防止主间隙被外物意外短接而导致系统对地短路。当过电压到来时，间隙被击穿，相导体通过间隙电弧性接地，限制了相导体上的对地过电压值。保护间隙的灭弧能力较差，往往不能及时熄灭工频续流，引起继电保护跳闸。管式避雷器内间隙的电弧高温使排气管管壁上的产气材料产生大量气体，这些气体从环形电极的排气孔中冲出，对内间隙电弧形成吹弧作用，其灭弧能力比保护间隙有较大提高。外间隙的作用是防止正常工作时主间隙泄漏电流使管壁温度上升，影响使用寿命。

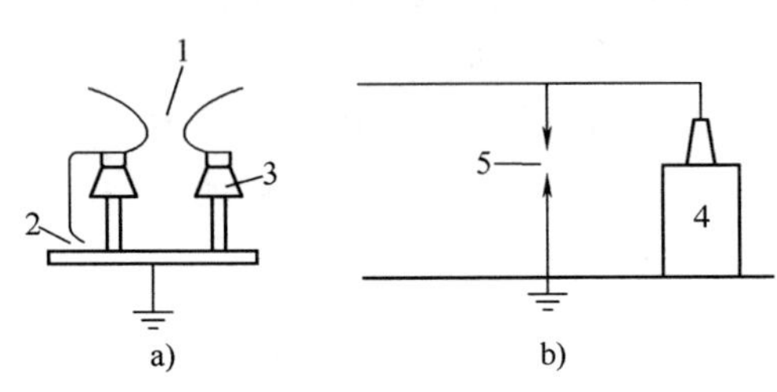

图 5-3　保护间隙及其与被保护设备的原理结构

a）结构　b）与被保护设备的连接

1—主间隙　2—辅助间隙　3—绝缘子

4—被保护设备　5—保护间隙

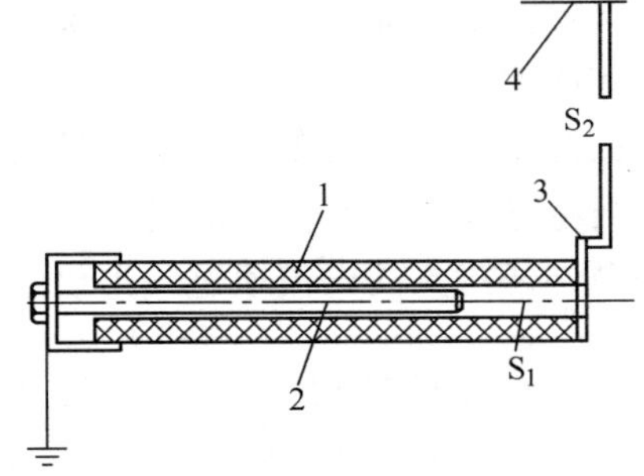

图 5-4　排气管式避雷器的原理结构

1—产气管　2—棒形电极　3—环形电极

4—相导体　S_1—内间隙　S_2—外间隙

管式避雷器的灭弧能力取决于产气量，产气量又取决于电弧电流（主要是工频续流）大小，而工频续流又近似等于该点短路电流。因此在使用管式避雷器时，对安装处的短路电流大小有要求。若短路电流过小，可能因产气量太少而不能熄弧，但短路电流过大造成产气过多，又会使管内气压过度增大而引起爆炸。管式避雷器产品会给出对安装处短路电流上、下限值的要求，设计时应确认安装处实际短路电流在产品给出的允许范围之内，这一工作称为管式避雷器短路电流的校合。

保护间隙和管式避雷器的伏秒特性陡峭，不容易与被保护设备绝缘配合，动作后电压急剧下降，形成陡峭的截波，威胁被保护设备的匝间绝缘，且特性受气象条件的影响较大，因此一般用于线路的保护，以泄放过电压能量为主要任务。

（2）阀式避雷器　阀式避雷器的核心元件是阀片，阀片从电气特性上看是一种非线性电阻器，主要有 SiC 和 ZnO 两种，后者又称为金属氧化物阀片。两种阀片的伏安特性如图 5-5 所示，图中还示出了理想阀片的伏安特性。从图中看出，ZnO 阀片的特性更接近于理想特性，即在正常工作电压作用下电阻更大，在导通之后电阻更小。

SiC 阀片关断性能较差，在正常工作电压作用下就会产生较大的泄漏电流，泄漏电流使阀片发热，特性变差，这又会进一步加大泄漏电流，使阀片在短时间内就被热损坏。因此，SiC 阀式避雷器都是由间隙与阀片串连构成的，用间隙来隔离正常工作条件下阀片上的泄漏电流，如图 5-6 所示。根据不同的电压等级，SiC 阀式避雷器串连的间隙数目不一，多者可达上百个。

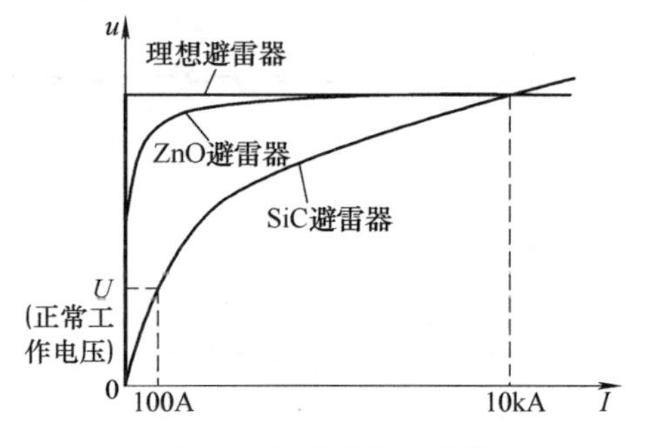

图 5-5　阀片的伏安特性

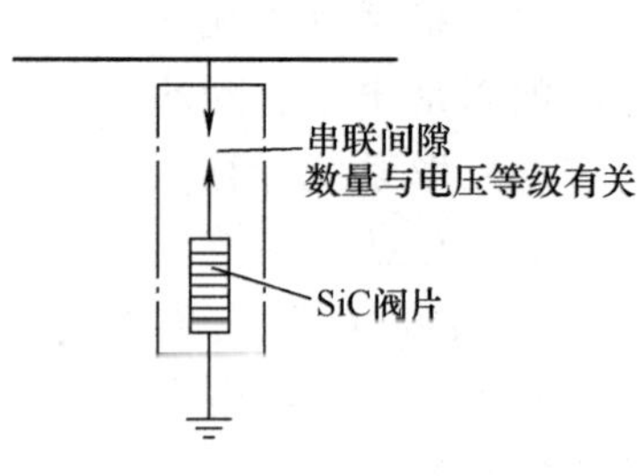

图 5-6　SiC 阀式避雷器原理结构

ZnO 阀片关断性能非常好，在正常工作电压作用下泄漏电流小到可以忽略，不需要用间隙来隔离，因此仅由阀片就可以构成避雷器。由于在过电压波前上升过程中，阀片导通程度随电压上升而增大，不断地泄放过电压能量，因此它不只是在动作后才限制过电压幅值，而是在动作前就已经对过电压幅值进行了衰减。

SiC 阀式避雷器由于有串连间隙，间隙逐一击穿后才导通阀片，因此响应时间长，对陡波前过电压防护效果差，且通流容量较小，还需要间隙承担灭弧任务，这些都是它不及金属氧化物避雷器之处。但由于阀片电阻的存在，其动作后无截波现象（指电压瞬间下降一个很大的数值），且因阀片电阻与电流反相关，使得冲击电流过去后阀片电阻增大，限制了工频续流的量值，有利于工频续流的开断，这是它优于保护间隙和排气管式避雷器之处。

ZnO 避雷器由于无串连间隙，响应速度很快，可用于陡波保护，且无续流、通流容量大、耐重复动作，相比于 SiC 阀式避雷器有较大的优势，因此正逐渐取代 SiC 避雷器。

阀式避雷器保护特性比较平缓，可与被保护设备耐压特性较好配合，主要用于变配电所电气设备的保护。

图 5-7 示出了以上几种避雷器动作前后的电压波形，可供比较。

3. 阀式避雷器的主要参数

由于有间隙和无间隙的阀式避雷器其动作过程不尽相同，因此 SiC 与 ZnO 避雷器的参数有些是共同的，有些是各自特有的，现分述如下：

（1）SiC 避雷器的参数

1）额定电压。又称灭弧电压，指为保证工频续流电弧在第一次过零时熄灭，所允许加在避雷器上的最高工频电压。

电弧在电流过零时刻熄灭后是否重燃，取决于介质绝缘强度恢复速度与外加电压上升速度的竞争，外加电压越高，电弧重燃的可能性就越大。避雷器额定电压就是为保证电弧不重燃所允许的最高外加工频电压。因此，避雷器安装处相导体上可能出现的最高工频电压应小于避雷器的额定电压。在供配电系统中，最高工频电压主要是指系统单相接地时非故障相的对地电压，对小接地系统，该电压取系统标称线电压的110%（中性点不接地）和100%（中性点经消弧线圈接地），对大接地系统，该电压取系统标称线电压的80%。

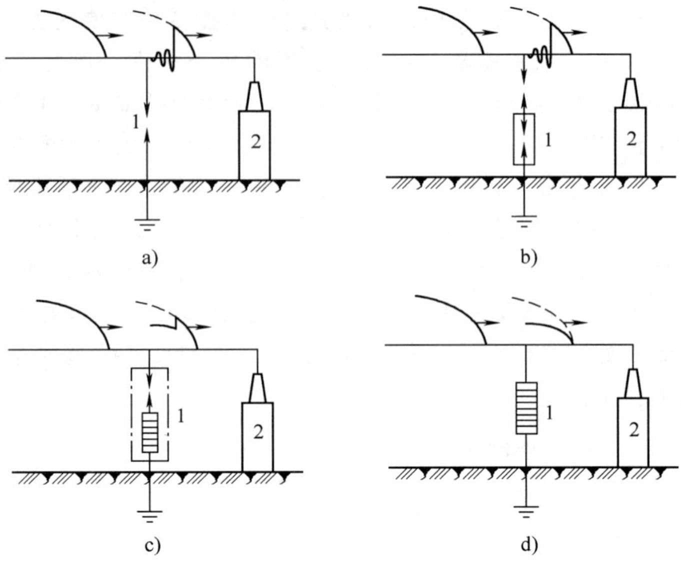

图 5-7　各种避雷器动作前后的电压波形

a）保护间隙　b）排气管式避雷器

c）SiC 阀式避雷器　d）金属氧化物避雷器

1—避雷器　2—被保护设备

2）工频放电电压。指在工频电压作用下，使避雷器发生放电的最低电压。由于间隙击穿特性的分散性，避雷器产品样本给出的工频放电电压数据为一个范围。

SiC 避雷器因负载能力低，不能在导通情况下承受持续的内部过电压能量，因此不能在内部过电压作用下动作，这要求工频放电电压下限应高于系统可能出现的内部过电压值。

3）冲击放电电压。指在标准波形冲击电压作用下，使避雷器发生放电的最低电压幅值。考虑到产品特性的分散性，通常给出的是上限值。

由于供配电系统中操作过电压对绝缘的威胁低于雷电冲击过电压，因此冲击放电电压一般按雷电冲击电压波形给出。

4）残压。指避雷器导通后，冲击放电电流在避雷器阀片上产生的电压降。

冲击放电电流在阀片上产生的压降，与阀片阻抗和电流大小有关，阀片阻抗为非线性特性，其量值本身也与电流大小有关，因此必须指定与残压相对应的电流大小。SiC 阀式避雷器主要用于变配电所保护，由于变配电所一般都设置了进线段保护，进入避雷器的雷电流远小于实测的直接雷击雷电流。根据运行统计数据，我国标准规定对 220kV 及以下系统的避雷器，与残压相对应的冲击电流取值为 5kA。

5）通流容量。指避雷器通过电流的能力。我国标准规定普通型阀片通流容量要达到通过 20μs /40μs、峰值 5kA 冲击电流和 100A 工频半波电流各 20 次。

（2）ZnO 避雷器的参数

1）额定电压。指避雷器两端允许施加的最大工频电压有效值。它是与避雷器热负载有关的电气参量，意指当等于避雷器额定电压的系统短时过电压加在避雷器阀片上时（这时避雷器的温度已高于正常工作温度），又有雷电过电压到来，避雷器仍能吸收规定的雷电过电压能量，且吸收后特性不变，不发生热崩溃。

2）最大持续运行电压。指允许持续作用在避雷器两端的最大工频电压有效值，这是由避雷器长期老化特性所限定的一个参量。避雷器在不高于此电压的系统上运行，其寿命可达设计值，且当避雷器动作后，能在此电压下正常冷却，不至于发生热崩溃。

3）起始动作电压 U_{1mA}。指避雷器中泄漏电流为 1mA 时所对应的电压。由于无间隙的 ZnO 避雷器无明确的导通点，1mA 电流大约正好位于 ZnO 避雷器伏安特性曲线的转折处，电压超过 U_{1mA} 后，电流急剧增大，阀片开始明显发挥限压作用，因此称 1mA 为起始动作电流，而非放电电流。

4）残压。其物理意义与 SiC 阀式避雷器相同，只是 ZnO 避雷器不仅可用于雷电过电压保护，还可用于操作过电压和陡波保护，因此其残压为一组值，分别为

① 雷电冲击下的残压：波形 8μs/20μs、峰值 5kA 电流作用下的阀片电压。

② 操作冲击下的残压：波形 30～100μs/60～200μs、峰值 0.5kA、1kA、2kA 电流作用下的阀片电压。

③ 陡波冲击下的残压：波形 1μs/5μs、峰值与雷电冲击相同的电流作用下的阀片电压。

5）通流容量。概念与 SiC 避雷器相同，通常试验电流波形为冲击电流（4μs/10μs）与近似方波电流（2ms），电流峰值和通流次数由样本给出。

表 5-3 示出了用于 10kV 系统的几种不同型号 SiC 阀式避雷器的参数，表 5-4 示出了用于 0.22～35kV 系统的 Y 系列金属氧化物避雷器的参数。

表 5-3　SiC 阀式避雷器技术参数

型号	系统标称电压	避雷器额定电压	工频放电电压（有效值）/kV		1.2/50μs 冲击放电电压（峰值）/kV	8/20μs、5kA 标称电流下残压（峰值）/kV
	有效值/kV		不小于	不大于	不大于	不大于
配电用 FS3-10	10	12.7	26	31	50	50
电站用 FZ-10	10	12.7	26	31	45	45
旋转电机用磁吹式 FCD3-10	10	12.7	25	30	31	33

表 5-4　Y15W 系列金属氧化物避雷器

型号	系统标称电压	避雷器额定电压	避雷器持续运行电压	直流 1mA 参考电压 /kV	工频 1mA 参考电压（有效值）/kV	陡波冲击电流下残压不大于	8/20μs、5kA 雷电冲击电流下残压不大于	操作冲击电流下残压不大于	2ms 方波冲击电流（峰值）/A
	（有效值）/kV			不小于	不小于	（峰值）/kV			
-0.28/1.3	0.22	0.28	0.24	0.6	—	—	1.3		50
-0.5/2.6	0.38	0.5	0.42	1.2	—	—	2.6	—	50
-3.8/17	3	3.8	2	7.5	7	19.6	17	14.5	75
-7.6/30	6	7.6	4	15	14.5	34.5	30	25.5	75
-12.7/50	10	12.7	6.6	25	24.5	57.5	50	42.5	75
-42/134	35	42	23.4	73	72	154	134	114	—

二、变配电所的外部过电压防护

变配电所的雷电过电压，主要是侵入雷电波过电压，也就是线路上的直击雷或感应雷过

电压行波沿导线传导至变配电所，对所内设备的绝缘构成了威胁。由于雷电过电压行波行至变配电所后，传输通道的特性（如波阻抗等）发生了变化，使波的行为复杂化，再由于避雷器动作后对过电压行波产生的作用，使问题变得更复杂，因此，对变配电所过电压及其防护的精确计算是一个极为困难的问题。好在从工程的角度看，我们的目的是要防止侵入雷电波过电压产生的危害，尽管对一些细节和过程不能精确把握，但只要能把握住结果就达到了目的。因此我们的分析，都是采用近似的模型，将从其中得到的结论与多年运行数据进行对比并不断修正，逐步得到满意的效果。由于阀式避雷器是变配电所防雷电波侵入过电压的主要器件，故以下的讨论就从阀式避雷器的应用开始。

（一）阀式避雷器的保护原理

根据前面对避雷器的讨论，我们知道，为了使避雷器可靠保护电气设备，必须满足以下条件：

1）避雷器的伏秒特性应能与被保护设备配合，在任何过电压波形下，避雷器伏秒特性都应在被保护绝缘的伏秒特性之下。

2）避雷器的残压要低于被保护设备的冲击击穿电压。

满足以上条件，是否就一定能可靠地对电气设备进行保护了呢？换句话说，以上两条必要条件也是充分条件吗？初看答案是肯定的，但仔细分析，发现这种肯定有一个前提，那就是避雷器与被保护设备所承受的电压时刻相同，否则问题就较为复杂。下面我们就以变压器为例进行讨论。

1. 保护过程分析

如图 5-8 所示，假设避雷器与变压器间的电气距离为 l，过电压侵入波为斜角波 $u=\alpha t$，则过电压侵入波在避雷器和变压器上产生的电压分别如图 5-9a 和图 5-9b 所示。以侵入波到达避雷器时刻为 $t=0$，此后避雷器上电压 $u_A(t)$ 按 αt 速率上升，变压器上电压暂时为 0。当 $t=T_0=l/v$（v 为侵入波波速）时，侵入波到达变压器，由于变压器上电感电流不能突变，在短时间内仍等于零，因此相当于开路，故侵入波会发生全反射（参见图 4-10a），这时变压器上电压 $u_T(t)$ 为入射波与反射波的叠加，按 $2\alpha t$ 速率上升，$u_T(t)=2\alpha(t-T_0)$。又经过 $T_0=l/v$ 时间后，反射波到达避雷器，与侵入波叠加，这时避雷器上电压也按 $2\alpha t$ 速率上升，$u_A(t)=2\alpha(t-T_0)$，直到与避雷器伏秒特性相交，此时避雷器因其上电压达到放电电压而动作。避雷器动作后，其上电压为残压，但残压还要经过 $T_0=l/v$ 才能到达变压器。

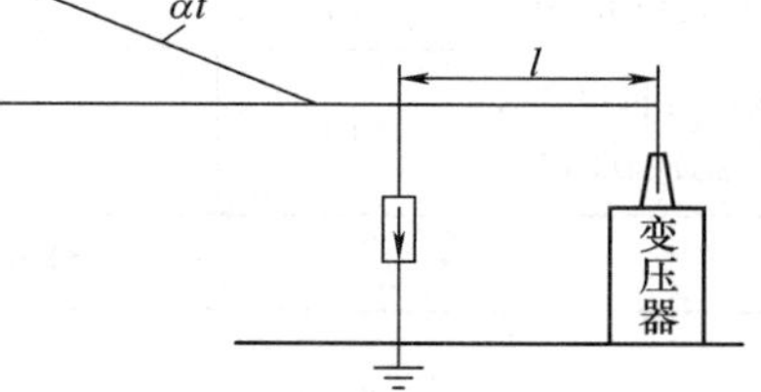

图 5-8　避雷器和变压器间距 l 安装

因此可将避雷器和变压器上的电压按以下几个阶段划分：

1）$0\leqslant t<T_0$：行波已到达避雷器，但尚未到达变压器。

$$u_A(t)=\alpha t$$
$$u_T(t)=0$$

2）$T_0\leqslant t<2T_0$：行波已到达变压器，但反射波尚未到达避雷器。

$$u_A(t)=\alpha t$$
$$u_T(t)=2\alpha(t-T_0)$$

3）$2T_0\leqslant t<t_{op}$：反射波已到达避雷器，避雷器尚未动作（t_{op}为避雷器动作时刻）。

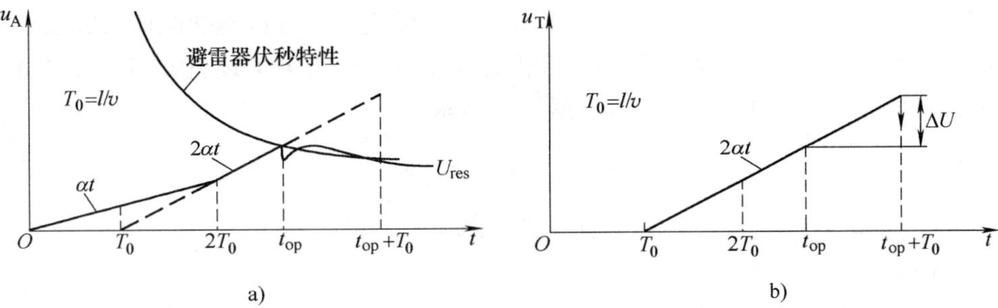

图 5-9　避雷器和变压器间距 l 时的电压波形

a）避雷器　b）变压器

$$u_A(t) = \alpha(t) + \alpha(t - 2T_0) = 2\alpha(t - T_0)$$

$$u_T(t) = 2\alpha(t - T_0)$$

4）$t_{op} \leqslant t < t_{op} + T_0$：避雷器已动作，但残压还未到达变压器。

$$u_A(t) = U_{res}$$

$$u_T(t) = 2\alpha(t - T_0)$$

5）$t \geqslant t_{op} + T_0$：限压效果到达变压器，$u_T(t)$ 开始下降。

可见，当 $t = t_{op}$时避雷器上电压最高，之后由于避雷器动作，其上电压保持为残压 U_{res}，但变压器上电压继续上升；$t = t_{op} + T_0$ 时变压器上电压最高，之后由于避雷器残压到达而下降。故变压器和避雷器所承受的最大电压之差为

$$\Delta U = u_T(t_{op} + T_0) - u_A(t_{op}) = 2\alpha(t_{op} + T_0 - T_0) - 2\alpha(t_{op} - T_0) = 2\alpha T_0 = 2\alpha \frac{l}{v}$$

在避雷器限压作用到达变压器前瞬间，变压器上电压最高，其量值为（考虑到阀式避雷器冲击放电电压通常等于其残压）

$$u_{T\cdot max} = U_{res} + \Delta U = U_{res} + 2\alpha \frac{l}{v} \tag{5-1}$$

由式（5-1）可知，即使避雷器保护作用生效，变压器上的最大电压也要比避雷器上残压高出 ΔU，避雷器与变压器相距越远，侵入波波头越陡，这个高出部分就越大。因此，缩短变压器与避雷器间的间距，或降低侵入雷电波波头陡度，对降低变压器上的过电压，都是有利的。

2. 变压器耐受雷电过电压能力的校核

以上分析阐明了变压器上所受冲击电压的变化规律，但实际上，由于变配电所具体接线方式的复杂性及对地电容的存在，变压器上的电压与上面的推导结果是有出入的，变压器上实际承受的过电压为一振荡波形，该震荡以残压 U_{res} 为中心，第一次震荡超过 U_{res} 的幅度就是 ΔU，其后收敛振荡，如图 5-10 所示。

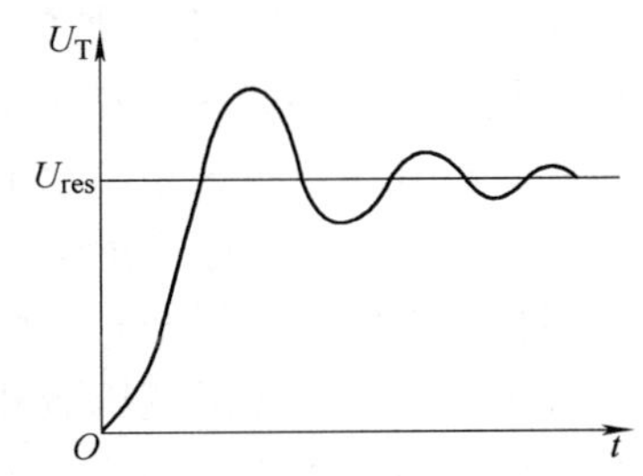

图 5-10　雷电波侵入时，变压器上电压的实际典型波形

图 5-10 所示波形对变压器绝缘的作用与截波的作用较为近似，因此我们常以变压器绝缘承受截波的能力来表征有避雷器保护时变压器的雷电冲击耐压。由于变压器承受多次振荡的残压作用，用多次截波耐压 U_{it} 来校验最为恰当。U_{it} 由相应的高压试验测出。根据试验和经验，此值与变压器三次截

波冲击试验电压 $U_{it.3}$ 有相关性，$U_{it}=U_{it.3}/1.15$，这一结论也可推广至变配电所其他设备。

当雷电波侵入时，若变压器上受到的最大冲击电压 $u_{T.max}$ 小于设备本身的多次截波耐压 U_{it}，则设备是安全的，以式（5-1）为依据，即要求

$$U_{res}+2\alpha\frac{l}{v}\leqslant U_{it} \tag{5-2}$$

式中 U_{res}——避雷器5kA冲击电流下的残压（kV）；

U_{it}——变压器的多次截波耐压值（kV）；

α——雷电波陡度（kV/μs）；

l——变压器与避雷器间电气距离（m）；

v——雷电波传播速度（m/μs）。

3. 变配电所中变压器与避雷器间最大允许电气距离 l_m

从式（5-2）可以推出

$$l\leqslant\frac{U_{it}-U_{res}}{2\alpha/v}=l_m \tag{5-3}$$

式（5-3）表明，避雷器的保护作用是有一定距离范围的。表5-5示出了变压器和避雷器的相关参数，从表中可知，U_{it} 比普通阀式避雷器5kA残压 U_{res} 高40%左右，比磁吹阀式避雷器5kA残压 U_{res} 高80%左右，因此，若变配电所中采用磁吹阀式避雷器，则 l_m 比使用普通阀式避雷器要大。另外，降低侵入波波头陡度也能使 l_m 增大。

表5-5 变压器多次截波耐压值 U_{it} 与避雷器残压 U_{res} 的比较

额定电压/kV	变压器三次截波耐压/kV	变压器多次截波耐压/kV	FZ避雷器5kA残压/kV	FC避雷器5kA残压/kV	变压器多次截波耐压与避雷器的残压比	
					FZ	FCZ
35	225	196	134	108	1.46	1.81
110	550	478	332	260	1.44	1.83
220	1090	949	664	515	1.43	1.85

4. 变配电所内其他设备与避雷器间的最大允许距离 l'_m

变压器是变配电所中最重要但耐压水平最低的电力设备，因此对其他设备，最大允许距离比变压器大，一般可增大35%左右，即

$$l'_m=1.35l_m \tag{5-4}$$

5. 推荐的避雷器至主变压器间的最大电气距离

由于按式（5-3）计算所需参数较多，每一参数的取值又有多种情况，工程应用中很不方便，规程DL/T620—1997《交流电气装置的过电压保护和绝缘配合》给出了可直接引用的避雷器与变压器最大距离取值，见表5-6。

（二）变配电所电气设备的过电压保护

根据上面的讨论可知，一般采用阀式避雷器对变配电所设备进行保护，避雷器一般安装在母线上，应尽量靠近变压器和其他设备。避雷器与所有被保护设备的电气距离均不能超过其最大允许值，若不能满足要求，则应增设避雷器。

由于变压器是变配电所中绝缘最薄弱的设备，所以只要变压器都受到了可靠保护，其他设备受到的保护应该是更可靠的。

表 5-6　普通阀式避雷器至变压器间的最大电气距离　　（单位：m）

系统额定电压/kV	进线段长度/km	进线路数			
		1	2	3	≥4
35	1	25	45	50	55
	1.5	40	55	65	75
	2	50	75	90	105
110	1	45	70	80	90
	1.5	70	95	115	130
	2	100	135	160	180

注：1. 全线架设有避雷线时，按进线段长度为 2km 选取；进线段长度在 1～2km 之间时，按补插法确定。
2. 35kV 也适用于有串联间隙金属氧化物避雷器。

（三）变配电所的进线段保护

所谓进线段保护，是指在进入变配电所前 1～2km 这一段架空线路上采取措施以加强防雷。进线段保护的目的，一是要降低雷电流幅值，二是要降低雷电波陡度，其作用如下：

1）因为阀式避雷器的通流容量是有限的，且残压与电流大小正相关，因此减小雷电流幅值既可降低避雷器的负载，又可降低被保护设备实际承受的过电压。

2）被保护设备上电压高出避雷器的部分与雷电波陡度成正比，或者说保护的最大允许距离与雷电波陡度成反比，因此降低雷电波陡度对保护效果的作用是正面的。

3）降低雷电波陡度可降低电气设备的匝间绝缘被击穿的危险。

对 35～110kV 全线无避雷线的线路，必须在进线段架设避雷线，且保护角 α 一般不宜超过 20°。一般 1～2km 长的进线段已能够满足限制避雷器中雷电流不超过 5kA 的要求。

35kV 及以上变配电所的进线段保护配置如图 5-11 所示。图中 F1 为管式避雷器，设置 F1 的原因，在于 35～110kV 变配电所进线隔离开关或断路器可能经常处于断开状态，而线路侧又通常带电，此时若有雷电波侵入，则在断口处发生全反射使电压升高一倍，可能使开路的隔离开关或断路器对地闪络，又由于线路侧带电，对地闪络又将带来工频短路，因此须靠 F1 来避免这种情况的发生。但当断路器闭合时，F1 不应在侵入波作用下动作，因为管式避雷器动作后的截波可能严重危及变压器纵绝缘，即此时 F1 又应作为阀式避雷器 F 的保护对象之一。

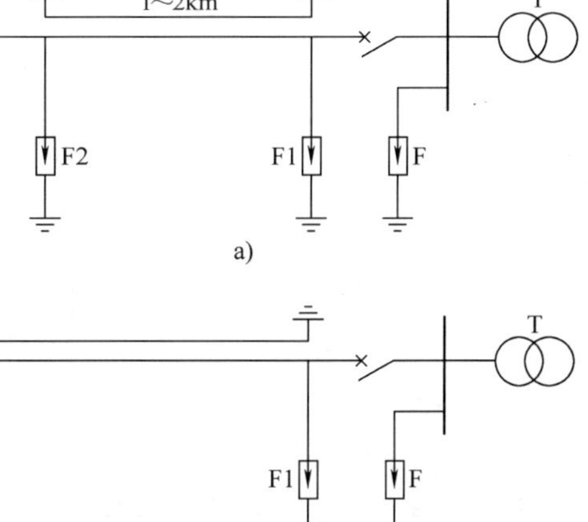

图 5-11　35kV 及以上变配电所的进线段保护接线
a）未沿全线架设避雷线的 35～110kV 线路
b）全线有避雷线的线路
F—阀式避雷器　F1、F2—管式避雷器

图 5-11a 中 F2 的设置，主要是针对绝缘水平很高的木杆或木横担线路，因绝缘水平高会导致侵入波雷电流幅值增大，可能超过 5kA，因此装设 F2 限制雷电流幅值。

三、10/0.38kV 变配电所过电压防护示例

1. 电气主结线与过电压保护配置

某 10/0.38kV 变配电所的电气主结线如图 5-12 所示。该变配电所有一路 10kV 架空进线，三路 10kV 馈线，其中两路馈给所内两台 10/0.4kV 变压器，另一路经电缆馈出后上杆改成架空线。两台变压器容量均为 400kV · A，其中，#1T 为 Dyn11 联结组，低压侧为 TN-S 系统，#2T为 Dy11 联结组，低压侧为 IT 系统。

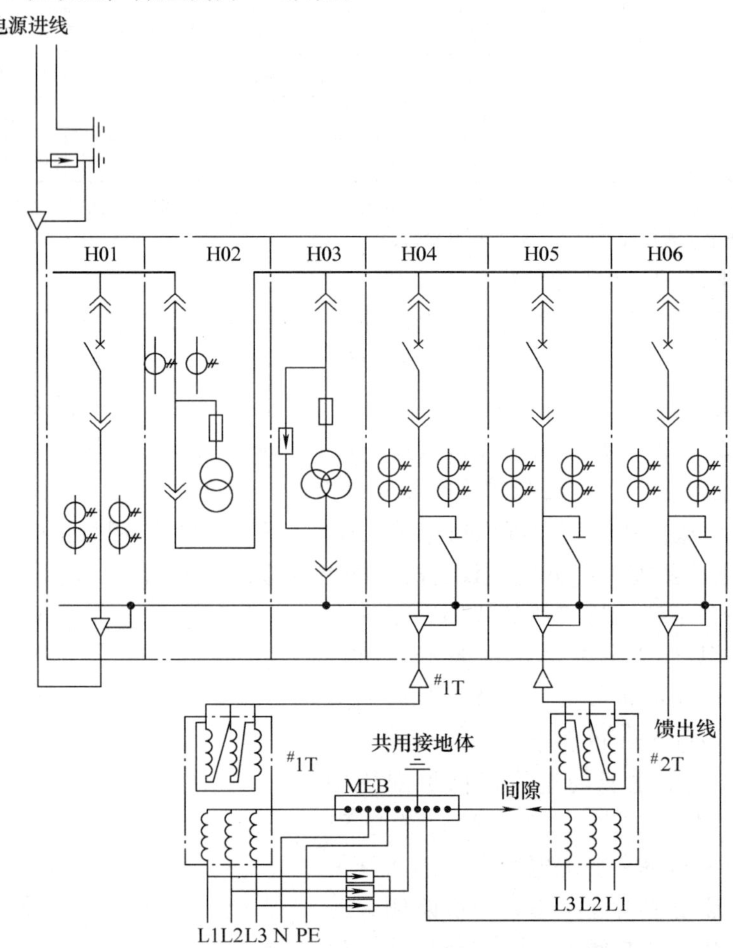

图 5-12　10/0.38kV 变配电所电气主结线

该变配电所位于一栋二类高层建筑物内，变配电所工作接地与保护接地共用接地体。

架空进线前 500～600m 设置有避雷线，并在架空线从杆上引下转为电缆敷设处设置 FS3-10 阀式避雷器，作为进线段保护。终端杆距建筑物 30m，有自己独立的接地体，接地电阻为 10Ω。进线电缆的金属屏蔽层一端在下杆处接在终端杆的接地体上，另一端在进入开关柜处接地。

在母线上设置 FZ-10 型 SiC 阀式避雷器，也可设置 ZnO 避雷器，由于架空进、出线都有一段电缆线路，电缆的对地电容有较强的平缓雷电过电压波头的作用，故不必考虑避雷器与变压器间的距离，否则应按表 5-7 确定避雷器与变压器之间的最大允许距离。

在#1T 低压侧设置了三只低压避雷器，按规范要求，只有一类防雷建筑内的变配电所才必须设置，但非一类建筑也可以设置。设置这组避雷器的主要原因是高压侧避雷器尚不能可靠保护变压器，理由如下：

表 5-7　3 ~ 10kV 避雷器与变压器的最大电气距离

雷季经常运行的进出线路数	1	2	3	4 级以上
最大电气距离/m	15	23	27	30

1）由低压线路（如建筑景观照明线路等）引入的大气过电压有可能会损坏变压器低压侧的绝缘，但高压侧避雷器对此无保护能力。

2）由低压线路引入的大气过电压作用于低压绕组，其中非直流分量按变压器变比耦合到高压绕组，由于低压侧的绝缘裕度比高压侧大，有可能在高压侧先引起绝缘击穿，这一过程称为正变换过程。

3）高压侧避雷器动作时，雷电流经接地体泄入大地，由于采用的是共用接地体，雷电流在接地体上产生的电位直接加在变压器低压侧中性点上，而此时低压侧的出线端相当于经波阻抗接地，于是在低压绕组上就有一个很大的电压，这个电压除了其中的直流成分外，其余的都会通过铁心在高压绕组中按电压比感应电压，而此时高压绕组的出线端已被避雷器的残压钳位，故高压绕组上将承受很大的电压，可能导致绝缘破坏。这种由高压侧避雷器动作在低压绕组产生高电压，再通过电磁耦合变换到高压侧的过程称为反变换过程。

因此，在低压侧设置避雷器，既能够限制低压侧出现的过电压，又能有效抑制正、反变换过程在高压侧产生的过电压，对变压器的保护作用是确切的。

#2T 中性点不接地，低压系统为 IT 系统，这时为了防止由高压系统传导至低压系统的过电压（见下节），需装设中性点对地电位偏移保护，即图 5-12 中的保护间隙。

馈出线避雷器的设置方法与进线相同。

2. 参数配合

正确选择变配电所中电气设备的参数，是过电压防护的另一项要求。通常因为各相关标准的配合，只要所选择的电气设备额定电压与所在电网的标称电压一致，其他与电压和绝缘有关的参数是自动配合的。但近年来 10kV 系统的中性点运行方式在发生变化，参数不匹配的情况有可能出现。因此，从原理和工程标准的角度了解参数配合的要求，对于正确选择电气设备，防止过电压产生的危害，是十分重要的。

（1）开关柜的工频耐压与冲击耐压　我国电力行业标准规定，额定电压 10kV 的开关设备，其工频耐压应达到 1min 干式 42kV、湿式 30kV，1.2/50μs 雷电冲击耐压 75kV，因此只要是在我国通过型式试验的 10kV（或 12kV）开关柜，都满足上述条件。这一规定的背景是我国 10kV 系统大多采用中性点不接地系统，如果系统发生单相接地，可继续运行 0.5 ~ 2h，以便查找和消除故障，而此时非接地相的对地电压可达到线电压甚至更高，因此对工频耐压要求较高。而 IEC60694 中，对 12kV 电压等级电气设备的耐压值规定为：额定工频耐受电压 28/42kV（相对地/相间），1.2/50μs 额定雷电冲击耐压 60/75kV（相对地/相间）。可见不论是工频耐压还是雷电冲击耐压，其相对地的耐压要求均低于我国标准，尤以工频耐压低得较多。究其原因，是因为 IEC 标准是按 12kV 系统为中性点接地系统来制定耐压值的。因此，符合 IEC 标准的 12kV 开关柜，不能用于我国的绝大部分 10kV 系统。若仅仅以 12kV 电压高于 10kV，且 IEC 标准是先进的国际标准，就认为符合 IEC 标准的 12kV 开关柜一定能用于我国 10kV 电网，就会出现参数配合的错误。

（2）陡波保护问题　在变配电所中发生的一些雷电过电压事故，经检查为变压器匝间绝缘被破坏，但安装的 FS 或 FZ 型避雷器并未动作，这就是典型的避雷器对陡波电压失防。串联间隙的阀式避雷器，为满足隔离泄漏电流和灭弧的要求，需要串联数十乃至上百个串联间隙，而每个间隙的动作都有一定的时延，这样保护动作时间就会有累积时延效应，也就是产品样本中的所谓"1.5～20μs 预放电时间"。由于雷电波波头有时很陡，在 1μs 内电压已升至足以破坏绝缘的程度，而串联间隙的 SiC 阀式避雷器往往还来不及响应，造成变压器纵绝缘破坏，因此应选择有陡波保护能力的避雷器进行保护，这其实是避雷器响应时间与雷电参数和电气设备耐压特性的配合问题。串联间隙或无间隙 ZnO 避雷器对陡波有较好的防护作用，值得大力推广。

第三节　低压系统常见异常电压的危害与防护

低压系统上除了外部过电压以外，还会产生一些不同于中、高压系统的特殊的过电压，这些过电压的特殊之处在于其过电压程度不大，短时间内对设备和线缆绝缘通常无明显的威胁，但它们对人身安全、用电设备安全等有较大的危害，因此在讨论这些过电压问题时，作为系统组成部分的电气设备的耐压不再是问题的另一方，问题的另一方主要在系统以外，涉及人身及环境安全，也包括用户用电设备的安全。

一、中性点位移

在我们最为熟悉的、量大面广的 220/380V 低压配电系统中，中性点位移产生的电压异常是一种常见的电气故障。中性点位移造成有些相过电压，有些相欠电压，它危及大量用户的用电器具和人身安全，也是电气火灾的原因之一。

1. 中性点位移的概念

所谓中性点是一个电气上的"点"，指若电源或负载中有这么一个点，它与外部指定各接线端之间的电压绝对值相等，这一点就称为中性点。

在系统的网络接线中，中性点并不一定是都能找得到的。对称的三相电源接成 Y 时，中性点就在 Y 接线的星接节点上，但若接成△，则在接线中就找不出中性点的位置，因此中性点是一个电气上的点，它不一定有电路中的节点与其对应。

当负载接成 Y 时，若三相负荷平衡，则中性点就在 Y 接线的星接节点上，即电气上的中性点与接线上的星接节点重合。当三相负荷不平衡，但有中性线连接时，在中性线阻抗可忽略的情况下，负载中性点被电源强制钳制在 Y 接线的星接节点处；当三相负荷不平衡，且无中性线或中性线阻抗大、或中性线断线时，则 Y 接线的星接节点不再是中性点，也就是说电气上的中性点从电路接线的星接节点移走了，这种现象就称为中性点位移。

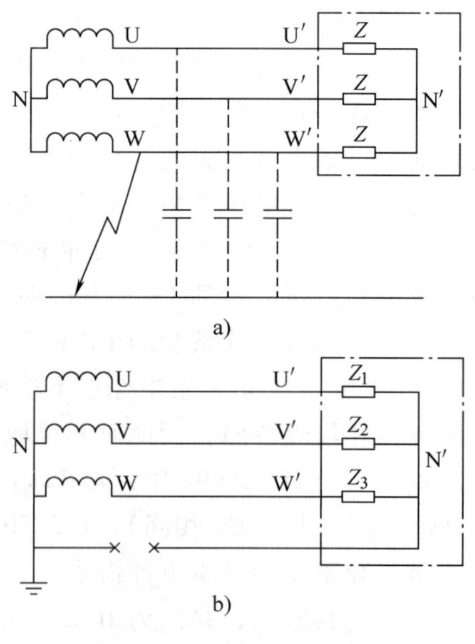

图 5-13　中性点对地电压偏移与中性点位移

$Z_1 \neq Z_2 \neq Z_3$

应当注意，中性点位移与中性点对地电压偏移是两个完全不同的概念，如图 5-13 所示。图 5-13a 为中性点不接地系统发生单相接地时，N 点对地电压由零上升为相电压，但 N 点对 U、V、W 点的电压绝对值仍然相等，故 N 点仍然是系统中性点，并未发生中性点位移；负载中性点 N′的情况与电源侧相同，N′对 U′、V′、W′仍然是中性点，但对地电压上升为相电压。图 5-13b 所示为三相负荷不平衡的 TN-S 系统，中性线完好时，N′点为负荷中性点，因为此时 N′点至 U′、V′、W′点电压绝对值相等，但当中性线断线后，N′点对 U′、V′、W′点电压不再相等，因此 N′点不再是中性点，这才叫做中性点位移。

如图 5-14 所示为中性点位移的相量图，该相量图在画法上又称位势图，指平面上几何点位置与电路上节点电位相对应的一种相量图。在平面上等边三角形三个顶点上定出 U′、V′、W′三个几何点，这三个几何点与图 5-13b 中负载端电路节点 U′、V′、W′相对应。当中性线完好时，N′端子为电气中性点，因此在等边三角形中心定出几何点 N′，与系统中 N′节点对应，由此可画出各相相电压和线电压。当中性线断线后，电压 $\dot{U}_{U'N'}$、$\dot{U}_{V'N'}$、$\dot{U}_{W'N'}$ 因负荷不平衡而发生变化，N′端子的电位也发生了变化，故位势图平面上几何点 N′位置也发生了变化，移到了 N_1'点。相量图平面上从 N′点到 N_1'点的电压相量表明了电路中 N′节点在中性线断线前后电位的变化量，这时，负载中性点不再位于电路星接节点 N′上。

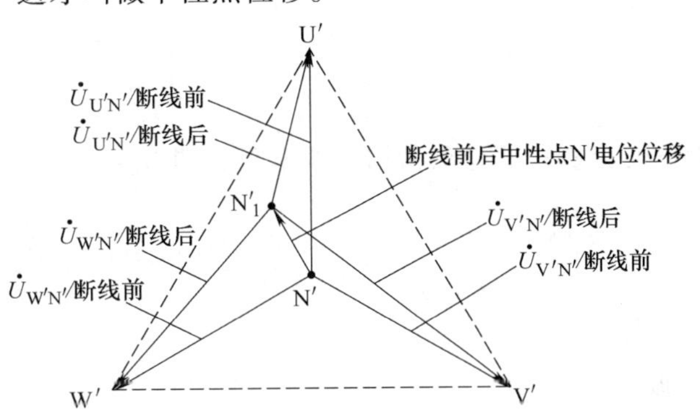

图 5-14　位势图中的中性点位移

$\dot{U}_{U'N'}$，$\dot{U}_{V'N'}$，$\dot{U}_{W'N'}$—中性线断线前各相负荷电压

$\dot{U}_{U'N_1'}$，$\dot{U}_{V'N_1'}$，$\dot{U}_{W'N_1'}$—中性线断线后各相负荷电压

N′与 N_1'点间相量—中性点位移电压

2. *中性点位移产生的原因及量值大小分析*

在 220/380V 低压配电系统中，中性点位移的必要条件之一是三相负荷不平衡（缺相运行也看成是三相负荷不平衡的一种特殊情况），另一必要条件是中性线阻抗较大或断线。

如图 5-15 所示为中性线断线的情况。对这种情况的分析，严格地讲要用到对称分量法，但由于我们现在专注于因负荷不平衡造成的过电压，因而可以忽略一些次要因素，从而使问题得到简化。第一，不考虑变压器（电源）阻抗，在不对称电流作用下因变压器磁路改变而造成的阻抗参数变化这一因素便可忽略；第二，假设负载中没有三相电机或三相三芯柱变压器之类带三相磁路的设备，即使有也应是三相磁路相互独立的，这样就不必考虑因不对称而带来的与磁路有关的负载阻抗的变化；第三，忽略线路阻抗。在这些前提下，我们就可以不通过对称分量法而直接进行分析计算。

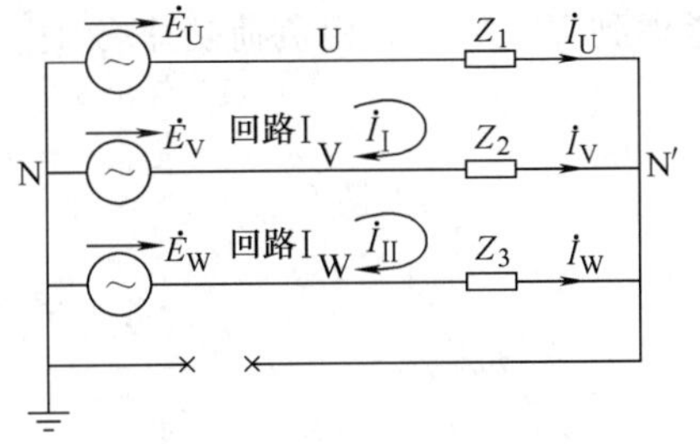

图 5-15　不平衡负荷在中性线断线时的计算分析

$Z_1 \neq Z_2 \neq Z_3$

用回路法对图 5-15 所示的电路进行计算，$\dot{I}_Ⅰ$、$\dot{I}_Ⅱ$ 分别为回路Ⅰ和回路Ⅱ的回路电流，根

据回路法有方程

$$\begin{cases}\dot{E}_{U}-\dot{E}_{V}=(Z_1+Z_2)\dot{I}_{I}-Z_2\dot{I}_{II}\\ \dot{E}_{V}-\dot{E}_{W}=-Z_2\dot{I}_{I}+(Z_2+Z_3)\dot{I}_{II}\end{cases}$$

且

$$\begin{cases}\dot{I}_{U}=\dot{I}_{I}\\ \dot{I}_{V}=\dot{I}_{II}-\dot{I}_{I}\\ \dot{I}_{W}=-\dot{I}_{II}\end{cases}$$

为方便分析，假设负荷均为纯电阻，即 $Z_1=r_1$，$Z_2=r_2$，$Z_3=r_3$，解方程得：

$$\dot{I}_{I}=\frac{\sqrt{3}\dot{E}_{U}[(r_2+r_3)e^{j30^\circ}+r_2e^{-j90^\circ}]}{r_1r_2+r_2r_3+r_3r_1}$$

$$\dot{I}_{II}=\frac{\sqrt{3}\dot{E}_{U}[(r_1+r_2)e^{-j90^\circ}+r_2e^{j30^\circ}]}{r_1r_2+r_2r_3+r_3r_1}$$

于是

$$\dot{I}_{U}=\dot{I}_{I}=\frac{\sqrt{3}\dot{E}_{U}[(r_2+r_3)e^{j30^\circ}+r_2e^{-j90^\circ}]}{r_1r_2+r_2r_3+r_3r_1}$$

$$\dot{I}_{V}=\dot{I}_{II}-\dot{I}_{I}=\frac{\sqrt{3}\dot{E}_{U}[r_1e^{-j90^\circ}+r_3e^{j30^\circ}]}{r_1r_2+r_2r_3+r_3r_1}$$

$$\dot{I}_{W}=-\dot{I}_{II}=-\frac{\sqrt{3}\dot{E}_{U}[(r_1+r_2)e^{-j90^\circ}+r_2e^{j30^\circ}]}{r_1r_2+r_2r_3+r_3r_1}$$

考虑到 U、V、W 相负荷功率分别为：$P_1=E^2/r_1$、$P_2=E^2/r_2$、$P_3=E^2/r_3$，则有

$$U_{UN'}=I_{U}r_1=\frac{\sqrt{3(P_2^2+P_3^2+P_2P_3)}}{P_1+P_2+P_3}E$$

$$U_{VN'}=I_{V}r_2=\frac{\sqrt{3(P_1^2+P_3^2+P_1P_3)}}{P_1+P_2+P_3}E$$

$$U_{WN'}=I_{W}r_3=\frac{\sqrt{3(P_1^2+P_2^2+P_1P_2)}}{P_1+P_2+P_3}E$$

$$U_{NN'}=|-\dot{E}_{U}+r_1\dot{I}_{U}|=\frac{\sqrt{P_1^2+P_2^2+P_3^2-P_1P_2-P_2P_3-P_3P_1}}{P_1+P_2+P_3}E$$

式中　E——相电压，$E=|\dot{E}_{U}|=|\dot{E}_{V}|=|\dot{E}_{W}|$，取为 220V。

若假设 $P_2=\alpha P_1$，$P_3=\beta P_1$，即 $P_1:P_2:P_3=1:\alpha:\beta$，代入以上各电压表达式，$P_1$、$P_2$、$P_3$ 将被约掉，只剩下 α、β 和 E。可见对纯阻性负载，各相电压大小只与各相负荷功率之比

有关，而与具体的功率大小无关。表 5-8 列出了三相负荷不平衡且中性线断线时，各相电压的变化。

表 5-8　三相负荷不平衡且中性线断线时，各相电压的变化

$P_1:P_2:P_3$	$U_{UN'}$	$U_{VN'}$	$U_{WN'}$	$U_{NN'}$
1:1:1	220	220	220	0
1:1:0.75	210	210	240	20
1:0.75:0.75	198	231	231	22
1:0.5:0.75	184	257	224	42
1:0.25:0.75	172	290	218	73
1:0.05:0.75	164	322	217	104
1:0:0.75	163	331	218	113
1:0:0	0	380	380	220

从表 5-8 可知，中性点位移造成的过电压倍数极限为$\sqrt{3}$，这时过电压相负荷的实际输入功率为额定值的 3 倍，烧坏设备几乎是肯定的，还可能引发火灾。另外，负载星接节点对地电压最高也可升至接近 220V，这对 TN 系统的设备来说，有极大的电击危险性。

三相负荷不平衡且中性线阻抗大的情况与中性线断线类似，只是程度稍轻。

3. 中性点位移过电压的防护

中性点位移造成的小负荷相相电压上升，本质上是一种内部工频过电压，过电压程度远低于大气过电压，且持续存在，因此不可能通过避雷器进行防护。工程上对中性点位移的防护，有主动防护和被动防护两条路径。

所谓主动防护，是指尽可能减少甚至消除产生中性点位移的原因，主要包括在设计时应尽量平衡三相负荷，正确选用中性线截面，尽可能不使用能断开中性线的 4 极开关、严禁在中性线上设置熔断器等，在安装施工时应将中性线接头连接牢固等。

所谓被动防护，是指在中性点位移发生时采取措施，以避免造成破坏。与中、高压系统中的操作过电压和大气过电压不同的是，中性点位移产生的过电压幅度较小，一般不会在很短时间内造成绝缘损坏，但这种过电压是一种差模过电压，它持续作用在负载阻抗上，会使用电设备发热加剧，绝缘在高温下性能下降，最终导致绝缘破坏引发短路。在工程上现在还少有对中性点位移进行保护的实例，但频繁的大面积损坏用户家用电器、引发电击及火灾，以及因此引发的各种纠纷，已引起工程界对这一问题的重视，并提出了一些解决方案，只是这些方案还没有经过大规模、长时间运行的检验，其有效性还需要进一步验证，故此处不予介绍。

二、直接传导性过电压

如图 15-16a 所示的 10/0.4kV 变压器，低压侧为 IT 系统，10kV 侧为小地系统。若因变压器内部故障使高压某相与低压中性点短接，由于 10kV 侧每相对地电压均为相电压，故低压侧中性点对地电压也上升为 10kV 侧的相电压，约 5800V。由于中性点对地电压升高，其他各相的对地电压也相应升高，略高或略低于 5800V，这样高的电压会给低压系统的对地绝缘和人身安全造成极大的威胁。图 5-16b 是电压相量图，假设变压器为 Dyn11 连接组，高压侧电气量用大写字母表示，低压侧用小写字母表示，N 为低压侧绕组星接节点，E 为大地电位点，用位势图的方法作图，为作图方便，电压相量幅值未按比例画出。

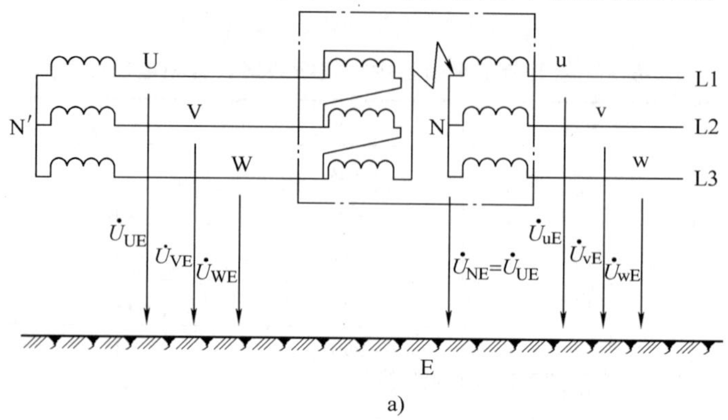

a)

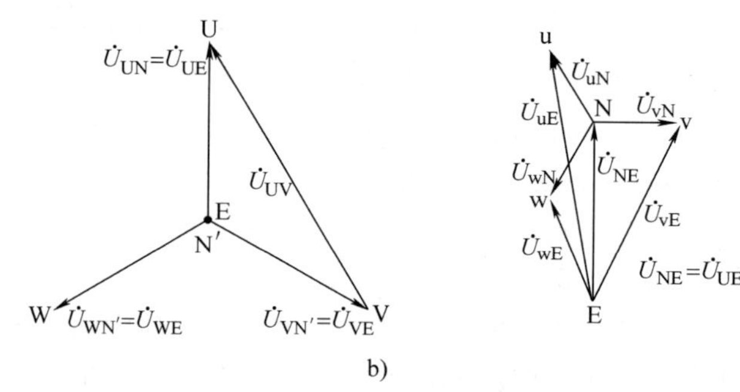

b)

图 5-16　直接高电压传导

对于这种过电压，常用的保护措施是在中性点装设击穿保险器，并对击穿保险器的状态进行监视，如图 5-17 所示。正常运行时两只电压表读数各为相电压一半左右，若保险器击穿或内部短路，则其中一只电压表读数降为零，另一只上升为相电压。对保险器间隙进行绝缘监测的目的，是防止在正常运行时，保险器间隙短路，使系统由 IT 系统变成 TT 系统，影响系统的供电连续性和电击防护性能。另外，也可将电压表换成声光报警器等元件，以便能及时发出警报。

三、通过接地体传导的过电压

如图 5-18a 所示，Dyn11 连接组的 10/0.4kV 变压器金属外壳保护接地与低压侧系统中性点接地共用接地体 R_E，按规程规定，$R_E \leqslant 4\Omega$。若 10kV 侧发生单相接地故障，接地电容电流对 10kV 系统来说可允许达到 30A，此时流过接地电阻的电容电流会在 R_E 上产生 $30A \times 4\Omega = 120V$ 的电压，这个电压是工频电压（不考虑电弧性接地），也是低压侧中性点的对地电压，这时低压侧各相和 N 线、PE 线对地电压相量如图 5-18b 所示，相对地电压幅值在 V 相上可达

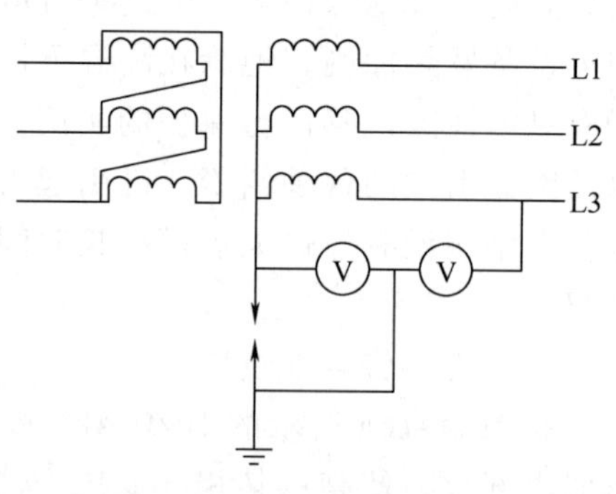

图 5-17　中性点过电压保护与绝缘监视

$$U_{VE} = \sqrt{U_{VN}^2 + U_{NE}^2 - 2U_{VN}U_{NE}\cos\varphi} = \sqrt{220^2 + 120^2 - 2 \times 220 \times 120\cos120^\circ}\text{V} = 298\text{V}$$

在 W 相上也是如此。若低压系统全部处于建筑物的等电位联结范围内，则这一电压无论对

设备绝缘还是对电击防护均无有害作用，因为此时建筑物的电位总是等于中性点的电位。但如果低压侧有些部分处在等电位联结作用范围以外，如图 5-18a 所示的室外广告灯箱供电回路，回路的室外部分和广告灯箱就处于建筑物总等电位联结作用范围以外，如此高的对地电压不仅对绝缘有威胁，对人身安全更是有严重危险，因为此时 PE 线对地电压已达到 120V。另外，PE 线在这个电压下很容易对地打火，成为一个危险的火灾隐患。

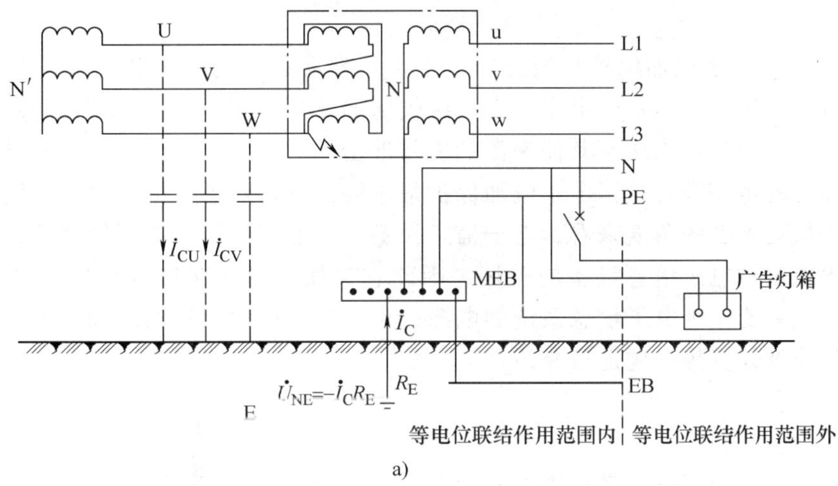

a)

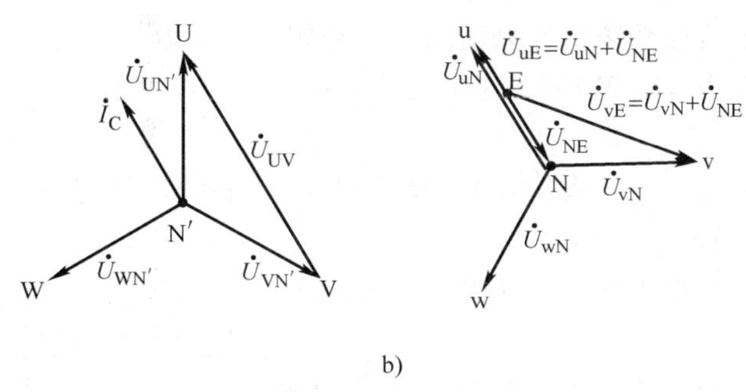

b)

图 5-18　接地体上的高电位传导

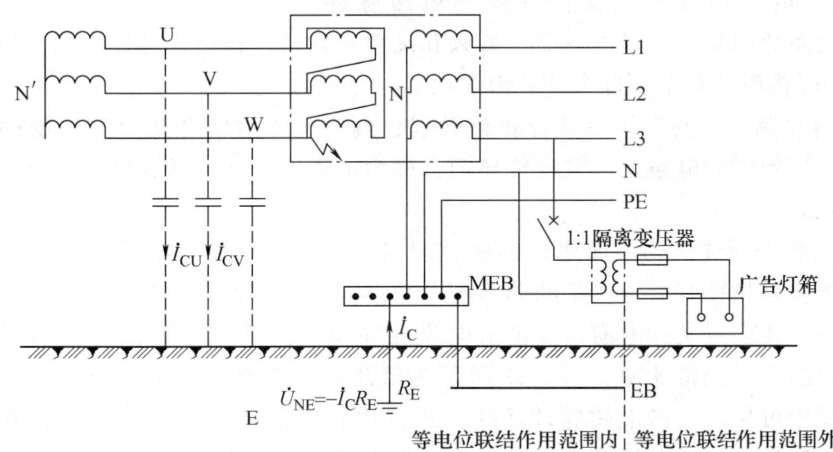

图 5-19　对接地体上高电位传导的电气隔离防护措施

上述过电压本质上是一种共模形式的内部过电压，对这种过电压的防护主要依靠等电位联结，还可对处于等电位联结作用范围以外的系统实施电气隔离，如图 5-19 所示。这些措施与传统的中、高压系统过电压防护措施已大相径庭。从这个事例以及中性点位移等问题可见，低压系统的有些问题是有其特殊性的，不可能完全移植中、高压系统的方法。

第四节　电　　涌

电涌（surge）及电涌保护是最近二、三十年发展起来的一个新的技术领域，它是在建筑物传统防雷体系对建筑物内电子信息系统失防的背景下产生的，但其设防对象已不只局限于雷电，还包括操作过电压等其他来源的能量冲击。

从加害者的角度来看，雷电是电涌保护最主要的设防对象，因此它属于防雷技术体系的一部分；而从受害者的角度来看，电子信息设备是电涌保护的主要保护对象，目的是防止各种电磁骚扰能量对电子信息设备的破坏，因此它又属于电磁兼容（EMC）技术体系的一部分。低压配电系统作为电子信息系统的电源，也被纳入电涌保护的范围。本节将对电涌的定义、来源及强度计算等问题进行介绍。

一、电涌及来源

1. 什么是电涌

低压电气系统中的电涌是按瞬态过电压的一种类别来考虑的，IEC-TC64 技术委员会制定了相关的标准。电子信息系统中的电涌属于电磁兼容中的电磁干扰，关于电涌与电涌保护的很多概念、术语和方法需要用 EMC 的观点才能理解，因此本节结合 EMC 的观点来介绍电涌。

电磁兼容学科是由骚扰源（发射器）、耦合机制（路径）及敏感设备（感受器）组成的干扰模型发展而来的，如图 5-20 所示。

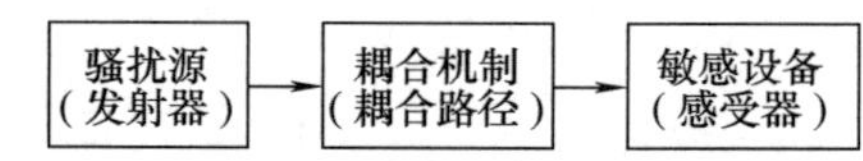

图 5-20　电磁兼容模型

就电涌问题而言，在以上这个模型中，各部分的具体内容如下：

（1）骚扰源　主要有以下几种：雷电（雷击电磁脉冲 LEMP）、电力系统开关操作（操作电磁脉冲 SEMP）、电力系统的扰动、静电放电、低频和高频发射机、核爆炸等，本书只讨论 LEMP 和 SEMP 这两种骚扰源，其中又以 LEMP 为重点。

（2）耦合机制　主要有传导耦合和辐射耦合两类，辐射耦合又分为电场耦合和磁场耦合。在电磁兼容的等效电路上，又将传导耦合称为电阻耦合，电场和磁场耦合分别称为电容耦合和电感耦合。

（3）感受器　指建筑物中或建筑群中各建筑相互间的电气、电子系统，在本书的讨论中，感受器主要是指接有电子设备的低压配电系统。

综上所述，我们定义：电涌是以雷击电磁脉冲和（或）操作电磁脉冲为骚扰源，在电气电子系统中耦合的能量脉冲。图 5-21 所示为低压配电线路中工频电压叠加了电涌电压时的波形，从图中可见，雷击电磁脉冲产生的电涌电压幅值远大于工频电压，但持续时间很短。操作电磁脉冲产生的电涌幅值相对较小，持续时间长一些。

2. 电涌的来源

（1）雷电耦合的电涌　下面以几个实例，来说明雷电耦合电涌的途径。

1）传导（阻性）耦合。除了直击雷放电到线路上造成的电涌外，阻性耦合还可能有其他的方式。如图 5-22 所示，雷击建筑物 1 的外部防雷系统时，在接地电阻 R_{sh1} 上产生了很高的电压，而建筑物 2 的接地电阻 R_{sh2} 仍为地电位，由于两个接地电阻间通过 PE 线和信号线的屏蔽层电气连通，雷电流会流向接地电阻 R_{sh2}，从而在信号线中形成电涌电流，并以波阻抗的比例在信号线中产生电涌电压。

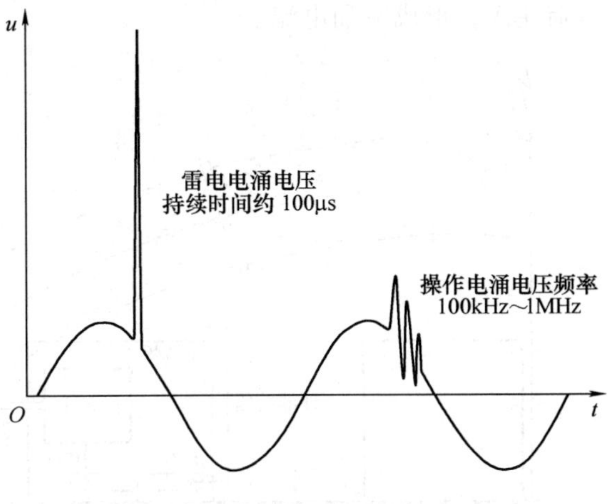

图 5-21　电涌波形示例

2）感性辐射耦合。雷电流产生的磁场会在金属环路中感应电动势。若环路是闭合的，则在环路中产生电涌电流；若环路有开口，则在开口上产生电涌电压。图 5-23a 所示为电源线和信号线形成开口环路的例子，当有雷电电磁场时，设备内电源线与信号线端头之间就会产生电涌电压。图 5-23b 为两芯电缆的例子，雷电电磁场在芯线环路中感应电涌电流，该电流直接流过负载阻抗。

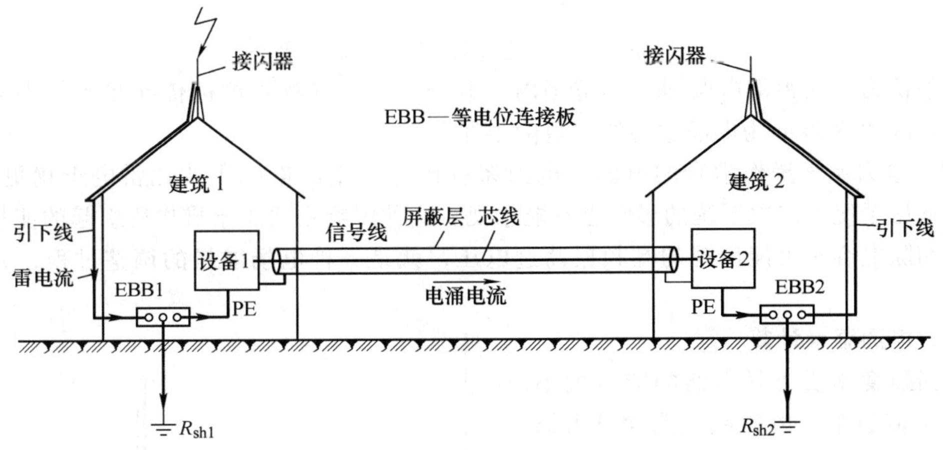

图 5-22　阻性（传导）耦合的电涌

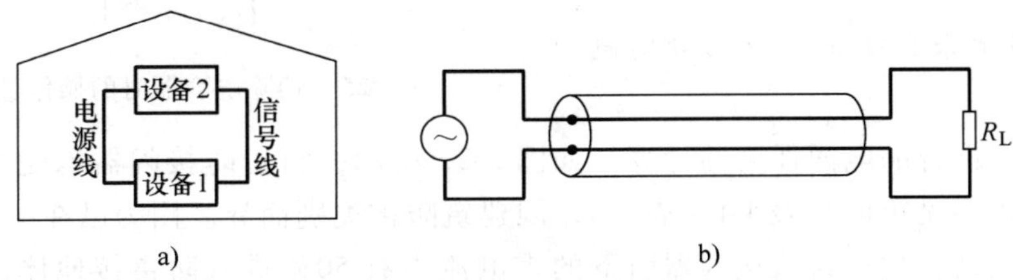

图 5-23　感性（电磁场）耦合的电涌

3）容性辐射耦合的电涌。如图 5-24 所示，雷击接闪器时，雷电流在引下线和接地装置阻抗上产生压降，使接闪器处有很高的对地电压。接闪器与远方信号线导体间有耦合电容效应存在，接闪器上电位的快速上升，相当于电容充电过程，信号线导体作为电容的另一极也有电荷注入，形成电涌电流。

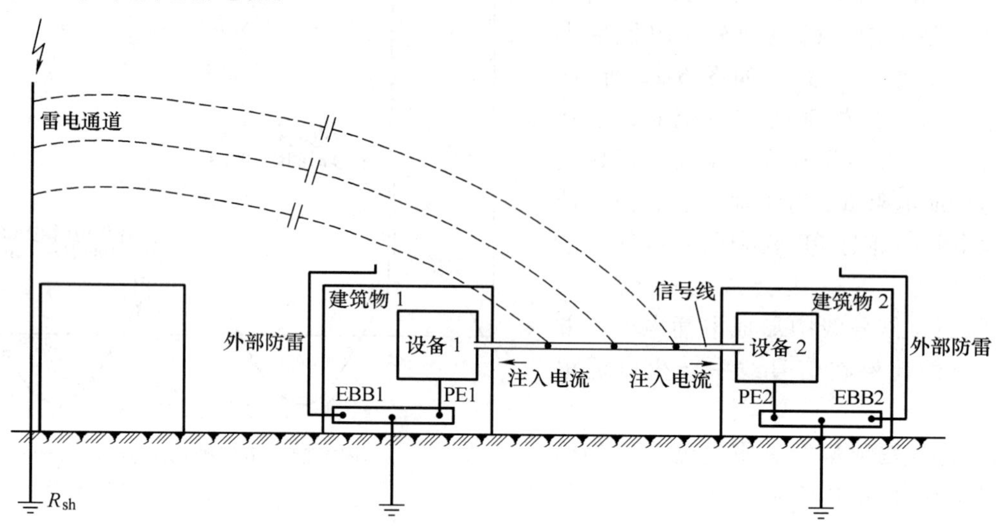

图 5-24　容性（电场）耦合的电涌

一般认为，在距雷击点 2km 的范围内，电子信息系统都可能被传导或辐射耦合的电涌所破坏，因此称 2km 为电涌危害的“危险半径”。

（2）电力系统操作耦合的电涌　电力系统操作产生的电磁干扰比雷电干扰更为频繁，因此对低压系统和二次系统的影响也不能忽视。这种影响主要缘于操作所引起的能量分布调整，如切除电容时可能出现的高频振荡过电压，就是一种电场能量的调整过程，如图 5-25 所示。

二、电涌强度计算

电涌强度本质上是电涌的能量大小，该能量量值通常以电压或电流参量表征。在评估电涌对电气电子设备的危害以及校核电涌保护装置的通流能力时，电涌的能量都是一个重要参数。在低压配电系统中主要考虑阻性和感性耦合的雷电电涌，以下就举例介绍这两种电涌能量的计算方法。

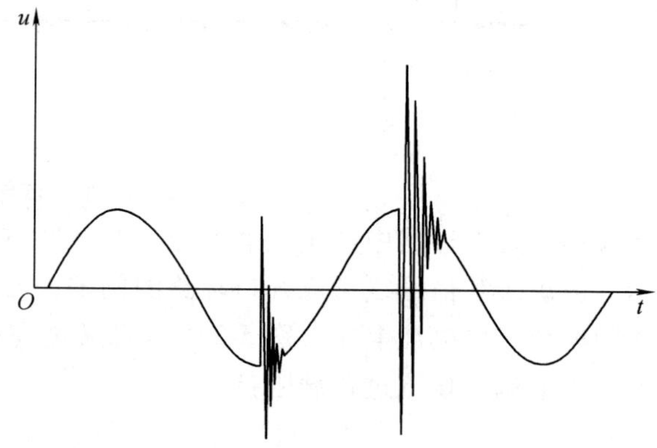

图 5-25　切除电容器时的操作过电压

1. 电源线上来自被击建筑物分雷电流的估算

这是对传导耦合的电涌强度的计算。如图 5-26 所示，雷击时接闪器承受 100% 雷电流，该雷电流幅值大小见第四章表 4-1 ~ 表 4-3，因建筑防雷类别而异。因为已在电源线路引入处作了总等电位联结，故认为从接闪器引下的雷电流中有 50% 进入防雷接地体，另 50% 进入作了等电位联结且在远处接地的各种管线，并且这些管线均分这剩下的 50% 雷电流。设接闪器的雷电流为 i，则进入各管线的总电流 $i_S = 0.5i$；若管线的总数为 n，则进入每一管线的电流为 $i_i = i_S/n = 0.5i/n = i/(2n)$；若一路电缆有 m 芯，则每芯电流为 $i_V = i_i/m = i/(2mn)$，这是电缆无屏蔽的情况，若有屏蔽层，则绝大多数电流将沿屏蔽层流走，一般有屏蔽层时电流按 30% i_V 计算。

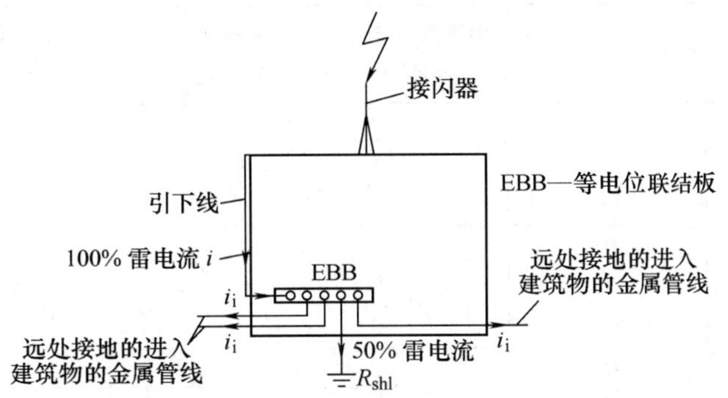

图 5-26　电源系统中雷电电涌电流的估算

2. 线路中预期感应电压和能量的估算

这是对感性辐射耦合的电涌强度的计算。当雷击建筑物的防雷装置时，在电气电子线路中预期最大感应电压和能量的近似估算见图 5-27 和表 5-9。

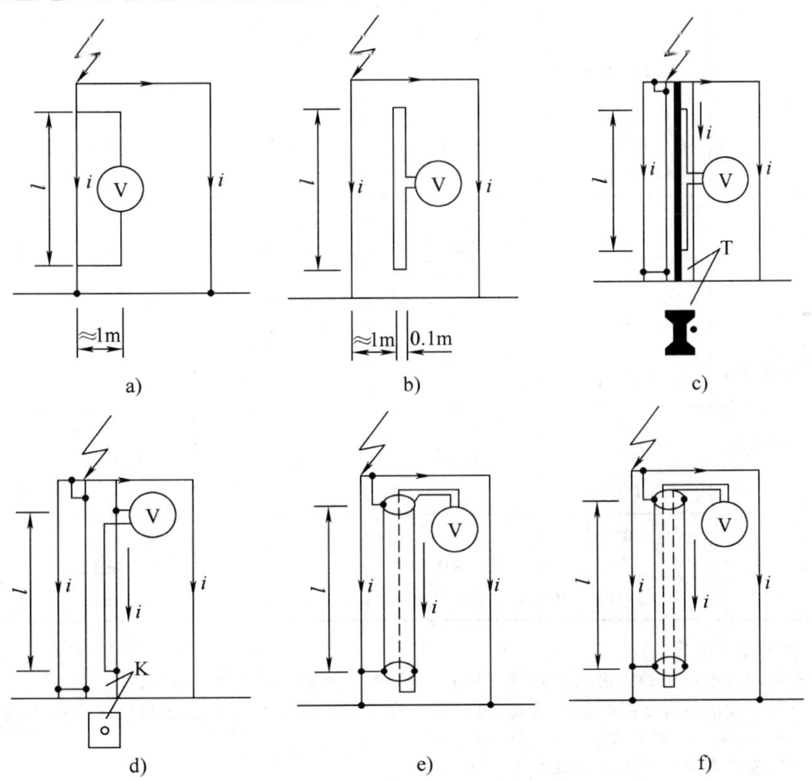

图 5-27　应用于表 5-9 的环路布置

a）包围一大面积并与引下线不绝缘的环路　b）包围一小面积并与引下线绝缘的环路　c）布置相似于图 a 但环路包围的面积是小的，装置极靠近引下线并与其接触　d）布置相似于图 a 但环路安装在封闭型金属电缆管内　e）布置相似于图 a，线路由屏蔽电缆组成，屏蔽线是引下线的一部分　f）布置相似于图 b，线路由两芯线的屏蔽电缆组成，电缆屏蔽层是引下线的一部分，所考虑的环路与防雷装置绝缘

i—流经引下线的分雷电流　T—作引下线用的金属结构立柱　K—作自然引下线用的金属电缆管道　l—电气装置平行于引下线的长度

表 5-9 闪电击中安装在一类防雷建筑上的防雷装置时所感应的电压和能量的近似计算

外部防雷装置的形式			引下线（至少4根）间距10～20m	钢构架或钢筋混凝土柱	有窗的金属立面	无窗的钢筋混凝土结构
见图 5-27a	开路环中感应的峰值电压	$\frac{U_i}{l}$ (kV/m)	$100\sqrt{\frac{a}{h}}$	$40\sqrt{\frac{a}{h}}$	$10\frac{1}{\sqrt{h}}$	$2\frac{1}{\sqrt{h}}$
见图 5-27b		$\frac{U_i}{l}$ (kV/m)	$2\sqrt{\frac{a}{h}}$	$2\sqrt{\frac{a}{h}}$	$0.4\frac{1}{h}$	$0.1\frac{1}{h}$
见图 5-27c		$\frac{U_i}{l}$ (kV/m)	$4\sqrt{\frac{a}{h}}$	$4\sqrt{\frac{a}{h}}$	$0.4\frac{1}{\sqrt{h}}$	$0.1\frac{1}{\sqrt{h}}$
见图 5-27d		$\frac{U_i}{l}$ (kV/m)	≈0	≈0	≈0	≈0
见图 5-27e		$\frac{U_k}{R_M}$ (kV/Ω)	$100\sqrt{\frac{a}{h}}$	$100\sqrt{\frac{a}{h}}$	$10\frac{1}{\sqrt{h}}$	$2\frac{1}{\sqrt{h}}$
见图 5-27f		$\frac{U_q}{l}$ (kV/m)	≈0	≈0	≈0	≈0
见图 5-27a	短路环中感应的最大能量	$\frac{W}{l}$ (J/m)	$2000\frac{a}{h}$	$500\frac{a}{h}$	$30\frac{1}{h}$	$1.5\frac{1}{h}$
见图 5-27b		$\frac{W}{l}$ (J/m)	$\frac{a}{h}$	$\frac{a}{h}$	$0.03\frac{1}{h^2}$	$0.002\frac{1}{h^2}$
见图 5-27c		$\frac{W}{l}$ (J/m)	$10\frac{a}{h}$	$10\frac{a}{h}$	$0.1\frac{1}{h}$	$0.005\frac{1}{h}$
见图 5-27d		$\frac{W}{l}$ (J/m)	≈0	≈0	≈0	≈0

注：1. 表中各参量含义如下：

U_i——采用首次以后的雷击电流参量（见表 4-2）时，预期的最大感应电压；

U_k——采用首次雷击电流参量（见表 4-1）时，在电缆内导体与屏蔽层之间的预期最大感应电压，其值与 R_M 有关，一般取 $R_M/l<0.1\Omega/m$；

U_q——屏蔽电缆内导体之间的最大差模电压；

W——当采用首次雷击电流参量（表 4-1）及环路由于产生电火花放电而成闭合环路时，预期产生于环路内的最大能量；

l——与引下线平行的电气装置的长度（m）；

R_M——电缆总长的电缆屏蔽层电阻（Ω）；

a——引下线之间的平均间距（m）；

h——防雷装置接闪器的高度（m）。

2. 该表适用于第一类防雷建筑物的雷电流参量。对第二类防雷建筑物，表中的感应电压计算式应乘以 0.75，能量计算式应乘以 0.56（即 0.75^2）。对第三类防雷建筑物，表中的感应电压计算式应乘以 0.5，能量计算式应乘以 0.25（即 0.5^2）。

第五节　电涌保护器

电涌保护器（Surge Protective Device，SPD）是一种用于带电系统中限制瞬态过电压并泄放电涌能量的非线性保护器件，用以保护电气电子系统免遭雷电或操作过电压及涌流的损害。

电涌保护器分为低压配电系统用和电子信息系统用两大类，相关的要求由 IEC/TC37 技术委员会 SC37A 分委会的标准系列规定。本书主要介绍低压配电系统用的电涌保护器。

一、电涌保护器的原理与类别

电涌保护器具有与避雷器类似的特性，所不同的是电涌保护器用于低压配电系统和电子信息系统，而避雷器主要用于中、高压系统。按所使用的非线性元件特性，电涌保护器可分为以下几类：

（1）电压开关型 SPD　无电涌时呈高阻抗状态，当电涌电压达到一定值时突变为低阻抗，因此又称为“短路开关型”SPD，其动作电压波形如图 5-28a 所示。这类 SPD 具有通流容量大的特点，适用于 LPZ0 区与 LPZ1 区界面的雷电电涌保护，主要作用是泄放雷电能量，但特性陡峭、残压较高，不适合作终端设备的保护。

（2）限压型 SPD　无电涌时呈高阻抗状态，但随着电涌电压和电涌电流的升高，其阻抗持续下降，因此又称为“钳位型”SPD，其动作电压波形如图 5-28b 所示。限压型 SPD 钳位电压比电压开关型 SPD 低，但通流容量小，一般用于 $LPZ0_B$ 及以后防雷区内的电涌保护。

（3）混合型 SPD　它是将电压开关型和限压型元件组合在一起的一种 SPD，随其承受的冲击电压不同而分别呈现电压开关型特性、限压型特性，或同时呈现两种特性，其动作电压波形如图 5-28c 所示。

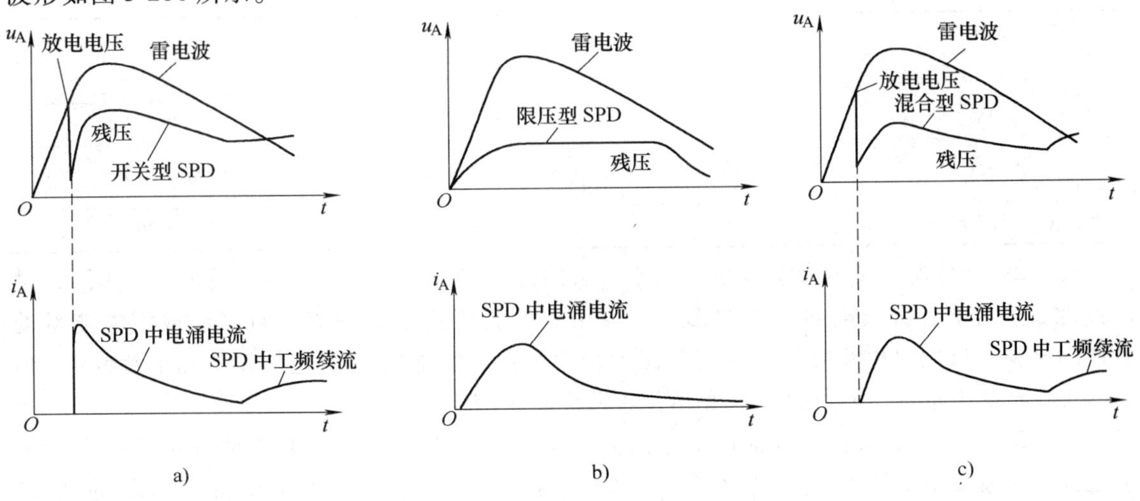

图 5-28　各类型电涌保护器的保护特性

a）电压开关型　b）限压型　c）混合型

二、电涌保护器的冲击分类试验

从工程应用的角度看，SPD 产品的合格性检验、参数标定等都依赖于一系列配套的标准化试验，这些试验主要有三种，它们是各自独立的。针对电涌保护器的不同应用条件，生产厂家可选择其中一种或几种进行试验。

所谓电涌保护器的应用条件，主要指其在系统中的安装位置和保护作用。在建筑物中，可能遭受直接雷击的区域（如 $LPZ0_A$ 区）、或雷电能量几乎未衰减的区域（如 $LPZ0_B$ 区）称为高暴露或自然暴露区，装置于该区域的 SPD 主要作用是泄放雷电能量，因其特性很难与被保护设备相配合，一般不能直接保护设备；在远离高暴露区的区域，系统中的雷电能量已经被衰减，波形也发生了变化，装置于这些区域的 SPD 主要作用是进一步泄放能量，并以合适的特性可靠地保护被保护设备。

因此，应用于高暴露区和低暴露区的 SPD，其工作条件、保护要求都有不同，相应地对其特性参数的要求就会有所差异。设立三种冲击分类试验，正是为了体现这种差异。

1. 试验用电流电压波形与参数

SPD 的冲击分类试验是在规定的标准化电流、电压波形下进行的，这些标准化波形大体上近似特定防雷区的实际雷电波形。

（1）电涌保护器的试验电流　图 5-29 示出了用于电涌保护器试验的三种电流波形，其中曲线 1、3 是 IEC61643-1 标准推荐的，曲线 2 是德国 E DIN VDE0675 标准推荐的。表 5-10 给出了这些曲线的推荐参数。

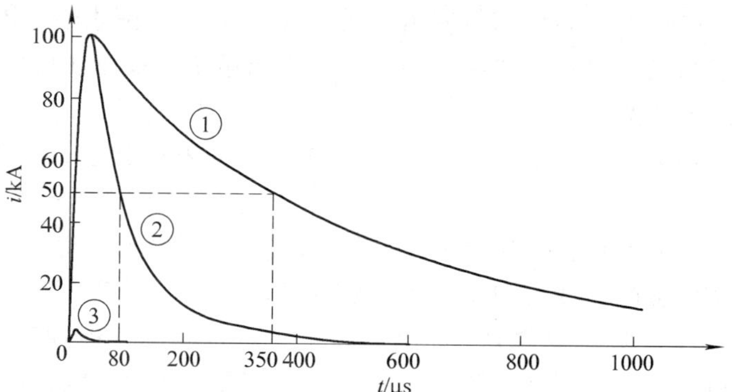

图 5-29　电涌保护器试验电流

表 5-10　电涌保护器试验电流的参数

	曲线 1	曲线 2	曲线 3
峰值/kA	100	100	5
Q/As	50	10	0.1
$\frac{W}{R}$/J · Ω^{-1}	2.5×10^6	5×10^5	0.4×10^3
波头（μs）/半峰（μs）	10/350	8/80	8/20

图 5-29 中曲线 1 又称为雷电冲击电流 i_{imp}，其波头时间为 10μs、半峰时间为 350μs，是最接近自然雷电首次放电的电流波形，一般用于安装于高暴露地点、直接泄放雷电能量的 SPD 的试验，试验时电流峰值不一定拘泥于表中所给定的量值。i_{imp}包括以下几个参数：峰值 I_p、电荷量 Q（即曲线下的面积）和单位负载能量 W/R。

图 5-29 中曲线 3 又称为电涌冲击电流 i_{sn}，其波头时间为 8μs、半峰时间为 20μs，较为接近离自然暴露点较远处电气电子系统中的电涌电流，一般用于保护设备的 SPD 的试验。i_{sn}的参数与 i_{imp}类同。

（2）电涌保护器的试验电压　一般采用 1.2/50μs 的冲击电压作为试验电压。

2. 三种冲击分类试验

以下三种分类试验中所提及的作为试验结果的参数将在后面介绍。

I 级分类试验：用 1.2/50μs 的冲击电压、8/20μs 的冲击电流和 10/350μs 的冲击电流作的试验，用以确定SPD的标称放电电流 I_n（8/20μs）和最大冲击电流 I_{imp}（10/350μs）。Ⅰ级分类试验模拟了部分导入雷击冲击电流的情况，通过Ⅰ级分类试验的SPD通常推荐用于高暴露地点，如安装在LPZ0与LPZ1区界面的电压开关型SPD就应进行该项试验。

Ⅱ级分类试验：用1.2/50μs的冲击电压和8/20μs的冲击电流作的试验，用以确定SPD的标称放电电流 I_n（8/20μs）和最大放电电流 I_{max}（8/20μs）。通过Ⅱ级分类试验的SPD用于较少暴露地点，对限压型SPD应进行该项试验。

Ⅲ级分类试验：开路时施加1.2/50μs的冲击电压、短路时施加8/20μs的冲击电流所作的试验。开路电压峰值与短路电流峰值之比取为2Ω。用于电子信息系统电源端的电涌保护器常采用这项试验。

三、电涌保护器的主要参数

（1）最大持续工作电压 U_c　指允许持续施加在SPD端子间的最大工频电压有效值。在给定的系统中，U_c 与SPD的长期工作可靠性、泄漏电流、发热与老化等密切相关。U_c 不应低于线路中可能出现的最大持续运行电压，按现有制造水平估计，除工作电压外，持续时间超过5s的暂时过电压就可认为是持续电压。

（2）标称放电电流 I_n　指SPD多次通过 i_{sn}（8/20μs冲击电流）的能力，一般要求SPD通过峰值为 I_n 的电流波 i_{sn}15次后，其特性变化不得超过规定的允许范围。它是表征Ⅰ、Ⅱ类SPD通流容量的参数之一，通常由Ⅱ级分类试验测定。

（3）最大放电电流 I_{max}　指SPD能单次通过的最大 i_{sn}（8/20μs冲击电流）峰值，即在通过峰值为 I_{max} 的电流波 i_{sn}1次后，SPD不会发生实质性损坏。它也是表征Ⅰ、Ⅱ类SPD通流容量的参数，通常由Ⅱ级分类试验测定。

同一SPD的 I_{max} 一般为 I_n 的2～2.5倍。

（4）冲击电流 I_{imp}　指SPD能单次通过的最大 i_{imp}（10/350μs冲击电流）峰值，即在通过峰值 $I_p=I_{imp}$ 的电流波 i_{imp}1次后，SPD不会发生实质性损坏。它是表征Ⅰ类SPD通流容量的参数，由Ⅰ级分类试验测定。

（5）动作电压 U_{op}　指电压开关型SPD的放电电压，或限压型SPD的导通电压。

（6）电压保护水平 U_p　表征SPD动作后，其将电涌过电压限制到了哪种程度。对电压开关型SPD，它等于规定陡度电压波形下最大放电电压；对限压型SPD，则等于规定电流波形下的最大残压，见图5-28。

保护水平应低于设备的耐压，因此保护水平低对被保护设备是有利的。但保护水平 U_p 与最大持续工作电压 U_c 正相关，U_c 过低，容易在正常工作时产生过大的泄漏电流，影响使用寿命。

（7）响应时间　指从暂态过电压开始作用于SPD的时刻到SPD实际导通放电时刻之间的延迟时间，一般小于25ns。

（8）额定开断续流 I_f　指SPD本身能断开的预期工频短路电流。

作为示例，某同时通过Ⅰ、Ⅱ级分类试验的SPD主要参数如下：

最大持续工作电压 U_c：350V

标称放电电流 I_n：20kA（15个8/20μs波形冲击电流）

最大放电电流 I_{max}：40kA（1个8/20μs波形冲击电流）

冲击电流 I_{imp}：115kA（1个10/350μs波形冲击电流）

电压保护水平 U_p：<600V

符合标准：IEC61643-1，VDE0675-6，GB18802.1

第六节　低压系统电涌保护配置

在电涌保护技术出现之前，低压系统也有传统的雷电过电压保护，其原理、方法与中、高压系统相同。但传统雷电过电压保护措施不仅不能阻止过大的雷电能量通过低压系统进入电子信息设备，而且对低压系统本身的设备也存在失防之处。就建筑物内的低压系统而言，电涌保护不仅将低压系统传统防雷措施纳入其体系，还弥补了传统防雷措施的不足。因此，对于建筑物内的低压系统，电涌保护已完全涵盖了传统雷电过电压保护的功能。

一、电涌保护对象分级

电涌防护等级是以建筑物中电子信息系统为对象划分的，电气系统的防护级别与电子信息系统的防护级别等同，因此有时也可统称为建筑物的电涌防护等级，应注意不要将其与建筑物的防雷类别混为一谈。

电涌防护分级有两种依据：一种是雷击风险，另一种是电子信息系统的重要性和使用性质。前者需要计算一个名为“防雷装置拦截效率”的参数，根据参数量值大小分级。两种依据的具体划分方法，在国家标准 GB50343—2004《建筑物电子信息系统防雷技术规范》中都有明确规定，也可参见附表 27。

不论根据哪一个依据，电涌防护都分为 A、B、C、D 四个等级，其中 A 级要求最高，D 级最低。对一般建筑，按两种依据中任一种进行分级即可，但对特殊的重要建筑，应取两种分级中较高的一个等级。

二、电涌保护的目的及在综合防雷体系中的地位

电涌保护的目的，是通过在电气电子设备的电源侧限制雷电过电压（兼限制大部分操作过电压）并泄放雷电能量，以保护设备的绝缘及硬件不致损坏。

电涌保护是建筑物内部防雷的重要组成部分，是综合防雷体系的末端环节，是在采用了基本建筑防雷措施的前提下，专门针对耦合到低压配电系统中的雷电能量进行的防护。与基本建筑防雷措施相比较，电涌保护中的雷电能量相对较小，但被保护设备所能承受的雷电能量也小，且对保护的响应时间要求高。考虑到低压系统一般处于非电气专业场所、面向非电气专业人员，对人身安全和环境安全要求极高，电涌保护必须兼顾这些方面的因素。所以，电涌保护与中、高压系统防雷保护既有相似之处，又有一些自身的特点，且与建筑物的其他防雷措施相互关联，这是我们在理解电涌保护时必须明确的工程背景。

电涌保护主要涉及三个方面的问题：①低压配电系统可能遭受的雷电能量的形式和强度；②电气设备承受雷电能量的能力；③如何将雷电能量降低到电气设备的承受能力范围以内，这包括保护的设置、保护器件的选择、保护的配合、保护效果的评估以及电涌保护与系统其他部分的关系与协调等。以上问题①已在前面作了介绍，下面主要对问题②、③进行讨论。

三、电涌保护主要对象的耐受水平

低压配电系统电涌保护的对象为低压配电设备和用电设备。按照国标 GB/T16935.1—1997《低压系统内设备的绝缘配合》，可将低压系统设备分为 4 类过电压（安装）类别，各

类设备的冲击耐压见表5-11。因系等同采用IEC标准，表中系统标称电压与我国实际情况略有差异，就我国最量大面广的220/380V低压系统而言，应选择230/400V这一行的数据，以下耐压参数均以这一电压等级为准。

表5-11　低压系统各类设备的额定冲击电压耐受值　　（单位：V）

系统标称电压		从交流或直流标称电压导出线对中性点的电压（不大于）	设备的额定冲击耐压 过电压（安装）类别			
三相	单相		Ⅰ	Ⅱ	Ⅲ	Ⅳ
	120～240	50	20	500	800	1500
		100	500	8000	1500	2500
		150	800	1500	2500	4000
230/400		300	1500	2500	4000	6000
277/480		300	1500	2500	4000	6000
400/690		600	2500	4000	6000	8000
1000		1000	4000	6000	8000	12000

过电压类别Ⅰ：需要将过电压限制到特定低水平的设备，如电子电路或电子设备，如电视、音响、计算机等。这一类别设备的冲击耐压为1.5kV。

过电压类别Ⅱ：由末级配电装置供电的设备，如家用电器、可移动式电动工具或类似负荷。这一类别设备的冲击耐压为2.5kV。

过电压类别Ⅲ：安装于配电装置中的设备，如配电箱及安装于配电箱中的开关电器、电缆、母线等，以及永久连接至配电装置的工业用电设备，如电动机等。这一类别设备的冲击耐压为4kV。

过电压类别Ⅳ：使用在配电装置电源端的设备，如主配电屏中的电气仪表和前级过流保护设备、纹波控制设备、稳压设备等。这一类别设备的冲击耐压为6kV。

各类过电压（安装）类别设备在系统中的位置及耐压如图5-30所示。

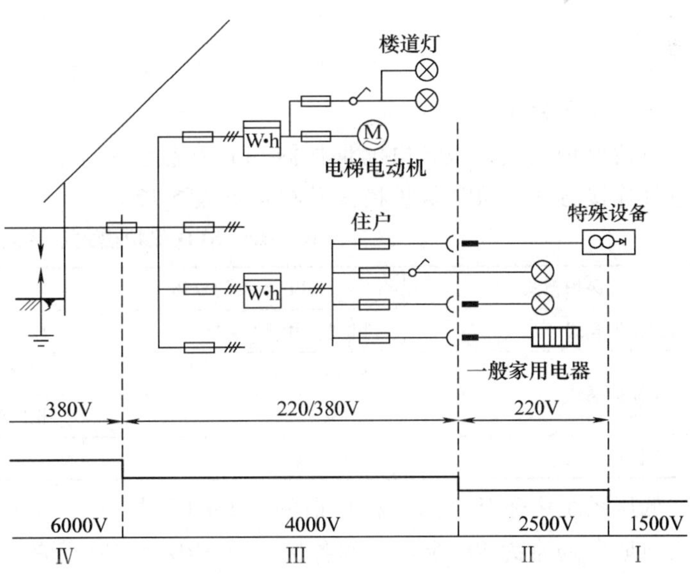

图5-30　低压系统中各类过电压（安装）类别设备的位置

四、电涌保护的布局

所谓布局，系指低压电网中电涌保护的设置位置和保护针对性。由于在同一个电压等级电网中有多种冲击耐压水平的电气设备，且这些设备分布在电网中不同的位置，电涌保护基本上都采用了分散、多级的布局来应对。该布局要求在系统中恰当的位置设置恰当的电涌保护器，所谓恰当，至少应遵循以下几条原则：

1）电涌保护器的电压保护水平应与被保护设备的冲击耐压相配合。这一原则要求在冲击耐压不同的设备处设置不同电压保护水平的电涌保护器。

2）在任何两个防雷区的交界面处，应设置电涌保护器。一般在 LPZ0 区和 LPZ1 区的界面处设置通过Ⅰ级分类试验的 SPD，其他界面设置通过Ⅱ或Ⅲ级分类试验的 SPD。这一要求的目的是避免将前一个防雷区中较高的雷电能量引入后一个防雷区。

3）即使在同一防雷区中，也应考虑雷电过电压行波过程，设置一处或若干处电涌保护。

电涌保护的“级”，是按其所保护对象的过电压（安装）类别划分的，按从电源到负荷的方向，称为第一、二、三、四级保护，分别保护过电压（安装）类别Ⅳ、Ⅲ、Ⅱ、Ⅰ类的设备。注意不要将电涌保护布局中的分级与前面介绍的电涌防护对象的分级相混淆。

图 5-31 为电涌保护系统布局的一个例子。图中最末一级 SPD 安装在插座中，其他都安装在各级配电箱（屏）中。

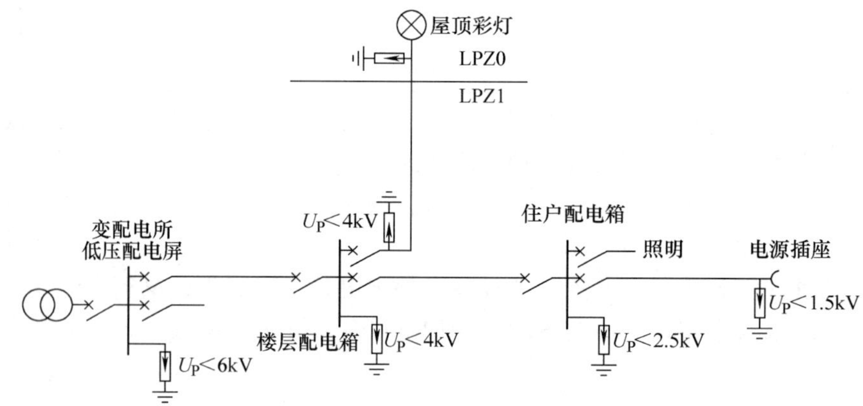

图 5-31　高层住宅电涌保护系统布局示例

五、电压保护模式

所谓保护模式，是指电涌保护器 SPD 在相线 L、中性线 N 和地（或接地的 PE 线）之间的电气连接方式。SPD 保护模式及特点见表 5-12。

表 5-12　SPD 保护模式及特点

保护模式	SPD 连接的导体	保护的对象
共模保护模式	相-地、中-地	载流导体对地绝缘
差模保护模式	相-中	相绝缘、绕组匝间绝缘、负载电路或元件
	相-相	相间绝缘、绕组匝间绝缘、负载电路或元件
全模保护模式	共模 + 差模	

低压系统中还常采用一种所谓的“3 + 1”接法，即在三相导体与中性线之间、以及中性线与地（通常为 PE 线）之间各接一只 SPD，实际上是一种不完全的差模与共模混合保护模式。各种电压保护模式示例如图 5-32 所示。

以上电涌保护的差模与共模模式，与过电压模式是相对应的。在中、高压系统的过电压中，一般多涉及共模过电压，这种过电压指各带电导体对地出现过电压，但带电导体之间没有过电压，因此只威胁设备对地绝缘。低压配电系统电涌保护中的差模过电压，指的是带电

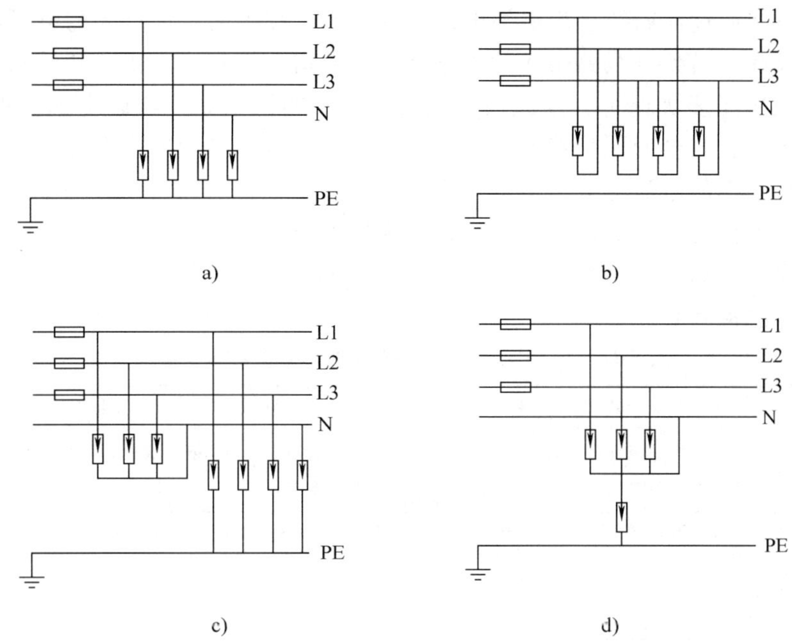

图 5-32　电压保护模式示例

a）共模保护模式　b）差模保护模式　c）全模保护模式　d）“3+1”模式

导体之间的过电压，因为已经是系统最末端，差模过电压直接作用在负载阻抗上，不仅威胁相间绝缘，还可能因负载阻抗上发热增加而导致热损坏，甚至引发火灾、爆炸等事故。因此，电涌保护中差模保护的重要性是不能被忽视的。

六、电涌保护器主要参数及类型选择

1. 电压保护水平 U_P 选择

电压保护水平应小于被保护设备的冲击耐压。如图 5-33 所示，考虑连接电涌保护器的引线阻抗压降、波过程和器件老化等因素，原理上按下式计算 SPD 的电压保护水平。

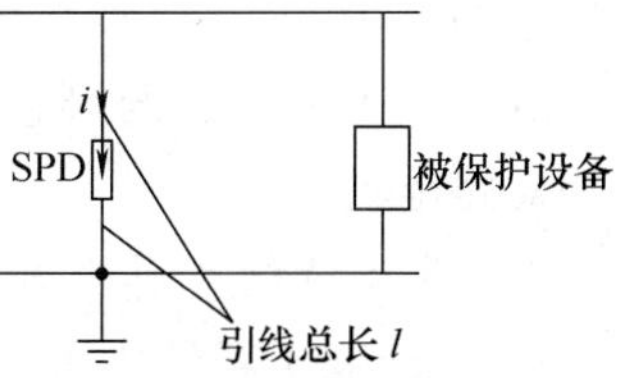

图 5-33　电涌保护器电压保护水平确定

$$K_1\left(U_p + L_0 l \frac{\mathrm{d}i}{\mathrm{d}t}\right) \leqslant K_2 U_w \quad (5\text{-}5)$$

式中　U_P——电涌保护器的电压保护水平（kV）；

U_w——被保护设备的冲击耐压（kV），可按表 5-11 选取；

L_0——电涌保护器引线单位长度电感（H/m）；

l——电涌保护器的引线长度（m）；

i——通过电涌保护器的雷电流（kA）；

K_1——考虑 SPD 和被保护设备之间波过程的系数；

K_2——配合裕度系数。

式（5-5）中有些数据取值还在研究中或不易查找，近似估算可采用下面公式：

$$U_P \leqslant 0.8U_w \quad (5\text{-}6)$$

2. 通流容量选择

SPD 必须承受通过他们的预期电涌电流，并切断工频续流。最严重的电涌电流为直击或反击雷电流，其次是沿架空线路引入的雷电流，感应雷电流较小。由于建筑物采取了防雷措施，系统上又设置了多级保护，因此通过电涌保护器的雷电流一般远小于表 4-1 ~ 表 4-3 中的雷击放电电流，且与电涌保护器所处的位置有关。在本章第四节中介绍的电涌能量的计算方法可用于计算预期的电涌电流，但对于复杂的实际工程，精确的计算是十分困难的。工程上的做法是按被保护对象的电涌防护分级，规定出各级电涌保护最低通流容量的要求，这一做法的数据参见表 5-13，再请注意不要将保护对象的电涌防护等级与电涌保护器在布局中所处的级别两个概念混淆。

表 5-13　电源系统电涌保护器通流容量参数参考值

电涌防护分级	LPZ0 与 LPZ1 区交界处		LPZ1 与 LPZ2、LPZ2 与 LPZ3 区交界处		
	第一级保护放电电流/kA		第二级标称放电电流/kA	第三级标称放电电流/kA	第四级标称放电电流/kA
	I_{imp}（10/350μs）	I_n（8/20μs）	I_n（8/20μs）	I_n（8/20μs）	I_n（8/20μs）
A 级	≥20	≥80	≥40	≥20	≥10
B 级	≥15	≥60	≥40	≥20	
C 级	≥12.5	≥50	≥20		
D 级	≥12.5	≥50	≥10		

从表 5-13 中至少可以看出两个现象。第一，电涌保护器所处位置保护级别越高，因其承受的雷电能量越大，所需要的通流容量就越大；第二，只有处于第一级的电涌保护器有对 10/350μs 波形电流的通流容量要求，这种波形是典型的直接雷击雷电流波形（见表 4-1），第二 ~ 四级电涌保护所处位置已逐渐远离高暴露点，雷电流已被第一级电涌保护衰减，并因线路阻抗和导纳等因素发生波形改变，它们几乎不再可能承受原始的雷电流波形，因此不再考察它们对 10/350μs 波形电流的通流能力。

SPD 中工频续流的概念与避雷器相同，要求 SPD 的额定开断续流 I_f 大于安装处的最大三相短路电流。

3. 最大持续工作电压 U_c 的选择

U_c 不能低于系统中可能出现的最大持续运行电压，以保证 SPD 不被热损坏，或因过热缩短寿命及降低保护性能。系统最大持续运行电压应考虑以下几个因素。

1）系统标称电压及正常运行时的电压偏差。考虑 10% 的系统电压偏差和 5% 的 SPD 老化因素，U_c 至少应高于系统标称电压 15%。

2）低压系统的接地形式。TT、TN 及 IT 系统在故障情况下，可能会出现不同的暂时或持续过电压，暂时或持续过电压也应作为选取 U_c 的条件之一。如图 5-34 所示的 TT 系统，当线路 L1 相断线并跌落大地时，系统中性点对地电位上升，但 SPD 接地体上仍为地电位，因此 L2、L3 相上的 SPD 对地电压会超过相电压。由于故障电流小，系统的过电流保护装置一般不会动作，该电压较长时间存在，应考虑为持续运行电压。

3）配电变压器两侧接地状况。图 5-35 所示系统变压器高压侧不接地，低压侧为 TT 系统，变压器外壳保护接地与变压器中性点接地共用接地体。当变压器高压侧发生碰壳故障时，故障电容电流从接地体上流过，使中性点对地电压发生变化，接于各相及中性线与地之

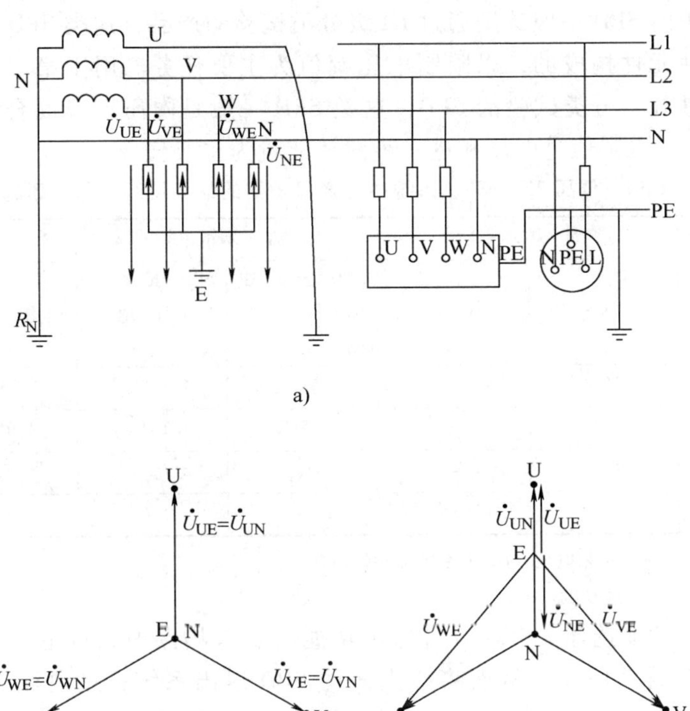

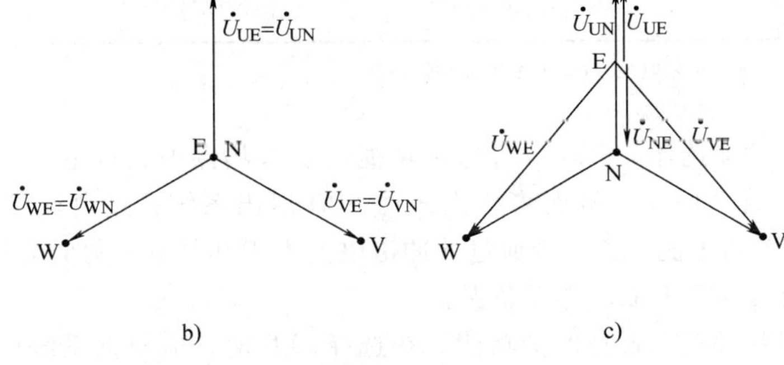

图 5-34　TT 系统中 SPD 上的故障过电压

a）系统故障模型　b）正常情况位势图　c）故障情况位势图

间的 SPD 上的电压都会变化，有的会高于相电压。由于高压侧故障可持续 1 ~ 2h，应考虑为持续运行电压。

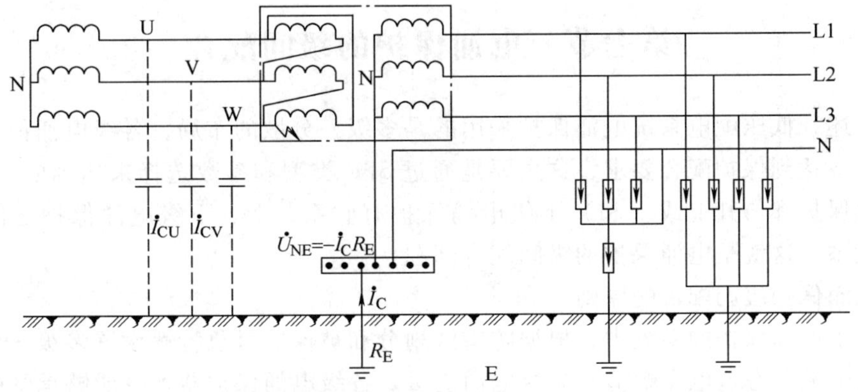

图 5-35　共地对 SPD 最高持续工作电压选取的影响

在考虑各种因素的基础上，SPD 的最大持续工作电压可按表 5-14 选取。

4. 类型选择

（1）所通过的分类试验选择　用于第一级电涌保护及 LPZ0、LPZ1 区交界处的 SPD 应选用通过 I 级分类试验的产品，这类 SPD 一般是电压开关型的，主要作用是泄放雷电能量。用于第四级电涌保护的 SPD 一般选用通过 III 级分类试验的产品，这类 SPD 一般是以 ZnO 或半导体器件为非线性元件构成的，以限制电压幅值为主要任务。用于第二、三级电涌保护的 SPD 一般选用通过 II 级分类试验的 SPD，这类 SPD 一般是限压型或混合型的，非线性元件一般为 ZnO 或 SiC，以限值过电压和进一步泄放能量为主要任务。

表 5-14　低压 220/380V 系统中电涌保护器的最大持续工作电压选取

系统 / SPD	TN（不小于）		TT（不小于）		IT（不小于）	
	TN-S	TN-C	SPD 安装在 RCD 的负荷侧	SPD 安装在 RCD 的电源侧	引出中性线	不引出中性线
L—N	$1.15U_{N\varphi}$	—	$1.55U_{N\varphi}$	$1.15U_{N\varphi}$	$1.15U_{N\varphi}$	—
L—PE	$1.15U_{N\varphi}$	—	$1.55U_{N\varphi}$	$1.15U_{N\varphi}$	$1.05U_N$	$1.05U_{N\varphi}$
N—PE	$U_{N\varphi}$	—	$U_{N\varphi}$	$U_{N\varphi}$	$U_{N\varphi}$	—
L—PEN	—	$1.15U_{N\varphi}$	—	—	—	—

注：1. 表中 $U_{N\varphi}$ 为系统标称相电压，U_N 为系统标称线电压。

2. RCD 为剩余电流保护电器。

（2）自身保护功能选择　SPD 自身保护功能主要有热保护和过电流保护。热保护主要在 SPD 过热损坏时自动脱扣，从而将已失效的 SPD 退出系统；过电流保护主要用于限制 SPD 导通后通过的冲击电流量值，当通过的冲击电流大于其通流能力时切断 SPD 放电通道，并在工频续流未能被 SPD 开断时作后备保护。

并非所有的 SPD 都具有自身保护功能。在选择 SPD 时，应根据系统原本的保护设置情况恰当取舍。

（3）信息显示功能选择　我们所关心的 SPD 的信息主要是动作次数和是否失效，因此有的 SPD 具有动作次数显示和失效警告显示，有的还具有就地或远传信号功能，可将失效、动作次数等信息传至远方值班员处。

第七节　电涌保护的级间配合

如前所述，低压配电系统电涌保护采用的是多级、分散的布局，各级电涌保护必须与本级被保护设备达到保护配合要求，这主要是通过 SPD 类型和参数选择来达到的。除此之外，某一级电涌保护都与其上或（和）下级电涌保护有联系，上、下级电涌保护之间也需满足一系列的关系，这就是电涌保护的级间配合问题。

一、电涌保护级间配合的原则

在设置了电涌保护的系统中，根据防雷区划分和被保护对象特性设置多级 SPD，本质上是为了逐级削减瞬态过电压幅值和泄放电涌能量。各级电涌保护器本身能够承受的能量是不同的，通常电源侧电涌保护器所能的承受能量最大，按照由电源至负荷的方向逐级降低，因此，下级电涌保护器既是一种保护器件，又是上级电涌保护的保护对象。若上级电涌保护泄放能量不充分，则下级电涌保护器可能被损坏，或不能在其规定的条件下实现保护作用。

据此得出电涌保护级间配合的原则为：上级电涌保护应能可靠保证下级电涌保护器不致受到电涌损坏。为了达到这一要求，需要在系统和器件两方面进行协调，分述如下。

二、安装间距的配合

1. 原理

如图 5-36 所示，同一线路上装设有两级电涌保护，上级 SPD1 为电压开关型，下级 SPD2 为限压型，SPD2 的导通电压低于 SPD1 的放电电压。电涌电压的波前近似为斜角波，当行走到图中位置时，如果 u_B 已达到 SPD2 的导通电压，而 u_A 尚未达到 SPD1 的放电电压，则出现下级 SPD2 先于上级 SPD1 动作的情况，这意味着 SPD2 抢先泄放本应由 SPD1 泄放的能量。由于 SPD2 通流容量小，不能泄放高暴露点量级的雷电能量，因此可能被过大的雷电能量损坏。

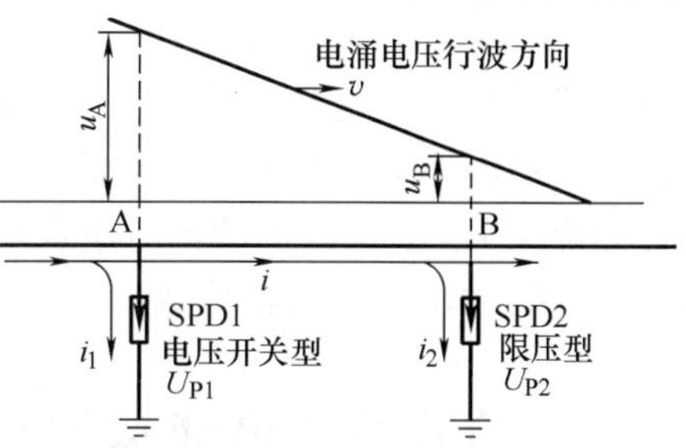

图 5-36　上、下级电涌保护器动作顺序颠倒

为避免以上情况发生，必须满足这样一个条件，即：若下级电涌保护器已经导通，则上级电涌保护器必须动作。若近似将两级电涌保护间的线路看成集中参数电路，如图 5-37 所示，SPD2 导通后，SPD1 上的电压等于 SPD2 的残压加上电涌电流在连接两者的线路上的压降，考虑到 SPD2 的电压保护水平 U_{P2} 就是其最大残压值，上述条件意味着 SPD1 的动作电压应满足以下关系：

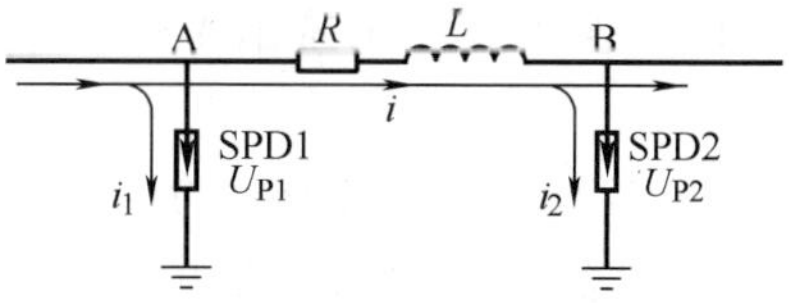

图 5-37　两级电涌保护器间的电压耦合

$$U_{op1} \leqslant U_{res2} + Ri + L\frac{di}{dt} \approx U_{P2} + Ri + L\frac{di}{dt} \quad (5\text{-}7)$$

式中　U_{op1}——SPD1 的导通放电电压（kV）；

U_{res2}——SPD2 导通后的残压（kV）；

U_{P2}——SPD2 的电压保护水平（kV），即最大残压；

L——两级 SPD 连接线的线路电感（H）；

R——两级 SPD 连接线的线路电阻（Ω）；

i——两级 SPD 连接线上的电涌电流（kA）。

以上讨论的问题是上级电涌保护对下级电涌保护器的保护问题，按电磁兼容（EMC）模型，可将 SPD2 看成是感受器，电涌电压是从 SPD1 处通过线路传导耦合到 SPD2 上去的，耦合量越小，SPD2 越不易被损坏。从式（5-7）可知，线路阻抗越大，不等式越容易满足，即耦合量大小与线路阻抗 R、L 反相关。换句话说，线路阻抗具有减小耦合的作用，因此将两级 SPD 间的阻抗称为去（解）藕阻抗。

2. 安装间距与去耦阻抗配置

两级电涌保护间的去耦阻抗大小与线路长度正相关，因此要求两级 SPD 间距离足够远，这一距离一般最小不低于 10m。若线路阻抗的去藕作用不能满足要求，安装间距又不能再增加，可在两级电涌保护间串接专门的集中参数阻抗元件以增大去藕作用，这种阻抗元件叫做去藕元件。

一般情况下，电压开关型和限压型 SPD 间的去藕元件采用电感，限压型 SPD 之间的去藕元件采用电阻。去耦元件的阻抗值选取有专门的计算方法，此处不作介绍。

去耦阻抗的加入会改变系统正常运行的状况，如损耗、电压损失、功率因数等都可能发生变化，应校核确定这些变化的量值大小在允许范围以内。

三、通流容量及电压保护水平的配合

1. 通流容量的配合

由于雷电能量逐级减小，电涌保护的通流容量要求逐级降低，因此以标称放电电流表征的通流容量应逐级减小。

2. 电压保护水平的配合

按式（5-7），电压保护水平 U_P 量值大对上、下级间电涌保护配合是有利的，但 U_P 的量值上限受到本级被保护设备冲击耐压水平的限制，不可能随意选择。当两者出现冲突时，应首先确保 U_P 与被保护设备耐压水平的配合，再采用串接去耦元件、改变线路敷设方式以增大阻抗等方法解决去耦问题。

第八节　电涌保护与其他保护及系统接地形式的配合

一、电涌保护与其他保护的配合

1. 低压系统其他保护及其与电涌保护的关系

电涌保护属于系统诸多保护中的一种，除了电涌保护之外，系统中常见的还有以下一些保护。

TN 系统中：过电流保护，剩余电流保护。

TT 系统中：过电流保护，剩余电流保护，故障电压动作保护（较少采用）。

IT 系统中：过电流保护，剩余电流保护，绝缘监视，故障电压动作保护（较少采用）。

在所有这些保护中，人身安全保护措施是最优先的，不能因为设置其他保护而使人身安全保护措施失效。另外，就电涌保护本身而言，还必须考虑 SPD 失效对其他保护措施的影响。因此，电涌保护与其他保护的协调与配合是必须细致考虑的问题。

2. 电涌保护与系统剩余电流保护的配合

SPD 与 RCD 的配合应考虑以下几个方面的问题：SPD 的保护模式、SPD 与 RCD 的安装位置、系统的接地形式。

1）电涌保护动作造成 RCD 误动作问题。如图 5-38 所示，共模保护模式的 SPD 安装在 RCD 的负荷侧，SPD 泄放电涌电流时，电涌电流从 PE 线流走，因而被 RCD 判读为剩余电流，使 RCD 误动作。

对这种情况，可采用防电涌的 RCD 来应对，防电涌的 RCD 允许通过一定量值的性质为剩余电流的电涌电流而不动作。就产品现状来看，非选择型漏电断路器该电流量值最大为 250A（8/20μs 波形），选择型漏电断路器为 3kA（8/20μs 波形），虽然这个电流值远小于 SPD 的通流容量（见表 5-13），但 SPD 通流容量是按最不利情况考虑的，实际泄放电流多数情况下都小于通流容量，因此这种 RCD 能降低因电涌电流通过而误动作的可能性。

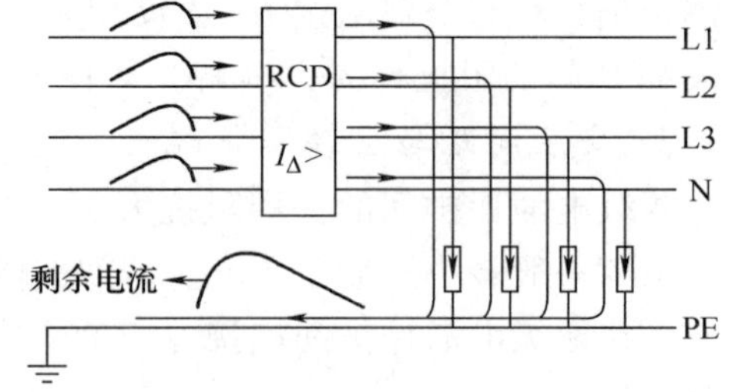

图 5-38　导通的 SPD 中电涌电流成为剩余电流

若将 SPD 安装在 RCD 的电源侧，以上误动作问题会从根本上消除。

2）RCD对电涌保护器失效的保护。如图5-39所示，共模保护模式下相导体与PE线间SPD失效（相当于导通，一般只对限压型SPD考虑这种故障）时，流过失效SPD的工频电流成为剩余电流，RCD因此动作切除故障；差模保护模式下相导体与N导体间SPD失效时，失效元件上的工频电流不是剩余电流，RCD无法实施保护。

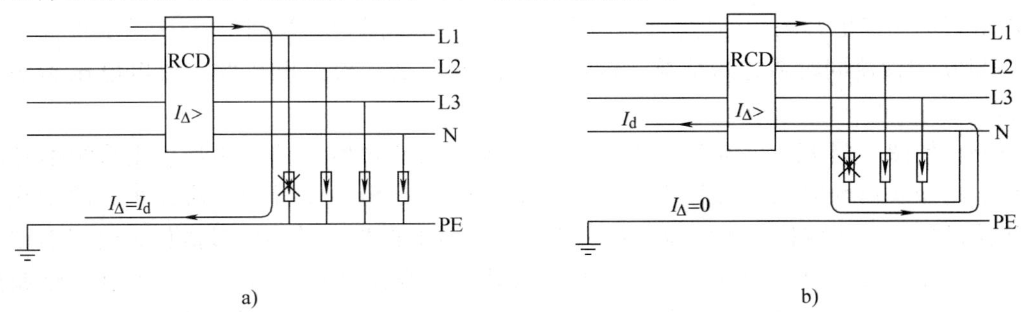

图5-39　不同保护模式下RCD对SPD失效的保护作用

a）共模接线　b）差模接线

对共模保护模式，应特别注意N-PE间SPD的失效问题。如图5-40所示，当N-PE间SPD失效时，若N线上原本没有电流，则RCD中无剩余电流产生，RCD无法对失效SPD实施保护；当N线上原本就有电流时，该电流会从失效SPD处流入PE线，成为剩余电流，此时RCD是否动作取决于PE线上电流量值与RCD动作值的相对大小。也就是说，RCD对N-PE间SPD失效的保护是不确切的。

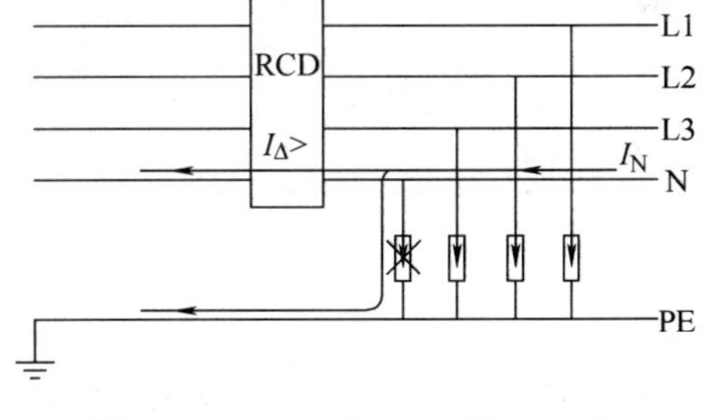

图5-40　RCD对N-PE间SPD失效的保护问题

3）N-PE间SPD失效造成RCD电击防护灵敏性降低问题。如图5-41所示，设备发生碰壳接地故障时，接地电流I_d原本全部成为剩余电流，但由于N-PE间SPD失效，一部分电击电流在失效SPD处流向N线，使RCD中的剩余电流减小，从而降低了保护灵敏性。

以上问题是两种故障叠加发生的，这种情况发生的概率是否小到可以忽略不计呢？对N-PE间SPD失效，如果N线上原本没有电流，是不会被RCD探测到的，更不会引起过电流保护动作，因此故障可能长期存在。在这种情况下又发生碰壳接地故障，实际上是有可能的。

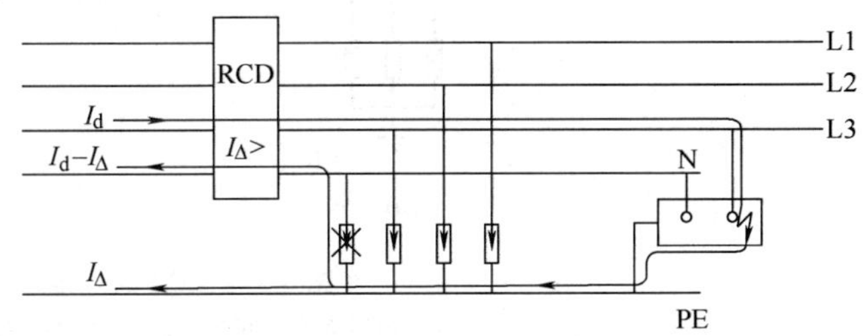

图5-41　RCD电击防护灵敏性因SPD失效而降低

对这种问题的防护，需要SPD自身的保护措施，如选择失效脱扣的SPD，其自身击穿时自动从系统中断开，就可以避免发生这种问题。

3. 电涌保护与过电流保护的配合

在TN系统中，不管采用差模或共模接法，SPD失效都会造成系统短路故障，能够靠量值很大的短路电流驱动过电流保护电器动作切除失效SPD，如图5-42所示。

在 TT 系统中，采用共模接法时，SPD 失效时的故障回路上有两个接地电阻，故障电流很小，一般不足以使过电流保护电器动作，如图 5-43 中 SPD1 所示。TT 系统中常采用所谓的“3 + 1”接法，就能与过电流保护良好配合，如图 5-43 中 SPD2 所示，接于相线的 3 只 SPD 中任一只失效，都会产生系统单相短路的结果，N-PE 间 SPD 为电压开关型，非线性元件为放电管，不考虑其失效问题。“3 + 1”接法中，对接于 N-PE 间的 SPD 要求很高，要考虑三相 SPD 的涌流同时通过的情况。这种接法的缺点是共模过电压时，放电电压和残压都较高。

另外，如图 5-44 所示，是应该专门为 SPD 设置失效短路保护、还是利用系统本身的过电流保护电器兼作 SPD 失效短路保护呢？一般来说，为 SPD 设置过电流保护，除了作 SPD 失效短路保护外，还兼作电涌电流超过其通流容量时的保护，若系统过流保护电器动作电流过大，不能在通过 SPD 的电涌电流过大时有效动作，则需要专门为 SPD 设置过电流保护电器。IEC61343-1 中对熔断器作过电流保护电器时，采用上述哪一种过电流保护作了规定。

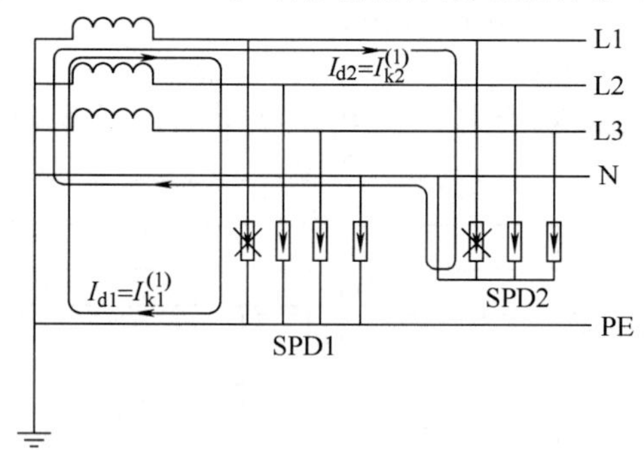

图 5-42　TN 系统中 SPD 失效时的故障回路

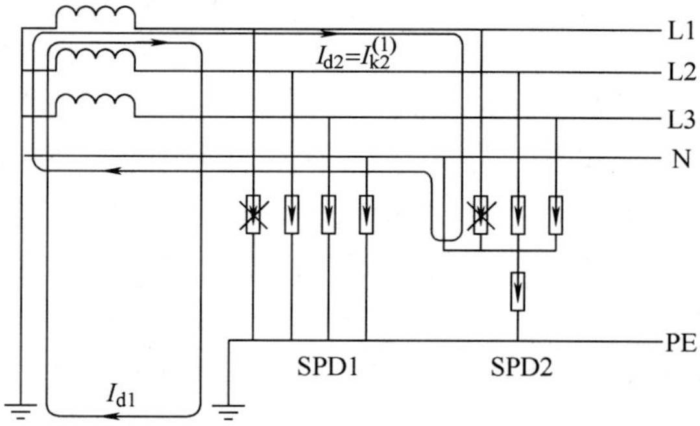

图 5-43　TT 系统中 SPD 失效时的故障回路

a)

b)

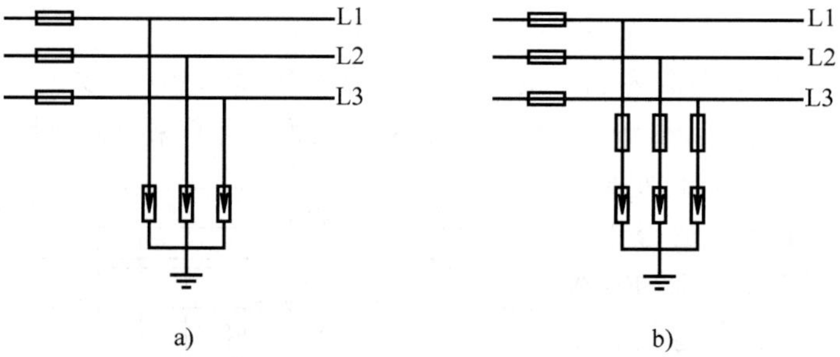

图 5-44　SPD 的过电流保护

a）利用系统熔断器　b）专门为 SPD 设置熔断器

二、电涌保护在各接地形式系统中的应用

1. 在 TN 系统中的应用

TN 系统中，不论是共模还是差模接线，SPD 失效都会产生短路电流，驱动过电流保护切除失效元件，因此一般将 SPD 装设在 RCD 的电源侧，一来可避免 SPD 动作造成 RCD 误动作，二来可以使 RCD 也受到电涌保护。电涌保护在 TN 系统中的典型应用如图 5-45 所示。

图 5-45 中对末端单相设备设置了 2 + 1 保护，这与三相系统中的 3 + 1 保护类似，在泄放电涌能量的同时，还防止差模过电压损坏设备硬件。

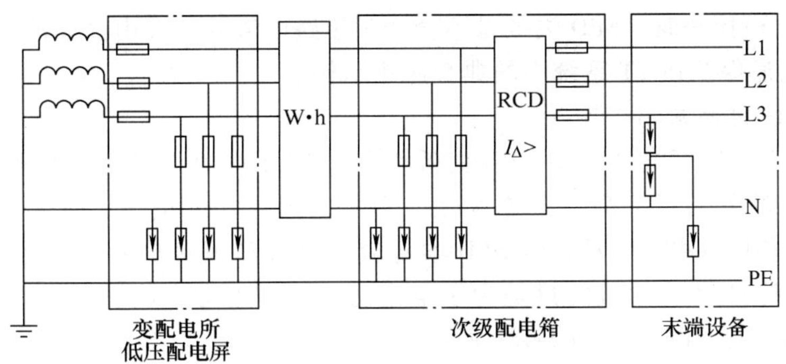

图 5-45　电涌保护在 TN 系统中的典型应用

2. 在 TT 系统中的应用

在 TT 系统中，安装在 RCD 负荷侧的 SPD 可接成共模接法，因为这种接法中，当一只 SPD 失效时，尽管故障电流不足以驱动过电流保护电器动作，但故障电流性质为剩余电流，足以驱动 RCD 动作，切除故障元件。因此，在 SPD 处不设置熔断器做失效保护。如图 5-46a 所示。

在 TT 系统中，当安装在 RCD 负荷侧的 SPD 接成差模接法时，任一只 SPD 失效，都会造成系统短路，此时，尽管 RCD 检测不到剩余电流，但过电流保护电器能可靠切除故障，因此也是可行的。如图 5-46b 3 +1 接线中差模部分所示。

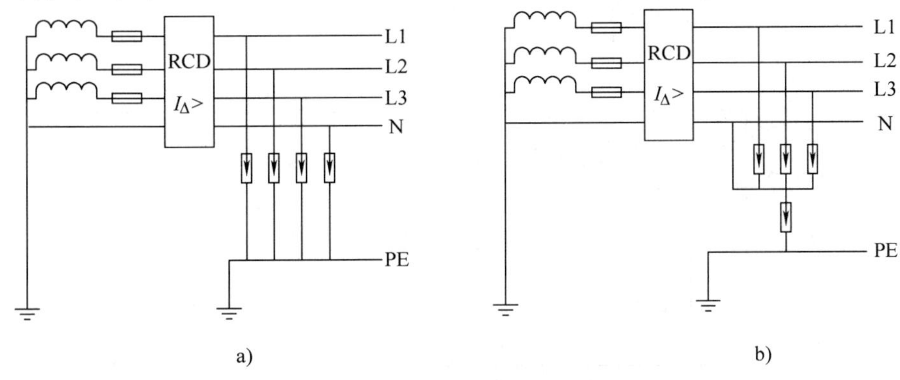

图 5-46　TT 系统中 SPD 设置在 RCD 负荷侧的作法

在 TT 系统中，若将 SPD 安装在 RCD 的电源侧，则必须考虑采用差模或 3 +1 方式，因为这时对失效 SPD 只能靠过电流保护切除，其前提条件是 SPD 失效必须产生短路电流，而

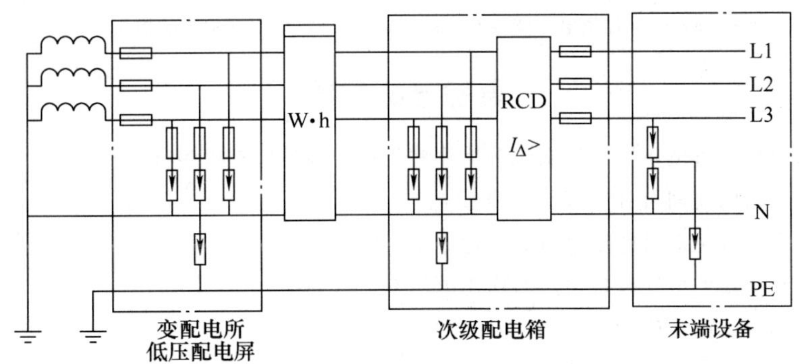

图 5-47　电涌保护在 TT 系统中的典型应用示例

TT 系统中 SPD 共模接法时，SPD 失效是不会产生短路电流的，理由已如前述，见图 5-43。

图 5-47 为电涌保护在 TT 系统中的典型应用示例。

3. 在 IT 系统中的应用

在共模接法下，IT 系统中一只 SPD 失效相当于 IT 系统单相接地，不会产生过电流，若采用 IT 系统的目的是为了提高供电连续性，则不应因此切断电源，这要求将 SPD 安装在 RCD 的电源侧，如图 5-48a 所示，但 SPD 本身应具有故障报警功能，以通知工作人员及时排除故障。若采用 IT 系统的目的只是为了电击防护，则可考虑将 SPD 设置在 RCD 的负荷侧，靠 RCD 切除失效 SPD，如图 5-48b 所示。

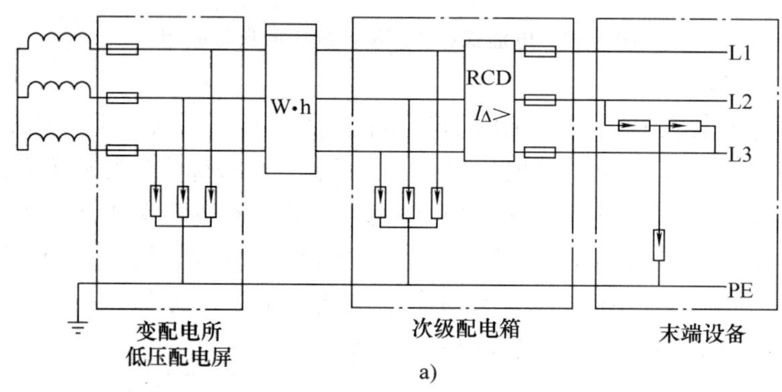

a)

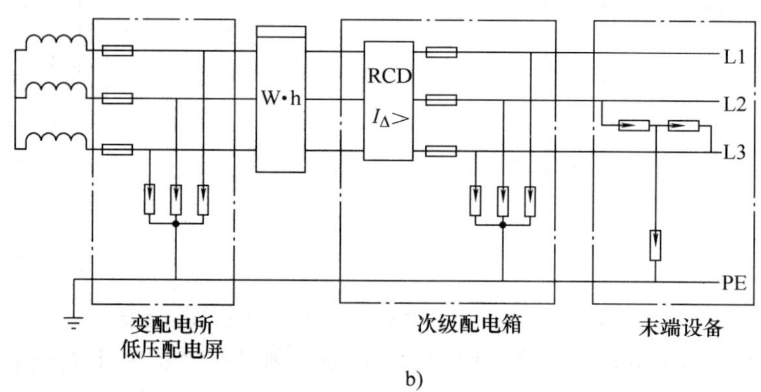

b)

图 5-48　电涌保护在 IT 系统中的典型应用

a）需保证供电连续性时接法　b）只考虑电击防护时的接法

思考与练习题

5-1　什么是过电压？过电压按能量来源分为哪些类型、各类型有哪些特点？

5-2　过电压按其持续时间可分为哪些类型？

5-3　试分类说明工程上对过电压量值的表达方式。

5-4　什么是作用电压？电气设备耐压与作用电压有什么关系？

5-5　试判断以下说法的正确性。

（1）内部过电压能量小、持续时间短。

（2）内部过电压都是暂时过电压。

（3）外部过电压都是瞬态过电压。

（4）相间过电压又称差模过电压，相对地过电压又称共模过电压。

（5）暂时过电压量值一般用标幺值表示。

（6）若雷电冲击过电压在峰值时刻未能击穿设备绝缘，则设备绝缘不再会被击穿。

5-6　有一份产品检测报告，上面有该设备“绝缘耐压为75kV”的检测结论，你对这一表述如何评判？

5-7　常用避雷器有哪几种类形？每种类形各有哪些特点？

5-8　避雷器与变压器间安装距离与避雷器保护效果有什么关系？其原理是什么？

5-9　试分析降低雷电波波前陡度的作用。

5-10　中、高压系统中避雷器能否作为内部过电压防护用？

5-11　什么是避雷器中的工频续流？工频续流的量值是多少？避雷器不能快速切断工频续流有哪些不良后果？

5-12　什么是避雷器的残压？避雷器残压与被保护设备冲击耐压之间最低限度应满足什么关系？

5-13　试尽可能罗列发生中性点位移的原因。

5-14　某~220V电热设备，额定功率为1500W。若因系统中性点位移使电压升高为260V，试计算其输出功率为多少。

5-15　如图5-49所示，变压器T为路灯变压器，其高压侧为小接地系统，低压侧为TN-S系统，变压器外壳接地和中性点接地采用共同接地方式。在每一路灯杆塔中都设置了漏电断路器，作单只路灯的过电流保护和间接电击防护；每一路灯配电干线也设置了可靠的过电流保护。试分析这种系统设计方案对间接电击危险是否有失防之处。

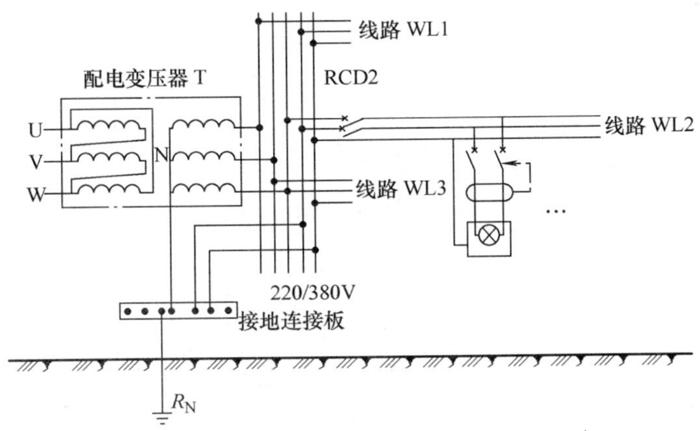

图5-49　题5-15图

5-16　接上题，若低压侧改为TT系统，情况有何不同？

5-17　试判断以下说法的正确性。

（1）按EMC的观点，雷击电磁脉冲LEMP是发射器的电磁骚扰，电涌是感受器所受到的电磁干扰。

（2）电涌就是过电压。

（3）高暴露地点的特征是雷击电磁脉冲强度基本无衰减。

（4）SPD的I级分类试验和II级分类试验有部分参数测试是重叠的。

（5）限压型SPD中非线性元件不可能有间隙。

5-18　低压系统电气设备的冲击耐压分为几个等级？就220/380V系统而言，各等级的冲击耐压值分别是多少？

5-19　电涌保护为什么要采用分散、多级的布局？

5-20　用电设备上共模和差模过电压产生危害的途径有何不同？

5-21　常有报道，称处于关机状态的电子信息设备在一场雷雨之后被损坏，有的甚至连电源插座的开关都是断开的。请你分析产生这种情况有哪些可能性。

5-22　（3+1）接线的保护模式中，各只 SPD 一般应选用哪种形式？

5-23　如图 5-50 所示，SPD 保护模式是有错误的，试分析其错误原因并提出改正方案。图 5-50b 为高层建筑消防负荷配电系统，RCD 是为保护二次碰壳故障而设置的。

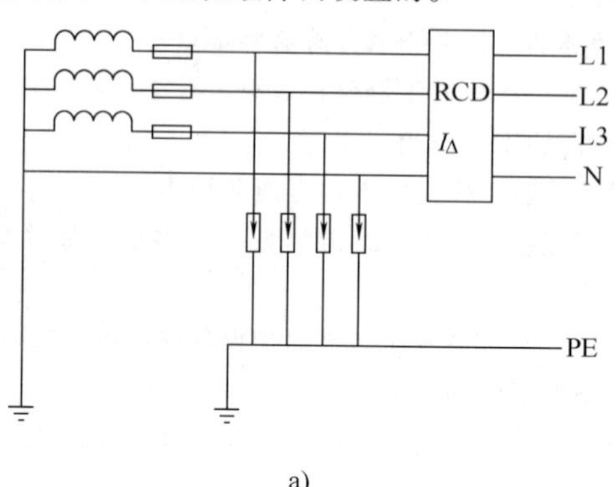

a)

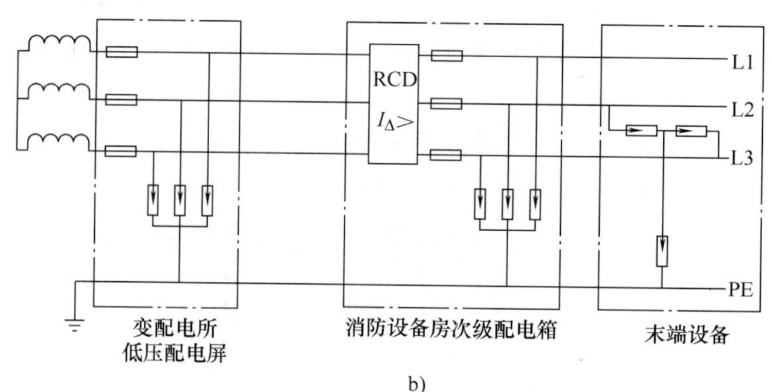

b)

图 5-50　题 5-23 图

a）TT 系统　b）IT 系统

第六章　电气环境安全

环境与可持续发展是全球面临的共同课题，它需要全社会的共同参与，这其中自然也包括电气工程领域的参与。从减轻对环境的危害这一角度来看，电气工程领域目前主要涉及两个问题：一个是电气火灾的预防，它属于公共安全问题，是灾害防治的一项重要内容；另一个是电磁兼容问题，它主要研究各电磁系统间的相互关系，还涉及各种电磁过程与自然界和人类之间的关系问题。本章所说的电气环境安全是一个广义的概念，它除了传统意义上与生命和财产有关的“安全”的含义以外，更深一层的含义是防止“对任何对象的任何形式上的伤害”，如影响其他系统的正常工作，造成公共秩序混乱等。电气环境安全问题目前还是一个新的领域，很多问题的研究尚不够深入和完整，甚至可能有更多的问题还尚未被发现。因此本章的目的，是通过对目前工程实践中常见的电气环境安全问题的介绍，将读者领入这个领域。

第一节　电气火灾概述

电能通过电气设备及线路转化成热能，并成为火源所引发的火灾，统称为电气火灾。随着我国用电量的逐年增加，电气火灾在整个火灾中所占的比例，已从20世纪80年代初的百分之十几上升到近十多年来的约百分之三十左右，在人口密集的大、中城市中尤为严重。因此，正确分析电气火灾产生的原因，采取有针对性的预防措施以减少电气火灾的发生，对保障人们生命和财产安全、保持社会稳定、促进经济发展和社会进步等都具有重要意义。

一、电气火灾的火源

一场火灾得以发生，火源、可燃物、助燃剂是必不可少的条件。电气火灾是从火源的角度命名的。电气火灾的火源主要有两种形式：一种是电火花与电弧；另一种是电气设备或线路上产生的危险高温。下面分别予以介绍。

1. 电火花与电弧

电火花与电弧主要在气体或液体绝缘材料中产生，在固体绝缘材料中，因各种原因产生的缝隙或裂纹间也可能发生电弧，但因电弧被绝缘材料包裹，除了损坏绝缘外，一般不会直接引发电气火灾，但固体绝缘外表的沿面放电是会直接引发火灾的。

使两导体间空气被击穿而建立电弧的电压约为30kV/cm，电弧会产生很高的温度，如2~20A的电弧电流就可产生2000~4000℃的局部高温，0.5A以上电弧电流就可以引发火灾。由于电弧本身阻抗较大，它限制了短路电流的大小，常使过电流保护电器拒动或不能在规定时间内动作，为电弧引燃近旁的可燃物提供了充分的时间。

电火花可以看成是不稳定的、持续时间很短的电弧，其温度也很高，且极易产生。电弧与电火花除直接引发火灾外，还可能使金属融化、飞溅，而飞溅到远处的高温融溶金属又成为火源，它虽然是由电火花或电弧产生的次生火源，但其火灾危险性并不小，在有些场所可能更危险。

电弧或电火花的能量，都是由电能转化而来的。在故障条件下，短路所产生的电弧能量最大；在正常工作条件下，以切断感性电路时断口处产生的电弧或电火花能量较大，因为电感中储存的磁场能量需通过电弧或电火花释放。切断感性电路时断口处电火花的能量可按下式计算：

$$W = \frac{1}{2}LI^2$$

式中 L——电路中的电感；

I——被切断的电流；

W——电火花能量。

当场所内有可燃或爆炸性气体时，若电火花能量超过最小引燃（爆）能量，就可引起燃烧或爆炸。

电弧除了可引起火灾以外，还有另一种严重的危害，就是对人体产生电弧（也称弧光）灼伤，这种事故在实际工作中屡有发生，受害对象多为电气操作人员。因此，电弧不仅是电气火灾的火源，也是电热效应的热源，在电热效应的防护中，它也是一个重点防范对象。

2. 高温

电气设备和线路在运行时总会发热，发热的原因主要有以下几种：

（1）电流在导体电阻上产生热量　这是电能转化成热能最直接的途径，其大小为

$$\Delta W = \int_{t_1}^{t_2} I_t^2 R_\tau \mathrm{d}t$$

式中 ΔW——在 $t_1 \sim t_2$ 时间段内损耗在导体电阻上的电能；

I_t——在 $t_1 \sim t_2$ 期间内流过导体的电流；

R_τ——导体在温度为 τ（℃）时的电阻值。

（2）铁心损耗产生的热量　按电磁感应原理工作的电气设备，通常使用铁磁材料来构成铁心磁路。交变电流会在铁心中产生磁滞和涡流损耗。从能量转换的角度来看，首先是线圈中的电能转化成铁心中的磁场能，该磁场能一部分又转化成电能（如变压器）或机械能（如电动机），而另一部分便消耗在铁心中转化成热能。铁心损耗大小与工作频率、磁通密度等运行参数有关，也与铁心的电磁特性和机械结构等本构参数有关。一般工频电工设备的铁心损耗，在磁通密度为1T时约为（1～2）W/kg。

（3）绝缘介质损耗产生的热量　电能也会在绝缘材料中转化成热能，称为介质损耗。介质损耗大小与绝缘介质的电气性能、制造质量、工作电压、工作频率等有关，一般在高电压下介质损耗较为明显。当绝缘介质局部受损时，可能在局部产生超常的热量。

以上是电气设备和线路产生热量的几种途径。应当明确，发热与温度密切相关，但不是同一个概念。发热是温度升高的原因（或动力），但温度是否会升高，升高多少等还与散热有关，稳定的温度是发热与散热达到动态平衡的结果。设计、制造、安装正确的设备和线路，在正常运行条件下，发热与散热能在一个较低的温度下达成平衡，这个温度不会超过电气设备的长期允许工作温度，故不会有危险高温出现。只有当正常运行条件或设备、线缆本身遭到破坏，使发热增大而散热不及，才可能出现温度的异常升高，以至出现危险的高温，这种危险的高温在条件恰当的时候就会引发火灾。

二、电气火灾的起因、特点及危害

（一）电能引发火灾的途径

1. 电弧或电火花

电弧与电火花均属于明火，其引发火灾的途径是直接点燃。一般电弧的持续时间较长，不仅能引燃气体和液体可燃物，还能引燃固体可燃物；电火花的持续时间较短，能量相对较小，通常只能引燃（爆）易燃（爆）气体或液体，这都是电弧或电火花作为一次火源引发的火灾。电弧或电火花由于本身温度极高，常使金属因高温融溶而产生飞溅，飞溅出去的融溶金属作为火源又可能引发火灾。

2. 高温

高温引发火灾的途径比较复杂，它的效应主要有：软化绝缘、分解物质产生可（易）燃气体以及直接烤燃物质。下面分别介绍。

1）绝缘介质多为高分子材料，当温度高到一定程度后，其物理性状会发生变化，最明显的变化就是软化。一旦绝缘发生软化，相导体间在机械压力作用下发生接触短路的可能性便增大。短路一方面导致发热加剧，使导体温度急剧升高而烤燃绝缘介质，另一方面短路点可能产生电弧直接引发火灾。因此，这种途径引发的火灾，高温是根本原因，但不一定是直接原因，直接原因有可能是高温，也可能是短路电弧。

2）很多绝缘介质如聚氯乙烯、聚乙烯、氯丁橡胶等都会因受热而分解出可燃气体，当温度高到一定值（多为三百多摄氏度）时，这些可燃气体便会与氧气产生氧化反应，释放出大量热量，从而引起燃烧。这种途径引发的火灾，高温不仅充当了火源的角色，还充当了可燃物制造者的角色。

3）大多数绝缘介质本身就是可燃的，如 PVC 塑料绝缘的燃点为 355℃，因此即使没有因绝缘软化造成短路，也没有分解出可燃气体造成燃烧，当温度高到一定值以后，绝缘材料本身也会燃烧，这时高温就是火灾的直接原因。

（二）电气火灾的具体起因

以上介绍了电气火灾发生的原理，在实际工程中，到底有哪些情况会造成电弧、电火花或产生高温呢？根据可查的事故统计和资料分析，对电气火灾的具体起因归纳如下：

1. 接触不良

在线路与线路、线路与设备端子、插头与插座、开关电器的动触头与静触头间等导体相互接触处，或多或少都有一定程度的氧化膜存在。由于氧化膜的电阻率远大于导体的电阻率，因此在接触处产生较大的接触电阻，当工作电流通过时，会在接触电阻上产生较大的热量，使连接处温度升高，高温又会使氧化进一步加剧，使接触电阻进一步加大，形成恶性循环，产生很高的温度，可高达千度以上。该高温可能使附近的绝缘软化，造成短路而引发火灾，也可能直接烤燃附近的可燃物而引发火灾。

还有一种接触不良是连接处的松动，在电磁力作用下形成机械振动，时而断开时而连通，产生打火现象，也可能引发火灾。

接触不良大多是电气安装的原因引起的，也有部分是因为产品的材质或其他原因引起的。如某地一餐馆在 1992 年发生的一起经济损失近百万元的火灾中，起火点为房间内墙上插头和插座处，该房间内堆积了纸张并长期无人照看。据事故分析显示，火样中插头的插片斜插在插座压片间，说明接触不良；插头的钢质螺栓部分熔化，而钢的熔点为 1053℃，说明插头内发生过电弧，否则不足以熔化钢质螺栓。据对插头插座中导体的金相分析推断，刚开始时由于插头与插座接触不实虚连打火，虽然其温度尚不足引起火灾，但却使插头内电线绝缘软化，从而在线间发生电弧短路，电弧阻抗对短路电流的限流作用阻碍了保护电器的及时动作，终因持续高温和飞出的电火花引燃了近旁堆放的纸张，从而引发火灾。这就是一个典型的因插头与插座接触不良引发火灾的案例。

2. 过电流

过电流的类型包括过载和短路。从程度上看，过载是较轻的过电流，短路是最为严重的过电流。过电流产生的热效应是电气火灾的直接或间接原因。

以塑料绝缘导线为例，从空载至正常负载，再至过载和短路，其热效应及后果见表 6-1。常见可燃物的燃点见表 6-2。

表 6-1　过电流对塑料绝缘材料的热效应

空载	正常负载	过电流			
		过载		短路	
绝缘温度同环境温度	绝缘温度不超过允许的长期最高工作温度，绝缘能保证其规定的使用寿命	温度升高，但不足 160℃，绝缘老化加速，使用寿命缩短	温度升高到 160℃以上，绝缘软化，老化加速，使用寿命更加缩短，可能烤燃周围可燃物	温度急剧升高，但小于 355℃，烤燃周围可燃物	温度急剧升高到 355℃以上，绝缘本身开始燃烧

表 6-2　常见可燃物燃点　　（单位：℃）

纸	棉花	布	木材	麦草	煤
130	150	200	250	200	280

从表 6-1 和表 6-2 可知，塑料绝缘导线在发生过载但绝缘尚未软化时，可引燃的物质不多，只有纸、棉等易燃物，这时的火灾危险性不大；当过载达到发生绝缘软化时，通常的后果首先是发生短路，再因短路热效应引发火灾。因此，只要过电流达到绝缘软化的程度，火灾危险性便大为增加。

3. 异常电压升高

电力系统在运行过程中，因各种原因而导致的工频电压上升叫做异常电压升高，异常电压升高会从两个方面产生火灾危险性：

1）由于负载阻抗的发热与电压平方成正比，在带电导体间电压升高的情况下，用电设备的发热会超过正常值，而用电设备的散热是按额定发热条件设计的，即使有一定的裕量，也不能应对增加量很大的发热，因此产生的温升可能使用电设备的温度达到危险值，从而引发火灾。

2）当相线对地电压升高到 250V 以上，即超过了与低压单相电器爬电距离相对应的电压值时，因环境污染或潮气冷凝在电器绝缘表面留下的盐分所形成的导电膜上可能发生漏电，漏电可能出现火星使绝缘表面碳化，碳化的绝缘表面在超过 250V 的电压作用下很易发生闪络，从而导致火灾。这种火灾也不乏案例，如我国某城市一地铁机车就曾因这种原因而起火燃烧。

那么到底有哪些原因会导致电压异常升高呢？这在上一章已作过介绍，本节仅就 220/380V 系统作一简单归纳：

1）三相负荷不平衡时，又发生中性线断线故障，这时所发生的中性点位移，会使三相中某一相或两相负荷电压超过 220V。

2）三相负荷严重不平衡且有较重的三次谐波，这时尽管有中性线对负荷中性点钳位，但由于中性线自身阻抗的存在，中性点仍会发生位移，中性线电流越大，位移越厉害。

3）某一相与中性线发生短路故障，但过电流保护电器未能及时动作切除短路，这时非故障相上的单相设备将承受接近线电压的电压量值，如图 6-1 所示，线路阻抗近似按电阻考虑，此时非故障相单相设备阻抗 Z_U、Z_V 上承受的电压为

$$\dot{U}_{US}=\dot{U}_{UN}-\dot{U}_{WN}+\dot{U}_{WS}$$

$$\dot{U}_{VS}=\dot{U}_{VN}-\dot{U}_{MN}+\dot{U}_{WS}$$

式中　$\dot{U}_{WS}$——短路电流在相线上产生的压降。

若相线与中性线等截面，则 $|\dot{U}_{WS}|=\frac{1}{2}|\dot{U}_{WN}|$，若中性线截面仅为相线截面一半，则 $|\dot{U}_{WS}|\approx\frac{1}{3}|\dot{U}_{WN}|$。

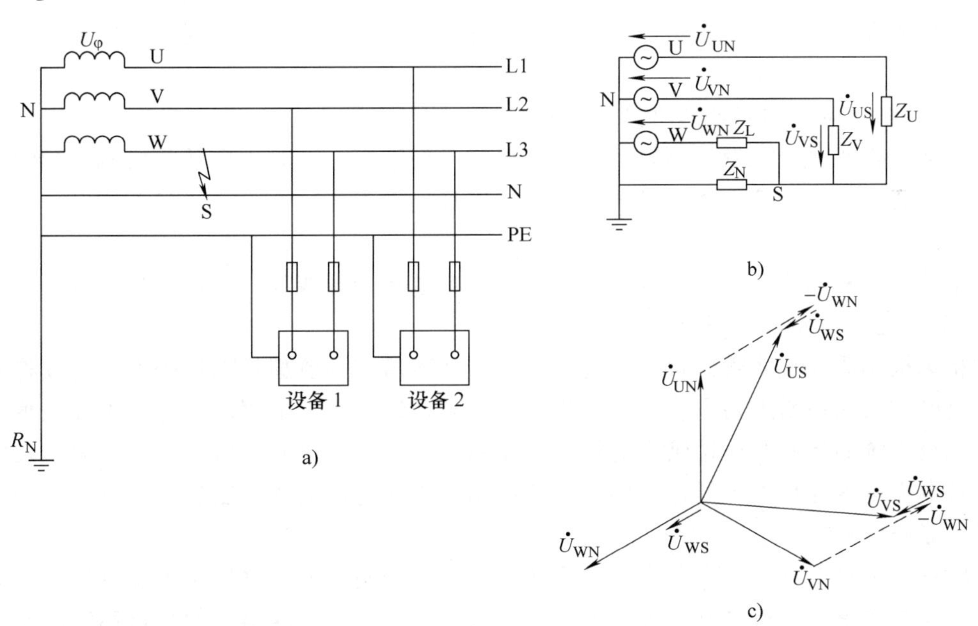

图 6-1　异常电压升高示例

a）电路图　b）等效电路　c）相量图

4）变压器高压侧发生碰壳接地故障，会使低压侧电源中性点电压升高，从而导致各相用电设备上的对地电压异常升高。

4. 不稳定的短路或接地故障

这里所说的不稳定短路或接地，是指短路点处原本电位不同的两导体并未完全金属性牢固连接，这种故障常有电弧产生，故有时又称电弧或弧光短路。弧光短路的特点是电弧有较

大的阻抗，这个阻抗限制了短路电流的大小，常使过电流保护电器拒动，或不能在规定时间内动作，从而使得电弧持续或断续存在，给引燃周围可燃物创造了有利条件。常见的有以下几种情况。

（1）IT 系统的单相接地　IT 系统发生单相接地故障时，电容电流会从接地点流过，若接地点不稳定且电容电流达到一定大小，则很易拉起电弧。但 IT 系统接地电流很小，一次接地时过电流保护不可能动作，使电弧得以长时间存在。

（2）TT 系统的不稳定接地　TT 系统发生单相接地故障时，由于故障电流较小，通常不至于引起过电流保护电器动作，也不易使接地点发生融焊，若无 RCD 作补充保护，则接地故障点常会有持续时间较长的电弧产生。

（3）其他不稳定的相间或单相短路　有些短路本身就是因闪络而产生，而另一些金属性短路，短路点金属融化后未能形成融焊，反而因融熔金属飞溅使短路点处出现空隙，从而产生电弧。

5. 绝缘的局部缺陷或受损

当绝缘局部受损时，该处的泄漏电流增大，而增大的泄漏电流产生的热量会使绝缘进一步受损。当泄漏电流大到一定程度时，就会拉起电弧或爆出电火花，从而引发火灾。

6. 铁损过大

电气设备的铁心中，磁通密度过高时，会使铁损过大而产生较大的温升，当然，正确设计制造的设备在正常工作时是不会出现这种情况的，但故障时这种情况有可能发生，如电流互感器二次侧开路就是这种情况。

7. 电动机正常的机械运动受到障碍

如正常运行的电动机发生堵转，或电动机起动失败等，这时本应转化成机械能的电能全部转化成热能，很可能使电动机及相应的回路因高温而着火。

8. 误操作

如带负荷开断隔离开关，或维修电工钳断通有电流的导线等，都可能拉起电弧。

9. 设计选型或施工安装错误

如将单根相线穿金属管敷设，使得金属管壁因磁滞和涡流损耗而产生温升；或将发热量大的用电电器安装在易燃物上，如将白炽灯具安装在纸质吊顶上等。另外，工程上也见到过将用于直流系统的单芯金属铠装电缆用于交流系统的事例，更有甚者，还有用耐压较低的电话线代替电力电线连接电源插座的情况，这些错误作法造成的火灾隐患是十分严重的。

10. 雷击

雷电是一种自然现象，目前人类尚不能对其完全控制，但是采取了很多措施对其危害进行防范，建筑防雷系统就是其中的典型。但是当雷击建筑物接闪器、使防雷系统泄放强大的雷电能量时，火灾也可能因此而产生。我国北方某大型油库因雷击引发的一场特大火灾，便是一例。雷击产生火灾主要有以下几种途径：

（1）雷击放电的电弧直接引发火灾　这在一些古建筑中体现尤为充分，现代建筑多为钢筋混凝土结构且设计有良好的防雷系统，这种情况已不多见。

（2）反击引发的火灾　防雷系统下泄雷电流时发生反击的原理已在第四章中详述，这种反击可能发生在地面以下，也可能发生在地面以上。而发生在地面以上的反击通常是将空气击穿产生电弧，最后因电弧而引发火灾。

(3) 感应过电压引发的火灾　感应过电压的原理也已在第四章中详述，感应过电压使得非闭合金属回路的缺口被击穿，产生电火花，其能量有大有小，能量较大者就可能引发火灾。

(三) 电气火灾的特点及危害

1. 特点

既然是火灾，则不论起因是什么，火灾形成后的特征都是类似的，因此这里所说的电气火灾的特点，严格地说应是电气火患的特点。由于电气系统分布广泛，且长期持续运行，电气火患的特点就是火患的分布性、持续性，隐蔽性。分布性指建筑物中到处都有电线或设备，都可能成为火源；持续性是因为电网总是连续不断地持续工作，若非故障或检修不会停歇；隐蔽性是因为电气线路通常敷设在隐蔽处（如吊顶、电缆沟内等），火灾初期时不易被火灾报警系统发现，也不易为现场人员所察觉。另外，电气火灾的危险性还与用电情况密切相关，当用电负荷增大时，容易因过负荷而造成电气火灾。

2. 危害

火灾是一种严重的灾害，它所造成的人员伤亡、财产损失和社会影响都是巨大的。电气火灾主要发生在建筑物内，建筑物内人员密集、疏散困难且排烟不畅，极易造成群死群伤的重大事故。在我国已发生多起歌厅、电子游戏室和礼堂等人员密集场所的电气火灾，造成重大的人员伤亡，产生了恶劣的社会影响。另外，在居民住宅、学校、医院、图书馆等建筑中，近年来用电设备大量增加，用电负荷急剧上升，在这些场所一旦因电气故障发生火灾，后果将不堪设想。因此，各有关部门除了大力加强消防灭火力量外，还制定了各种技术和行政规章来控制火灾隐患，甚至以立法的形式对消防问题提出了强制性的要求。作为电气工程领域的技术工作者，从技术的角度去尽量减少火灾隐患，是一种义不容辞的社会责任，也是职业责任的一种具体体现。

第二节　电气火灾预防及电热效应防护

电气火灾的预防是一项系统工程，它涉及设备制造、工程设计、施工安装及运行维护等诸多环节，又涉及电气、化学、材料、热力、消防等诸多学科，因此它需要一系列的综合配套措施来进行有效防范。以下主要从设计和施工安装的角度，提出一些预防电气火灾的措施，顺便介绍一下电热效应防护问题。

一、在设备和线缆型式选择上采取的火灾预防措施

1. 设备选择

1) 在火灾危险性大或扑救困难的场所，尽可能选用无油或少油电气设备。不管油是用来作为绝缘介质、灭弧介质还是冷却介质，因其在高温下会分解成气体，即使自身不会燃烧，也有爆炸的危险；另外油一旦着火，会因液体的流溢而使火灾迅速蔓延，给控制火势增加了困难。我国的《高层建筑防火设计规范》就明确规定，设在高层建筑主体内的变配电所，不能选用油浸式电力变压器和油断路器，在这种场所中，一般选用干式变压器，真空或 SF_6 断路器，电流和电压互感器也常选择树脂浇注型式，这些介质本身就是难燃甚至不燃物质，可从根本上消除火灾隐患。

2) 开关电器及成套配电装置的选取，应考虑开关电器在操作时的飞弧问题，这一问题

属于产品制造的范畴，严格地讲，只要是合格的产品，就应该没有问题。另外，应选择有防误操作的成套配电设备，我国的成套开关柜都要求有“五防”功能，可以避免因误操作产生电弧而引发的火灾。

2. 线路选择

线路火灾占整个电气火灾的60%以上，线路又是整个配电系统中分布最广、隐蔽部位最多的部分，因此有效预防线路火灾对减少电气火灾有重要意义。

在建筑物低压配电系统中，电线电缆一般都是穿管或在电缆桥架、电线线槽中敷设，在线路着火点处正好存在可燃物质是很偶然的情况，一般是在线路的某一点着火后，火沿着线路燃烧延伸，至某一处遇到其他的可燃物后才扩大成火灾，因此，阻止绝缘燃烧沿线路的延伸就显得十分重要。根据这一要求，生产厂商开发出了阻燃绝缘材料，并生产出了阻燃电线电缆可供选用。

阻燃绝缘材料主要是在传统绝缘材料中添加一些物质，使其燃烧时所需的氧气量大为提高（用指标“氧指数”来衡量），这样燃烧不易持续，着火后绝缘的延燃范围受到控制，燃烧最后因缺氧而自熄。过去我国的电线电缆只区别阻燃与非阻燃，现在有些产品已经对阻燃性能进行了分级，在不同的场所可选用不同级别的阻燃线缆，选择范围更加灵活。

对电线电缆的选择还应考虑另外一个问题，就是一旦绝缘介质着火以后，是否会产生有毒气体的问题。据统计，在高层建筑火灾中伤亡的人员，绝大部分是因窒息而死亡的，窒息的原因是着火时产生的浓烟中有刺激性有毒气体，这些气体刺激人体呼吸道发生严重水肿，水肿使呼吸道变细，甚至完全封闭呼吸道。含氯的高分子材料是产生这种气体的元凶，而电气线路中常用的绝缘介质聚氯乙烯便是一种含氯的高分子材料，因此，在高层建筑中，应尽量避免选用这类绝缘材料的电气线路。现已开发出无卤低烟类电线电缆，是一种很好的替代品。

二、在配电系统构造上采取的火灾预防措施

1. 电气线路规格的选择

1）使线路具有足够的耐压水平和绝缘水平，防止绝缘被击穿而发生短路。这是一个常被忽视的问题，尽管在很多情况下这一点都能满足，但并不是在所有情况下都是如此，举例如下：

通常对于220/380V 的 TT 或 TN 系统，要求电缆的额定电压 U_0/U（相地电压/相间电压）不小于300/500V，因为在正常情况下，线路承受的相地电压为220V，而相间电压（即线电压）为380V。但对于中性点不接地的 IT 系统来说，当某一相接地时，其他两相的对地电压会升高成线电压380V，而这种情况下系统仍可继续运行，这时再选用300/500V 的电缆显然就是错误的，这时应选择额定电压为450/750V 及以上的电缆才对。另外，若有不同额定电压的回路在同一管、槽中敷设，则所有线路都应按最高电压回路的电压来选择。

线路的绝缘电阻也很重要，它决定了泄漏电流的大小，而泄漏电流产生的发热又是损害绝缘的因素之一。一般可按这样的规则来估算对绝缘电阻的最低要求：每伏线路额定电压应具有不小于 1000Ω 的工频绝缘电阻，如 220V 线路不小于 0.22MΩ，380V 线路不小于 0.38MΩ 等。

2）应正确计算线路载流量，避免线路因过载而产生高温。电线电缆长期允许载流量的选取是一个复杂的问题。绝缘导线和电缆的长期允许载流量是由绝缘介质的长期允许工作温

度限定的，在这一温度以下运行，绝缘介质能达到它的设计使用寿命。由于给定导体截面的电线（缆）通过给定电流时其发热量是确定的，因此绝缘的温度会达到多高就取决于散热条件，而散热条件又与环境温度、敷设部位（空气中还是地下土壤中等）、敷设方式（穿管、线槽或不穿管敷设等）、相邻有无其他导线等多种因素有关。在确定电线电缆长期允许载流量时，应注意以下几点：

①　环境温度不等于载流量表给定的温度时，应进行温度校正，校正公式为

$$I_{con}(\theta_a) = K_t I_{con}(\theta_c)$$

式中　$I_{con}(\theta_a)$——实际环境温度为 θ_a 时线缆的长期允许载流量（A）；

$I_{con}(\theta_c)$——载流量表按环境温度为 θ_c 给出的线缆长期允许载流量（A）；

$K_t = \sqrt{\dfrac{\theta_n - \theta_a}{\theta_n - \theta_c}}$——载流量温度校正系数；

θ_a——线缆敷设处的实际环境温度（℃）；

θ_c——载流量表给出的载流量值所依据的温度（℃）；

θ_n——线缆的长期允许工作温度（℃）。

②　埋地电缆敷设处土壤热阻系数不同时，应乘以热阻校正系数 K_{tr}，K_{tr} 可从各种手册查知，也可参阅附表 20。

③　穿管电线多管并列敷设，电缆在地中或托盘内多根并列敷设时，应乘以并敷校正系数 K_g，以计入线缆发热对相互间散热条件的影响，K_g 可以从各种手册中查知，也可参阅附表 21。

在实际工程中，以上校正最易疏忽的是并敷校正，如有多根电缆在电缆沟中敷设时，校正系数 K_g 通常很小，有时可能低达 0.6 左右甚至更低，这种疏忽所造成的载流量数据的误差可高达 40% 以上，已足以形成隐患。

3）当有严重不平衡电流和三次谐波电流时，应特别注意中性线截面的选取。笼统地将 N 线截面设计为 1/2 相线截面或与相线等截面都是不正确的作法，因为 N 线电流完全可能达到等于或大于相线电流，在一些特殊情况下，N 线上三相不平衡电流与三次谐波电流总有效值甚至可达到相线电流的两倍。N 线截面过小的火灾危险性有二，一是其因自身过热引发火灾，二是一旦中性线被烧断，三相不平衡负荷会产生中性点位移，使电压升高相在负载阻抗上产生过热，可能引发火灾。

4）线路的短路热稳定校验不可忽视。满足短路热稳定要求，说明从短路开始至短路被切除的过程中线路的绝缘没有发生不可逆的变化，这既保证了本次短路没有短路点以外的绝缘损坏，更消除了线路恢复运行后因绝缘软化而形成的新的短路隐患。

5）线路截面的选择，还应考虑末端单相短路的保护灵敏性问题，这对于小负荷长线路尤为显得重要，如电梯供电线路，屋顶空调冷却塔供电线路等。因线路末端单相短路电流过小，可能导致保护不动作，单相短路长时间持续，引发火灾的可能性增加。若仅靠加大导线截面还不能满足末端单相保护灵敏度要求，则应考虑采取改变系统结构等其他措施。

2. 合理设置系统保护

（1）过载保护的设置　整定合理的过载保护，其动作特性与被保护元件允许过载特性的关系如图 6-2 所示，保护装置一定要在被保护元件被损坏以前动作，才能可靠进行保护。一般在对电气设备作保护时比较容易作到正确整定，常见的错误出现在对线路的过载保护整

定上。

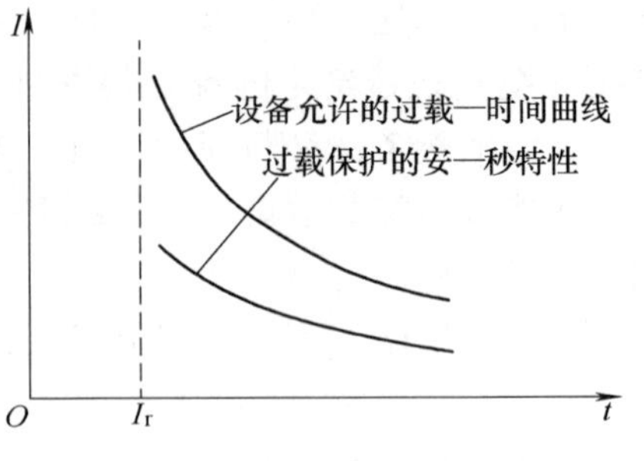

图 6-2　过载保护动作特性的选取

如图 6-3a 所示，由一路变截面的母线槽作楼层配电干线，设计者考虑到干线负荷逐层减少，故在第五层将允许载流量为 630A 的母线槽改为 400A，但整条干线的过载保护都由干线首端电源断路器的长延时脱扣器负责，其整定值为 550A，整定值为 550A 的长延时脱扣器显然不能保护载流量为 400A 的线路的过载，因此是一错误设计。

如图 6-3b 所示配电箱系统图中，AL-2 回路的计算电流为 $I_C = 21A$，$2.5mm^2$ 导线的允许载流量为 23A，低压断路器过载保护整定电流因电流等级的关系，20A 以上一档就是 25A，选 20A 显然是错误的，因它小于计算电流，会造成误动，故设计者选择了 25A。但 25A 的过载保护不能可靠保护允许载流量仅为 23A 的线路的过载，因此设计也是错误的。在这种情况下，尽管线路载流量已经满足计算负荷要求，但为了配合过载保护，应选择更大截面的导线。

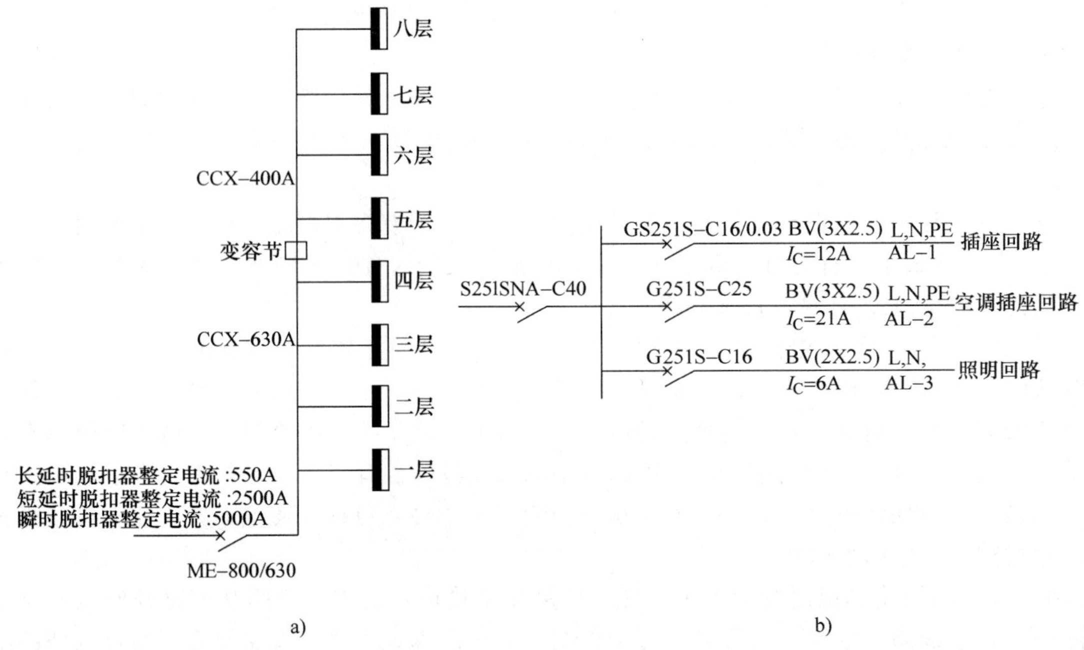

图 6-3　不正确的过载保护

（2）短路保护设置存在的问题　在建筑物内低压配电系统的短路保护设置中，从防范电气火灾的角度来看，主要存在两个问题：一是单相短路的保护灵敏度不够，尽管现在广泛采用 Dyn11 联结组的 10/0.4kV 配电变压器，使变压器零序阻抗大为降低，但线路的零序阻抗仍较大，对于较长的线路，其末端单相短路电流很小，常不能满足保护灵敏度要求；另一个问题是保护的整定都是按金属性短路计算的，当发生非金属性短路如弧光短路时，由于电弧阻抗较大，使短路电流小于计算值，保护可能不能可靠动作。因此，短路保护的设置对防范电气火灾是有用的，但防护能力可能还不够，还需要配合其他措施来加以完善。

（3）剩余电流保护在电气火灾预防中的应用　剩余电流保护电器（RCD）除了用于电

击防护外，还广泛用于电气火灾的防范。RCD 主要用于对单相接地故障引起的火灾进行预防，尤其是对泄漏电流和电弧性接地故障，过电流保护装置一般是不能确切保护的，RCD 的设置正好弥补了这一缺陷。

1）对泄漏电流引发的火灾的防护。通常情况下，当绝缘受损产生泄漏电流时，若泄漏电流通道截面为几个平方毫米，则 60～100W 左右的泄漏功率就能引燃绝缘。如图 6-4 所示，泄漏通道等效电阻为 R，通过该泄漏通道的接地故障电流为 I_{lk}，在线路首端或者装设有过电流保护电器，或者装设有 RCD。表 6-3 列出了在保护动作前泄漏电阻 R 上可能达到的最大功率，从表中可看出，300mA 及以下的 RCD 能较可靠地防止绝缘燃烧。

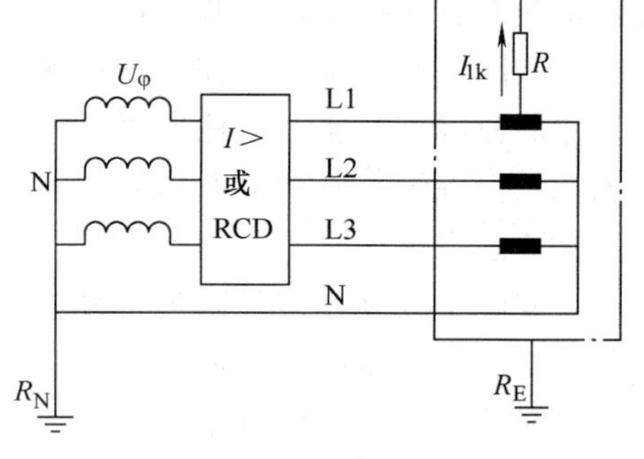

图 6-4　绝缘泄漏电流

表 6-3　应用不同保护装置时的 $I_{lk(max)}$ 和 P_N

保护装置	最大可能持续的电流 $I_{C(max)}$ /A	在 U_N = 220V 时的发热功率 P_N/W
熔断器（10A）	15	3300
小型断路器（B、C 特性，16A）	18	3960
RCD（$I_{\Delta n}$ = 500mA）	0.5	110
RCD（$I_{\Delta n}$ = 300mA）	0.3	66
RCD（$I_{\Delta n}$ = 30mA）	0.03	6.6

从表 6-3 可知，RCD 动作电流越小，出现引发火灾所需能量的可能性就越小，因此，整定较小的动作电流是有好处的，但前提是不能因动作电流太小而产生误动作。另外，动作时间也是能量累积的一个因素，动作时间越长，同样功率下所累积的能量越大，越容易引发火灾，故在保证级间动作配合的前提下，动作时间越快越好。

2）对电弧性接地引发的火灾的防护。大于 0.5A 的电弧能量就能引发火灾，对于如此小的电流，一般的过电流保护电器均无法保护，但电弧性接地电流一般大于 0.5A，这时用 RCD 来进行保护是十分有效的，因为此时的电弧电流就是剩余电流，使用额定漏电动作电流为 0.5A 的 RCD，就可有效切除能引起火灾的接地电弧。

应当注意的是，0.5A 的电弧能量是能引起火灾的下限能量值，一般只有在火灾危险性场所才必须要求 RCD 的 $I_{\Delta n}$不大于这个数值，在一般场所，即使 $I_{\Delta n}$比这个值大一些，也有很好的防范效果。

3）工程应用。IEC60364-5-53 第 531.2.4 条规定，TT 系统的电源进线处必须装设 RCD，TN 系统的电源进线处为切断全建筑物内的电弧性接地故障也应装设 RCD。我国的 GB 50096—1999《住宅设计规范》第 6.5.2 条第 7 款也作出规定，要求每幢住宅的电源进线处必须装设带有漏电保护功能的开关电器。由于观念陈旧和技术认识上的模糊，这一规定在执行中遇到了较大的阻力，有些工程技术人员虽然在工程设计中采用了这一措施，但只是出于对规范强制性条文的依顺而不是出于技术上的自觉。归纳起来，不赞成这项措施的意见主要有两条：一条是运行后常会发生误动作，另一条是对于干线为母线槽或干线暗敷在墙内的情况，认为无着火危险性，故不用装设。其实，这两条意见的理由都是不成立的。对于误动作问题，实际工程中确实存在，一旦遇到这种情况，通常都是将漏电保护功能取消，并未深究误动作的原因。事实上，住宅楼电源总进线一般都是三相电源，尽管每相都有一定量值的泄漏电流，但理论上三相泄漏电流是平衡的，其相量和等于零，RCD 所能检测出的，只是实际三相泄漏电流不平衡的那一部分，是很小的，对于 $I_{\Delta n}=500\text{mA}$ 的 RCD，一般不会导致误动作。实际中误动作多是因为接线错误，如将 N 线与 PE 线混用等原因造成的。对第二个问题，尽管这类干线的火灾危险性确实很小，但不能不考虑到各楼层配电箱发生短路或接地的情况，尤其是配电箱内发生电弧性接地，或楼层配电箱至住户配电箱的线路发生电弧性接地的情况，这时只有靠电源总进线的 RCD 来切除故障。另外，若住户室内发生接地故障而住户配电箱的保护未动作，则电源总进线的 RCD 有作为其后备保护的作用。

电源总进线处安装 RCD，一般设计为延时动作，以便与住户插座回路的防电击 RCD 配合。另外，在有专业人员管理的一些公共场所，可将 RCD 动作于信号，因为从电弧性接地或泄漏电流出现至火灾发生通常有一段较长的时间，在这期间管理人员有充分的时间来寻找故障点，这样可减少停电以免造成混乱和损失。

但是，对于应急照明、消防设备、防盗系统、安防中心等处，一般不应设置动作于跳闸的 RCD，在这些场所，应采用动作于信号的 RCD。

（4）绝缘监察装置的应用　对于敷设路径上有容易使绝缘受损或老化加速因素的线路，可装设绝缘监察装置，监视线路的绝缘状况，一旦发生异常，由监察装置发出警报，通知管理人员检修。

3. 防止异常电压升高

低压系统最常见的异常电压升高为中性点位移，中性点位移大小与两个因素有关：一个是三相负荷不平衡的程度；另一个是中性线是否完好。最严重的情况是三相负荷严重不平衡时发生中性线断线。因此，在系统设计时，应尽量使三相负荷平衡，并且应谨慎使用 4 级开关，因为中性线上开关若接触不良，即与中性线断线等效。由于中性线开关触点断、合时可能没有电流或电流较小，没有电弧来清除触头上的氧化膜及油污等，运行时间一长，发生接触不良是可能的。与单相系统不同的是，三相系统中性线接触不良并不影响对负荷的供电，因而不易及时被发现，这种隐患就显得尤为危险。

三、施工安装环节应注意的火灾预防事项

电气系统的施工安装，有专门的规范规定，一般说若严格地按照规范要求安装，则因安装造成的火灾隐患基本上是不存在，这里仅针对施工安装中容易出问题的地方作一重点介绍。

1）电气连接一定要紧固牢靠，接头与端子之间的连接，除了受到导线本身的应力作用外，还受到邻近电流产生的磁场的电磁力作用，因电流是交变的，故受到的作用力相当于机械振动。若连接处螺栓压力不够，则长期运行后容易松动打火，成为火灾隐患。另外对于中性线的连接要给予足够的重视，中性线接触不良，不论对电击防护、电气设备安全还是电气火灾预防都是极为不利的。

2）一定要严格保证 TN-S 系统中 N 线与 PE 线在系统中性点以外的电气隔离，这既是电击防护的要求，也是电气火灾防范的要求。因为一旦 N 线与 PE 线混用，RCD 将误动作，在这种情况下使用者通常会取消漏电保护功能，这就使得防火漏电保护这一有效措施失效。

3）在工作中发热较大的电器，不应安装在易燃或可燃材料上。如白炽灯具因发热较重，不能直接安装在纸质天花吊顶上等。

4）电气安装中使用的辅助材料，如绝缘胶带、穿线塑料管、塑料线槽等，一般应选用阻燃型式。

四、避免使用不当造成的电气火灾

1）对于电热设备如电熨斗等，一定要保证其良好的散热环境，现在一些家用电热设备在设备上就已设置了过热保护、倾倒保护等，但仍应在使用中多加留意。

2）不要乱拉插座板。一般家用电源插座的容量为10A，供给的负荷最大容量为2200V·A，有些用户乱拉插座板，常使单只墙上插座负荷过重产生严重发热，发热除直接引燃可燃物外，还可使绝缘软化造成短路，产生更大的火灾危险性。另外，很多插座板夹持力不满足要求，很容易造成接触不良打火而产生火患。

3）遭遇意外停电时一定要注意关闭电源开关，如果记不清有哪些开关需要关闭，可关闭电源总开关，以免来电以后现场无人照看，重新工作的电气设备因种种原因产生火灾。

五、电热效应的防护

电气设备产生的热和热辐射，可能造成以下危害：

1）降低设备功能，损坏或烧毁设备；

2）灼伤人员；

3）引发火灾。

关于第3）条，前面已作了详细论述，至于第1）与第2）条，本不属于电气火灾防范的内容，但它仍属于电气安全问题，在此附带作一介绍。

1. 灼伤保护

灼伤保护的基本原则是：

1）将伸臂范围以内的电气设备可接近部分的温度设计控制在不可能造成灼伤人员的程度，如表6-4所示。该表规定了伸臂范围内的设备可触及部分在正常运行中的最高温度，这实际上是避免灼伤的通用性要求，而不只是针对电热效应产生的灼伤，因此可作为一般设备的最高温度限值。

表6-4　在伸臂范围内的设备可触及部分在正常运行中的最高温度

可触及部分	可触及表面的材料	最高温度/℃
手握式操作工具	金属	55
	非金属	65
规定要接触，但非手握的部分	金属	70
	非金属	80
正常操作中不需接触的部分	金属	80
	非金属	90

2）在正常工作条件下，当伸臂范围以内的电气设备的可接近部分，其表面温度哪怕只有短时间超过表6-4规定的限值时，都必须采取防止意外接触这些部分的措施，例如设置围护或警戒。

2. 过热保护

为防止热和热辐射对设备及其部件的损坏，或导致设备功能的下降，可采取以下措施进行防护。

1）从结构设计和安装方面保证电气设备及其组成部分所产生的热或热辐射，不致达到或超过致使设备损坏或功能下降的程度，为满足这项要求，国标 GB 5959.1—1986 给出了以下原则规定：

① 由有机或无机绝缘材料制造的零件应当是耐热的，其电气和机械性能应不因工作温度的作用而受到削弱。

② 导线间的连接和导线与装置间的连接都不应使导线产生过高的局部温升。为此应考虑电流的不均匀分布和邻近效应。

③ 应采取措施以避免导线、导线连接处和邻近的金属件在感应电流作用下产生过高的温升。

④ 电热装置的电气配套件应安装在最高温度不超过其设计规定值的位置上。

2）对产生有害的电热效应的电气设备或部件（设备或部件本身不以产热为其基本功能），应采取相应的散热措施，例如在变压器或静止变流器中采用的散热片、强迫风冷、循环水冷却措施等。在采用强迫冷却时，应采取措施，监测其冷却效果。若冷却不足则应发出报警信号，必要时切断电热装置的供电，降低设备的负载，或采取其他措施确保安全。

对于热水或蒸汽发生设备，应考虑过热安全释放装置。

第三节　爆炸和火灾危险性场所电气安全简介

爆炸和火灾危险性场所的电气安全是一个专门的技术领域，本节仅对这一领域的最基本情况作一简介。

一、危险性物质

1. 关于危险性物质的一些术语和参量

（1）燃点　燃点指物质在空气中点燃并移去火源后，燃烧仍能持续下去所需的最低温度。

（2）闪燃与闪点　易燃液体在其表面上方产生有蒸气时，如果在蒸气处点火，蒸气可能会发生一闪而灭的燃烧，称为闪燃现象。闪燃不是一定会发生的，这主要取决于蒸气的浓度，而蒸气的浓度又与温度密切相关，温度越高，液体蒸发量越大，浓度越高。

闪点指能引燃易燃液体蒸气所需的最低温度值，是按规定的标准化试验测定的。

燃点是针对液体和固体物质的一个参量，闪点只针对液体易燃物。对于闪点在 45℃ 及以下的易燃液体，燃点仅略高于闪点，一般只标示闪点。但对于闪点较高的液体易燃物，或固体易燃物，则应标示燃点。

（3）引燃温度　又称自燃温度，指在规定条件下，可燃物在没有外来火源情况下即自行发生燃烧所需的最低温度。

（4）爆炸极限　指在规定条件下，易燃气体、蒸气、薄雾、粉尘、纤维等在空气中形成爆炸性混合气体的最低和最高浓度，分别称为爆炸下限和上限。

浓度过低，爆炸所需能量不够，不能引爆；浓度过高，爆炸所需含氧量不够，也不能引爆。

（5）最小点燃电流比 MICR　指在规定条件下，易燃气体、蒸气、薄雾、粉尘、纤维等在空气中形成爆炸性混合气体的最小点燃电流与甲烷爆炸性混合物的最小点燃电流之比。

矿井甲烷是单独的一类爆炸性物质，很多时候将其作为其他爆炸性物质参数的基准。

（6）最小引燃能量　指在规定条件下，使爆炸性混合物发生爆炸所需的最小电火花能量。

2. 危险性物质分类

（1）爆炸危险性物质分类　爆炸危险性物质指点燃后燃烧能迅速在整个范围内传播的空气混合物，主要可分为以下几类：

爆炸性危险物质
- Ⅰ类：矿井甲烷
- Ⅱ类：爆炸性气体、蒸气、薄雾
- Ⅲ类：爆炸性粉尘、纤维

矿井甲烷从物态上看也属于气体，因此有时在叙述时为了简洁，也将其归属于爆炸性气体类。

（2）火灾危险性物质分类　火灾危险性物质主要指易燃物，在有的情况下也泛指可燃物，在火灾危险性场所中主要指以下一些类别：

火灾危险物质
- 可燃液体
- 可燃粉尘
- 固体状可燃物
- 可燃纤维

3. 爆炸危险性物质分组、分级

爆炸危险性物质根据其引燃温度可分为不同的组别，其中爆炸性气体、蒸气等按 T1 ~ T6 分组，爆炸性粉尘、纤维等按 T11 ~ T13 分组，数字越小，引燃温度越高。

爆炸危险性物质根据其引爆所需能量大小，又可分为若干等级，分别为 A、B、C 级，字母序号越靠前，引爆所需能量越大。

二、危险性环境

根据危险性物质出现的频繁程度和持续时间，可将爆炸危险性环境划分成不同的危险区域；根据火灾事故发生的可能性和后果，以及危险程度和物质状态的不同，可将火灾危险性环境划分成不同的区域。划分结果如下：

爆炸和火灾危险性环境
- 爆炸性气体环境
  - 0 区——连续、长时间或频繁短时间出现爆炸性气体
  - 1 区——可能（周期性）出现爆炸性气体
  - 2 区——可能偶尔短时出现
- 爆炸性粉尘环境
  - 10 区——连续、长时间或频繁短时间出现爆炸性气体
  - 11 区——可能偶尔短时出现
- 火灾危险环境
  - 21 区——有可燃液体区域
  - 22 区——有可燃粉尘区域
  - 23 区——有可燃固体区域

以上危险性环境和区域的划分有一套详尽的规则，国标 GB50058《爆炸和火灾危险性环境电力装置设计规范》中有明确规定，此处不予详述。

三、爆炸危险性场所电气设备选择

1. 防爆电气设备类型

防爆电气设备指能防止设备本身的高温、电弧、电火花等引爆外部危险物质的设备。按防爆结构形式，防爆电气设备主要有以下类型：

（1）隔爆型 d　这类设备能通过外壳阻止其内部爆炸引起外部危险性物质发生爆炸，也能防止设备内部电弧、电火花等引发外部危险物质爆炸。

（2）增安型 e　对在正常运行条件下不会产生电弧或火花的电气设备进一步采取措施，提高其安全程度，尽可能杜绝电气设备产生危险温度、电弧和火花的可能性的防爆型式。

（3）充油型 o　这类设备将可能产生电弧、电火花和危险高温的带电部件浸在绝缘油中，使其不能点燃油面上方的爆炸性混合物。

（4）充砂型 q　这类设备将细粒状物料填充到设备外壳内，使壳内出现的电弧、电火花、高温不能引爆壳外危险物质。

（5）本质安全型 i　这类设备在正常和故障情况下产生的电弧、电火花或危险高温均不足以引爆危险性物质。

（6）正压型 p　这类设备是向壳内冲入清洁的空气或惰性气体，使壳内气压高于壳外，以阻止壳外爆炸性气体进入壳内。

（7）封浇型 m　整台设备或其中部分浇封在浇封剂中，在正常运行和认可的过载或认可的故障下不能点燃周围的爆炸性混合物的电气设备。

（8）无火花型 n　在正常运行条件下，不会点燃周围爆炸性混合物，且一般不会因故障而产生点燃后果的电气设备。

（9）气密型 h　具有气密外壳的电气设备。

（10）特殊型　由上述以外的或上述两种以上形式组合成的电气设备。

另外，按应用场所，防爆电气设备又可分为Ⅰ类和Ⅱ类两种，其中Ⅰ类指煤矿用电气设备，Ⅱ类指煤矿以外的其他爆炸危险性场所用电气设备。对于Ⅱ类设备，按其表面所允许出现的最高温度，又可分为 T1 ~ T6 共 6 组，见表 6-5。

表 6-5　Ⅱ类电气设备的最高表面温度分组

温度组别	最高表面温度/℃
T1	450
T2	300
T3	200
T4	135
T5	100
T6	85

2. 防爆电气设备的选择

防爆电气设备应根据其使用环境的危险性等级、设备本身的种类和工艺条件等因素选择。作为示例，可参见表 6-6 ~ 表 6-10 的推荐。以下表中符号，○表示适用，△表示尽量避免，×表示不适用，空格表示一般不用。

表 6-6　旋转电机防爆结构选型

电气设备类别	爆炸性气体环境						
	1 区			2 区			
	隔爆型	正压型	增安型	隔爆型	正压型	增安型	无火花型
笼型异步电动机	○	○	△	○	○	○	○
绕线转子异步电动机	△	△		○	○	○	×
同步电动机	○	○	×	○	○	○	
直流电动机	△	△		○	○	○	
电磁滑差离合器（无刷）	○	△	×	○	○	○	△

注：1. 绕线转子异步电动机及同步电动机采用增安型时，其主体是增安型防爆结构，发生电火花的部分应该是隔爆型或正压型防爆结构。

2. 无火花电动机选型只适用于具有比空气轻的介质的场所。对于比空气重的介质通风不良的场所或户内，应慎重考虑。

表 6-7　变压器防爆结构选型

电气设备类别	爆炸性气体环境						
	1 区			2 区			
	隔爆型	正压型	增安型	隔爆型	正压型	增安型	无火花型
变压器（含起动用）	△	△	×	○	○	○	○
电感线圈（含起动用）	△	△	×	○	○	○	○
仪用互感器	△		×	○		○	○

表 6-8　低压开关和控制器类设备防爆结构选型

电气设备类别	爆炸性气体环境										
	0 区	1 区					2 区				
	本安型	本安型	隔爆型	正压型	充油型	增安型	本安型	隔爆型	正压型	充油型	增安型
刀开关、断路器			○					○			
熔断器			△					○			
控制开关及按钮	○	○	○		○		○	○		○	
电抗起动器和起动补偿器			△				○				○
起动用金属补偿器			△	△		×		○	○		○
电磁阀用电磁铁			○			×		○			○
电磁摩擦制动器			△			×		○			△
操作箱、柱			○	○				○	○		
控制盘			△	△				○	○		
配电盘			△					○			

注：1. 电抗起动器和起动补偿器采用增安型时，是指将隔爆结构的起动运转开关操作部件与增安型防爆结构的电抗线圈或单绕组变压器组成一体的结构。

2. 电磁摩擦制动器采用隔爆型时，是指将制动片、滚筒等机械部分也装入隔爆壳体内的结构。

3. 在 2 区内电气设备采用隔爆型时，是指除隔爆型外，也包括主要有火花部分为隔爆结构而其外壳为增安型的混合结构。

表 6-9　照明灯具类设备防爆结构选型

电气设备类别	爆炸性气体环境			
	1 区		2 区	
	隔爆型	增安型	隔爆型	增安型
固定式灯	○	×	○	○
移动式灯	△		○	
携带式电池灯	○		○	
指示灯类	○	×	○	○
镇流器	○	△	○	○

表 6-10　旋转电机防爆结构选型

电气设备类别	爆炸性粉尘环境						
	10 区			11 区			
	尘密型	正压型	充油型	尘密型	正压型	IP65	IP54
变压器	○	○		○			
配电装置	○	○					
笼型电动机	○	○					○
带电刷电动机					○		
固定安装电器和仪表	○	○	○			○	
移动式电器和仪表	○	○				○	
携带式电器和仪表	○					○	
照明灯具	○			○			

四、火灾危险性场所电气设备选择

火灾危险性场所电气设备选择见表 6-11。

表 6-11　火灾危险环境电气设备防护结构选型

<table>
<tr><th colspan="2" rowspan="2">电气设备类别</th><th colspan="3">火灾危险性环境</th></tr>
<tr><th>21 区</th><th>22 区</th><th>23 区</th></tr>
<tr><td rowspan="2">电机</td><td>固定安装</td><td>IP44</td><td rowspan="2">IP54</td><td>IP21</td></tr>
<tr><td>移动式和便携式</td><td>IP54</td><td>IP54</td></tr>
<tr><td rowspan="2">电器和仪表</td><td>固定安装</td><td>充油型、IP44、IP54</td><td rowspan="2">IP65</td><td>IP22</td></tr>
<tr><td>移动式和便携式</td><td></td><td>IP44</td></tr>
<tr><td rowspan="2">照明灯具</td><td>固定安装</td><td>保护型</td><td rowspan="4">防尘型</td><td>开启型</td></tr>
<tr><td>移动式和便携式</td><td>防尘型</td><td>保护型</td></tr>
<tr><td colspan="2">配电装置</td><td rowspan="2">防尘型</td><td rowspan="2">保护型</td></tr>
<tr><td colspan="2">接线盒</td></tr>
</table>

注：1. 在 21 区内安装的 IP44 型电机正常运行时有火花的部分（如滑环）应装在全封闭的罩子内。在 21 区内固定安装的电器和仪表，在正常运行有火花时，不宜采用 IP44。

2. 在 23 区内固定安装的正常运行时有火花的电机（如集电环电机）不应采用 IP21 型，而应采用 IP44。

3. 移动式和携带式照明灯具的玻璃罩应由金属护网。

第四节　静电防护

构成物质的基本单位——原子，是电中性的。原子中原子核带正电荷，电子带负电荷，其电荷量大小相等，但在一定的条件下，原子可能得到或失去电子，使原子不再具有电中性，而是整体对外呈现出正或负电荷的特征。整个自然界应该是呈电中性的，但这并不排除在局部有暂时失去平衡的相对静止的正、负电荷的累积，这就是工程上所称的静电。因此，从电子和原子的角度来看，静电是一种宏观现象，而从大自然这个整体来看，静电又是一种局部现象。

静电广泛存在，它可能产生于电气系统的某一环节或部位，也可能完全是一种自然现象，因此即使在一些与电气完全无关的工艺过程中，也可能有大量的静电产生。从静电的量值大小来看，小到粉尘、大至雷云，所带静电能量的差距可达天文数字。静电对环境的影响是广泛而多样的，本节主要从安全的角度讨论静电与环境的关系。

一、静电的产生与危害

1. 静电产生的机理

摩擦生电是大家早已熟知的物理现象，除了摩擦以外，还有没有别的原因导致静电？其产生静电的原理又是什么？以下对这些问题作一简介。

（1）接触-分离起电　两种物质相互接触，当其间距小于2.5nm时，由于构成两种物质的原子得失电子的能力不同，界面间会因外层电子的能级不同而发生电子的转移，于是在接触界面的两侧，会出现大小相等、极性相反的两层电荷，称为双电层，这两层电荷间存在电位差，称为接触电位差。接触电位差的大小与物质类别和表面状况有关，其量值一般为mV级，最大可达1V左右。

以上解释接触-分离起电的理论称为双电层和接触电位差理论，用这一理论可合理解释摩擦生电现象。因两层物质接触形成双电层后再分离，转移的电子可能没有或没有全部回到原来的物质中，使得分离后的表面有净电荷的积聚，而摩擦正是两种物质大面积接触又分离的过程，因此能使参与摩擦的两种物质带上不同的电荷。

不同导体之间也会产生双电层和接触电位差，但由于电荷在导体内能迅速运动，当两导体分开时，由于相互接触的各点不可能同时分离，则后分离的点就成了双电层电荷在接触电位差作用下产生电流的通道，使累积的电荷重新消失，最终导体上无净电荷累积。

由于不同物质得失电子的能力不相同，某两种物质相互接触时谁得电子、谁失电子可由实验确定。对不同的物质两两配对重复实验，可得到一个得失电子能力的排序，这个排序称为静电起电序列。在这个序列中，排序靠前的物质与排序靠后的物质摩擦，总是排序靠前的带正电荷，而排后的带负电荷，而且两种相互摩擦的物质在排序中相距越远，摩擦生电的能力越强，如下是一些常见物质的静电起电序列：

玻璃—头发—尼龙—绸—纸张—黑色橡胶—维纶—聚脂纤维—聚乙烯—玻璃纸—聚氯乙烯—聚四氟乙烯。

（2）破断起电　不论材料破断前其内部电荷是否均匀，破断后都可能在各部分产生净电荷积累，这种现象叫做破断起电。破断起电与接触-分离起电不同，因为材料在破断前是同一种物质，故不能用适用于不同物质间的双电层和接触电位差理论来进行解释。对破断起电的理论，这里不作介绍。就实际情况来看，粉尘、液体分离过程的起电都属于破断起电。

（3）感应起电　严格地说，静电感应不是静电的原始生成方式，它是在已经有静电存在的前提下，通过静电感应产生出新的静电。如图 6-5 所示，带负电荷的带电体 A 接近导体 B，B 与接地装置相连，这时在 B 上靠近 A 一端感应出正电荷，而负电荷被排斥到远离 A 的一端，由于大地可看成是有无穷大的电容量，因此这些负电荷通过接地装置泄入大地，这时断开 B 与接地装置相连的开关 S，并移走 A，导体 B 上就会有净正电荷累积，这就是感应生成的静电。

（4）电荷迁移　当一个带有电荷的物体与一个不带电荷的物体接触时，电荷会在两个物体间重新分配，即发生电荷迁移而使非带电体带电。电荷迁移只是静电的一种重新分配，静电的总量并未发生变化。

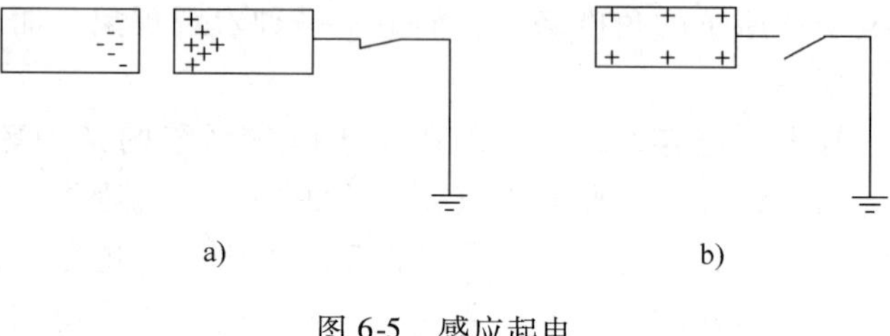

图 6-5　感应起电

（5）其他方式　静电产生的方式还有很多，如压电带电、电解带电、热电带电等，在此不再一一介绍。

2. 常见的静电形式

这里介绍几种可能引发安全问题的静电形式。

（1）人体静电　这里所说的人体，不仅指人的肉体，还包括人身上的衣裤鞋袜等穿着物，以及操作时所携带的工具等。人在各种活动如穿衣、坐、行走中，都可能因摩擦产生静电，而人体本身既有导体又有介质，且具有一定的电容量，因此可能被感应出静电，也有可能从带电荷的物体上分得部分电荷。即使有风吹过人体，也会因空气与人体毛发的摩擦而产生静电。

人体静电与衣着的材料、毛发皮肤的洁净状况、相对湿度等因素有关。由于人体活动范围大，又通常是各种过程的参与者，人体静电就成了一个移动的静电源，而人体静电又常常被人们所忽视，因此，人体静电成为酿成静电危害的重要原因之一。

（2）固体及粉体静电　固体物质大面积的接触-分离或大面积摩擦，以及固体物质的粉碎等过程中，都可能产生强烈的静电，其静电产生的机理，既有接触-分离起电，也有破断起电。固体静电的特征是电压高，可高达数万伏，其原因不在于静电量值大，而在于电容的量值可能很小。以平板电容为例，平板电容上各电气量遵循电容的一般规律，即

$$Q = CU$$

而电容量 C 又满足以下关系

$$C = \frac{\varepsilon S}{d}$$

式中　ε——极板间电介质的介电常数；

S——极板面积；

d——极板间距；

C——电容器的电容值；

U——电容器两极板间的电压；

Q——极板上存储的电荷。

于是，在电荷量 Q 一定的情况下，两极板间的电压为

$$U = \frac{Q}{C} = \frac{Qd}{\varepsilon S}$$

可见，U 与间距 d 成正比，与面积 S 成反比，这尽管是从平板电容器推导出的公式，但对于一般情况也有参考意义。即在 ε、S、Q 不变的情况下，U 与 d 至少可以说呈正相关性。假设静电是因接触-分离产生的，则按前面介绍，双电层间距为 2.5nm 以下，接触电位差为 mV 级，假设为 10mV，当将两接触面分开至 1cm，即距离增大了 $(1\times10^{-2})/(2.5\times10^{-9}) = 4\times10^{6}$ 倍，则电压会升高到 $(10\times10^{-3}\times4\times10^{6})\text{V} = 4\times10^{4}\text{V}$。

粉体可看着是处于一种特殊状态下的固体群，粉体在混合、搅拌等加工过程中，由于颗粒与颗粒之间、以及颗粒与器壁和空气之间的碰撞摩擦，还有颗粒的破断，都会产生静电。粉体的静电电压很高，可高达数万伏。

由于粉体具有分散性和悬浮状的特点，因此，粉体的表面积比同等质量的同种固体大很多倍。由于表面积大，静电更容易产生；另外，由于粉体处于悬浮状态，颗粒间、颗粒与金属器皿之间、颗粒与大地之间是通过空气绝缘的，这使得粉体是否产生静电与组成粉体的材料关系不大，一些金属粉体如镁粉、铝粉等也能产生静电。

固体和粉体由于产生的静电电压都很高，若不采取措施，很容易引发火灾或爆炸，很高的电压还对一些电子设备的正常工作造成干扰，乃至威胁这些电子设备的安全，因此在橡胶、塑料、纤维等行业的生产工艺过程中都有消除静电的措施，而在计算机房、通信机房等处也会采取防止产生或者消除静电的措施。

(3) 液体静电　液体在运动过程中会产生静，其产生静电的机理较为复杂，简单地说，在液体与固体的交界面上会出现双电层，在液体本体中的电荷不只是集中在一层，而是以一定密度分布的体电荷。当液体内部液体与液体间有相对运动时，这些电荷有一部分就会随液体流走，形成流动电荷。由于流动电荷现象的存在，管道的终端容器里将会有静电荷的净累积。

流动电荷产生流动电流，流动电流与管道长度有关，当管道很长时，流动电流基本上不再随管道的长度变化而趋于稳定，这个稳定值叫做饱和流动电流 I_∞，I_∞ 的计算公式为

$$I_\infty = \frac{\tau}{4} D v^2 \rho_{m\infty}$$

式中　D——管道内直径；

v——流速；

$\rho_{m\infty}$——液体饱和电荷密度；

τ——体静电时间常数。

通过 I_∞ 的大小，可推算出单位时间内流入终端容器的电荷量的大小，这对计算静电泄放装置的容量是有用处的。

(4) 蒸气和气体静电　蒸气或气体在管道内高速流动或由阀门、缝隙高速喷出时会产生静电。蒸气产生静电的原理与液体产生静电类似，也是由于接触-分离或破断等原因产生。完全纯净的气体是不会产生静电的，但由于气体内往往含有固体或液体杂质颗粒，这些颗粒的碰撞、摩擦、分裂等过程照样会产生静电。

有些工艺过程会产生薄雾，它从物态来说仍属于液体，但以微粒状呈分散分布，它们与

液体的差异，就像粉体与固体的差异一样。如涂料的喷涂就是一个最典型的例子。薄雾的喷射可能会产生强烈的静电，是一种较危险的静电源。

蒸气和气体的静电比固体和液体的静电要弱一些，但也可高达万伏以上。

3. 静电的特点

（1）能量小　除了雷云的静电积聚了巨大的能量以外，一般生产生活活动中所产生的静电能量都很小，一般不超过 mJ 级。

（2）电压高　据有关资料报导，生产过程所产生的静电电压示例如表 6-12 所示。

表 6-12　生产过程中产生的静电电压

设备类型	已观测到的静电电压/kV
皮带传动	60～100
纤维织物输送	15～80
造纸机械	5～100
油槽车	最高达 25
谷物皮带输送	最高达 45

（3）感应性　静电可在邻近的对地绝缘导体上感应出电荷，并可能产生出很高的电压。

（4）积聚性　静电的电荷可以累积，如果没有异性电荷的中和或电荷的泄漏，可积聚较大的电量。接触面积越大，则累积越多。

4. 静电的危害

静电产生的静电场，其物理特性已为大家所熟知，其中场强是一个重要的物理参量。当场强过大时，会使绝缘击穿放电。另外，静电场产生的静电力有时也会是一个危险的因素。具体来说，静电的危害体现在以下几个方面。

（1）引发燃烧或爆炸　静电产生的高场强引发的放电，是燃烧或爆炸的起因。

静电的能量一般很小，但其所产生的场强并不一定小，尤其在小曲率半径部位可能产生很高的场强并将空气击穿，典型的如尖端放电等。放电产生的火花对易燃、易爆的气体或液体是极为危险的。表 6-13 是一些易燃气体与蒸气混合物的最小引燃能量，从表中可以看出，引燃能量都在 mJ 级，与大多数静电的放电能量处于同一数量级。当一些易燃物质混合在空气中时，就很易为静电引燃，如汽油在空气中的体积浓度在 $1.4\times10^{-6}\sim7.6\times10^{-6}$之间时，只要 1mJ 的火花能量就可点燃，医院手术室中常用的乙醚，当体积浓度在 $1.85\times10^{-6}\sim36.55\times10^{-6}$之间时，0.45mJ 的能量就能点燃。因此在火药、火箭燃料、有机溶剂仓库、医院手术室等处都要严防静电放电。

表 6-13　气体和蒸气混合物的最小引燃能量　　（单位：mJ）

名称	最小引燃能量	名称	最小引燃能量	名称	最小引燃能量
甲烷	0.28	环乙烷	0.22	乙醚	0.19
乙烯	0.096	丁烷	0.25	氨	6.8
乙炔	0.019	苯	0.20	氢	0.019
丙烷	0.26	丁酮	0.29	戊烷	0.28

导体放电时，存贮在导体中的电荷一次性全部消失，相应的静电能量也一次性集中释放，因此火花能量较大，火灾或爆炸的危险性也较大；而绝缘体放电时，其上电荷通常不会

因一次放电而全部消失，相应的静电能量也不能全部释放，从这一点上看危险性是较小的，但正因如此，使绝缘体有多次放电的危险性。换个角度，从采取措施泄放静电以消除静电危害的视角来看，泄放导体的静电是很容易的，且泄放通常是彻底的，而泄放绝缘体的静电是不容易的，泄放通常是不彻底的。

(2) 静电电击 静电电击作为一种人为的手段，用得最多的是警用电警棍，但这里所说的静电电击是指非人为的。与工频电击不同，静电电击时人体只是承受放电瞬间的冲击电流，已有工程技术人员从电击能量的角度对其伤害性作了研究，但尚未形成标准性的文件。一般认为，冲击电流引起心室纤维颤动使人致命的能量界限为 $0.054A^2 \cdot s$。

尽管至今尚未有静电电击致命的报导，但静电电击造成二次伤害的可能性是存在的。如对于有心脏病的人员，静电电击可能会诱使病情发作或加重其病情，有些国家就明文规定心脏衰弱者不得从事静电喷漆等工作；又如对于高空作业的人员，静电电击可能导致人员从高空跌落而造成伤害。

(3) 损坏电子元件或设备 集成电路中广泛采用的金属氧化物场效应晶体管，由于其栅极与源、漏极间有很高的绝缘电阻，因而极易因静电感应电压而造成击穿，一般 100V 的感应电压就足以使场效应晶体管损坏。大家常见的计算机内的各种板卡、硬盘等通常都用抗静电包装袋包装，而安装时工作人员会不时将手放到墙面或金属桌面上按一下，就是为了防止人体静电对元件的损坏。

(4) 影响正常的工艺过程或破坏正常的工作状态 静电产生的电场力，会使很多工艺过程受到影响。如纤维加工工艺中，由于橡胶轴棍与丝、纱等摩擦产生静电，可能导致乱纱、挂条、缠花、断头等现象而妨碍工艺流程；又如在粉体加工工艺中，由于静电电场力吸附粉体，常使筛分粉体的筛目变细，降低工作效率，而计量器具还会因附有粉体而使精度降低。

静电放电也会使一些工艺过程受到影响。如在冲洗胶片的暗室中，由于胶片与辊轴之间的高速摩擦产生火花放电，会使胶片曝光而报废。频繁放电产生的干扰，会对无线通信、信号录制等产生不良影响。

静电产生的电位差还可能使一些电子设备工作出错。如因静电使电子设备的逻辑参考电平发生变化，会使计算机运算出错、继电器误动作等，由此带来的二次差错或损失，有时也是相当大的。

另外，当室内有大量电子电气设备频繁发生静电放电时，还可能在空气中产生臭氧，污染环境，使人员工作环境的舒适度受到影响。

二、静电危害的防护

静电危害的防护不外乎以下一些思路：一是抑制静电的产生；二是以无害的方式使已经产生的静电得以消除，或使有害的静电效应被阻碍在危险区域以外；三是提高受害对象或场所对有害静电效应的耐受能力。以下就对本着这些思路的具体措施作一简介。

(一) 抑制静电的产生

主要是在材料选用和工艺制定等方面采取措施，使静电产生的可能性降低。

1. 采用导电性能良好的材料

例如皮带传动时因皮带的绝缘性而使其摩擦生电。若工艺允许，可采用齿轮传动或连杆传动，因传动件都是金属件，就不会产生静电；若工艺不允许取消皮带传送，则可选用导电材料制成的皮带或涂有导电涂料的皮带。在有两种材料产生摩擦的工艺中，尽量不要选取静电起电序列中相距较远的两种物质，如易燃液体用的搅拌器，其材料就应根据液体的性质恰当选择。另外，粉体生产中所用的粉筛滤网，最好用碳素纤维一类的导电材料制作。

2. 减小摩擦

减小摩擦的途径通常有两种：一种是降低压力和摩擦系数；另一种是降低速度。

以输送燃油的管道为例，首先应保证管道内壁光滑，粗糙的管壁或管壁上有附着物都会使摩擦系数加大；其次应加粗管径，减少弯头，增大弯头的转弯半径等，可在保证流量的同时降低压力，从而减小摩擦。燃油在管道中的流速与管径应满足以下关系：

$$v^2 D \leqslant 0.64 \mathrm{m}^2/\mathrm{s}$$

式中 v——流速（m/s）；

D——管径（m）。

除满足上式以外，允许流速的上限值还与液体的电阻率相关。当电阻率分别为小于 $1\times10^5\Omega\cdot\mathrm{m}$、在 $1\times10^5\sim10\times10^9\Omega\cdot\mathrm{m}$ 之间和大于 $1\times10^9\Omega\cdot\mathrm{m}$ 时，允许流速的上限分别为 10m/s、5m/s 或更小值，该更小值应根据液体性质、管道直径、管道内壁光滑程度等条件确定。

3. 合理的工艺安排

如将油注入贮油罐的工艺过程，若将注油口设置在远离罐壁和罐底的位置，则由于注油时流体的喷射和分裂，以及原有流体的搅动，会产生气泡、汽体及相互摩擦，很容易产生大量静电，而将注油口按图 6-6 设置（图中 A、B、C 分别代表三种不同的设置方式，实际只采用其中一种），则产生静电的可能大为降低。另外，注油口的形状对静电的产生也有很大的影响，因为流体在注油口处产生的破断、飞溅、冲击等都是静电的起因，一般采用 T 形、锥形、斜口形等抑制静电的效果较好。再有就是应定期清除罐底的水分和杂质，它们也构成静电产生的条件。

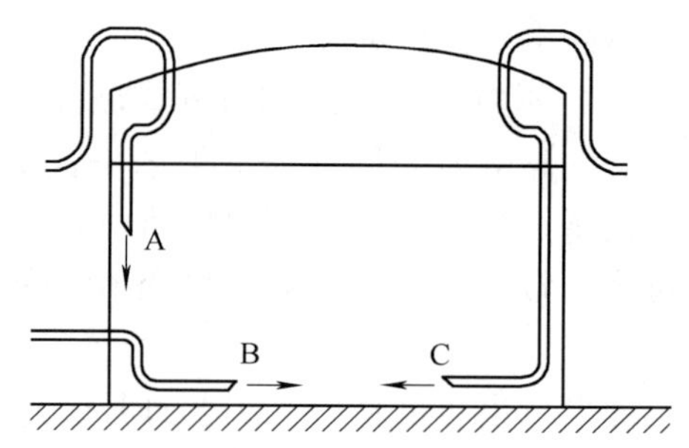

图 6-6 合理的注油工艺

（二）恰当的静电消除措施

静电的产生和静电的消失在实际工程中往往是两个同时存在的过程，当静电的产生大于消失时，静电加强，反之则静电减弱，只有当两者达到动态平衡时，静电才趋于稳定。静电的消失方式，有些是有危险性的，这些方式就不能被利用来作为静电防护的手段，而有些静电消除方式是无危险性的，我们就可以人为地加以利用，标题中“恰当”一词，就是这个含义。

1. 使静电消失

使静电消失主要有两种方式，即中和和散失。

（1）静电中和 静电的中和是指被分离的净正、负电荷之间重新结合，对外呈电中性的过程。静电的中和主要通过以下几种方式进行：

1）火花放电。带异性电荷的物体之间将空气击穿而发生放电，使正负电荷重新结合，这种中和方式是静电危害的主要途径之一，不能被利用来作为静电危害防护的手段。

2）导体联通。将带有异性电荷的两个物体通过导体连接，使两个物体上的电荷因电位差而在导体上产生电流，从而使正负电荷重新结合。这种方式对金属带电体效果显著，但对电阻率大的物体效果缓慢且不明显。

3）电荷注入。用电荷发生源强行向带电体注入异性电荷造成中和。

4）泄漏。两带电导体间有绝缘相隔，但绝缘表面和内部因种种原因产生一定的导电性，使两导体的电荷缓慢中和，泄漏中和符合以下规律：

$$Q = Q_0 e^{-t/\tau}$$

式中　Q——剩余电荷量；

Q_0——初始电荷量；

t——泄漏前时间；

τ——泄漏时间常数。

τ 的大小与材料性质和表面污损受潮等状况有关，时间常数 τ 越大，对静电中和越不利。

（2）静电散失　尽管正、负电荷总是同时等量出现的，似乎不会出现除中和以外的其他静电消失方式。但实际上，只要静电荷不再存在于我们关心的范围，从工程角度来看，就相当于静电已经消失，至于电荷离开我们关心的范围后是否发生中和，已无再关注的必要。静电的散失主要有以下一些途径。

1）电晕放电。它主要发生在场强很强的部位，强场强将空气电离后，静电荷向电离层运动，与电离层中异性粒子结合，而被电离粒子中与静电荷同性的粒子和未被结合的粒子则在空气中散失。

2）静电转移。将带有电荷的物体与不带电荷的物体接触，不带电荷的物体会分得一定的电荷，分得电荷的比例与两者材质、质量、形状等有关。对于原本不带电的物体，相当于有静电生成，而对原本带电的物体，相当于有静电消失。原本不带电的物体体积越大，导电性越好，则分得的电荷比例就越大。我们能够找到的最大物体就是地球，因此接地是转移静电荷的最有效办法。

2. 通过增加泄漏消除静电

（1）增湿　增加湿度可以增加静电沿绝缘体表面的泄漏量，特别适合于容易被水湿润的醋酸纤维素、硝酸纤维素、纸张、橡胶等。但对于不能形成水膜的纯涤沦和聚四氟乙烯等效果不明显。增湿的方法可以采用加湿器、喷雾器等，但不应超过工艺过程的允许值。

增湿的程度大至如下：为防止大量带电，相对湿度应在50%以上；为增加消除静电的效果，相对湿度应提高到65%～70%；对于吸湿性很强的聚合材料，为了保证降低静电的效果，相对湿度应提高到80%～90%。

（2）在材料中使用抗静电添加剂　材料的电阻率对静电泄漏有很大影响。对固体材料，电阻率在 $1\times10^7\Omega\cdot m$ 以下者，属于不易积累静电的范围。电阻率在 $1\times10^9\Omega\cdot m$ 以上者，容易积累净电造成危害。对于液体，情况有所不同。电阻率在 $1\times10^{10}\Omega\cdot m$ 左右的液体最容易产生静电，电阻率为 $1\times10^8\Omega\cdot m$ 以下和 $1\times10^{13}\Omega\cdot m$ 以上的液体，都不易产生静电。因此采用适合的添加剂以改变材质的电阻率，对抗静电大有好处。

抗静电添加剂是特殊的化学制剂，具有良好的导电性或较强的吸湿性。对于固体材料，若能通过添加抗静电制剂使其体电阻率降至 $1\times10^7\Omega\cdot m$ 以下，或将其表面电阻率降低至 $1\times10^8\Omega\cdot m$ 以下，即可消除静电危险。对于液体，通过添加抗静电制剂将电阻率提高到 $1\times$

$10^{13}\Omega\cdot m$以上是不现实的，一般通过添加剂将电阻率降低至$1\times10^{8}\Omega\cdot m$以下，即可消除静电危险。

常见的添加剂有碳黑、石墨、油酸盐、铬盐、金属粉末等。应该注意的是，不应因添加剂的使用而影响材料本身的使用性能。

3. 接地

地球是一个质量和体积极为巨大的导体，是我们能够又很容易找到的最大的导体。通过接地，可以使带电物体上的电荷在物体与地球之间重新分配。考虑如图 6-7 所示的两个导体球，导体球之间用导线相连，因此两个导体具有相同电位。导体球 1 的表面电位为$\frac{Q_1}{4\pi\varepsilon_0 R_1}$，导体球 2 的表面电位为$\frac{Q_2}{4\pi\varepsilon_0 R_2}$，因此有

$$\frac{Q_1}{4\pi\varepsilon_0 R_1}=\frac{Q_2}{4\pi\varepsilon_0 R_2}$$

于是有：

$$\frac{Q_1}{Q_2}=\frac{R_1}{R_2}$$

若令$Q_1+Q_2=Q$，则

$$Q_1=\frac{R_1}{R_1+R_2}Q$$

$$Q_2=\frac{R_2}{R_1+R_2}Q$$

若把球 1 设想为带静电物体，球 2 设想成地球，则$R_2>>R_1$，$R_1+R_2\approx R_2$，于是有

$$Q_1=\frac{R_1}{R_1+R_2}Q\approx 0$$

$$Q_2=\frac{R_2}{R_1+R_2}Q\approx Q$$

由上两式可知，几乎所有的电荷都被分配给了地球，原本带静电的物体上的电荷消失殆尽。

那么，地球会不会成为一个带电球体了呢？理论上是如此，但实际上，地球电容是如此之大而电荷是如此之少，加上地球内部本身也存在复杂的电磁过程，因此泄漏的电荷对地球没有任何影响。

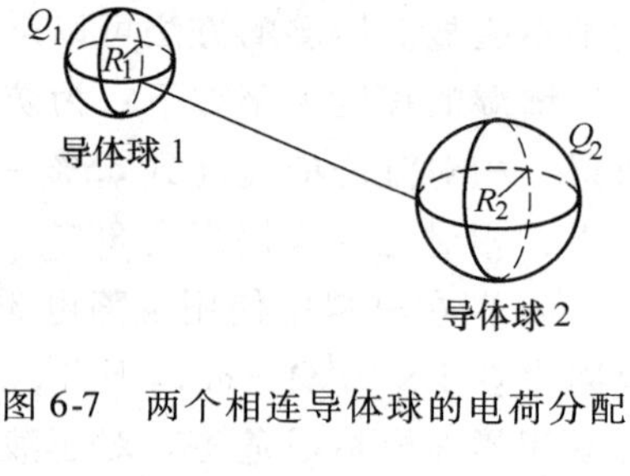

图 6-7　两个相连导体球的电荷分配

但接地并不是对所有类型的静电都有效，如图 6-8 所示的感应静电，若未能将物体 A 接地而是将物体 B 接地，则物体 B 的 b 端正电荷被释放到大地，但 a 端电荷受物体 A 的异性电荷束缚仍然保留，使 A 与 B 的 a 端间仍有静电场存在。

对于介质带电体，采取接地措施应慎重。因为对于电阻率为$1\times10^{9}\Omega\cdot m$以上的固体材料和电阻率为$1\times10^{10}\Omega\cdot m$以上的液体材料，即使与接地导体接触，其上静电变化也不大，这是因为静电在介质材料中运动困难的缘故。若将高电阻率介质材料直接接地，相当于在绝缘材料上产生了一点地电位，反而增大了火花放电的危险。对这类介质材料，可通过添加抗

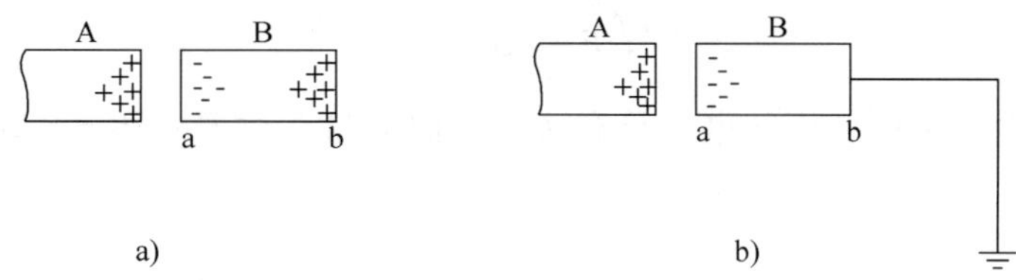

图 6-8　接地对感应静电的作用

静电制剂使固体介质的电阻率降至 $1\times10^{7}\Omega\cdot m$ 以下或液体介质的电阻率降至 $1\times10^{8}\Omega\cdot m$ 以下，再通过 $1\times10^{6}\Omega$ 或稍大一些的电阻接地。

4. 应用专用中和器

中和器是能通过某种途径，将与带电体电荷相异的电荷引入带电体，从而使净电荷减少的设备，常见的有以下几类：

（1）感应中和器　图 6-9 为一感应中和器的原理图，在一根金属棒上排列有一系列金属针，形成静电梳或静电刷。将其靠近带静电的物体时，物体上的静电荷在静电梳或静电刷上感应出相反的电荷，由根据尖端产生强场强的原理，针尖附近空气被电离，产生正负离子，正离子在电场作用下向带电体移动使带电体的负电荷被中和，负离子则移向中和器与针尖正电荷中和。由于中和器接地，只要带电体还有负电荷，由于移至中和器的负离子被泄放入地，则针尖总能保持正电荷，这一过程得以持续。感应式中和器的优点是不需电源，缺点是当电荷减少到一定程度时，电场强度不足以使空气电离，这时中和过程便中止，因此难以彻底消除静电。

（2）外加电源中和器　如图 6-10 所示，就是将感应中和器的接地改为接一个电源，使静电中和加速，不管带电物体上电荷多少，都可通过电源的高压使空气电离，使中和过程持续进行，静电消除较为彻底，但有火花放电的危险，故一般不适合用于易燃易爆场所。

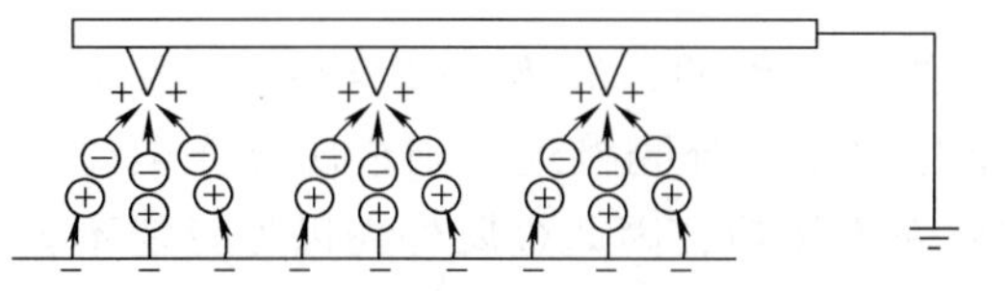

图 6-9　感应式中和器原理图

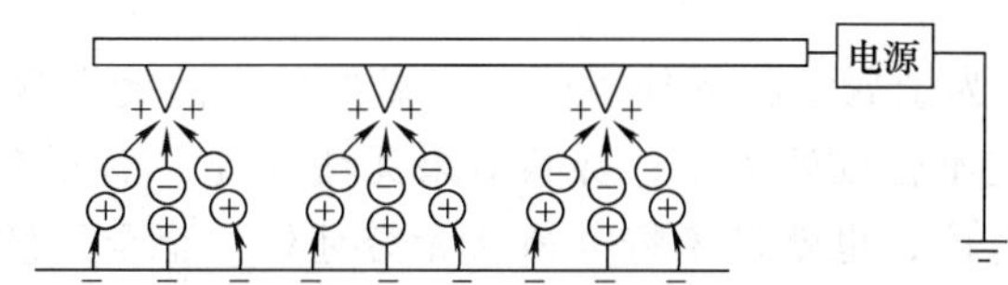

图 6-10　电源式中和器原理图

（3）其他类型的中和器　如放射线中和器和离子流中和器等。放射线中和器使用镭、钋、锶等放射性同位素轰击空气分子产生电离，使带电离子去中和物体所带静电，缺点是有放射性污染源存在。离子流中和器是由离子流发生器将电离的空气送至带电体使物体静电消除。

（三）静电屏蔽

这里的静电屏蔽有两重含义，一是对静电源进行屏蔽，使静电场被限制在给定的范围内；二是对工作场所进行屏蔽，使静电场不能到达给定的区域。

在静电源（即电荷）不能或不能有效被消除的情况下，屏蔽不失为一种有效的防静电措施。静电场屏蔽是靠空腔导体来实现的，下面对其原理进行介绍。

如图 6-11 所示金属空腔存在于静电场中，假设在腔内表面存在电场 $\boldsymbol{E}$，则根据高斯定理

$$\oint_S \boldsymbol{E} \cdot \mathrm{d}\boldsymbol{S} = 0$$

S 为内腔表面积，由于金属表面的电场只有法线方向分量，故 $\boldsymbol{E} \cdot \mathrm{d}\boldsymbol{S} = E\mathrm{d}S$，上式变成

$$\oint_S E\mathrm{d}S = 0$$

等式右边本应为$\frac{\rho}{\varepsilon_0}$，因 $\rho = 0$，故$\frac{\rho}{\varepsilon_0} = 0$。注意，$E$ 可能取正值也可能取负荷，若 $\boldsymbol{E}$ 的方向处处都为指向腔内，或处处都为指向腔外，则每一个 $E\mathrm{d}S$ 都为同号，若干个同为正或同为负的分量相加等于零，则只有每个分量均为零，因此可知 E 在内腔壁面处处为零。

但如何证明 $\boldsymbol{E}$ 都为指向腔内或都为指向腔外呢？假设腔内有电场存在，则一定有等位面，等位面是不能相交的（同一点不可能有两个电位），因为腔壁本身就是一个等位面，故其他等位面只能是在内腔壁内的封闭面，如图中虚线所示，又因为 $\boldsymbol{E}$ 即为电位梯度，指向电位降低的方向，从图中可看出，若腔壁电位最高，则 $\boldsymbol{E}$ 都指向腔内，若腔壁电位最低，则 $\boldsymbol{E}$ 都指向腔外，因此前面关于 $\boldsymbol{E}$ 或者都指向腔内，或者都指向腔外的假设是成立的。

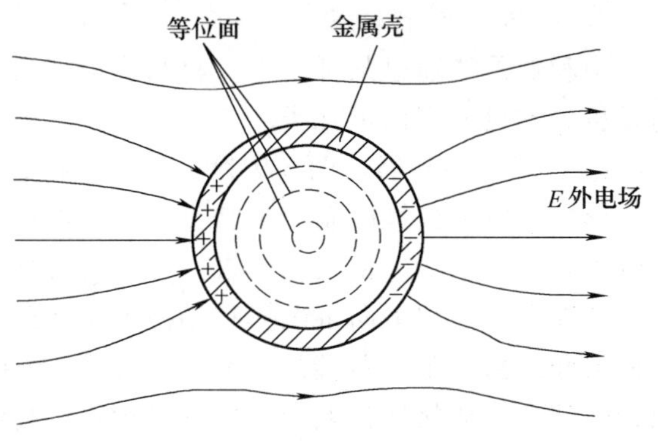

图 6-11　金属空腔的屏蔽效应证明

图 6-12 是另一种情况，是用金属空腔对静电荷进行屏蔽，这时腔内有电荷存在，如图 6-12a 为不接地的情况，根据高斯定理，有

$$\oint_S \boldsymbol{E} \cdot \mathrm{d}\boldsymbol{S} = \frac{Q}{\varepsilon_0}$$

S 为金属空腔的外表明，很显然外表面的电场都是指向腔外的，故 $\boldsymbol{E} \cdot \mathrm{d}\boldsymbol{S} = E\mathrm{d}S$，因此 E 肯定不会处处为零，屏蔽效果无法保证；而图 6-12b 中将金属外壳接地，则金属外壳电位为零电位，也就是说将电荷从无穷远处移至金属腔体外壳不做功，因此金属外壳以外肯定不会有电场，屏蔽效果显现。

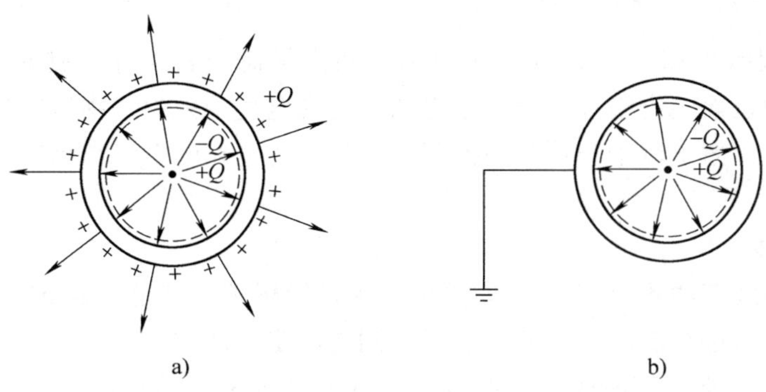

图 6-12　金属腔体对电荷的屏蔽

图 6-11 与图 6-12 均以球体腔为例，是为了作图方便，其结论对任意形状的腔体都成立，因为论证过程并未用到“球体”这一特性。

工程上常用金属空腔这一原理进行静电防护，如大家常见的各种计算机板卡、内存、硬盘等，通常都是装在一个镀有金属膜的塑料袋内，金属镀膜塑料袋其实就是一个金属腔体。

屏蔽也不一定都是以金属腔体的形式出现。例如将一接地导体靠近带静电物体放置，也能产生一定的屏蔽作用，同时由于带电体与大地的距离变成了与屏蔽导体的距离，距离减小，电容 C 增大，根据关系 $V=Q/C$ 可知，在电荷量相同的情况下，对地电压得到了降低。

屏蔽不仅在防静电中有效，在防电磁干扰中也同样有效。这将在下一节进行叙述。

（四）减少人体静电的积累

人体对地是有电容存在的，典型值如表 6-14 所示，因此人体也会有静电积聚。当人体操作对静电敏感的仪器设备，或处于对静电高度敏感的场所中时，可穿着用高导电纤维编织成的静电工作服式或用高导电纤维纺织的静电手腕带并接地，一是可泄放漏静电，二是有屏蔽作用。

表 6-14　人体对地电容典型值　（单位：pF）

地面	水泥	红橡皮	木板	铁板
帆布橡胶底鞋	450	200	60	1000
棉胶鞋	1100	220	53	3500

第五节　电磁污染与电磁兼容

一、概述

随着电气和信息化程度的提高，电气电子设备的安装密度越来越大，这不仅使得这些设备和系统之间的相互干扰大为增加，也使得这些设备和系统对其周围环境的影响大为增加。在我们生存的空间中存在着各种各样的电磁波，这些电磁波有些是为了特定的目的而人为制造的，而另一些则是在电子、电气设备和系统的工作过程中附带产生的，不管是哪一种情况，其结果都是使空间原本的自然电磁环境遭到破坏，因此都可以称作为电磁污染。

处在这样一个大环境中，任何一台电气电子设备或任何一个电气电子系统，都既是电磁污染的承受者，又是电磁污染的制造者，因此对电磁污染危害的防护，既要提高设备或系统自身对电磁污染的抵抗能力，又要降低它们对电磁环境的污染程度。

在工程上，电磁兼容首先是一套标准，在这套标准下，电磁污染能够被控制在规定的程度，各种设备和系统的电磁污染防护也按这规定的程度设置；电磁兼容又是一系列的技术措施，这些技术措施是达到电磁兼容标准的手段；电磁兼容还是一系列的标准试验方法，以检验技术措施所达到的效果。

1. 术语和定义

此处定义最基本的术语，其他一些术语在以后它们出现的时候予以定义。

1）电磁环境（Electromagnetic Environment）。指存在于给定场所的所有电磁现象的总和。这个总和与时间有关，对它的描述可能要使用统计的方法。

2）电磁骚扰（Electromagnetic Disturbance）。任何可能引起装置、设备或系统性能降低或者对有生命或无生命物质产生损害作用的电磁现象。在电磁兼容模型中，这一术语是针对发射器而言的。

3）电磁干扰（Electromagnetic Interference，EMI）。电磁骚扰引起的装置、设备或系统性能的降低。在电磁兼容模型中，这一术语是针对感受器而言的。

4）电磁兼容性（Electromagnetic Compatibility，EMC）。设备或系统在其电磁环境中能正常工作且不对该环境中任何事物构成不能承受的电磁骚扰的能力。

5）（电磁）发射（（Electromagnetic）Emission）。从源向外发出电磁能的现象。

6）（性能）降低（Degradation（of performance））。装置、设备或系统的工作性能与正常性能的非期望偏离。

7）（对骚扰的）抗扰度（Immunity（to a disturbance））。在存在电磁骚扰的情况下，装置、设备或系统具有不降低其运行性能的能力。

8）（电磁）敏感性（Electromagnetic Susceptibility）。在存在电磁骚扰的情况下，装置、设备或系统降低其运行性能的程度。

9）（某个量的）水平（Level（of a quantity））。用规定方法计算得出的某个量的大小。

以上9个基本术语是电磁兼容问题中最常见的术语，下面对这些术语作一解释或说明。

第一，电磁环境、电磁干扰和电磁兼容。

首先区分电磁骚扰与电磁干扰的区别。电磁骚扰是指一种有害的电磁现象，它是引起设备性能降低的原因，而干扰是指设备性能因骚扰而降低这一结果。比如有一个能引起设备性能降低的谐波电压存在，则应称此谐波为“谐波骚扰电压”而不是“谐波干扰电压”；若该谐波电压进入了某台设备并因此降低了其性能，则称这台设备中存在“谐波干扰电压”。当然，在不需要严格区分的一般性描述中，统一用“干扰”一词也是允许的。

接下来解释电磁兼容与电磁环境的关系。通俗地说，如果环境中所有的事物都能和谐地共处在一起，那么这个环境就是电磁兼容的。如果把一台装置加入到该环境中而不会引起EMI，则意味着这台装置在这一环境中具有电磁兼容性。

应注意上面所说的“在环境中所有的事物”一词，除了装置、设备或系统以外，还应包括各种其他生物体或非生物体。例如，环境中有计算机磁盘，其上记录的数据可能因磁场而遭受破坏；又如大型射频加热设备，它可能已不能对采取了防护措施的设备造成危害，但可能使人员在靠近它时承受过量的电磁辐射。这些情况都不能称作是电磁兼容的。

电磁兼容环境没有普遍性，也就是说，假如一个装置在某一特定环境中具有电磁兼容性，但在另一环境中它并不一定也具有电磁兼容性。因此对电磁兼容的条件可以这样来理解：对于一个给定的环境，装置是在一个约定的或可接受的概率下具有电磁兼容性。

第二，敏感性和抗扰度。

敏感性和抗扰度是两个对立的概念，是从相反的角度对同一个问题进行的描述，那么是否可以只用其中一个术语对问题进行描述呢？回答是否定的，理由如下：

敏感性更多地用来描述设备或系统自身原本的特性，可以这样说，没有敏感性就不存在EMC问题，而抗扰度是为了实现电磁兼容而提出的对设备或系统的一种要求，通常抗扰度是通过采取防御和调整措施来达到的。

第三，水平。

水平是指某个量的大小，因此总是以“XX水平”的形式出现，比如“电磁骚扰水平”，就是指用规定的方法测得的表征电磁骚扰程度的某个量的大小。

一旦某个量的水平被确定之后，就必须进行评估：这个水平是否是被允许的、是否是所要求的水平等。在制定 EMC 规范时，若对某些量的水平的可接受范围能达成共识，则界定这些范围的临界值就称为限值。如骚扰限值的定义为：容许的最大电磁骚扰水平。

第四，发射。

电磁发射和电磁敏感性是电磁兼容的两个关键问题，前面已讨论了敏感性问题，这里对电磁发射作一说明。

从源向外发出电磁能量的现象就是电磁发射。这里的“源”，不仅是指装置、设备或系统，也包括其他所有能发出电磁能量的事物，如人体和塑胶地板就很可能发出静电能量，雷电和宇宙射线属于自然发射源等。

工程中遇到的困难是如何贴切地确定发射的水平。表面上看，只要知道电磁发射的能量或功率即可，但实际上，“电磁发射”是与“电磁敏感性”相关的一个概念，能量或功率并不是电磁敏感性的唯一因素。例如对于同样的发射功率，有的设备可能对高频电磁能量极为敏感而对低频电磁能量不敏感，或者对圆极化波敏感而对水平极化波不敏感。因此仅站在源的角度来谈发射水平是不确切的，只有指定了特定的敏感设备或系统，才能贴切地确定发射器的发射水平，这是工程实践中 EMC 问题的难题之一。

2. 电磁兼容系统的组成

EMC 系统的组成取决于 EMI 的基本形式，图 6-13 是 EMI 基本形式的示意图，简单地说它由三部分组成，分别为发射器、感受器和将这两者联系起来的耦合通道。在这三部分上实施电磁兼容的技术措施，就构成电磁兼容系统。

3. EMI 中的耦合途径

图 6-13　EMI 的基本形式

电磁发射是怎样影响到敏感设备的？或者说发射器与感受器之间是怎样建立电磁联系的？这就是 EMI 中的耦合途径问题，电磁能量从特定源传输到另一电路或装置所经由的路径叫做耦合路径。

电磁干扰的耦合路径主要有两条：一条是通过空间的辐射耦合；另一条是通过电路或导线的传导耦合，如图 6-14 所示。将电磁量（如电压或电流等）从一个规定位置耦合到另一规定位置时，目标位置与源位置相应电磁量之比称做耦合系数。

4. 对电磁兼容系统兼容性的评价

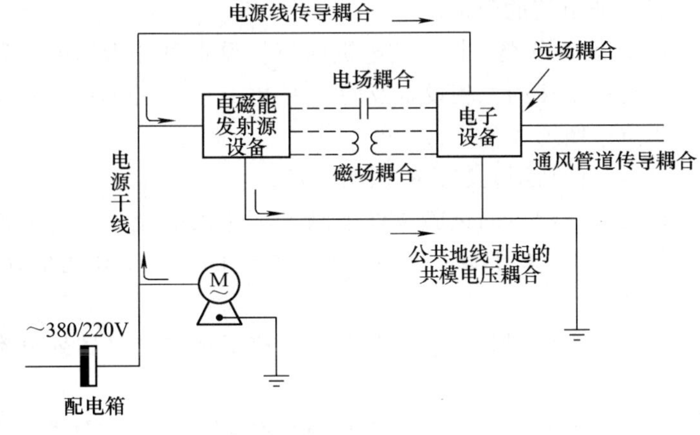

图 6-14　EMI 的耦合方式

评价一个电磁兼容系统电磁兼容性的好坏是一个复杂的问题，但这件事必须做，否则电磁兼容问题就只能停留在概念上。这里提出几个评价的原则性指标，之所以叫做“原则性”指标，是因为这些指标并不是用确定的电气参量定义的，在不同的情况下，可代入的电气参量可能是完全不相同的，但这些指标至少从概念上说明了对电气兼容性评价的方法。

1）电磁兼容水平（Electromagnetic Compatibility Level）。它是指一个规定的骚扰水平，在这个骚扰水平下应具有可以接受的高概率的电磁兼容性。

2）发射裕量（Emission Margin）。它是指电磁兼容水平与发射限值的比值。

发射限值就是容许的最大发射水平。发射裕量越大，电磁兼容水平的“容差性”就越大，即若因某种原因使电磁兼容水平下降，只要下降部分不超过发射裕量的范围，则电磁兼容性仍能得以保持。

3）抗扰度裕量（Immunity Margin）。它是指抗扰度限值与电磁兼容水平的比值。

抗扰度限值是指要求达到的最小抗扰度水平。抗扰度裕量越大，说明抗扰度水平超过由电磁兼容水平给定的骚扰水平的程度越大。换句话说，一台设备抗扰度裕量越大，它抵抗由于电磁兼容水平升高而失去电磁兼容性的能力就越强。

4）电磁兼容裕量（Electromagnetic Compatibility Margin）。它是指抗扰度限值与发射限值的比值，或发射裕量与抗扰度裕量的乘积。很显然，这个值越大对电磁兼容性越有利。

应当注意的是，上面所说的“比值”、“乘积”等有时并不是指“除”、“乘”等算术运算，这要看“水平”是以什么具体的参量来表达的，比如用分贝 dB 来表达时，应该是“之差”和“之和”，而当“水平”是由特性曲线来表达时，应该是曲线上某些特征值的相应运算，或者是对表征两条特性曲线的函数作某种运算得到一条新曲线。

以上几个指标中，“电磁兼容裕量”是一个比较全面的指标，它综合评价了发射器和感受器两方面的情况，是一个用得比较多的指标。

二、常见骚扰源特性及限值

骚扰源即发射器，有自然的和人为的两种，此处主要针对人为的、但非故意的电磁能发射源，研究它们的特性和发射限值。骚扰源的种类繁多，敏感设备或系统的敏感对象又各不相同，对此尚无完整和系统的研究，因此这里只对一些在建筑电气工程中常见的典型骚扰源的典型特征进行分析。

1. 低压电气及电子设备发出的谐波电流限值

这里讨论的是电压不低于 220V 的公用低压供电系统中，每相电流小于 16A 的电子和电气设备谐波电流的限值。

（1）设备分类　按谐波电流限值，设备可分为如下 4 类：

A 类：平衡的三相设备及除以下 BCD 类以外的所有设备；

B 类：便携式工具；

C 类：包括调光装置的照明设备；

D 类：在给定的试验条件下测量、输入电流具有特定波形并且有功功率 $P \leqslant 600\mathrm{W}$ 的设备。但对于 B、C 类设备及带有相位控制的短时工作的电动设备，不管具有什么波形，都不归入 D 类。

以上各类的划分从逻辑上来看比较复杂，在具体划分类别时可按图 6-15 的流程图来确定设备的类别。

从内容来看，A、B、C 类设备都比较好理解，D 类设备的理解较为困难。实际上，这种分类与我们熟悉的通常分类方法有所不同，按照形式逻辑的要求，在统一的分类标准下，各类别（概念）的内涵不能重叠（即交集为空集），而外延应全面（即并集应为全集），也

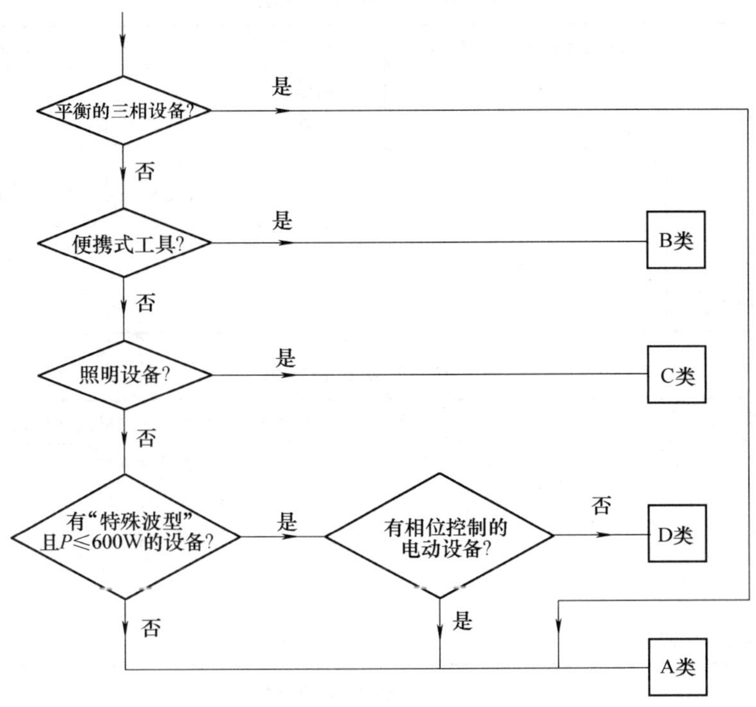

图 6-15　设备分类流程图

就是说在分类时既不能有遗漏，也不能有交叉。这里的分类在大的原则上也满足上述要求，但在作法上有区别，即不是按某一个标准进行分类。如 B、C 两类是根据使用用途来分，A 类基本是按排除法来分，即只要是三相平衡设备，或不是三相平衡设备但不属于 B、C、D 类，都属于 A 类。而 D 类的划分，其前提是首先确立了一个规定的型式试验，根据这个规定的型式试验的结果来划分。粗略地说，这个规定试验所针对的对象都是用电设备，包括电视接收机、声频放大器、盒式录像机、照明设备（含镇流器和降压变压器）、单独的和内置式白炽灯调光器、真空吸尘器、微波炉、信息技术设备（ITE）等，它们在工作时，都会向系统索取电流，若设备本身会产生很多谐波，则输入电流的波型就会有畸变，因此在分类划分时要求输入波型满足“特定波形”，这个特定波形如图 6-16 所示，应当注意的是，该波型是输入电流的一个包络或称“界限”，如果输入电流每半个周波的波形至少有 95% 的持续时间在此包络以内，则就可认为这台设备属于 D 类。

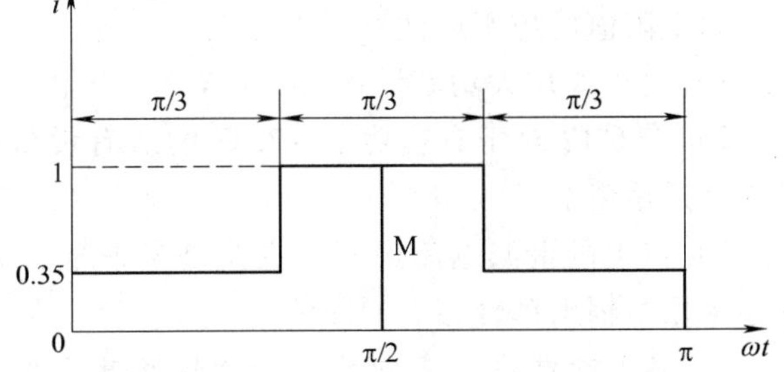

图 6-16　定义“特殊波形”并将设备分类为 D 类的输入电流包围线

（2）谐波电流限值　以上 A、C、D 类设备的谐波电流限值分别见表 6-15、表 6-16 和表 6-17，B 类设备的谐波电流限值，在 A 类设备的基础上乘以 1.5。

表 6-15　A 类设备限值

谐波次数 h		最大允许谐波电流/A	谐波次数 h		最大允许谐波电流/A
奇次谐波	3	2.30	偶次谐波	2	1.08
	5	1.14		4	0.43
	7	0.77		6	0.30
	9	0.40		$8 \leqslant h \leqslant 40$	$0.23 \times 8/h$
	11	0.33			
	13	0.21			
	$15 \leqslant h \leqslant 39$	$0.15 \times 15/h$			

表 6-16　C 类设备限值

谐波次数 h	基波频率下输入电流的百分数表示的最大允许谐波电流/%
2	2
3	$30 \times \cos\varphi$
5	10
7	7
9	5
$11 \leqslant h \leqslant 39$（仅为奇次谐波）	2

表 6-17　D 类设备的限值

谐波次数 h	每瓦允许最大谐波电流/$\mathrm{mA \cdot W^{-1}}$	最大允许谐波电流/A
3	3.4	2.30
5	1.9	1.14
7	1.0	0.77
9	0.5	0.40
11	0.35	0.33
$13 \leqslant h \leqslant 39$（仅为奇次谐波）	$3.85/h$	（见表 5-10）

以上限值的应用应注意以下几点：

1）对于专用大功率设备（>1kW），以上限制是否采用还未有统一看法。

2）表 6-17 对于有功功率 >75W 的所有设备都是有效的，对于有功功率小于 75W 的设备尚无适用值。

3）以上的谐波电流限制，主要是考虑耦合途径为传导耦合时的限值，若为辐射耦合，则应采用与辐射耦合相关的限值。

2. 架空输电线、变电站发射特性及其限值

这里主要是指高压输电线路和变电站。除 50Hz 工频电磁场外，它们还会由于开关连接不良，电晕及变压器漏磁等产生 0.15～30MHz 的电磁发射，这些发射干扰电视、导航、中/长波广播及电力线通信、遥控线路等。

（1）线路产生的骚扰场强的大小计算　以距架空电力线路边相导线地面投影 20m 处 1MHz 频率的电平来计算，公式如下（单位 dB）：

$$E_{20} = 41 + 4\ (g_{\max} - 15.3) + 40\lg \frac{d}{2.72}$$

式中 $g_{max}=31\rho_r\left(1+\dfrac{0.308}{\sqrt{\rho_r\dfrac{d}{2}}}\right)$——架空电力线导线表面最大电位梯度（kV/cm）；

d——单根导线直径（cm）；

$\rho_r=\dfrac{\sigma p}{273+t}$——相对空气密度；

σ——空气压强温度系数，$\sigma=2.94$℃/kPa；

p——大气压强（kPa）；

t——环境温度（℃）。

表 6-18 列出了某高压输电线场强的计算值和实测值，可供参考。

表 6-18 某高压输电线路的场强计算值和实测值

电压/kV	导线直径/mm	最大表面电位梯度/kV·cm^{-1}	线下无线干扰场强/dB（以 1μV/m 为 0dB）	
			长期测量数据	计算值
220	21.7	13.6	36	30.3
220	28.5	14.6	32.5	39.0
220	27.2	14.8	38.5±2.7	39.0
220	28.2	14.5	35.5±3.8	38.4

（2）频率特性 高压输电线路的干扰场强频率特性几乎为单调衰减的曲线，图 6-17 是一路高压输电线路的干扰场强频率特性，以 0.5MHz 时场强为 0dB。

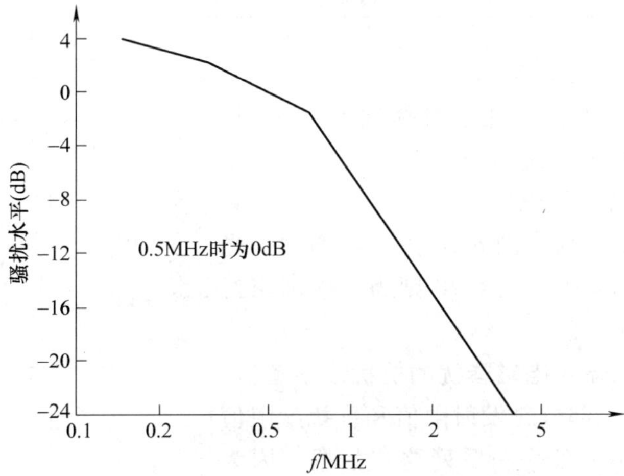

图 6-17 高压输电线路电磁骚扰频率特性

（3）限值 表 6-19 是一些国家有关高压输配电线路电磁骚扰允许值的标准，可供参考。

表 6-19 一些国家高压输配电线路电磁骚扰允许值

国别	线路电压/kV	电磁干扰允许标准				测试方法	备注
		E/(μV/m)	极限[①]/dB	距离/m	频率/MHz		
加拿大	70 以下	50 150	34 43.5	线下	0.54～1.6	NW20 天线离地高 1.2m	50μV/m 适用于平方英里住户大于 50 户，150μV/m 为小于 10 户
	70～200 200～300 300～400 400～600		46 50 53 57	15	1	CSA 标准	

（续）

国别	线路电压/kV	电磁干扰允许标准				测试方法	备注
		E/(μV/m)	极限①/dB	距离/m	频率/MHz		
德国		10	20	100	1	STMG-3800	
意大利	420	55	35	30 70	0.5	CISPR	适用人口密度高 适用人口密度低
法国		50	34	50 100	1	FEMIS-32A	好天气 坏天气
瑞士	<100 >150	50 250	34 48	20 20	0.5	CISPR	好天气温度大于10℃
日本	>7 配电 275~500	100 1000	40 60	10 10	0.53~1.605 1	日本标准	
美国	35~220 345~735	15 4	24 12	30.5 61	1	FEMIS-32A	
	500	50 100	34 40	30.5 30.5			
前苏联	所有电压	100 50 20 10 100	40 34 36 20 40	< 220kV，50m，>220kV，100m	0.15~0.5 0.5~2.5 2.5~20 20~400 1	NM-12-2M 天线高 1.6~1.7m	
捷克		100	40	收为公有线路走廊加20m	0.5	CISPR	

① 以场强 1μV/m 为 0dB。

3. 荧光灯电磁发射特性及限值

荧光灯的电磁发射不仅会通过灯体向空间辐射，还会通过电源线向供配电系统传导，若荧光灯为电子整流方式，则还包括电子整流器的电磁发射。此处只讨论荧光灯本身产生的发射。图 6-18 为一实测的荧光灯电磁骚扰场强的频谱特性。表 6-20 则为一些国家对荧光灯发射限值的规定。

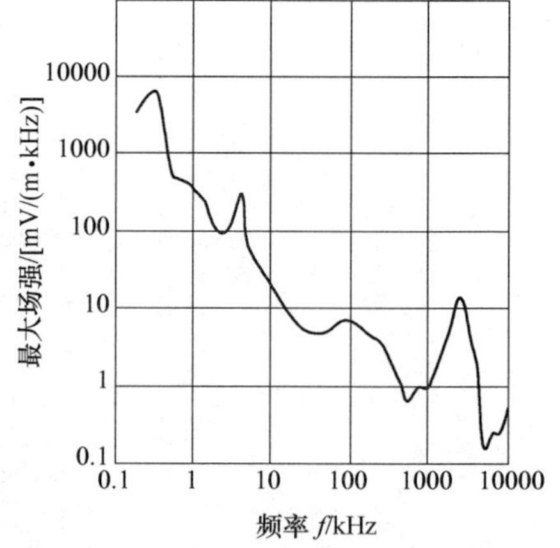

图 6-18　荧光灯电磁骚扰场强的频率特性（距离 2 只 40W 荧光灯 1m 处实测）

三、电子设备、人体对电磁骚扰的抗扰度限值

尽管 IEC61000 第三部分对发射限值和抗扰度限值都作了规定，但本书不准备一一罗列这些数据，因为这是一个尚在研究中且对很多问题都还不明晰的领域。本书要介绍的是究竟有哪些主要的问题存在，以及工程上对这些问题的一些看法。

感受器的敏感性本身就是一个十分复杂的问题，但比这个问题更复杂的是感受器倒底对什么敏感。例如手机电磁波对人体健康危害这个问题，已有很多专业技术人员作了大量的研究，但得出的结论却大相径庭。这些研究大多是以统计学方法进行的，很少有进行机理研究的例子。其实，手机电磁波对人体有无危害暂且不论，电磁波对人体有影响应该是基本上确定无疑的，那么这种影响的好坏和程度到底与什么有关？是电磁波的功率、频率还是某种特定的功率谱密度？对此问题的研究已经超出了电气工程的范围，但感受器倒底对电磁骚扰的哪一个特征（或哪一些特征组合）敏感这一基本问题不确定，从定量的角度研究 EMC 问题就失去了依据。

表 6-20　一些国家对荧光灯发射限值的规定

国别	干扰场强/dB（以1μV/m为0dB）			干扰电压	干扰电流/mA
	频率/MHz	距离/m	极限/dB		
日本①	0.55～1.605			60μV	
	0.15～1.605	10	20		
	1.605～27	10	25		
	27～200	10	30		
	0.15～200	3②	40		
罗马尼亚	0.15～0.5			69.5～60V	
	0.5～6			60～52V	
	0.15～1.605				2～0.2
瑞士	0.15～0.5			2000μV	
	0.15～1.605			1000μV	
前苏联	0.15～0.5 0.5～1.6			80（60）dBμV 74（52）dBμV	

①　日本的规定为30W以下的荧光灯。

②　此值也可用10m。

再比如对一个计算机系统，其中的磁盘对磁场敏感，芯片对静电场敏感，直流电源中滤波电容对线路中的谐波敏感，而逻辑运算的正确性又对逻辑地上的干扰电平敏感，那么，对这个计算机系统来说，抗扰度就不应是一个参量，而应是一组参量。接下来的问题就是：这一组参量中，各参量之间的关系怎样？会不会发生冲突？比如为了减小线路谐波电流采用滤波装置，会不会使接地体上产生谐波电压而影响到逻辑地的基准电平？这个例子说明，对于一个复杂的感受器（例如系统），尽管其各组成部分都可定出各自的抗扰度，但对感受器整体来说，抗扰度的确定却十分困难，有时甚至是不可能的。

以上例子说明，在EMC的两个关键问题——电磁发射和电磁敏感性中，电磁敏感性问题更基础也更复杂，且在有些情况下已经超出了电气工程的范畴，但不管问题有多么复杂，总还是有着手进行研究的地方，让我们看以下两个术语。

抗扰度水平（Immunity Level）：用规定方法注入特定装置、设备或系统上，不会出现被注入对象运行性能降低的某给定电磁骚扰的最大水平。

抗扰度限值（Immunity Limit）：要求的最小抗扰度水平。

抗扰度水平和抗扰度限值的关系如图6-19所示。

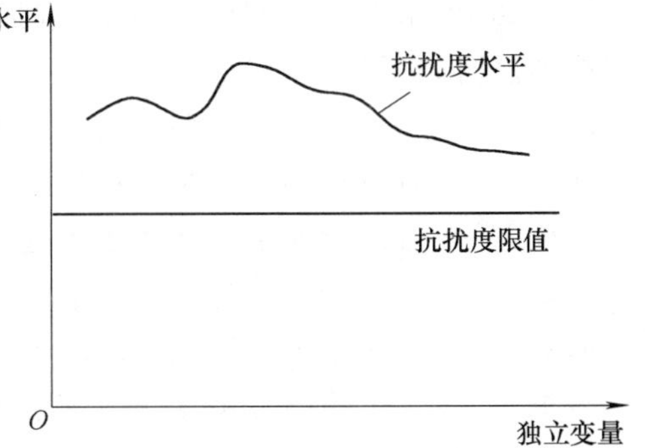

图 6-19　抗扰度水平与抗扰度量值的关系

图6-19中，如果横坐标“独立变量”是频率，纵坐标“骚扰水平”是电压，则“抗扰度水平”是一条电压-频率特性曲线，而抗绕度限值则是根据这条曲线并留出设计

裕量后定出的一个数值。独立变量也可能是其他量，比如若感受器不仅对电压大小敏感，还对电压作用的持续时间敏感，则独立变量应为“累积时长”；另外，独立变量可能不止一个，如该例中若感受器既对电压大小敏感，又对频率和持续作用时间敏感，则抗扰度水平这条二维平面上的曲线就应该变成一张三维空间中的曲面。

再比如，微波是对人体健康有危害的一种电磁辐射，或者说，人体健康对微波是敏感的，对于敏感的机理有过很多研究，美国、英国、法国、德国、加拿大等国都是根据微波在人体内产生的发热作为卫生标准制定依据的。发热与功率密度有关，伤害程度还与持续时间有关，故这些国家定出了人体受微波辐射的容许条件，见表 6-21。这些标准是针对接触微波的操作人员制定的，不适合于一般居民。

表 6-21　各国微波辐射卫生标准（职业暴露标准）

国　名	频率/MHz	最大容许值/（mW/cm^2）	备　注
美国、加拿大	10 ~ 100000	每 6min 平均不超过 10	
英国	30 ~ 30000	10	时间无限制
法国	30 ~ 30000	10 10 ~ 100	1h 以上 1h 以下
德国	300 ~ 30000	10	时间无限制
荷兰	30 ~ 30000	1.0 10	时间无限制 小于 6min
瑞典	300 ~ 30000	1.0 10	时间无限制 短时偶尔
波兰	300 ~ 30000 连续照射 间断照射	0.2 ~ 10 1.0 ~ 10	8h ~ 11.5s 相应减小 8h ~ 4.8min 相应减小
捷克	300 ~ 30000 连续波 脉冲波	0.025 0.1	1 日剂量小于 $200\mu W \cdot h/cm^2$ 1 日剂量小于 $80\mu W \cdot h/cm^2$
前苏联	300 ~ 30000	0.01 0.1 1	8h/d 2h/d 15 ~ 20min/d

图 6-20 给出了不同工种（包括一般居民）、不同地点电磁辐射容许值的参考曲线，有关该曲线的说明如下。

曲线 1——警戒值。任何照射均不得超过此值，否则人体伤害将得不到恢复。

曲线 2——断续辐照值。断续操作时间按美国标准为 6 分钟。

曲线 3——连续辐照值。适用于雷达、电声、电视发射台等作业人员。

曲线 4——环境限值。适用于一般居民区、机关企事业单位、学校、船舱、飞机舱等。

曲线 5——病员限值。适用于医院等场所。

再举一个设备的例子。设备对工频磁场的抗扰度试验，分为 5 个给定等级和一个开放等级，见表 6-22，对于一台指定的设备，倒底应通过哪一级的试验，应根据电磁环境、骚扰源与设备的邻近情况及兼容性裕度等确定，大体如下：

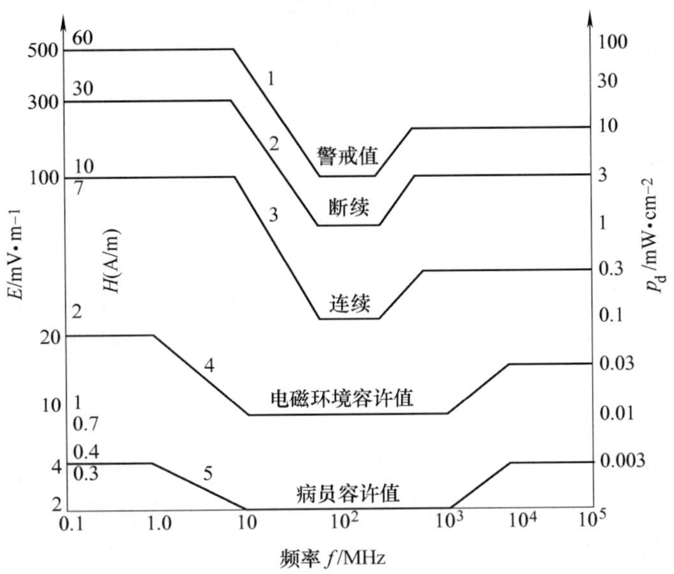

图 6-20　不同工种、不同地点电磁辐射容许值

p_d—功率密度　E—电场强度　H—磁场强度

表 6-22　稳定持续磁场试验等级

等级	1	2	3	4	5	X	"X"是一个开放等级，可在产品规范中给出
磁场强度/A·m^{-1}	1	3	10	30	100	待定	

1 级——工作环境达到有电子束的敏感装置能正常使用的水平。如计算机显示器 90% 以上只能容忍不大于 1A/m 的磁场强度，若计算机显示器都能正常工作，说明环境电磁骚扰水平不大于 1A/m，通过 1 级试验的设备当然就能正常工作。

2 级——工作环境为保护良好的环境。这种环境的特征为：不存在像电力变压器这样可能产生漏磁通的电气设备，不受高压影响的区域。这类环境的典型代表为远离接地保护装置、工业区和高压变电所的住宅、候车室和医院等。在这些环境中工作的设备，其抗扰度能通过 2 级试验即可。

3 级——工作环境为"保护的环境"。这种环境的特征为：可能产生漏磁通或磁场的电气设备或电缆；邻近保护系统的接地装置区域；远离有关设备（几百米）的中压电路和高压母线。商业区、控制楼、非重工业区以及高压变电所的计算机房为这类环境的代表。

4 级——工作环境为典型的工业环境。这种环境特征为：短支路电力线如母线；可能产生漏磁通的大功率电气设备；保护系统的接地装置；与有关设备相对距离为几十米的中压回路和高压母线。重工业厂矿、发电厂及高压变电站的控制室等为这类环境的代表。

5 级——严酷的工业环境。这种环境特征为：载流量为数千安的导体、母线或中压和高压线路；保护系统的接地装置；邻近中压和高压母线的区域；邻近大功率电气设备的区域。重工业厂矿的开关站、中压和高压开关站以及电厂可作为这类环境的代表。

从以上分析可知，电子、电气设备的抗扰度水平是根据其使用条件人为确定的，以上仅是根据工频稳定持续磁场确定出的抗扰度水平，满足这种水平并不一定就具有了电磁兼容性，因为还可能有其他敏感电气量如电场、电压、电流等，如果有，都须一一验证。

四、电磁兼容的工程措施

1. 防护间距

将感受器与发射器之间拉开距离，以减小耦合系数，这是应对以辐射耦合为主的电磁干扰的最直接的方法。这种方法几乎总是有效的，尽管有时候它的效果还达不到我们所要求的程度。采用防护间距措施所遇到的障碍是空间限制，在很多时候没有足够的空间供我们使用，这时仅靠防护间距就不够了。

2. 滤波

滤波的作用是衰减特定频段的电磁骚扰，它对于传导耦合的电磁干扰特别适用。滤波器一般用于感受器，有时也用于发射器抑制寄生发射，甚至在耦合通道中也可以采用，以减小耦合系数。在 EMC 问题中采用滤波器应考虑的问题主要有以下两点。

（1）滤波器的选用问题　滤波器的种类很多，有常见的 LC 无源滤波器和有源滤波器，也有专门针对高频骚扰的同轴吸收滤波器和微带滤波器，还有用于风管等金属管道的波导滤波器等。通常，对 300MHz 以下的传导耦合电磁骚扰，可选用一般有源或 LC 无源滤波器，而对于 300MHz 至几个 GHz 之间的电磁骚扰，一般采用同轴吸收滤波器，而对于更高频率的电磁骚扰，则可采用微带滤波器。

所谓同轴吸收滤波器，是将高频信号转化成热量损耗掉的一种元件，一般做成传输线形成，所用的介质可以是铁氧体材料，也可能是其他损耗材料。如常用电源线穿铁氧体管，铁氧体管再套保护钢管，做成同轴型式，电源线中工频电能由于频率低，在铁氧体中产生的磁滞和涡流损耗较小，可忽略不计，而高频电能在铁氧体中产生很大的磁滞和涡流损耗，被转化成热能消耗。图 6-21 为铁氧体同轴吸收滤波器的特性曲线。

同轴吸收滤波器一般截止频率为若干 GHz，而用于更高频率的微带滤波器，可滤掉高达 40GHz 的电磁骚扰。

滤波器的插入损耗一个很重要的参数，它是指通带内的信号通过滤波器后产生的衰减量，一般用分贝表示。

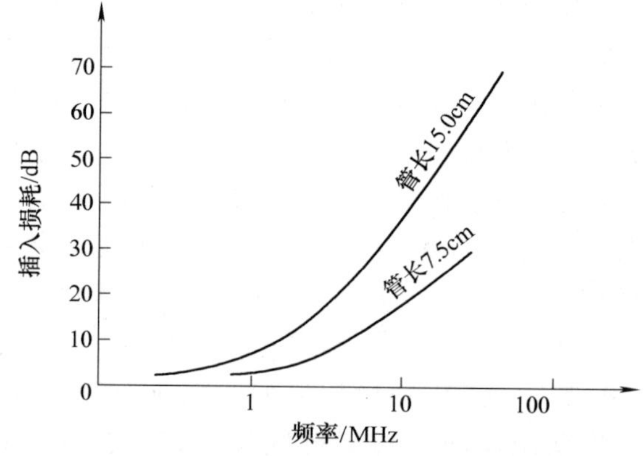

图 6-21　铁氧体同轴吸收滤波器频率特性曲线

（2）滤波器的安装方式　首先，滤波器的输入输出线要分开，以免因辐射的原因在输入和输出线路之间产生耦合，使滤波效果降低。其次，各波滤器必须进行屏蔽，最好各滤波器先作单独屏蔽，然后再进行总屏蔽，且将屏蔽接地。

3. 屏蔽

屏蔽是一种电、磁隔离措施，在工程上常用来对辐射耦合的电磁骚扰进行防护，但对传导耦合的电磁骚扰作用不大。

（1）分类　按屏蔽的目的可分为主动屏蔽和被动屏蔽。

主动屏蔽主要是防止屏蔽空间内的电磁发射影响周围环境，这是一种对电磁骚扰源进行隔离的措施，这类屏蔽一定要接地，且接地电阻越小越好，一般可取 1 ~4Ω。

被动屏蔽主要是防止外界电磁骚扰进入屏蔽空间，这类屏蔽一般不接地，只有当室内设备有接地要求时，屏蔽本身才必须接地，这时要采取措施避免接地线和接地体引入外界骚扰。

按屏蔽原理分为静电屏蔽、电磁屏蔽和磁屏蔽三种。

静电屏蔽在上一节已经叙述，主要是利用金属内腔原理消除由于分布电容产生的两个电路之间的静电耦合，这种屏蔽应使用低阻金属材料制作，屏蔽应接地。

电磁屏蔽主要用来防止高频电磁场的影响，电磁屏蔽体采用低电阻的金属材料制成，利用电磁场在金属内产生的吸收和反射来衰减电磁场能量，是否接地视不同情况而定。

磁屏蔽主要是防止低频磁场干扰，一般采用高导磁率高饱和特性的磁性材料制作，以吸收和损耗为主进行屏蔽，要求磁阻要小。

（2）屏蔽室性能指标　屏蔽室的最重要性能就是其衰减-频率特性，这是关系到屏蔽是否合格的重要指标。另外，屏蔽室的尺寸与谐振能量关系也是值得关注的一项性能指标，因为房间尺寸很可能使某一波长的电磁波发生空腔谐振，若该电磁波谐振能量小到可略而不计，则尺寸设计正确，否则应改变屏蔽室尺寸或形状。

（3）屏蔽材料　用于静电和电磁屏蔽的材料，都为高导电的金属材料，用于磁屏蔽的材料为高导磁率磁性材料。下面以电磁屏蔽为例介绍屏蔽材料的性能。

对于用作电磁屏蔽的金属材料，其屏蔽电磁波的途径有二：一为吸收损耗，二为反射损耗。吸收损耗 A 与电磁波类型无关，损耗大小为

$$A=0.131t\sqrt{f\mu_r g_r}$$

式中　t——屏蔽材料厚度（mm）；

μ_r——屏蔽材料相对磁导率；

g_r——屏蔽材料相对于铜的导电率；

f——被抑制的频率（Hz）；

A——吸收损耗（dB）。

从上式可知，屏蔽性能与屏蔽材料的厚度成正比，与相对于铜的导电率和相对导磁率的平方根成正比，与抑制频率的平方根成正比。

反射损耗 R 不仅与屏蔽材料的表面阻抗有关，而且与波阻抗大小和屏蔽体与发射源之间的距离有关。下面是最简单的平面波在屏蔽体上的反射损耗。

$$R=168-20\lg\sqrt{f\mu_r/g_r}$$

式中各量与吸收损耗式中相同。对比两式可知，增加电导率 g_r 对吸收损耗和反射损耗均有利，但增大磁导率 μ_r 有利于 A 不利于 R，同时可以看到反射损耗与屏蔽材料厚度无关，而吸收损耗与厚度关系最为密切，频率越高吸收损耗越大而反射损耗反而越小。

（4）屏蔽效果　屏蔽对抑制电磁骚扰的效果很好，几十至 100dB 以上的衰减是典型的屏蔽效果。表 6-23 为某屏蔽室屏蔽效能的计算值与实测值比较，表 6-24 为几种典型的双层屏蔽室的性能比较。

表 6-23　某屏蔽室屏蔽效能的计算值与实测值比较

效能 \ 场源	磁场 10kHz	电场 10kHz	平面波 50MHz ~ 1GHz	微波 10GHz
计算值/dB	84	95	119	119
实测值/dB	79	90	110	105

表 6-24　几种典型的双层屏蔽室性能比较

外层屏蔽材料	内层屏蔽材料	磁场 (60kHz)/dB	磁场 (14kHz)/dB	电场 (14kHz)/dB	平面波 (450MHz)/dB	平面波 (1GHz)/dB	微波 (10GHz)/dB
青铜网	青铜网	0	40	120	100	90	40
铜网	铜网	2	68	120	110	100	50
镀锌钢板厚 0.9mm	镀锌钢板厚 0.9mm	15	80	100	100	100	90
铜箔厚 110μm	铜箔厚 110μm	3	64	120	120	120	110
镀锌钢板厚 0.9mm	铜箔厚 110μm	8	75	120	120	120	104
镀锌钢板厚 0.9mm	铜箔厚 880μm	18	86	120	120	120	106
880μm 铜箔及 0.9mm 镀锌钢板	880μm 铜箔及 0.9mm 镀锌钢板	30	110	120	120	120	120

4. 无反射吸收

无反射吸收就是利用特殊的电波吸收材料，将入射的电磁场能量全部吸收并转换成其他形式的能，就象黑颜色吸收光一样。无反射吸收主要是根据波的特性，将吸收材料的波阻抗做得与自由空间中波阻抗一样大，使得电磁波从自由空间进入吸收材料时无反射发生，而吸收材料又有电阻的性质，使电磁波在材料中被消耗，这与电路中阻抗匹配的原理相类似。另外，将吸收材料作成一定的形状（如尖劈状），使剩下的少部分反射波发生散射，经多次反射后被完全吸收，也是无反射吸收的一项有效措施。

无反射吸收是应用现代高新技术的一项重要 EMC 措施，无波反射室在现代无线电通信、雷达、医疗等领域的科研中得到了广泛的应用，其作用就如同消音室在声学研究中的作用一样。

5. EMC 工程措施效果的原则评价

EMC 的工程措施总是针对某些特定的电磁参量的，因此其评价标准各不相同。如同为电磁屏蔽，对信号传输系统来说，不仅要看骚扰水平被衰减了多少，还要看信号的强度与被衰减后的骚扰水平的相对大小，才能最终断定是否达到电磁兼容；而对于出于人体健康目的的电磁屏蔽，只要将功率密度降低到允许值就行了。可见对 EMC 工程措施效果的具体评价具有很大的差异性。但从 EMC 的观点来看，这些差异性并不掩盖隐含在它们之中的共同性，这里所说的共同性就是我们的原则评价。

首先再回顾一下“电磁兼容水平”的定义。电磁兼容水平指一个规定的骚扰水平，在这个水平下具有可以接受的高概率的电磁兼容性。

再来看图 6-22，这幅图可以被认为是一个逻辑上正确的电磁兼容设计，在这一个 EMC 设计中，抗扰度限值大于发射限值，并且水平和限值是某一独立变量的函数。

接下来的问题是，图 6-22 中抗扰度限值要比发射限值高出多少才是合理的？换句话说，对同一个 EMC 问题作出两个设计，其中一个抗扰度限值比发射限值高很多，而另一个只高出很少，哪一个更合理？高出很多在技术上无疑是有好处的，因为它提供了很大的兼容裕量，但多大的裕量是合适的呢？裕量太大，技术实现上难度就大，费用也高，但裕量太小，有可能因设计误差或实际情况的变化而出现不兼容的情况。单从逻辑上看，这一问题是无法回答的。兼容水平与限值的关系见图 6 23。

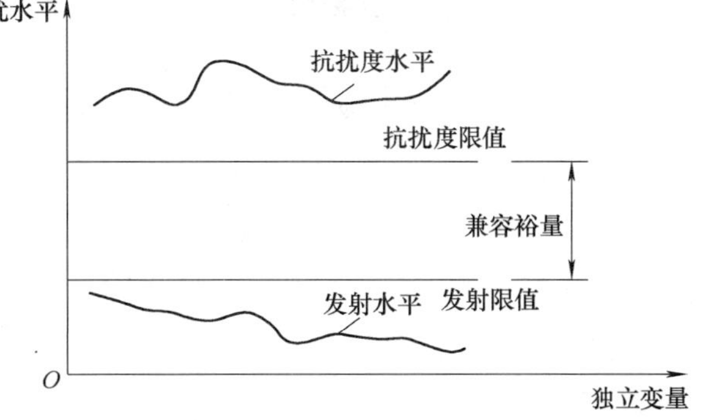

图 6-22　逻辑上正确的单台发射器和感受器的 EMC 关系

在确定兼容水平时，应考虑以下几点情况：

1）如果电磁环境是可控的，则可以首先选定电磁兼容水平，然后，根据电磁兼容水平推导出发射限值和抗扰度限值，以保证在该环境中具有一个可以接受的高概率的电磁兼容水平。

2）如果电磁环境不可控制，则兼容水平应根据已存在的和预期可能出现的骚扰水平来选定。但是，为了保证新设备加入后，现有的和预期会出现的骚扰水平不再增加，并保证该设备具有足够的抗扰能力，仍需对发射限值及抗扰度进行评估。

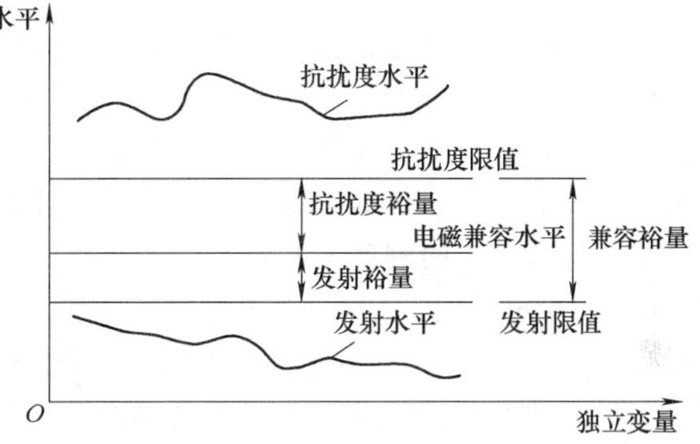

图 6-23　电磁兼容水平与限值的关系

3）从兼容水平出发确定的限值是按概率方法来确定的。为什么要用概率的方法来确定呢？这涉及到电磁兼容标准化试验与实际的电磁现象之间的相关性问题。若相关性良好，则如图 6-23 中不管兼容裕量多大都可满足电磁兼容要求，但由于在实际情况中存在诸多不确定因素，使得当兼容水平选定后，在兼容水平与规定的发射限值和抗扰度限值之间要有一个裕量，这个裕量就是用来应对这些不确定因素的。既然是不确定因素，则其分析就只能以统计学方法进行，图 6-24 即为实际骚扰水平的概率密度，而图 6-24 下部即为根据这种概率密度和兼容水平所确定的限值。回到兼容水平的定义："兼容水平是一个骚扰水平，在这个骚扰水平下具有高概率的电磁兼容性"。从图 6-24 中可以看到，根据图中所确定的兼容水平，确定了发射限值和抗扰度限值，再根据这两个限值限定了发射源的发射水平和感受器的抗扰度水平，使得电磁不兼容发生的概率（图中阴影部分）很小。这就是按概率方法确定发射和抗扰度限值的含义。

回到我们所讨论的对 EMC 工程措施效果的评价问题，对于一个实际的 EMC 问题，我们

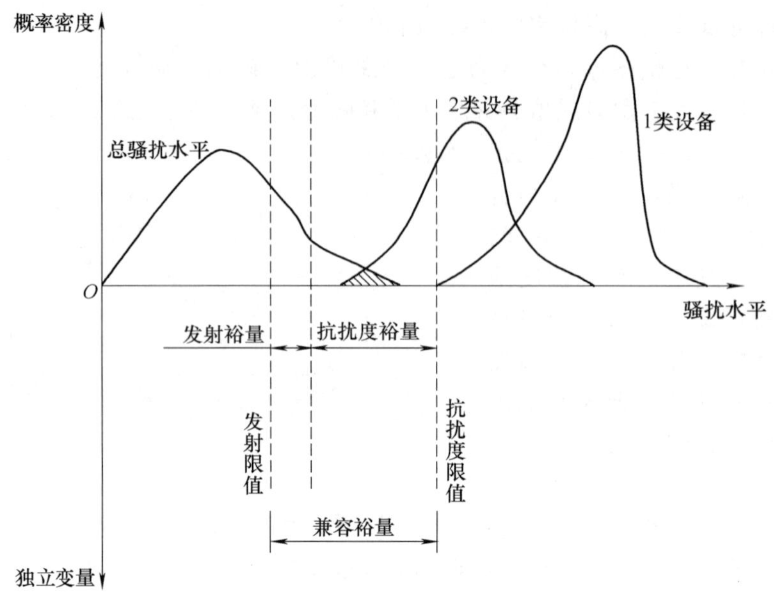

图 6-24 根据概率分布确定限值

在采取工程措施之前总会有一个期望的兼容水平，而在工程措施实施之后，又会有一个实际的兼容水平。若这两个水平基本一致，则达到最好效果；若实际兼容水平高于预期兼容水平，则电磁兼容肯定是成立的，且效果更好，只是可能花费了不必要的代价；而如果实际兼容水平比预期兼容水平低，则应重新论证是否满足 EMC 要求。

五、电磁兼容的测量与试验

IEC61000 第四部分专门对电磁兼容的测量与试验作了规定。EMC 测量与试验的具体内容很多，归纳起来可分为两大类，即现场试验与标准化试验，现分述如下：

（1）标准化试验　为了在世界范围内重现测量水平，标准化试验应具有三个基本特点：

① 在某一时间内只考虑某一类型的电磁骚扰。

② 在发射试验时，用于确定骚扰类型的敏感装置和指示器是给定的；在抗扰度试验时，产生电磁骚扰的源和耦合网络是规定好的。

③ 测量条件是给定的和标准化的。

标准化试验的电磁环境总是可控的，因此发射水平和抗扰度水平是可以测量的。但由于实际场所的电磁环境通常是不可控的，即标准化试验的条件在实际现场通常是不满足的。

（2）现场试验　使用中的装置、设备或系统的安装位置可以具有以上标准化试验的前两个特点，但只是在一定的范围内才具有第三个特点。为了将对同一装置的标准化试验结果与现场试验结果相区别，最好在标准化试验结果中加上“试验”二字，如“发射试验限值”是标准化试验的结果，而“发射限值”则是现场试验的结果。

各种 EMC 术语和测量条件的概貌如图 6-25 所示，试验的对象一个为发射器，另一个为感受器；试验的状态一个为确定状态，另一个为概率状态，因为标准化试验的电磁环境是可控的，故只有现场试验才有概率状态的可能。

在 EMC 的试验中，抗扰度试验是最重要又是数量最多的一类试验，其试验的类别分为开发阶段的设计试验、型式试验和验收试验。试验项目主要有 5 大类，分别为：A—低频骚

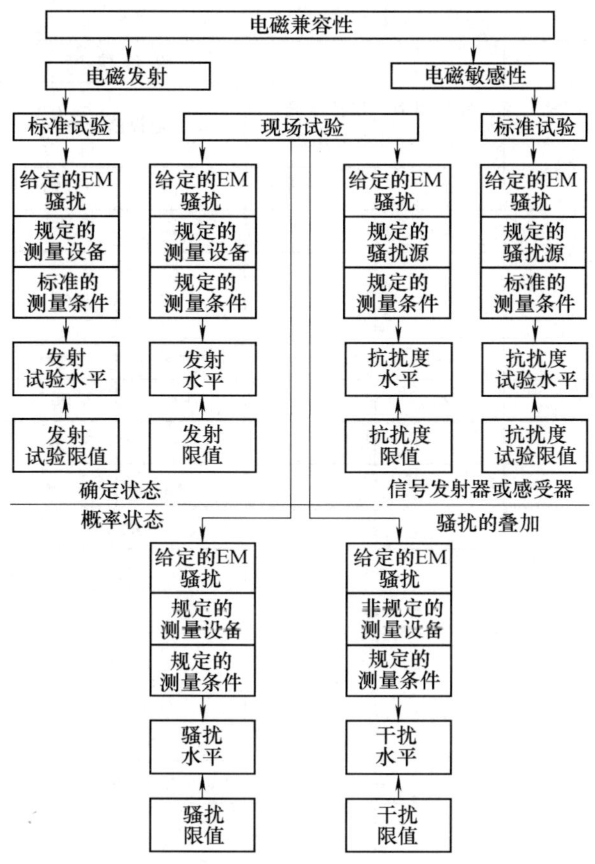

图 6-25　各种 EMC 术语和测量条件的概貌

扰、B—传导瞬态和高频骚扰、C—静电放电、D—磁骚扰、E—辐射电磁场。这几大类试验尽管还未能包含全部的 EMC 问题，但已涉及到了常见的大多数 EMC 问题，对于某一项具体的 EMC 项目，应该选作哪些类别的试验，应根据需要确定，选用原则可参见表 6-25。

表 6-25　抗扰度试验选择指导（GB/T 17626.1—1998）

试　　验	设备位置					
	公共网络，包括家庭、办公室及类似用途		工业设施及电厂		中压和高压电站	
	电源	控制和信号	电源	控制和信号	电源	控制和信号
1.1 谐波	***		***		***	
1.2 谐间波	**		**		**	
1.3 信号电压	**		**		**	
1.4 电压波动	**		**		**	
1.5 电压暂降和短时中断	***		***		***	
1.6 三相电压不平衡	*		*		*	
1.7 工频变化	*		*		*	
1.8 交流网络中的直流分量	考虑中		考虑中		考虑中	

（续）

试验	设备位置					
	公共网络，包括家庭、办公室及类似用途		工业设施及电厂		中压和高压电站	
	电源	控制和信号	电源	控制和信号	电源	控制和信号
100/1300μs 电压浪涌	**		**		**	
1.2/50μs（电压）-8/20μs（电流）浪涌	***		***	** 1)	***	** 1)
快速瞬变脉冲群（nx5/50ns）	***	***	***	***	***	***
振铃波	**	*	**	** 2)	**	** 2)
阻尼振荡波			**	**	*** 3)	*** 3)
高频感应电压			*	*	*	*
传导射频骚扰			考虑中		考虑中	
10/700μs 电压浪涌	**		***		***	
静电放电	***		***		***	
工频磁场 脉冲磁场 阻尼振荡磁场	** *		** * *		*** ** **	
辐射电磁场	**		***		***	
控制和信号线上的工频电压 控制和信号线上的直流电压		*	*** *			*** **

注　1. 设备类型

（1）公共网络：公用事业用低压设备，如电动机。

（2）家庭及办公室：非公用低压设备，如加热调节器、洗衣机、办公设备等。

（3）工业设施及电厂：用于受强烈骚扰网络中的低压设备。

（4）中压和高压电站：高压设备附近的低压设备。

2. * * *：推荐的；* *：可能的；*：在特殊情况下。表格中的空格表示该产品无需进行此项试验。

3. 相关试验和严酷度等级的选择是有关专业标准化技术委员会的责任，或者可由用户和生产厂家商间的协议来确定。本表给出了试验选择的指导。

（1）主要适用于暴露于闪电（户外）中的设备。

（2）主要适用于不暴露于闪电（户外）中的设备。

（3）对高压变电站是推荐的，对中压电站可能不必要。

思考与练习题

6-1　火灾发生的必要条件有哪些？电气火灾的火源通常是什么？

6-2　在电气系统中，高温可通过哪些途径起引燃烧？

6-3　电气设备和线缆的哪些部位可能因过度发热而引发高温？

6-4　能导致明火点燃的最小电弧电流是多少？

6-5　试判断以下说法的正确性。

（1）阻燃电线不可能燃烧。

（2）差模过电压可导致用电设备发热加剧。

（3）铁心损耗分为磁滞和涡流损耗，主要与磁通密度和频率有关。

（4）电动机被堵转相当于空载，只有很小的空载电流。

（5）剩余电流保护主要对接地故障形成的火患进行防护。

（6）防火灾剩余电流保护额定漏电动作电流一般为30mA。

6-6　爆炸和火灾危险性环境可分为哪些区域？

6-7　电气设备在火灾和爆炸危险性场所中是加害者还是被保护对象？

6-8　电磁骚扰与电磁干扰有什么区别？电磁骚扰、电磁干扰与发射器、感受器之间有什么关系？

6-9　感受器的敏感性是否只针对电磁参量的强度？

6-10　提高感受器抗扰度的常用措施有哪些？

附　　录

附表 1　SC 系列 10kV 铜绕组低损耗电力变压器的技术数据

额定容量 /kV·A	额定电压/kV		联结组标号	空载损耗/W	短路损耗/W	短路电压（%）	空载电流（%）
	一次	二次					
315	10	0.4	Yyn0、Dyn11	920	3650	4	1.4
400	10	0.4	Yyn0、Dyn11	1000	4300	4	1.4
500	10	0.4	Yyn0、Dyn11	1180	5100	4	1.4
630	10	0.4	Yyn0、Dyn11	1350	6200	6	1.2
800	10	0.4	Yyn0、Dyn11	1550	7500	6	1.2
1000	10	0.4	Yyn0、Dyn11	1800	10300	6	1.0
1250	10	0.4	Yyn0、Dyn11	2200	12000	6	1.0
1600	10	0.4	Yyn0、Dyn11	2600	14500	6	1.0

附表 2　C45 系列小型低压断路器的技术数据

C45N 断路器额定电流 /A	额定工作电压 U_r/V	长延时脱扣器额定电流 I_r/A	极数	分断能力 /kA	瞬时脱扣器整定电流倍数	电寿命/次	C45AD 断路器额定电流 /A	额定工作电压 U_r/V	长延时脱扣器额定电流 I_r/A	极数	分断能力 /kA	瞬时脱扣器整定电流倍数	电寿命/次
1	1p 220V 2～4p 380V	1	1～4p	6	5～10I_r	20000	1	1p 220V 2～4p 380V	1	1～4p	4.5	10～14I_r	20000
3		3					3		3				
6		6					6		6				
10		10					10		10				
16		16					16		16				
20		20					20		20				
25		25					25		25				
32		32					32		32				
40		40					40		40				
50		50		4.5			50		50				
63		63					63		63				

附表 3　Vigi 漏电保护附件的技术数据

型　　号	额定电流/A	额定工作电压 I_r/V	动作方式	漏电动作电流/mA	极数
VigiC45	≤40	2p　220V 3～4p　380V	ELE 电子式	30	2～4p
VigiC45	≤40		EME 电磁式		
VigiC63	≤63		EME 电磁式		

附表 4　N S 系列塑料外壳式低压配电用断路器的技术数据

断路器额定电流/A	长延时脱扣器额定电流/A	极限分断能力代号	额定极限短路分断能力/kA		额定运行短路分断能力/kA		瞬时脱扣器整定电流倍数		电寿命/次
			有效值~380V	cosφ	~380V 有效值	cosφ	配电用	保护电动机用	
100	16、20、22	N	18	0.3	14	0.3	10	12	10000
	45、50、63	H	35	0.25	18	0.25			
	80、100	L	100	0.2	50	0.2			
200	100、125、	N	25	0.25	19	0.3	5 ~ 10	8 ~ 12	8000
	160、180、	H	42	0.25	25	0.25			
	200、225	L	100	0.2	50	0.2			
400	200、250、	N	30	0.25	23	0.25	10	12	5000
	315、350	H	42	0.25	25	0.25	5 ~ 10	—	
	400	L	100	0.2	50	0.2			
630	500、630	N	30	0.25	23	0.25	5 ~ 10	—	5000
		H	42	0.25	25	0.25			
1250	630、700、800、1000、1250	L	50	0.25	38	0.25	4 ~ 7	—	3000

附表 5　M 系列低压断路器（1000 ~ 4000A）的技术数据

额定电流/A	交流 380V 时极限通断能力有效值/kA				最大飞弧距离/mm	机械寿命/次	插入式触头机械寿命/次	电寿命/次
	瞬时	cosφ	短延时 0.4s	cosφ				
1000	40	0.25	30	0.25	350	10000	1000	2500
1500	40	0.25	30	0.25	350	10000	1000	2500
2500	60	0.2	40	0.25	350	5000	600	500
4000	80	0.2	60	0.2	400	5000	—	500

附表 6　M 系列低压断路器（1000 ~ 4000A）过电流脱扣器技术数据

断路器额定电流/A	脱扣器额定电流/A	选择性低压断路器半导体脱扣器整定电流/A			非选择性低压断路器脱扣器整定电流/A		
					热-电磁式		电磁式
		长延时	短延时	瞬时	长延时	瞬时	瞬时
1000	600	420 ~ 600	1800 ~ 6000	6000 ~ 12000	420 ~ 600	1800 ~ 6000	600 ~ 1800
	800	560 ~ 800	2400 ~ 8000	8000 ~ 16000	560 ~ 800	2400 ~ 8000	800 ~ 2400
	1000	700 ~ 1000	3000 ~ 10000	10000 ~ 20000	700 ~ 1000	300 ~ 10000	1000 ~ 3000
1500	1500	1050 ~ 1500	4500 ~ 15000	15000 ~ 30000	1050 ~ 1500	4500 ~ 15000	1500 ~ 4500
2500	1500	1050 ~ 1500	4500 ~ 9000	10500 ~ 21000	1050 ~ 1500	4500 ~ 15000	1500 ~ 4500
	2000	1400 ~ 2000	6000 ~ 12000	14000 ~ 28000	1400 ~ 2000	6000 ~ 20000	2000 ~ 6000
	2500	1750 ~ 2500	7500 ~ 15000	17500 ~ 35000	1750 ~ 2500	7500 ~ 25000	2500 ~ 7500
4000	2500	1750 ~ 2500	7500 ~ 15000	17500 ~ 35000	1750 ~ 2500	7500 ~ 25000	2500 ~ 7500
	3000	2100 ~ 3000	9000 ~ 18000	21000 ~ 42000	2100 ~ 3000	9000 ~ 30000	3000 ~ 9000
	4000	2800 ~ 4000	12000 ~ 24000	28000 ~ 56000	2800 ~ 4000	12000 ~ 40000	4000 ~ 12000

附表 7　常用低压熔断器的技术数据

型号	额定电压/V	额定电流/A		最大分断电流/kA	
		熔断器	熔体	电流	cosφ
RT0-100	交流 380 直流 440	100	30，40，50，60，80，100	50	0.1～0.2
RT0-200		200	（80，100），120，150，200		
RT0-400		400	（150，200），250，300，350，400		
RT0-600		600	（350，400）450，500，550，600		
RT0-1000		1000	700，800，900，1000		
RM10-15	交流 220，380，500 直流 220，440	15	6，10，15	1.2	0.8
RM10-60		60	15，20，25，35，45，60	3.5	0.7
RM10-100		100	60，80，100	10	0.35
RM10-200		200	100，125，160，200	10	0.35
RM10-350		350	200，225，260，300，350	10	0.35
RM10-600		600	350，430，500，600	10	0.35
RL-15	交流 380 直流 440	15	2，4，5，6，10，15	25	
RL-60		60	20，25，230，35，40，50，60	25	
RL-100		100	60，80，100	50	
RL-200		200	100，125，150，200	50	

附表 8　架空裸导线的最小截面积

线路类别		导线最小截面积/mm^2		
		铝及铝合金绞线	钢芯铝绞线	铜绞线
35kV 及以上线路		35	35	35
3～10kV 线路	居民区	35	25	25
	非居民区	25	16	16
低压线路	一般	16	16	16
	与铁路交叉跨越	35	16	16

附表 9　绝缘导线芯线的最小截面积

线路类别			芯线最小截面积/mm^2		
			铜芯软线	铜线	铝线
照明用灯头引下线		室内	0.5	1.0	2.5
		室外	1.0	1.0	2.5
移动式设备线路		生活用	0.75	—	—
		生产用	1.0	—	—
敷设在绝缘支持件上的绝缘导线（L 为支持点间距）	室内	$L\leqslant 2m$	—	1.0	2.5
	室外	$L\leqslant 2m$	—	1.5	2.5
		$2m<L\leqslant 6m$	—	2.5	4
		$6m<L\leqslant 15m$	—	4	6
		$15m<L\leqslant 25m$	—	6	10

（续）

<table>
<tr><th colspan="3" rowspan="2">线 路 类 别</th><th colspan="3">芯线最小截面积/mm²</th></tr>
<tr><th>铜芯软线</th><th>铜线</th><th>铝线</th></tr>
<tr><td colspan="3">穿管敷设的绝缘导线</td><td>1.0</td><td>1.0</td><td>2.5</td></tr>
<tr><td colspan="3">沿墙明敷的塑料护套线</td><td>—</td><td>1.0</td><td>2.5</td></tr>
<tr><td colspan="3">板孔穿线敷设的绝缘导线</td><td>—</td><td>1.0（0.75）</td><td>2.5</td></tr>
<tr><td rowspan="3">PE 线和 PEN 线</td><td colspan="2">有机械保护时</td><td>—</td><td>1.5</td><td>2.5</td></tr>
<tr><td rowspan="2">无机械保护时</td><td>多芯线</td><td>—</td><td>2.5</td><td>4</td></tr>
<tr><td>单芯干线</td><td>—</td><td>10</td><td>16</td></tr>
</table>

附表 10　电线、电缆芯线允许长期工作温度

<table>
<tr><th colspan="2">电线电缆种类</th><th>线芯允许长期工作温度/℃</th><th colspan="3">电线电缆种类</th><th>线芯允许长期工作温度/℃</th></tr>
<tr><td colspan="2">橡皮绝缘电线　500V</td><td>65</td><td colspan="3">通用绝缘软电缆</td><td>65</td></tr>
<tr><td colspan="2">塑料绝缘电线　500V</td><td>70</td><td colspan="3">橡皮绝缘电力电缆</td><td>65</td></tr>
<tr><td rowspan="4">粘性油浸纸绝缘电力电缆</td><td>1～3kV</td><td>80</td><td rowspan="5">不滴流油浸纸绝缘电力电缆</td><td rowspan="2">单芯及分相铅包</td><td>1～6kV</td><td>80</td></tr>
<tr><td>6kV</td><td>65</td><td>10kV</td><td>70</td></tr>
<tr><td>10kV</td><td>60</td><td rowspan="3">带绝缘</td><td>35kV</td><td>80</td></tr>
<tr><td>35kV</td><td>50</td><td>6kV</td><td>65</td></tr>
<tr><td rowspan="2">交联聚乙烯绝缘电力电缆</td><td>1～10kV</td><td>90</td><td>10kV</td><td>65</td></tr>
<tr><td>35kV</td><td>80</td><td colspan="3">裸铝、铜母线或裸铝、铜绞线</td><td>70</td></tr>
<tr><td colspan="2">聚氯乙烯绝缘电力电缆　1～6kV</td><td>70</td><td colspan="3">乙丙橡皮绝缘电缆</td><td>90</td></tr>
</table>

附表 11　确定电缆载流量的环境温度

<table>
<tr><th>电缆敷设场所</th><th>有无机械通风</th><th>择取的环境温度</th></tr>
<tr><td>土中直埋</td><td></td><td>埋深处的最热月平均地温</td></tr>
<tr><td>水下</td><td></td><td>最热月的日最高水温平均值</td></tr>
<tr><td>户外空气中、电缆沟</td><td></td><td>最热月的日最高温度平均值</td></tr>
<tr><td rowspan="2">有热源设备厂房</td><td>有</td><td>通风设计温度</td></tr>
<tr><td>无</td><td>最热月的日最高温度月平均值另加 5℃</td></tr>
<tr><td rowspan="2">一般性厂房、室内</td><td>有</td><td>通风设计温度</td></tr>
<tr><td>无</td><td>最热月的日最高温度平均值</td></tr>
<tr><td>户内电缆沟</td><td rowspan="2">无</td><td rowspan="2">最热月的日最高温度月平均值另加 5℃</td></tr>
<tr><td>隧道</td></tr>
<tr><td>隧道</td><td>有</td><td>通风设计温度</td></tr>
</table>

附表 12　铜、铝及钢芯铝绞线的允许载流量（环境温度 +25℃最高允许温度 +70℃）

铜绞线			铝绞线			钢芯铝绞线	
导线型号	载流量/A		导线型号	载流量/A		导线型号	载流量/A
	屋外	屋内		屋外	屋内		屋外
TJ-16	130	100	TJ-16	105	80	LGJ-16	105
TJ-25	180	140	TJ-25	135	110	LGJ-25	135
TJ-35	220	175	TJ-35	170	135	LGJ-35	170
TJ-50	270	220	TJ-50	215	170	LGJ-50	220
TJ-70	340	280	TJ-70	265	215	LGJ-70	275
TJ-95	415	340	TJ-95	325	260	LGJ-95	335
TJ-120	485	405	TJ-120	375	310	LGJ-120	380
TJ-150	570	480	TJ-150	440	370	LGJ-150	445
TJ-185	645	550	TJ-185	500	425	LGJ-185	515
TJ-240	770	650	TJ-240	610	—	LGJ-240	610

附表 13　矩形母线允许载流量（竖放）（环境温度 +25℃最高允许温度 +70℃）

母线尺寸（宽×厚）/mm	铜母线（TMY）载流量/A			铝母线（LMY）载流量/A		
	每相的铜排数			每相的铝排数		
	1	2	3	1	2	3
15×3	210	—	—	165	—	—
20×3	275	—	—	215	—	—
25×3	340	—	—	265	—	—
30×4	475	—	—	365	—	—
40×4	625	—	—	480	—	—
40×4	700	—	—	540	—	—
50×5	860	—	—	665	—	—
50×6	955	—	—	740	—	—
60×6	1125	1740	2240	870	1355	1720
80×6	1480	2110	2720	1150	1630	2100
100×6	1810	2470	3170	1425	1935	2500
60×8	1320	2160	2790	1245	1680	2180
80×8	1690	2620	3370	1320	2040	2620
100×8	2080	3060	3930	1625	2390	3050
120×8	2400	2400	4340	1900	2650	3380
60×10	1475	2560	3300	1155	2010	2650
80×10	1900	3100	3990	1480	2410	3100
100×10	2310	3610	4650	1820	2860	3650
120×10	2650	4100	5200	2070	3200	4100

注：母线平放时，宽为 60mm 以下，载流量减少 5%，当宽为 60mm 以上时，应减少 8%。

附表 14　绝缘导线明敷时的允许载流量　　（单位：A）

芯线截面积 /mm²	橡皮绝缘导线				塑料绝缘导线			
	BLX、BBLX		BX、BBX		BLV		BV、BVR	
	25℃	30℃	25℃	30℃	25℃	30℃	25℃	30℃
2.5	27	25	35	32	25	23	32	29
4	35	32	45	42	32	29	42	39
6	45	42	58	54	42	39	55	51
10	65	60	85	79	59	55	75	70
16	85	79	110	102	80	74	105	98
25	110	102	145	135	105	98	138	129
35	138	129	180	168	130	121	170	158
50	175	163	230	215	165	154	215	201
70	220	206	285	265	205	191	265	247
95	265	247	345	322	250	233	325	303
120	310	280	400	374	283	266	375	350
150	360	336	470	439	325	303	430	402
185	420	392	540	504	380	355	490	458

附表 15　聚氯乙烯绝缘导线穿钢管时的允许载流量　　（单位：A）

芯线截面积 /mm²	两根单芯线			管径/mm		三根单芯线			管径/mm		四根单芯线			管径/mm	
	环境温度					环境温度					环境温度				
	25℃	30℃	35℃	G	DG	25℃	30℃	35℃	G	DG	25℃	30℃	35℃	G	DG
BLV 铝芯															
2.5	20	18	17	15		18	16	15	15		15	14	12	15	
4	27	25	23	15		24	22	20	15		22	20	19	15	
6	35	32	30	15		32	29	27	15		28	26	24	20	
10	49	45	42	20	15	44	41	38	20	15	38	35	32	25	
16	63	58	54	25	15	56	52	48	25	15	50	46	43	25	15
25	80	74	69	25	20	70	65	60	32	20	65	60	50	32	20
35	100	93	86	32	25	90	84	77	32	25	80	74	69	32	25
50	125	116	108	32	25	110	102	95	40	32	100	93	86	50	25
70	155	144	134	50	32	143	133	123	50	32	127	118	109	50	32
95	190	177	164	50	40	170	158	147	50	40	152	142	131	70	40
120	220	205	190	50		195	182	168	50		172	160	148	70	
150	250	233	216	70		225	210	194	70		200	187	173	70	
185	285	266	246	70		255	238	220	70		230	215	198	80	
BV 铜芯															
1.0	14	13	12	15	15	13	12	11	15	15	11	10	9	15	15
1.5	19	17	16	15	15	17	15	14	15	15	16	14	13	15	15
2.5	26	24	22	15	15	24	22	20	15	15	22	20	19	15	15
4	35	32	30	15	15	31	28	26	15	15	28	26	24	15	20
6	47	43	40	15	20	41	38	35	15	20	37	34	32	20	25
10	65	60	56	20	25	57	53	49	20	25	50	46	43	25	25
16	82	76	70	25	25	73	68	63	25	32	65	60	56	25	32
25	107	100	92	25	32	95	88	82	32	32	85	79	73	32	40
35	133	124	115	32	40	115	107	99	32	40	105	98	90	32	
50	165	154	142	32		146	136	126	40		130	121	112	50	
70	205	191	177	50		183	171	158	50		165	154	142	50	
95	250	233	216	50		225	210	194	50		200	187	173	70	
120	290	271	250	50		260	243	224	50		230	215	198	70	
150	330	308	285	70		300	280	259	70		265	247	229	70	
185	380	355	328	70		340	317	294	70		300	280	259	80	

附表 16　聚氯乙烯绝缘导线穿塑料管时的允许载流量　（单位：A）

芯线截面积/mm²	两根单芯线 环境温度 25℃	30℃	35℃	管径/mm	三根单芯线 环境温度 25℃	30℃	35℃	管径/mm	4根单芯线 环境温度 25℃	30℃	35℃	管径/mm
2.5	18	16	15	15	16	14	13	15	14	13	12	20
4	24	22	20	20	22	20	19	20	19	17	16	20
6	31	28	26	20	27	25	23	20	25	23	21	25
10	42	39	36	25	38	35	32	25	33	30	28	32
16	55	51	47	32	49	45	42	32	44	41	38	32
25	73	68	63	32	65	60	56	40	57	53	49	40
35	90	84	77	40	80	74	69	40	70	65	60	50
50	114	106	98	50	102	95	88	50	90	84	77	63
70	145	135	125	50	130	121	112	50	115	107	99	63
95	175	163	151	63	158	147	136	63	140	130	121	75
120	200	187	173	63	180	168	155	63	160	149	138	75
150	230	215	198	75	207	193	179	75	185	172	160	75
185	265	247	229	75	235	219	203	75	212	198	183	90
BV 铜芯												
1.0	12	11	10	15	11	10	9	15	10	9	8	15
1.5	16	14	13	15	15	14	12	15	13	12	11	15
2.5	24	22	20	15	21	19	18	15	19	17	16	20
4	31	28	26	20	28	26	24	20	25	23	21	20
6	41	36	35	20	36	33	31	20	32	29	27	25
10	56	52	48	25	49	45	42	25	44	41	38	32
16	72	67	62	32	65	60	56	32	57	53	49	32
25	95	88	82	32	85	79	73	40	75	70	64	40
35	120	112	103	40	105	98	90	40	93	86	80	50
50	150	140	129	50	132	123	114	50	117	109	101	63
70	185	172	160	50	167	156	144	50	148	138	128	63
95	230	215	198	63	205	191	177	63	185	172	160	75
120	270	252	233	63	240	224	207	63	215	201	185	75
150	305	285	263	75	275	257	237	75	250	233	216	75
185	355	331	307	75	310	289	268	75	280	260	242	90

附表 17　聚氯乙烯绝缘及护套电力电缆允许载流量　（单位：A）

电缆额定电压	1kV				3kV			
最高允许温度	+65℃							
敷设方式	15℃地中直埋		25℃空气中敷设		15℃地中直埋		25℃空气中敷设	
芯数×截面积/mm²	铝	铜	铝	铜	铝	铜	铝	铜
3×2.5	25	32	16	20	—	—	—	—
3×4	33	42	22	28	—	—	—	—
3×63	42	54	29	37	—	—	—	—
3×10	57	73	40	51	54	69	42	54
3×16	75	97	53	68	71	91	56	72
3×25	99	127	72	92	92	119	74	95
3×35	120	155	87	112	116	149	90	116
3×50	147	189	108	139	143	184	112	144
3×70	181	233	135	174	171	220	136	175
3×95	215	277	165	212	208	268	167	215
3×120	244	314	191	246	238	307	194	250
3×150	280	261	225	290	272	350	224	288
3×180	316	407	257	331	308	397	257	331
3×240	361	465	306	394	353	455	301	388

附表 18　交联聚乙烯绝缘聚氯乙烯护套电力电缆允许载流量　　（单位：A）

电缆额定电压	1kV　3~4芯				3kV　3芯			
最高允许温度	90℃							
敷设方式	15℃地中直埋		25℃空气中敷设		15℃地中直埋		25℃空气中敷设	
芯数×截面积/mm²	铝	铜	铝	铜	铝	铜	铝	铜
3×16	99	128	77	105	102	131	94	121
3×25	128	167	105	140	130	168	123	158
3×35	150	200	125	170	155	200	147	190
3×50	183	239	155	205	188	241	180	231
3×70	222	299	195	260	224	289	218	280
3×95	266	350	235	320	266	341	261	335
3×120	305	400	280	370	302	386	303	388
3×150	344	450	320	430	342	437	347	445
3×180	389	511	370	490	382	490	394	504
3×240	455	588	440	580	440	559	461	587

附表 19　电缆在不同环境温度时的载流量校正系数

电缆敷设地点		空气中				土壤中			
环境温度		20℃	25℃	30℃	35℃	10℃	15℃	20℃	25℃
缆芯最高工作温度	60℃	1.069	1.0	0.926	0.864	1.054	1.0	0.943	0.882
	65℃	1.061	1.0	0.935	0.866	1.049	1.0	0.949	0.894
	70℃	1.054	1.0	0.943	0.882	1.044	1.0	0.953	0.905
	80℃	1.044	1.0	0.953	0.905	0.038	1.0	0.961	0.920
	90℃	1.038	1.0	0.961	0.920	1.033	1.0	0.966	0.931

附表 20　电缆在不同土壤热阻系数时的地流量校正系数

土壤热阻系数/℃·m·W⁻¹	分类特征（土壤特性和雨量）	校正系数
0.8	土壤很潮湿，经常下雨。如湿度大于9%的沙土；湿度大于14%的沙-泥土等	1.05
1.2	土壤潮湿，规律性下雨。如湿度大于7%但小于9%的沙土；湿度为12%~14%的沙-泥土等	1.0
1.5	土壤较干燥，雨量不大。如湿度为8%~12%的沙-泥土等	0.93
2.0	土壤干燥，少雨。如湿度大于4%但小于7%的沙土；湿度为4%~8%的沙-泥土等	0.87
3.0	多石地层，非常干燥。如湿度小于4%的沙土等	0.75

附表 21　电缆埋地多根并列时的载流量校正系数

电缆外皮间距/mm ＼ 电缆根数	1	2	3	4	5	6	7	8
100	1	0.90	0.85	0.80	0.78	0.75	0.73	0.72
200	1	0.92	0.87	0.84	0.82	0.81	0.80	0.79
300	1	0.93	0.90	0.87	0.86	0.85	0.85	0.84

附表 22　低压母线单位长度阻抗值　　　　(单位：mΩ/m)

母线规格[①] /mm	R'[③]	$R'_{\varphi P}$ = [③] $R'_{\varphi}+R'_{P}$	X'		$X'_{\varphi P}$	
			D[②]/mm		D_n[②] = 200mm，D/mm	
			250	350	250	350
3[2(125×10)]+125×10	0.014	0.042	0.147	0.170	0.317	0.344
3[2(125×10)]+80×10	0.014	0.054	0.147	0.170	0.340	0.367
4(125×10)	0.028	0.056	0.147	0.170	0.317	0.344
3(125×10)+80×10	0.028	0.078	0.147	0.170	0.341	0.369
3(125×10)+80×6.3	0.028	0.088	0.147	0.170	0.343	0.370
4[2(100×10)]	0.016	0.032	0.156	0.181	0.336	0.366
3[2(100×10)]+100×10	0.016	0.048	0.156	0.181	0.336	0.366
3[2(100×10)]+80×10	0.016	0.066	0.156	0.181	0.350	0.380
4(100×10)	0.033	0.066	0.156	0.181	0.336	0.366
3(100×10)+80×10	0.033	0.073	0.156	0.181	0.349	0.378
4(80×10)	0.040	0.080	0.168	0.193	0.361	0.390
3(80×10)+63×10	0.040	0.116	0.168	0.193	0.380	0.410
铜 4(100×10)	0.025	0.050	0.156	0.181	0.336	0.366
铜 3(100×10)+80×10	0.025	0.056	0.156	0.181	0.350	0.380
铜 4(80×8)	0.031	0.062	0.170	0.195	0.364	0.394
铜 3(100×10)+63×6.3	0.031	0.078	0.170	0.195	0.382	0.412
铜 3(80×8)+50×5	0.031	0.104	0.170	0.195	0.394	0.423
4(100×8)	0.040	0.080	0.158	0.182	0.340	0.368
3(100×8)+80×8	0.040	0.090	0.158	0.182	0.352	0.381
3(100×8)+63×6.3	0.040	0.116	0.158	0.182	0.370	0.399
4(80×8)	0.050	0.100	0.170		0.364	
3(80×8)+63×6.3	0.050	0.126	0.170		0.382	
3(80×8)+50×5	0.050	0.169	0.170		0.394	
4(80×6.3)	0.060	0.120	0.172		0.368	
3(80×6.3)+63×6.3	0.060	0.136	0.172		0.384	
3(80×6.3)+50×5	0.060	0.179	0.172		0.396	
4(63×6.3)	0.076	0.152	0.188		0.400	
3(63×6.3)+40×4	0.076	0.262	0.188		0.426	
4(50×5)	0.119	0.238	0.199		0.423	
3(50×5)+40×4	0.119	0.305	0.199		0.437	
4(40×4)	0.186	0.372	0.212		0.451	

① 母线规格一栏除注明铜以外，均为铝母线；母线规格建议优先采用 100×10、80×8、63×6.3、50×5 及 40×4。

② 本表所列数据对于母线平放或竖放均适用，PEN 线在边位，D 为相线间距，D_n 为 PEN 线与邻近相线中心间距。当变压器空量≤630kV · A 时，D 为 250mm；当变压器空量≥630kV · A 时，D_n 为 350mm。

③ R'、$R'_{\varphi P}$为 20℃时导线单位长度电阻值。

④ 当采用密集型母线作为配电导线时，该导线的阻抗值应按产品生产厂家提供的数值和实际安装长度进行计算；在计算保护线的阻抗时，还要考虑工程中保护线的配置方式。

附表 23　线路单位长度阻抗值　（单位：mΩ/m）

R'①

$S/\mathrm{mm}^2$②	185	150	120	95	70	35	25	16	10	6	4	2.5	1.5
铝	0.156	0.192	0.240	0.303	0.411	0.822	1.151	1.798	2.876	4.700	7.050	11.280	
铜	0.095	0.117	0.146	0.185	0.251	0.510	0.702	1.097	1.754	2.867	4.300	6.880	11.476

$R'_{\varphi P}=1.5(R'_{\varphi}+R'_{P})$③

$S_P=S/\mathrm{mm}^2$② 4×		185	150	120	95	70	50	35	25	16	10	6	4	2.5	1.5
铝		0.468	0.576	0.720	0.909	1.233	1.725	2.466	3.453	5.394	8.628	14.100	21.150	33.840	
铜		0.285	0.351	0.438	0.555	0.753	1.053	1.503	2.106	3.291	5.262	8.601	12.900	20.640	34.401
$S_P=S/2/\mathrm{mm}^2$	3×	185	150	120	95	70	50	35	25	16	10	6	4		
	2×	95	70	70	50	35	25	16	16	10	6	4	2.5		
铝		0.689	0.905	0.977	1.317	1.850	2.589	3.930	4.424	7.011	11.364	17.625	27.495		
铜		0.420	0.552	0.596	0.804	1.128	1.580	2.397	2.699	4.277	6.932	10.751	16.770		

X'

线芯 S/mm^2	185	150	120	95	70	50	35	25	16	10	6	4	2.5	1.5
架空线④	0.30	0.31	0.32	0.33	0.34	0.35	0.36	0.37	0.38	0.40				
全塑电缆(4 芯)	0.076			0.079	0.078	0.079	0.080	0.082	0.087	0.094	0.100			
交联电缆(4 芯)	0.077		0.076	0.077	0.078	0.079	0.080		0.082	0.085	0.092	0.097		

$X'_{\varphi P}$

S/mm^2		185	150	120	95	70	50	35	25	16	10	6	4	2.5	1.5
架空线	$S_P=S$	0.57	0.59	0.61	0.63	0.65	0.67	0.69	0.71	0.75	0.77				
	$S_P=S/2$	0.60	0.62	0.63	0.65	0.67	0.69	0.72	0.73	0.767					
全塑电缆	$S_P=S$	0.152	0.152	0.152	0.158	0.156	0.158	0.160	0.164	0.174	0.188	0.200	0.200		
	$S_P=S/2$	0.179	0.161	0.161	0.186	0.178	0.187	0.191	0.192	0.201	0.224	0.211	0.234		

① R'为导线 20℃时单位长度电阻值。

② S 为相线线芯截面，S_P 为 PEN 线线芯截面。

③ $R'_{\varphi P}$为计算单相短路电流用，其取值为 20℃时的 1.5 倍。

④ 架空线水平排列，PEN 线在中间，线间距依次为 400mm、600mm、400mm。

附表 24　S9 系列 10/0.4 变压器的阻抗平均值(归算到 400V 侧)

电压/kV	额定容量/kV·A	短路阻抗(%)	短路损耗/kV	电阻/mΩ			电抗/mΩ			电阻/mΩ			电抗/mΩ		
				Dyn11			Dyn11			Yyn0			Yyn0		
				正、负序	零序	相保	正、负序	零序	相保	正、负序	零序	相保	正、负序	零序	相保
				R^+、R^-	R^0	$R_{\varphi P}$	X^+、X^-	X^0	$X_{\varphi P}$	R^+、R^-	R^0	$R_{\varphi P}$	X^+、X^-	X^0	$X_{\varphi P}$
10/0.4	200	4	2.50	10	10	10	30.40	30.40	30.40	10	36	18.67	30.40	116	58.93
	250	4	3.05	7.81	7.81	7.81	23.75	23.75	23.75	7.81	29.2	14.94	23.75	100.2	49.23
	315	4	3.65	5.89	5.89	5.89	18.43	18.43	18.43	5.89	20.3	10.69	19.43	79.7	39.52
	400	4	4.30	4.30	4.30	4.30	15.41	15.41	15.41	4.30	15.1	7.90	15.41	63	31.27
	500	4	5.10	5.26	5.26	5.26	12.38	12.38	12.38	3.26	12.48	6.33	12.38	53.1	25.95
	630	4.5	6.20	2.50	2.50	2.50	11.15	11.15	11.15	2.50	8.7	4.57	11.15	40.24	20.85
	800	4.5	7.50	1.88	1.88	1.88	8.8	8.8	8.8	1.88	6.5	3.42	8.8	31.80	16.47
	1000	4.5	10.30	1.65	1.65	1.65	7.0	7.0	7.0	1.65	5.8	3.03	7.0	28.20	14.07
	1250	4.5	12.00	1.23	1.23	1.23	5.63	5.63	5.63	1.23	4.4	2.29	5.63	22.6	11.29
	1600	4.5	20.00	1.25	1.25	1.25	4.32	4.32	4.32	1.25	3.2	1.9	4.32	17.1	8.58

附表 25　SC(B)9 系列 10/0.4 变压器的阻抗平均值(归算到 400V 侧)

电压/kV	额定容量/kV·A	短路阻抗(%)	短路损耗/kV	电阻/mΩ			电抗/mΩ			电阻/mΩ			电抗/mΩ		
				Dyn11			Dyn11			Yyn0			Yyn0		
				正、负序	零序	相保	正、负序	零序	相保	正、负序	零序	相保	正、负序	零序	相保
				R^+、R^-	R^0	$R_{\varphi P}$	X^+、X^-	X^0	$X_{\varphi P}$	R^+、R^-	R^0	$R_{\varphi P}$	X^+、X^-	X^0	$X_{\varphi P}$
10/0.4	160	4	1.98	12.38	12.38	12.38	38.04	38.04	38.04	12.38	37.4	20.72	38.04	405	160.36
	200	4	2.24	8.96	8.96	8.96	29.93	29.93	29.93	8.96	35.46	17.79	29.93	359.8	139.89
	250	4	2.41	6.17	6.17	6.17	24.85	24.85	24.85	6.17	33.03	15.12	24.85	303.4	117.70
	315	4	3.10	5.00	5.00	5.00	19.70	19.70	19.70	5.00	29.86	13.29	19.70	230	89.8
	400	4	3.60	3.60	3.60	3.60	15.59	15.59	15.59	3.60	16.88	8.03	15.59	214.8	81.99
	500	4	4.30	2.75	2.75	2.75	12.50	12.50	12.50	2.75	12.88	6.12	12.50	177.7	67.57
	630	4	5.40	2.18	2.18	2.18	9.92	9.92	9.92	2.18	10.19	4.85	9.92	150.1	56.65
	630	6	5.60	2.26	2.26	2.26	15.07	15.07	15.07	2.26	11.44	5.32	15.07	197.8	75.98
	800	6	6.60	1.65	1.65	1.65	11.89	11.89	11.89	1.65	7.96	3.75	11.89	148.7	57.49
	1000	6	7.60	1.22	1.22	1.22	9.52	9.52	9.52	1.22	7.73	3.39	9.52	109.1	42.71
	1250	6	9.10	0.93	0.93	0.93	7.62	7.62	7.62	0.93	6.49	2.78	7.62	79	31.41
	1600	6	11.00	0.69	0.69	0.69	5.96	5.96	5.96	0.69	4.43	1.94	5.96	58	23.31
	2000	6	13.30	0.53	0.53	0.53	4.77	4.77	4.77	0.53	2.91	1.32	4.77	46.3	18.61
	2500	6	15.80	0.40	0.40	0.40	3.82	3.82	3.82	0.40	2.18	0.99	3.82	36.7	14.78

附表 26　建筑物防雷分类

防雷类别	符合条件的建筑物
第一类防雷建筑	因电火花引起爆炸会造成巨大破坏和人身伤亡的下列建筑物： （1）制造、使用或储存大量爆炸物质，如炸药、火药、起爆药、火工品等的建筑 （2）具有 0 区、1 区或 10 区爆炸危险环境的建筑物
第二类防雷建筑	（1）国家级重点文物保护的建筑物 （2）特别重要的建筑物。如国家级的会堂或办公建筑物、大型展览和博览建筑物、大型火车站、国宾馆、国家级档案馆、大城市的重要给水泵房等 （3）对国民经济有重要意义且装设有大量电子设备的建筑物。如国家级计算中心、国际通信枢纽等 （4）电火花不致引起爆炸或不致造成巨大破坏或人身伤亡的下列建筑物： 1）制造、使用或储存爆炸物质的建筑物 2）具有 1 区、2 区或 11 区爆炸危险环境的建筑物 （5）工业企业内有爆炸危险的露天钢质封闭气罐 （6）年预计雷击次数 $N>0.06$ 的重要建筑物或人员密集的公共建筑物。如部、省级办公建筑物，集会、博览、展览、体育、商业、影剧院、医院、学校等建筑物 （7）年预计雷击次数 $N>0.3$ 的一般性民用建筑物，如住宅、办公楼等
第三类防雷建筑	（1）省级重点文物保护的建筑物及省级档案馆 （2）年预计雷击次数 $0.06\geqslant N\geqslant 0.012$ 的重要或人员密集的建筑物，如部、省级办公建筑物，集会、博览、展览、体育、商业、影剧院、医院、学校等建筑物 （3）根据雷击后对工业生产产生的影响及产生的后果，并结合当地气象、地形、地质及周围环境等因素，确定需要防雷的 21 区、22 区、23 区火灾危险性场所 （4）年预计雷击次数 $0.3\geqslant N\geqslant 0.06$ 的一般性民用建筑物，如住宅、办公楼 （5）年预计雷击次数 $N\geqslant 0.06$ 的一般性工业建筑物 （6）高度在 15m 以上的烟囱、水塔等孤立的高耸建筑物；在年平均雷暴日不超过 15 天的地区，高度可为 20m 及以上 （7）未装设防直击雷装置及不处于其他建、构筑物的保护范围内，但设有电子系统需防雷击电磁脉冲的建筑物，宜按第三类防雷建筑考虑防直击雷措施

附表 27　建筑物电子信息系统雷电防护等级

防护等级	符合条件的建筑物
A 级	（1）大型计算中心、大型通信枢纽、国家金融中心、银行、机场、大型港口、火车枢纽站等 （2）甲级安全防范系统。如国家级文物、档案库的闭路电视监控和报警系统 （3）大型电子医疗设备、五星级宾馆
B 级	（1）中型计算中心、中型通信枢纽、移动通信基站、大型体育场（馆）监控系统、证券中心 （2）乙级安全防范系统。如省级文物、档案库的闭路电视监控和报警系统 （3）雷达站、微波站、高速公路监控和收费系统 （4）中型电子医疗设备 （5）四星级宾馆
C 级	（1）小型通信枢纽、电信局 （2）大型有线电视系统 （3）三星级以下宾馆
D 级	除以上 A、B、C 级以外一般用途的电子信息系统设备

参考文献

[1] 王厚余. 低压电气装置的设计安装和检验［M］. 2版. 北京：中国电力出版社，2007.

[2] 王洪泽，杨丹，王梦云. 电力系统接地技术手册［M］. 北京：中国电力出版社，2007.

[3] 刘鸿国. 电气火灾预防检测技术［M］. 北京：中国电力出版社，2006.

[4] 陈凌峰. 电气产品安全原理与认证［M］. 北京：人民邮电出版社，2008.

[5] 陈淑芳.《剩余电流动作保护装置》GB 13955—2005 宣贯教材. 北京：中国水利电力出版社，2006.

[6] 川濑太郎，高桥健彦. 图解接地技术［M］. 马杰，译. 北京：科学出版社，2003.

[7] 杨岳. 供配电系统［M］. 北京：科学出版社，2007.

[8] 傅洪畴. 低压电气安全［M］. 北京：中国标准出版社，1994.

[9] 杨有启，钮英建. 电气安全工程［M］. 北京：首都经济贸易大学出版社，2000.

[10] 章长东. 工业与民用电气安全［M］. 北京：中国电力出版社，1996.

[11] 凌智敏. 漏电开关及其应用［M］. 北京：水利电力出版社，1991.

[12] 张小青. 建筑物内电子设备的防雷保护［M］. 北京：电子工业出版社，2000.

[13] 重庆大学，南京工学院. 高电压技术［M］. 北京：水利电力出版社，1984.

[14] 周浩. 高电压技术自学辅导［M］. 杭州：浙江大学出版社，2001.

[15] 徐国政，等. 高压断路器原理和应用［M］. 北京：清华大学出版社，2000.

[16] （法）米切尔. 电磁干扰排查及故障解决的电磁兼容技术［M］. 刘萍，等译. 北京：机械工业出版社，2002.

[17] 张宝铭，林文荪. 静电防护技术手册［M］. 北京：电子工业出版社，2000.

[18] 吴忠智. 工业与民用建筑电磁兼容设计［M］. 北京：中国建筑工业出版社，1993.

[19] 吴忠智. 工业与民用建筑电磁兼容设计［M］. 北京：中国建筑工业出版社，1993.

[20] D 郑钧. 电磁场与波［M］. 赵姚同，等译. 上海：上海交通大学出版社，1984.

[21] 中国航空工业规划设计研究院，等. 工业与民用配电设计手册［M］. 北京：中国电力出版社，1994.

[22] Gunter G Seip. 电气安装技术手册［M］. 胡明忠，胡沫非，译. 北京：中国建筑工业出版社，2002.

[23] 朱林根. 21世纪建筑电气设计手册［M］. 北京：中国建筑工业出版社，2001.

[24] 苏文成. 工厂供电［M］. 北京：机械工业出版社，1990.

[25] 李海，等. 实用建筑电气技术［M］. 北京：中国水利水电出版社，2001.

[26] 杨光臣. 电气安装施工技术与管理［M］. 北京：中国建筑工业出版社，1992.

[27] 朱林根. 现代建筑设计施工手册［M］. 北京：中国建筑工业出版社，1998.